U0415820

谨以此书献给

辛勤工作的塞北地质人

——大自然的守望者

地质科普读物

内蒙古自治区自然资源厅
内蒙古自治区地质调查研究院
内蒙古地质科普本项目
成果

内蒙古地质

NEIMENGGU DIZHI

张玉清　贾林柱　段吉学　等著

图书在版编目(CIP)数据

内蒙古地质/张玉清等著.—武汉:中国地质大学出版社,2023.11
ISBN 978-7-5625-5787-6

Ⅰ.①内…　Ⅱ.①张…　Ⅲ.①区域地质-概况-内蒙古　Ⅳ.①P562.26

中国国家版本馆CIP数据核字(2024)第036942号
审图号蒙S(2023)054号

内蒙古地质　　张玉清　贾林柱　段吉学　**等著**

责任编辑:张旻玥　舒立霞　　选题策划:毕克成　江广长　段　勇　　责任校对:何澍语

出版发行:中国地质大学出版社(武汉市洪山区鲁磨路388号)　　邮编:430074
电　　话:(027)67883511　　传　　真:(027)67883580　　E-mail:cbb@cug.edu.cn
经　　销:全国新华书店　　http://cugp.cug.edu.cn

开本:880毫米×1 230毫米　1/16　　字数:697千字　　印张:22
版次:2023年11月第1版　　印次:2023年11月第1次印刷
印刷:湖北新华印务有限公司

ISBN 978-7-5625-5787-6　　定价:268.00元

《内蒙古地质》

编委会

序

PREAMBLE

习近平总书记指出："科技创新、科学普及是实现创新发展的两翼，要把科学普及放在与科技创新同等重要的位置……"科普是传播科学知识最直接的活动。而地学科普的意义，不仅是地质科学知识的传播，更是弘扬地质工作积极向上、勇于探索的学习生活态度与精神。新中国的地学科普从李四光先生的文学随笔《看看我们的地球》算起，至今已有几十年的历史，形式多样、内容丰富的地学科普作品层出不穷，但将内蒙古自治区的地质内容作为科普对象展示给读者的，实属不多。

内蒙古自治区横跨我国东北、华北、西北等"三北"地区，地域辽阔，山水林田湖草沙俱全，地质构造复杂，地质特色明显，矿产资源丰富，地貌景观特殊，是一个地质资源大省区。本书依托内蒙古自治区已有的地质工作成果，以浅显易懂、图文并茂的方式，简明扼要地叙述了内蒙古全域的地层形成与分布、古生物演化及化石保存、岩浆活动及产出状态、构造运动及海陆变迁、矿产资源禀赋及产出类型、水资源潜力及利用现状、物化遥技术及应用效果、地质景观及壮美河山、地质灾害表现及防治手段等内容，是一本区域性的高等级地质科普读物，较好地浓缩了内蒙古地质的精华，既高度概括，又有具体实例，让读者在浏览的过程中身临其境，并寓教于乐。

本书的问世，可让更多的读者了解内蒙古的地质状况，领会地质科学的意义，进而为新时代提高全民科学素养助力。本书也可使更多的管理者快速了解和掌握内蒙古全区的基础地质背景、矿产资源潜力、地质灾害风险等，以便科学规划、合理部署，珍惜资源、保护环境，尊重自然、促进人与自然和谐共存。本书还可以让更多的年轻一代爱上地质、学习地质、懂得地质，领悟地质报国之精神，不负韶华、奉献青春，为内蒙古的经济腾飞、为伟大祖国的繁荣昌盛、为我国地质事业的发展、为中华民族的伟大复兴贡献力量！

中国科学院院士
中国科学院学部主席团成员 李廷栋

2023 年 7 月

“科普”是科学普及的简称，又称“大众科学”或“普及科学”，是指利用各种传媒以浅显的、让公众易于理解、接受和参与的方式向普通大众介绍自然科学和社会科学知识，推广科学技术的应用，倡导科学方法，传播科学思想，弘扬科学精神的活动；是将目前人类所掌握和获得的科学知识与技能进行传播的过程，是一个科学大众化、民主化的过程。

习近平总书记高度重视科普工作，多次强调科普工作的重要性，他曾指出：“科技创新、科学普及是实现创新发展的两翼，要把科学普及放在与科技创新同等重要的位置，没有全民科学素质普遍提高，就难以建立起宏大的高素质创新大军，难以实现科技成果快速转化”①。中共中央、国务院也明确提出，开展科学普及，增强公众科学素质，是实现人的全面发展、建设创新型国家和世界科技强国的必然要求。

科学普及是一种社会科学教育，对公众至关重要。因此，科普一定要客观真实、避免偏颇，如对地质公园命名、地质现象的解释要严谨和准确，因为传播的是科学。

一次闲聊中，一位年轻人问：“老师，您从事的地质工作与社会发展有什么关系？”当时我非常震惊，心想，这不是明摆的事实吗？我说：“小到我们的衣食住行，大到国家的经济高速发展，都与地质工作密不可分，我们一项工程的开建，需要先了解地基的稳定性吧，谁来研究？所有交通工具及国家建设的大大小小物资都从哪里来，谁来找？所有爱美人士佩戴的黄金、宝石又是谁发现的？等等，这些都是我们地质人经过无数次穿越丛山峻岭，采用各种方法手段，夜以继日地潜心研究而获得的，甚至有人为此而付出了生命……多少个深邃幽静的地质公园的发掘，多少座重峦叠嶂的奇山异峰的研究，无不倾注着地质人的心血和汗水。地质工作也可概括为‘上九天揽月、下五洋捉鳖、登巅峰造极、丈大地广深’……这时，在场的人都说：“你们真伟大，了不起！”

其实，我们平常看到的每座山峰、每条沟壑、每粒并不起眼的小石子，它们都是一部天然巨著，都是记录地球生命演化的百科全书，只是大众百姓读不懂，而地质工作者就是一个服务于大众的“翻译家”，把地球中岩石、矿物、化石、构造等记录的痕迹翻译成寻常百姓能听得懂的话语，请大家听，请大家看，了解地球，珍惜我们赖以生存的大家园。

《内蒙古地质》一书运用浅显易懂的文字、精美的图片将内蒙古的主要地质特征、矿产资源、地质景观等展现给大众百姓，普及地学知识，服务社会，提高公众对资源环境的珍惜和保护意识。本书定位为高等级的科普读物，受众群体为非地质类专业的大中专院校师生和企事业单位技术人员、管理人员。因为中小学教材的相关读本已涉及很多的基础地质知识，所以本书是从更专业的层次向大众普及内蒙古的地质。

---

① 为建设世界科技强国而奋斗——习近平在全国科技创新大会、两院院士大会、中国科协第九次全国代表大会上的讲话（2016年5月30日）。

书中引用了大量区域性图件，这些图件均为略图，国界线、国内境界线以及其他分区界线均不作为划界依据（正文中不再一一注明）。绝大部分图件列有出处；部分图件为项目组编制（未列出处），涉及国界线、省界线的52张插图均进行了审图（审图号为蒙S(2023)054号）。

此书撰写的主导思想是引导读者了解内蒙古的地质特征（有什么、在哪里、如何形成……），而不是为迎合读者把专业知识写得太通俗化而产生偏颇，以免失去其科学性。

撰写者也殷切期望本书的出版能引起社会各界人士对内蒙古的地质和地质工作更多的关注，希望有更多的人爱上地质这门自然科学，深入了解内蒙古这片热土的海陆变迁、资源宝藏；也希望本书的出版能促进地质科学知识的普及，进一步推进内蒙古自治区地质事业的大发展。

地质学本身是一门专业性非常强的学科，涉及的专业名词、术语众多，仅《地质词典》(1993)一书中就收录了1.6万多条。因此，本书只对涉及的个别常用或偏生术语进行解释，因篇幅有限，其余读者不解之词还需通过延伸阅读相关文献来了解。由于著者水平有限，书中尚存疏漏，部分引用的成果可能未在参考文献中列出，在此表示真诚的歉意，不妥之处敬请广大读者批评赐教、斧正。

著者 张玉清

2023年3月1日

地球是人类共同的家园，由内到外分为地核、地幔、地壳三大部分，其中地壳的表层是我们人类及其他生物的摇篮。地质学是专门研究地球的一门自然科学，地壳最基本物质组成是岩石，而岩石则是由天然矿物单体或集合体组合而成。在当前经济技术条件下能被利用的岩石或矿物称为“矿石”，它是国民经济建设中不可或缺的珍贵自然资源。岩石与古生物化石是研究地球演化历史的重要物质记录。

内蒙古自治区简称“内蒙古”，首府呼和浩特，地处中国北部边陲，呈东西狭长弧形状。面积118.3万平方千米，是中国第三大省区。与黑、吉、辽、冀、晋、陕、甘、宁相邻；北与蒙、俄接壤，国境线长达4200千米。地形以高原为主，通称内蒙古高原，水系东密西疏。地质构造复杂多变，矿产资源十分丰富，交通便利，地质旅游资源丰富多彩。

人类文明只有数千年，而地球的历史有46亿年。广泛分布的地层和赋存其中的古生物化石是地球历史的最好物质记录，它们可以揭示地壳某一时期的形成过程及所处的环境，述说地球“沧海桑田”的演化历史。内蒙古从中太古代至第四纪，地层出露较为齐全、沉积环境多变。

一、古老磐石——中太古界—古元古界/021

中太古界(距今 32 亿～28 亿年)兴和岩群目前被地质学界认为是内蒙古境内最古老的岩石地层，为一套含特征变质矿物紫苏辉石的高级变质岩系。新太古界(距今 28 亿～25 亿年)绿片岩等是区内重要的金、铁含矿层位。古元古界(距今 25 亿～18 亿年)的沉积物主要来源于陆块区，形成富铝砂泥质岩、碳酸盐岩等，同时伴有火山活动，后期岩石变质变形强烈，是区内石墨、铁矿重要的含矿层位。内蒙古是我国乃至世界变质岩研究的理想地区之一。

二、初始盖层——中—新元古界/027

中元古界—新元古界青白口系(距今 18 亿～7.8 亿年)，下部为陆相河湖相沉积，中上部为海相沉积，底部以区域性角度不整合覆于古老岩石之上，岩石发生了浅变质，主要由变质砂岩、板岩、碳酸盐岩等组成，原沉积结构、构造保留较好。渣尔泰山群赋存海底喷流沉积型铜铅锌硫矿床，白云鄂博群更是因赋存全世界最大的铁铌稀土矿床而闻名于世。新元古界震旦系(距今 6.35 亿～5.41 亿年)分布局限，以浅海相碎屑岩-碳酸盐岩为主，另见冰水沉积物，是全区最早冰川活动的物质记录。古生物化石以藻类为主。

三、海陆变迁——古生界/031

古生界(距今 5.41 亿～2.52 亿年)自下而上分为寒武系、奥陶系、志留系、泥盆系、石炭系和二叠系，不同的构造分区中沉积物、变质变形程度及所含古生物化石等千差万别。以清水河、鄂尔多斯、乌海等地为代表的华北陆块区寒武系、奥陶系稳定，为海相砂泥岩、砂砾岩、碳酸盐岩组合，其中含角石、三叶虫等古生物化石；志留系、泥盆系因地壳抬升而缺失；石炭系、二叠系以海陆交互相到陆相的砂泥质含煤地层为特色，含大量古植物化石。古生界富含丰富的石灰岩、煤炭等矿产资源。

四、山川火海——中生界/049

区内中生代(距今 2.52 亿～0.66 亿年)的古地理格局与之前有很大的不同，海洋已不复存在，取而代之的是高山、大川、河流、湖泊，火山活动频繁且遍及全区，如同火海一般。这一时期形成的地层称中生界，主要由陆相砂砾岩、砂泥岩及各种火山岩构成。恐龙化石及其遗迹化石丰富，自西向东均有出露，鱼类、鸟类、双壳类以及各类植物化石都有发现。中生界蕴藏着全区大量的金属矿产资源、煤炭及其他非金属矿产资源。

五、红色大地——古近系、新近系/060

古近系、新近系是距今 66 百万～2.588 百万年形成的一套泥页岩、砂砾岩等河流、湖泊沉积物，岩层的色调总体以砖红色为主，远远望去，一片绚丽的红色，构成壮美的红色台地、丹霞地貌，含有犀牛、三趾马等哺乳动物化石。局部地区伴有火山活动，形成高平台、桌状山。

六、人类摇篮——第四系/066

第四纪(距今 2.588 百万年至今)在低洼区形成河流、湖泊、沼泽等的堆积物，高原上黄土广泛发育，同时戈壁、沙漠也广泛分布。全区先后出现了 5 次冰期、4 次间冰期和 1 次冰后期，在距今几万年的末次冰期，今天地球上的所有动植物物种几乎都已出现。火山活动主要集中在中东部区，多数保留了较完整的火山口，有的积水成湖，称天池或地池，极具观赏价值。全新世最突出的特征是有了人类的活动，存留有多处古人类文化遗存。

第四篇　岩浆行踪——侵入岩和火山岩/075

岩浆岩是与沉积岩、变质岩并列的三大岩类之一，是由上地幔或地壳的岩石(部分)熔融形成的岩浆，冷凝而形成的岩石。沿着构造软弱带上升到地壳，未喷出地表的称侵入岩，喷出地表的称火山岩。岩浆岩是组成地壳的主要岩石。

一、暗流涌动——侵入岩/077

侵入岩一般形成于地表 3 千米以下，后因构造运动才将其抬升，露出地表，经后期的风化、剥蚀形成今天的地貌特征(石林、石蛋)。根据其中二氧化硅的含量分为超酸性、酸性、中性、基性、超基性五大岩石类型。全区岩石类型齐全，而且从新太古代至早白垩世的侵入岩均有出露，遍及全区。侵入岩蕴藏着丰富的金属、非金属矿产，且本身也是重要的非金属矿，多用于建筑方面，与我们生活最密切的就有花岗岩、辉绿岩饰面板材等。

区内火山活动自太古宙至新生代不断发生，各时代活动强度不尽相同，火山熔岩、火山碎屑岩均很发育，从基性岩到酸性岩均有广泛分布。前古生代火山岩强变形变质，古生代火山岩是古亚洲洋构造岩浆演化和洋陆转换的重要地质记录。中新生代火山岩是古太平洋板块向欧亚大陆俯冲、碰撞的产物，火山机构保存均较为完整，并形成壮观的火山地貌，是重要的地质科普基地。许多金属、非金属矿产的形成与火山活动关系极为密切。

内蒙古地质构造独特，从宏观上看，总体构造格局由四大板块构成，即华北板块（鄂尔多斯陆块）、塔里木板块（敦煌陆块）、古亚洲洋板块和西伯利亚板块。各板块在地质演化过程形成了独特的地质体和构造格架。全区构造形迹种类齐全、形式独特多样，是地质科普的殿堂。

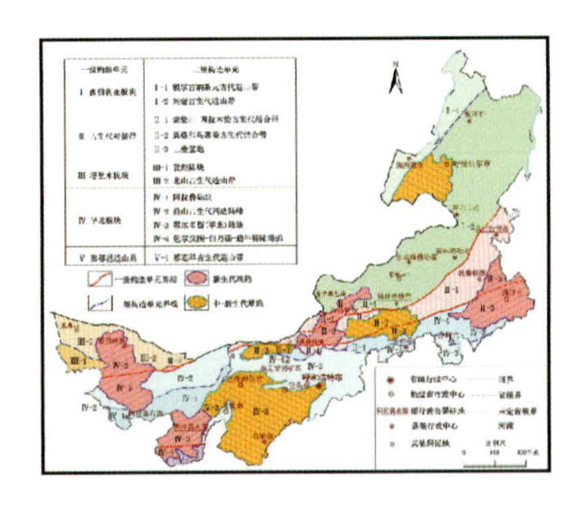

一级构造单元包括板块（含克拉通、造山系）和对接带（俯冲增生杂岩带），区内涉及5个，分别为西伯利亚板块、塔里木板块、古生代对接带、华北板块、秦祁昆造山系。二级构造单元包括造山带、陆块、陆缘弧或弧盆系，全区涉及11个。三级为叠接带、地块、隆起、裂谷带、岛弧、岩浆弧、俯冲增生楔或增生杂岩带（块）、上叠盆地等。

地球从形成开始，就不断演化着。全区地质构造发展史从距今32亿年开始，各地质时期在不同的构造单元中均留下了活动的烙印，最终铸就了今天的地质地貌景观。每一次构造运动都控制着地层的发育、岩浆侵入和火山活动、矿产的形成和分布。所以说，地质构造发展史就是本区地质发展的历史。

构造形迹是构造活动的物质表现，是了解地球演化的窗口之一。内蒙古构造形迹形式多样，大到区域规模，小到露头（或显微）尺度的均有发育。构造类型包括韧性剪切带、褶皱、断裂、大型推覆构造、拆离断层与变质核杂岩，以及影响我们生活的活动断层等，有的属经典教科书级例证。

矿产资源是人类生产和生活资料的基本保障，随着社会生产力的发展和社会生活的进步，人类使用矿产资源的种类和数量在急剧增长。内蒙古地大物博、矿产资源丰富、矿种类别繁多。以煤炭为代表的能源矿产、以铁为代表的黑色金属矿产、以铅锌为代表的有色金属矿产、以银为代表的贵金属矿产、以萤石和天然碱为代表的非金属矿产，以及具有世界规模的稀土矿产，共同扛起矿产资源大省、国家能源和战略资源基地的旗帜。

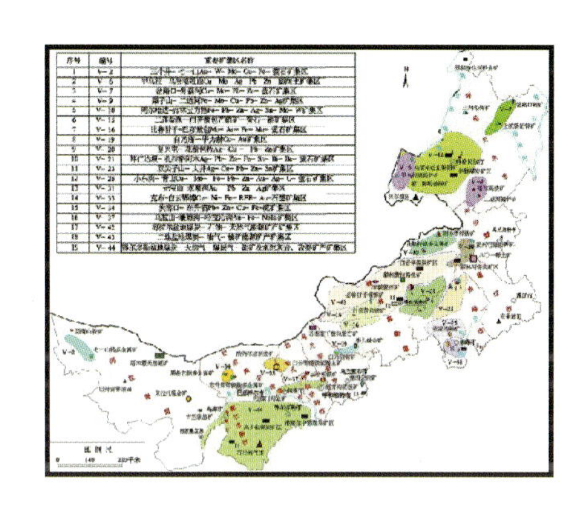

能源是国民经济的命脉，内蒙古的能源矿产种类多、总量大。传统能源矿产煤炭的储量、产量全国领先；天然气、石油矿产勘查、开发已初具规模，前景广阔；新兴能源矿产铀、煤层气极具潜在优势。

以铁为代表的黑色金属，是传统工业的重要原材料，中国已经是世界第一钢铁大国；铁矿是内蒙古的优势矿种之一，矿产地遍及全区东西，主要有三大成因类型和七大铁矿聚集区。

方铅矿

银手镯

稀土矿

萤石矿

水是生命之源，人体成分的70%是由水组成的。在地球水资源中，人类真正能够利用的淡水仅有0.26%。水资源是一种不可再生的资源，过量使用会造成资源枯竭。内蒙古水资源量远低于全国平均水平，且分布不均，西部地区缺水严重。因此，我们一定要节约用水，否则“地球上最后的一滴水，就是你的眼泪”！

内蒙古地表水分为额尔古纳河、嫩江、西辽河、海河、滦河（区内仅有上游部分）、黄河、内陆7条水系。东部地区河网相对密集，长年有水，地表水资源量较大；中西部河流较少，多为季节性河流，地表水资源量较小。区内地表水资源主要用于农业灌溉。

内蒙古地下水分为大兴安岭山区、西辽河平原区、北部高原区、阴山山区、河套平原、鄂尔多斯高原、阿拉善高原7个分布区。平原区及大兴安岭河谷的地下水分布稳定、连续，主要为孔隙水，水质较好。高原区仅在某些盆地及河谷中赋存可供开采的地下水，以裂隙孔隙水为主，水资源丰富程度自东向西呈降低趋势，水质亦由东向西变差。

地热来自地球内部放射性元素衰变产生的热量及其他因素。内蒙古地热资源一类是火山温泉，由断裂构造传导深部热源，如阿尔山温泉、克什克腾旗热水塘温泉等；另一类是盆地增温型地热资源，地温随深度而增高产生热量，如河套盆地、鄂尔多斯盆地等。地下热水一般采自天然温泉和地热井，主要用于供暖、洗浴、种植、养殖等方面。

第八篇　问诊地球——地球物理、地球化学、遥感地质/219

地球物理勘查、地球化学勘查、遥感地质都是地质调查工作的重要手段。地球物理勘查是通过研究和观测各种地球物理场的变化来探测地下的岩石、矿产、地质构造等；地球化学勘查是通过采集各类样本（如岩石、土壤、水、水系沉积物、风成沙、植物或气体等）进行化验，研究判断各种异常，达到寻找矿产资源或生态评价工作目的；遥感地质是应用航空照片和卫星图片及现代遥感技术，研究地质规律，进行地质调查和资源勘查。

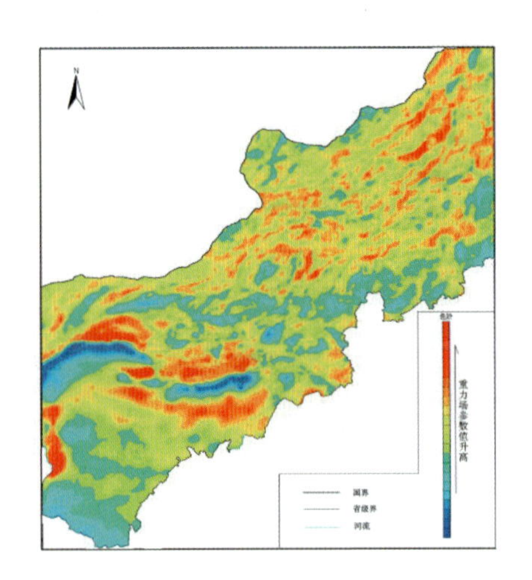

一、透视地球——地球物理勘查/220

地球物理勘查是用不同的地球物理等工作方法采集某区域（或地质体）的各类有用信息，寻找有价值的地质矿产资源。在内蒙古地质调查工作中，通过研究全区及重要成矿区带、已知矿床区域重力场特征，分析重、磁异常与矿床及地质构造的关系，为内蒙古资源评价提供重要基础数据；在全区矿产资源勘查、寻找地下水资源等工作中电法勘探具有重要的指导作用。地球物理勘查在监测地球生态环境、城市地质调查及工程勘查领域得到广泛的应用。

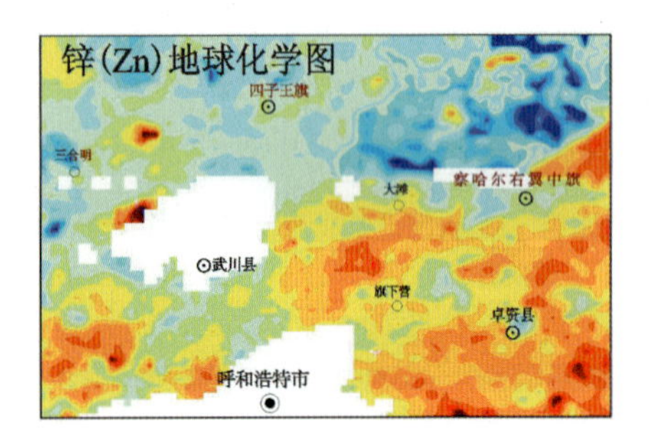

二、采样化验——地球化学勘查/237

内蒙古地球化学景观区分4个大区、19个亚区，景观分类7类（有森林沼泽区、中低山丘陵区、戈壁残山区、残山丘陵区、残山丘陵草原区、冲积平原区和沙漠区）。全区完成了化探基础数据库及中大比例尺化探数据库建立。编制多元素组合异常图及铜、铅、锌等元素综合异常图，并进行了找矿预测。编制了部分典型矿床的地球化学图，建立了地质-地球化学找矿模型。生态地球化学评价（农业和生态建设）在内蒙古黄河流域及通辽地区广泛应用，判断农业用地质量及企业用地土壤环境污染状况。

三、俯瞰地球——遥感地质/250

内蒙古遥感地质完成了ETM、Aster、Rapideye高分数据系统图像处理，形成全区遥感影像镶嵌图。编制了内蒙古1∶25万分幅遥感影像图，建立了全区不同岩石地层单位的遥感影像特征，并解译出多条断裂构造、大型脆韧性变形构造带及多个环形构造；全区初步完成了遥感地质解译、遥感羟基及铁染异常信息提取工作，并开展了Aster数据遥感异常信息的提取及对比研究工作，取得了很好的效果。

第九篇　游山玩水——地质景观/259

内蒙古自然地理分区横跨中国东北、华北、西北三大区域，经历了漫长而复杂的地质发展史，大自然的鬼斧神工造就了丰富多彩的地质奇观，有复杂奇特的花岗岩景观，有类型齐全的火山景观，有形态独特的碎屑岩景观，有无边无际的浩瀚沙漠景观……，走进内蒙古，就像走进一座巨大的地质博物馆，让人拍案称奇、流连忘返。

一、千姿百态——大美内蒙古地貌特征/261

守望者

内蒙古地貌以高原为主，其次为山地和平原。多数地区海拔在1000米以上，统称内蒙古高原，是我国第二大高原。大体划分为大兴安岭山地、西辽河平原、内蒙古北部高原、阴山山地、河套平原、鄂尔多斯高原、阿拉善高原。不同地貌单元具有不同的地质遗迹和景观特色。

二、星罗棋布——地质景观类型/263

内蒙古地域辽阔，漫长的地质历史、特殊的构造位置、独特的气候条件，赋予了这片土地神奇美妙、绚丽多彩的地质奇观。区内不同时期的各类岩石是构成各种地貌景观的物质基础，构造运动等地质作用是构成地貌景观的主要动力来源。花岗岩地貌景观主要分布于中部及东部地区，沙漠地貌及碎屑岩地貌主要分布于中西部地区，火山岩地貌分布于中东部地区。

三、巧夺天工——主要地质景观/271

全区已确认的侵入岩地质景观区25处，碎屑岩地质景观区6处，沙漠地质景观区4处，水体地质景观区31处，火山地质景观区22处，第四纪古冰川地质景观区3处，峡谷地质景观区5处。重要化石产地33处，其中古人类化石产地2处，古生物群化石产地21处，古植物化石产地6处，古动物化石产地2处，古生物遗迹化石产地2处。

地质灾害作为自然灾害的主要类型之一，在历史上曾给人类带来无尽的伤痛，留下了许多不堪回首的记忆。而今，人类活动随其规模与强度的不断增大，正在越来越深刻地干预着地球表层的演化，导致地质灾害发生的频率越来越高，影响的范围越来越大，造成的危害也越来越严重，在一些脆弱的地域内，已经成为影响和制约社会与经济发展不可忽视的重要因素。

地质灾害在时间和空间上的分布及变化规律既受制于自然环境，又与人类活动有关，后者往往是人类与地质环境相互作用的结果。地形地貌、岩土类型和地质构造等都是地质灾害形成和发育的主要内在条件，而大气降水、地震和人类工程等则是诱发各类地质灾害主要的外动力。截至 2020 年底，全区地质灾害隐患点 2504 处，其中特大型 12 处，大型 103 处，中型 708 处，小型 1681 处。

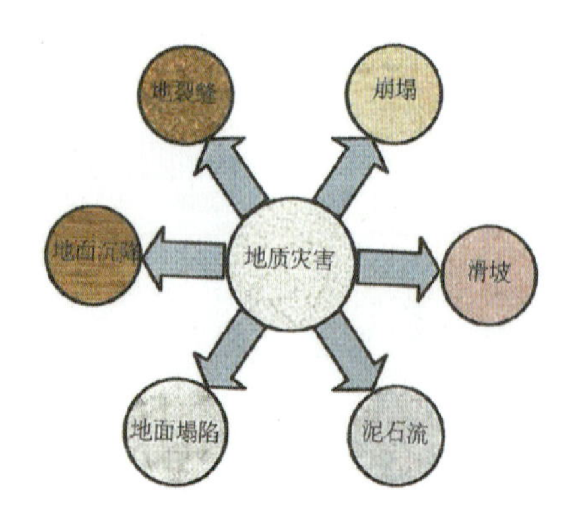

地质灾害有多种类型，由降雨、融雪、地震等因素诱发的称为自然地质灾害，由工程开挖、堆载、爆破、弃土等引发的称为人为地质灾害。常见的地质灾害主要指危害人民生命和财产安全的崩塌、滑坡、泥石流、地面塌陷、地裂缝和地面沉降 6 种，均与地质作用有关。地质灾害隐患点在全区 12 个盟市均有分布。

区内典型的地质灾害有呼和浩特市托克托县双河镇蒲滩拐取水口滑坡、阿拉善盟阿拉善左旗营盘山景观公园滑坡，呼和浩特市土默特左旗陶思浩乡湾石沟泥石流、巴彦淖尔市乌拉特中旗乌加河镇养狼沟泥石流、赤峰市克什克腾旗芝瑞镇上柜村沟门泥石流，准格尔旗薛家湾填唐公塔煤矿地面塌陷、准格尔旗龙口镇串草圪旦煤矿地面塌陷等。

根据地质灾害的发育程度及其地质背景条件，全区划分为地质灾害高易发区、中易发区、低易发区和不易发区。地质灾害防治分区是以地质灾害易发程度为基础，结合行政区划等划分为重点防治区、次重点防治区和一般防治区 3 个等级，并针对每一个防治片区的地质灾害特征与防治需要，提出治理、避险、监测、预警等建议。

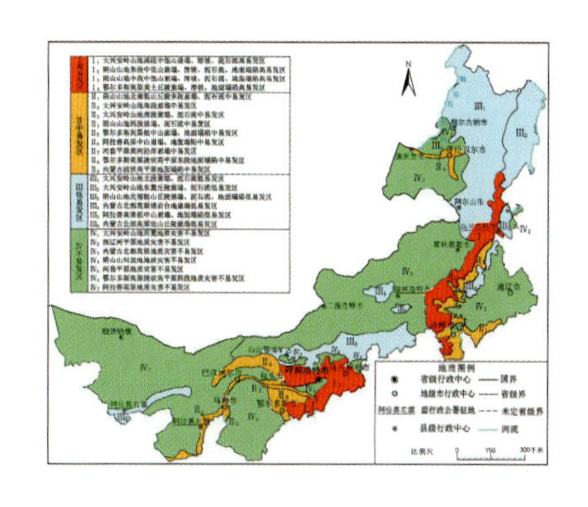

从临灾前兆、避险自救和应急处置等方面做好防灾避险与自救应急。临灾前兆，及时捕捉灾前异常，迅速采取措施，避免人员伤亡。避险自救，高易发区居民要在专业技术人员的指导下和有关部门的配合下事先选好灾害临时避灾场地，提前确定安全的撤离路线。应急处置，加强监测、做好预报，提早组织人员疏散和财产转移，监测人、防灾责任人及时发出预警信号，组织群众安全避让。

实现全区地质灾害高、中易发区调查全覆盖，对重点城镇、村组、居民等人口聚集区等开展专项调查。通过群测群防体系建设，建立防灾制度，实现对地质灾害的及时发现、快速预警。对涉及的集镇、学校、重要基础设施和人口聚集区的地区，应因地制宜开展工程治理和移民搬迁。

第一篇

人类共同的地球家园

RENLEI GONGTONG DE DIQIU JIAYUAN

据图虫创意修编

地球是我们人类共同的家园，也是其他生物的家园，是已知太阳系中仅有的、存在已知生命的天体。我们世世代代生活在这个美丽的星球上，享用着她提供的空气、水、矿产等资源宝藏。地球是太阳系由内向外的第三颗行星（八大行星之一，图 1-1），距离太阳约 1.496 亿千米。

地球自西向东自转，同时围绕太阳公转（图 1-2）。地球起源于原始太阳星云，距今已有约 46 亿年的历史，其间进行过错综复杂的物理、化学变化，同时还受天文变化的影响，各个层圈均在不断演变。地球赤道半径 6 378.206 千米，极半径 6 356.584 千米，平均半径约 6371 千米，呈两极稍扁、赤道略鼓的不规则椭球体。地球表面积 5.1 亿平方千米，包括 71% 的海洋和 29% 的陆地，在太空上看地球，总体呈蓝色。地球◇1 由内到外分为地核、地幔、地壳三大部分（图 1-3），地球表层存在水圈、生物圈及大气圈等。

◇1 把鸡蛋比作地球，蛋壳就是地壳，与其紧挨的那层白色薄膜为莫霍面，蛋清则为地幔，蛋清与蛋黄之间的界面为古登堡面，蛋黄即为地核，而蛋黄中心部位的小圆点便是地心。

图 1-1 太阳系（据[西]伊格纳西·里巴斯，2020）

图 1-2 太阳、地球、月亮

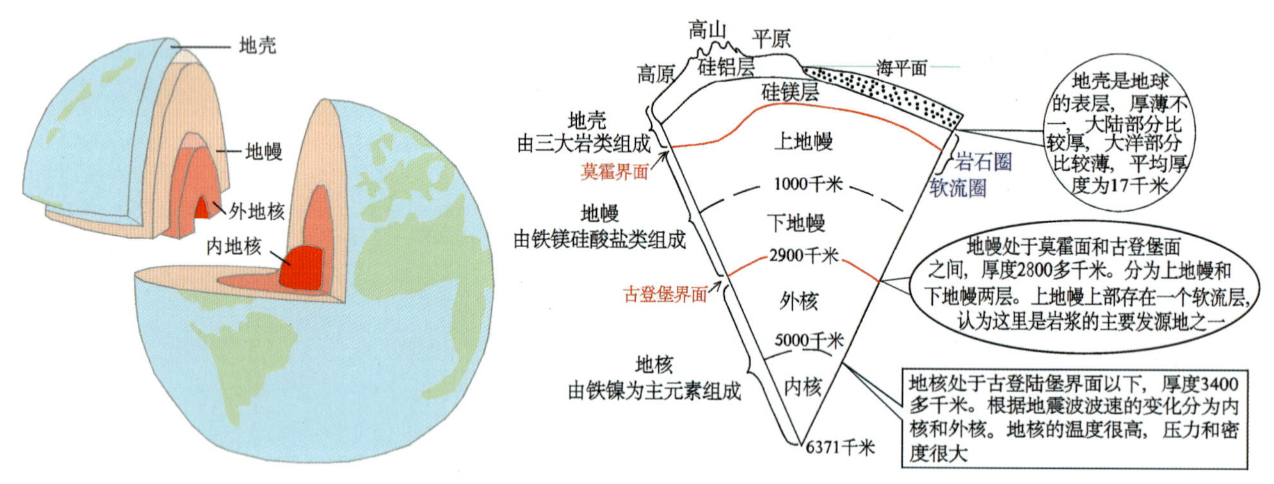

图 1-3 地球圈层示意图

地壳，是地球固体圈层的最外层，是地球表面到莫霍面◇2 之间的壳层，由各类岩石组成，分为上地壳和下地壳。上地壳以氧、硅、铝 3 种化学元素为主，称为“硅铝层”；下地壳富含硅和镁等化学元素，称为“硅镁层”。地壳的厚度即为莫霍面的深度，就内蒙古而言，东部区地壳厚度最薄（大兴安岭地区为 34 千米）、中部区最厚（鄂尔多斯地区为 55 千米），莫霍面总体呈东浅西深、北浅南深的变化趋势。东部区莫霍面等深线呈北东向展布，中部区呈近东西向展布，西部区则总体呈北西西向展布。

◎2 莫霍面和古登堡面：是以两位科学家的名字命名的地球圈层之间的分界面。莫霍面是地壳与地幔之间的分界面，是南斯拉夫地震学家莫霍洛维奇于1909年发现的，故以他的名字命名，全称为“莫霍洛维奇不连续面”，科学家们为了引用方便，简称为“莫霍面”。古登堡面是1914年美国地球物理学家古登堡发现的地幔与地核的分界面。

地壳表层是人类及其他生物的摇篮，在内、外力地质作用下塑造了今天的地表形态。按照外部形态特征，可将地形划分为平原、丘陵、高原、山地和盆地。依成因类型，可划分为构造地貌、流水地貌、海岸地貌、风沙地貌、黄土地貌、冰川地貌、喀斯特地貌等。

地幔，是地球的中间圈层，位于莫霍面与古登堡面之间，平均厚度约2885千米，主要由固态物质组成。大约以1000千米为界，分为上地幔和下地幔两个次级圈层，上地幔上部有一个软流圈，从70千米延伸至250千米，其特征是地震波低速带。内蒙古软流圈的顶底埋深分别为180～200千米、250～260千米，波速4.44～4.5千米/秒。

人类为了研究地球表面及其内部特征，地理学和地质学便应运而生。18世纪末叶西欧的莱伊尔(Lyell)在总结前人成就的基础上，把现实主义原则作为地质研究最基本的方法，于1830年发表了《地质学原理》，从而诞生了地质学科，莱伊尔也因此被后人称为地质学之父。

“地质”一词，就字面而言，不同的人有不同的理解，“地”可能是“土地”，也可能是“地球”，“质”可能是“性质”，也可能是“本质”或“物质”。因此，有的人把“地质”看成是“土地的性质”，有的人理解为“地球的性质”或“地球的本质”。其实，地质是一个由外文翻译过来的名词，其英文是“Geology”。依据原文的意义，“Geo-”是“地球”的意思，“-logy”是研讨(discourse)的意思，综合起来，“Geology”的意思就是“研讨地球的一门学问”。翻译成汉语就称为地质学，也就是专门研究地球的一门自然科学。目前的地质工作主要是针对地壳，2011年俄罗斯在库页岛的Odoptu施工了OP-11油井，钻井深12 345米，是迄今为止世界最深的钻井，凭借此纪录坐上了“世界第一油井”的宝座。中国最深的钻井“塔深1井”位于塔里木盆地，井深8408米，也是目前亚洲地区的最深钻井。内蒙古最深的钻井位于鄂尔多斯盆地，深度超过6500米。

当今的地质学，主要是研究地球的物质组成、内部结构、外部特征、各层圈之间的相互作用和演变历史。它研究的对象是庞大的地球本身及其悠远的历史。

构成地壳和地幔的最基本物质组成是岩石(图1-4)，即日常生活中所俗称的“石头”，其实岩石没有多么神秘，时刻都与我们相伴，一直是人类生活和生产的重要材料与工具(图1-5)。

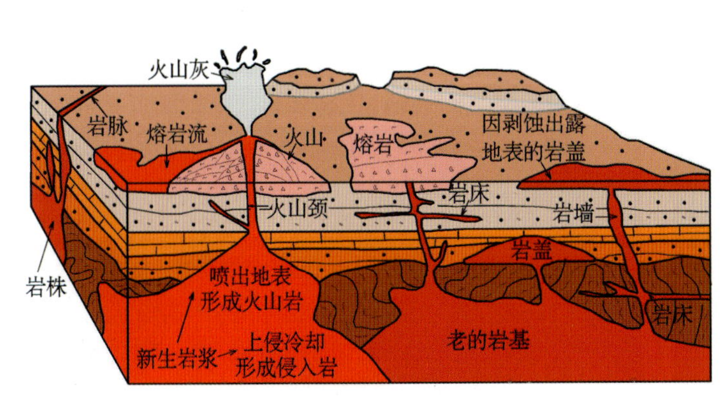

图1-4 岩浆作用的过程

图1-5 小石磨，砂岩制成(张玉清2022年摄)

地质学中岩石是这样定义的:"由一种矿物或几种矿物、天然玻璃组成的,具有稳定外形的固态集合体。"岩石是由地质作用◇3形成的,根据形成因素的不同,分为岩浆岩(图 1-6)、沉积岩(图 1-7、图 1-8)和变质岩(图 1-9)三大类型,在一定条件下,三者间是可以相互转化的(图 1-10)。

图 1-6 石榴石花岗岩,板条为钾长石,褐色小点为石榴石(张玉清 2021 年摄于和林格尔县摩天岭)

三大岩类的转化是一个相当复杂的过程,地质作用起主导。原先形成的岩石,一旦其所处的环境发生改变,物理化学性质也将随之发生改变,最终结果是可变为新的岩石类型(图 1-11)。出露到地表的岩浆岩、变质岩、沉积岩,在大气圈、水圈、生物圈等的共同作用下,经过风化、剥蚀、搬运而变成新的沉积物,沉积物经压实、固结,形成新的沉积岩。埋在地下深处的沉积岩、变质岩、岩浆岩,在温度不太高的条件下以固态的形式发生变质,形成新的变质岩。无论什么岩石,一旦进入高温(700～800 摄氏度)状态,岩石开始逐渐熔融,形成炽热的岩浆,岩浆在上升过程中降低着自身的温度,在地下冷凝,形成新的侵入岩,或者喷出地球表面形成新的火山岩。

◇3 地质作用:促使地球的物质成分、内部结构和地表形态等发生物理的、化学的和生物的各种作用称之为地质作用,它们随时随地都在对地球进行改造。人类能直接感知的如地震、火山喷发等;人类不可感知的如台湾岛(5000 万年前为祖国大陆边缘的浅海区)、大青山(1 亿年前为草肥水美的河湖低地)、松辽平原(6 亿年前为崎岖的山岭)的形成,都是地质作用所为。产生地质作用有时需要巨大的能量,如造就了世界极顶珠穆朗玛峰(8 848.86 米),威武雄壮、昂首天外;地质作用同时又是世界上最完美的艺术家和能工巧匠,如创造了色彩斑斓的矿物花、象征爱情的钻石、陡峭险峻的石林地貌以及人类所需的矿产资源(煤炭、石油、金银铜铁等)。地质作用根据应力来源,可分为外应力地质作用和内应力地质作用两种,前者来自地球外部(太阳能等),主要作用于地壳的表层,包括风化、剥蚀、搬运、沉积作用等;后者来自地球内部(温度、压力等),作用于整个地球内部,包括地壳运动、岩浆活动和岩石的变质作用等。

图 1-7 清水河县八龙湾奥陶系水平状灰岩(张玉清 2021 年摄)

图 1-8 呼和浩特市土默特左旗察素齐镇北小桂林二叠系砾岩(张玉清 2022 年摄)

图 1-9 达尔罕茂明安联合旗（简称“达茂旗”）明安镇红柱石板岩。左：野外露头；右：正交偏光显微镜下，Ad. 红柱石（张玉清 2021 年摄）

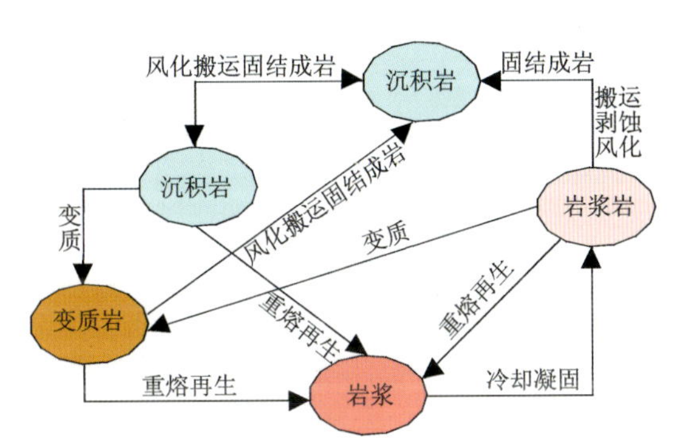

图 1-10 三大岩类转化示意图

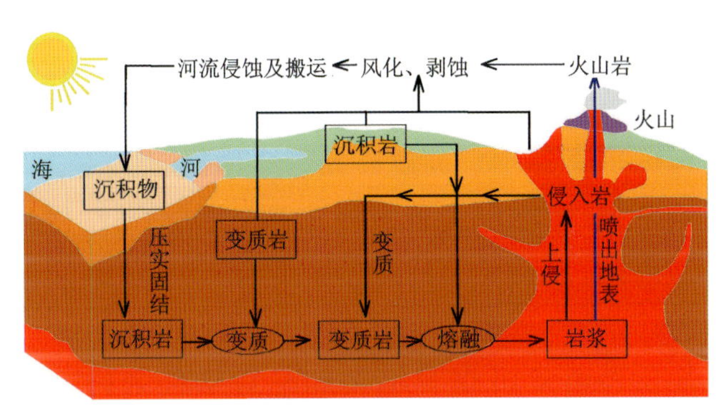

图 1-11 沉积岩、岩浆岩、变质岩形成关系示意图

矿物是岩石的基本组成，如果把岩石比作一个家庭，那矿物就是其中的一员。矿物是由地质作用形成的，是天然的物体。请大家注意，一定是“纯天然”，人工参与下的只能叫“人造矿物”或“合成矿物”；来自其他天体的称为“陨石矿物”。矿物有一定的化学成分（可以是化合物，也可以是单质），有一定的内部结构构造且有一定的规律，有一定的形态和特定的物理性质。矿物的物理、化学性质会随环境发生变化，变化的最终结果是转变为新的矿物。目前世界上已知的矿物有 6000 多种。矿物的光学性质包括光泽、颜色、透明度和条痕等；力学性质包括硬度、解理、断口、弹性等。这些物理性质是鉴定和识别矿物的主要依据。当然，矿物、岩石的准确鉴定要用专业仪器进行，并结合相关的化学分析。

部分矿物可从中提取出一定的有用组分，或者它本身具有某种性能而被利用，这些矿物称为矿石矿物，岩石中某种矿物或某些有用组分含量达到一定标准、在当前经济技术条件下能被利用时称该岩石为“矿石”。由此可见矿石是天然的、固态的、有经济价值的，可分为金属矿和非金属矿，常用“品位”一词来衡量矿石中可利用成分的多少，如绿片岩中金的品位是 3 克/吨，就是说：1 吨绿片岩中含有 3 克黄金（体积大约相当于一粒绿豆大小）。

矿物最显著的外在表现是晶体。晶体是大量微观物质单位（离子、络离子、原子、分子等）按一定的规则作有序排列的产物，只有固体才形成晶体，它的外形是内部构造的外在反映，晶体具多面体形态，如我们食用的石盐晶形呈立方体，这完全取决于它的内部构造，但形态也受生长空间制约，如生长时相互争夺空间，彼此阻碍，就形成不规则粒状，因此自然界完美的矿物晶体多产在地下的空洞中，近于垂直洞壁生长。如完美的石英晶体呈六方双锥状、菱锰矿呈斜六方菱面体状、绿柱石呈六方柱状、黄铁矿呈立方体（图 1-12）。丛生在同一基底上的，向自由空间生长的一群晶体称为晶簇，如内蒙古阿拉善盛产的沙漠玫瑰（图 1-13）实为石膏晶簇。

图 1-12 矿物晶体。左：菱锰矿——(菱面体)；中：绿柱石(海蓝宝石)——六方柱；右：黄铁矿——立方体(张玉清 2016 年摄)

在老百姓的认知中，不同矿物也有它们独特的名称，如将石英称为“打火石”，乳白色的石英岩称为“马牙石”，石棉(直闪石)称为“痒痒石”，辰砂称为“朱砂”，孔雀石称“铜绿”，白云母称为“天皮”，高岭石称为“白泥”……

地球不只是一个客观存在的实体，而且是一个生命体，寒武纪开始，生物门类就大量出现，进入了“看得见生物的年代”，因此，地质界又将早寒武世至今这段地质时期称为“显生宙”。

地质界通常用相对年代和绝对年代来研究地球的年龄，即地质年代。

相对地质年代是根据岩石形成的先后顺序建立起来的，它只表明地层的新老关系，即地质事件发生的先后顺序，而不表示各个时代的长短。研究地层的形成顺序和其中所含的古生物化石◇4(图 1-14)是确定相对地质年代的主要手段。

绝对地质年代是应用同位素测年技术建立的年龄格架。由于岩石中某些矿物(如锆石、磷灰石等)含有微量的放射性同位素，利用其放射性元素核衰变定律计算出该矿物的年龄值，表述的是地质事件发生的距今年龄。地质上

图 1-13 产于阿拉善沙漠中的石膏晶簇——沙漠玫瑰，单晶板状、双晶燕尾状(张玉清 2017 年摄)

图 1-14 中侏罗世道虎沟古蝉(据田明中等，2013)

◇4 古生物化石：是一个地质学专业术语，指人类史前地质历史时期形成的，并赋存于地层中的生物遗体(如动物骨骼、硬壳)和活动遗迹(如恐龙足印)。包括植物、无脊椎动物、脊椎动物、昆虫等化石。地史时期的生物遗体及生命活动痕迹掩埋在沉积物中，在漫长的地质时期，经物理、化学作用的改造(包括矿物质的交代、充填等)而成。多数被保存下来的是生物的硬体部分(也有例外，如树化玉中的虫则是软体)，且生物体要迅速被沉积物掩埋，在地质作用的改造中不被破坏。由此可见，古生物化石是大自然给我们留下的多么珍贵的礼物。古生物化石是地球历史的见证，是研究生物起源和进化等的科学依据，是不可再生的自然遗产(如众人皆知的恐龙化石)。现今许多博物馆的恐龙展架是复制的模型，请大家观赏时一定要弄明白是否为原件，同时也希望展出商在展出时要有明显的标识说明。

从某种意义上讲，化石对生物本身而言，其记录是不完整的，如软体动物化石能够保存下来的很少。没有见到某种化石，并不代表这些生物就不存在。

常用的方法有铀-铅（U-Pb）法、钾-氩（K-Ar）法、铷-锶（Rb-Sr）法、铼-锇（Re-Os）法、钐-钕（Sm-Nd）法、碳^{14}（^{14}C）法等。

地质学家和古生物学家根据地层自然形成的先后顺序，将相对地质年代和绝对地质年代这两方面结合，构成了对地质事件及地球、地壳演变时代的完整认识，建立起地质年代表（表 1-1）。地质年代（时间单位）逐次表述为宙、代、纪、世、期、时；年代地层单位与时间对应，逐次表述为宇、界、系、统、阶、带，如“纪”对应于“系”、“世”对应于“统”，如白垩纪形成的地层直接称为白垩系，晚奥陶世形成的地层称为上奥陶统。

表1-1 中国地层简表及全球生物演化

中国年代地层					全球生物演化	
宇	界	系	统	距今年龄下限	生物时代	主要生物
显生宇	新生界 Cz	第四系	全新统 Qh	1.17万年	人类时代	人类、现生动物、现生植物
			更新统 Qp	2.588百万年		
		新近系	上新统 N_2	5.3百万年	哺乳动物时代	哺乳动物、被子植物
			中新统 N_1	2.303千万年		
		古近系	渐新统 E_3	3.38千万年		
			始新统 E_2	5.58千万年		
			古新统 E_1	6.55千万年		
	中生界 Mz	白垩系	上统 K_2	0.996亿年	恐龙时代	K_2末 第五次生物大灭绝 恐龙类、鸟类、哺乳动物、鱼类、介形类、被子植物
			下统 K_1	1.45亿年		
		侏罗系	上统 J_3	1.635亿年		恐龙类等爬行动物、哺乳动物、裸子植物、蕨类植物
			中统 J_2	1.741亿年		
			下统 J_1	1.996亿年		
		三叠系	上统 T_3	2.35亿年		T_3末 第四次生物大灭绝 恐龙类、卵生原始脊椎动物、被子植物、裸子植物
			中统 T_2	2.472亿年		
			下统 T_1	2.5217亿年		
	古生界 Pz	二叠系	乐平统（上统）P_3	2.604亿年	两栖动物时代	P_3末 第三次生物大灭绝 两栖动物、腕足类、珊瑚菊石类等；银杏、蕨类等植物
			阳新统（中统）P_2	2.793亿年		
			船山统（下统）P_1	2.99亿年		
		石炭系	上统 C_2	3.181亿年	昆虫时代	巨型昆虫、两栖类、蜓，真蕨、舌羊齿、石松、科达等植物
			下统 C_1	3.596亿年		
		泥盆系	上统 D_3	3.853亿年	鱼类时代	D_3晚期 第二次生物大灭绝
			中统 D_2	3.975亿年		鱼、苔藓虫、头足类、腕足类、珊瑚、牙形石，裸蕨类植物
			下统 D_1	4.16亿年		
		志留系	普里多利统（顶统）S_4	4.187亿年	笔石时代	笔石、腕足类、珊瑚、海百合、裸蕨类植物
			拉德洛统（上统）S_3	4.229亿年		
			文洛克统（中统）S_2	4.282亿年		
			兰多弗里统（下统）S_1	4.438亿年		
		奥陶系	上统 O_3	4.584亿年	头足类时代	O_3末 第一次生物大灭绝
			中统 O_2	4.70亿年		角石、三叶虫、腕足类、双壳类，藻类
			下统 O_1	4.854亿年		
		寒武系	芙蓉统 $\in_4$	4.97亿年	三叶虫时代	$\in_4$末 首次生物灭绝
			第三统 $\in_3$	5.09亿年		三叶虫、腕足类、海绵，藻类
			第二统 $\in_2$	5.21亿年		
			纽芬兰统 $\in_1$	5.41亿年		生物大爆发

中国年代地层					全球生物演化	
宇	界	系	统	距今年龄下限	生物时代	主要生物
元古宇	新元古界	震旦系 Z		6.35亿年	藻类时代	埃迪卡拉动物群（软体躯的多细胞无脊椎动物），藻类繁盛
		南华系 Nh		7.8亿年		藻类及其他微古植物、多细胞生物，细胞核
		青白口系 Qb		10亿年		
	中元古界	待建系		14亿年		
		蓟县系 Jx		16亿年		
		长城系 Ch		18亿年		
	古元古界	滹沱系 Ht ?		23亿年		绿藻
				25亿年		
太古宇	新太古界			28亿年	原始生命时代	蓝绿藻
	中太古界			32亿年		
	古太古界			36亿年		细菌
	始太古界			40亿年		原核生物（细菌、蓝藻）
冥古宇				46亿年		原始生命诞生

注：①本表中部分底界“年龄”“统”的名称与国际的略有不同，表中数据引自《中国地层表（2014）》。
②年代地层与地质年代的对应关系：宇—宙、界—代、系—纪、统—世、阶—期。

那地球是如何被逐渐了解和认识的呢？最直接的手段是系统地开展地质工作，即运用地质科学理论和各种技术方法对客观地质体进行调查研究，摸清地质情况、发现（探明）矿产资源、保护生态环境的活动。地质工作起源于人类社会对矿物资源的认识与利用。地质工作主要包含基础地质调查、矿产资源勘查、水文地质、环境地质调查、地质灾害防治、城市地质调查以及地质科技创新、地质资料及古生物化石监督管理等。矿产勘查工作一直是地质工作的主要内容，但随着现代科学技术的发展和国民经济建设的需要，水文地质、工程地质、海洋地质、农业地质、地震地质以及地下热能的开发利用等均成为地质工作的重要方面。地质工作涉及的勘查技术方法有地球物理勘探、地球化学探矿、地形测量、钻探工程、山地工程、岩矿测试、遥感探测、数学地质、地质资料的综合研究等。

基础地质调查（图 1-15）是在选定的区域范围内，按规定的比例尺和相应技术标准进行系统的地层、构造、岩石等调查及找矿，研究工作区内各类地质特征及其相互关系、矿产的形成条件和分布规律，为国民经济、国防建设、科学研究等提供地质资料。其中地质填图是地质调查最主要

图 1-15　图解地质调查

图 1-16 地质调查人员的行走轨迹，翻山越岭，徒步而行，肩负采集的样品（张玉清 2015 年摄）

的工作方法之一，将各种地质体（现象）及相互关系用规定的符号、线形、图案按一定的比例要求标绘在地理底图之上，并按一定格式详尽地记录下所获得的信息，编制各种成果图件和地质调查报告。地质填图是一项非常艰苦的工作，所有的观察路线和资料的获得都需要地质工作者用双腿一步一步踏勘来完成。一名地质填图人，一天少则走几千米的山路，多则几十千米，从大山的这边进山，从大山的那边出来（图 1-16）。如果读者关注过 2021 年哀牢山遇难的 4 名中国地质调查局地质调查人员，那对地质填图就不难理解了，他们当时的工作是要完成一个点上的任务，而地质填图是通过多个点的观察完成一条条地质路线，最后汇成一个面，形成一张图。为了更准确获得和识别地质信息，通常采用地球物理、地球化学、遥感等工作手段进行辅助。

在地质填图中后期，通过地质填图等工作成果，圈定矿产调查评价工作区。通过系统的实地调查和综合研究，查明工作区内矿产资源的种类、分布、规模、形成规律，圈出最有可能找到矿体的区域。在实际工作中有重点地开展地面地球物理、地球化学勘探等工作，有选择地进行矿点检查、物化探异常检查等工作，必要时进行浅表山地工程（槽探、浅井、坑探）和深部钻探工程，确定矿（化）体的产状和规模等，进行成矿规律研究，根据工作进展情况，估算某些矿种相应级别的资源量，提交相应的综合地质报告及附图。

第二篇

走进内蒙古

ZOUJIN NEIMENGGU

呼伦贝尔 莫尔格勒河 张玉清2022年摄

内蒙古自治区简称“内蒙古”，首府呼和浩特。地处中国北部边陲，呈东西狭长弧形状(图 2-1)。地理位置位于北纬 37°24′—53°23′，东经 97°12′—126°04′之间，直线距离东西长 2400 千米，南北宽 1700 千米，面积 118.3 万平方千米，是中国第三大省区。东北部与黑龙江、吉林、辽宁、河北交界，南部与山西、陕西、宁夏相邻，西南部与甘肃毗连，横越三北(东北、西北、华北)，靠近京津，北部与蒙古、俄罗斯接壤，国境线长达 4200 千米，居全国之首。

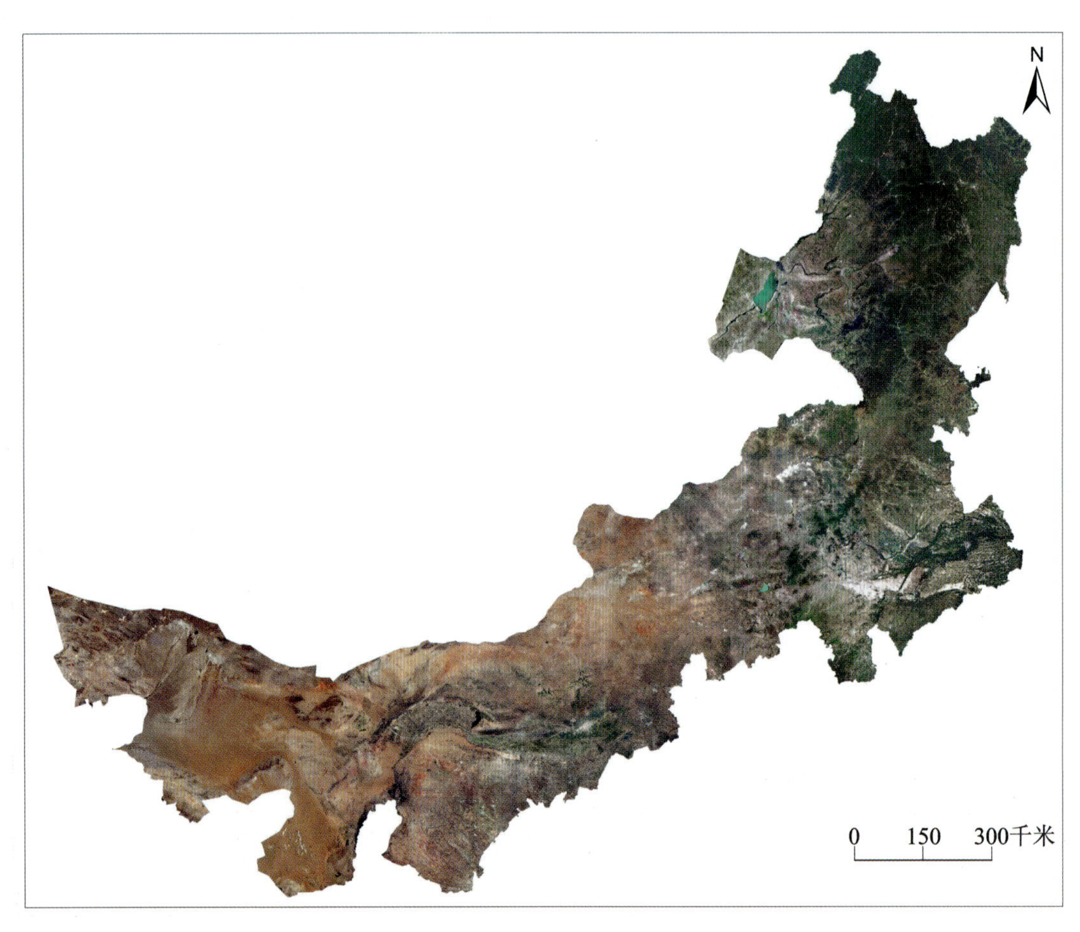

图 2-1　内蒙古卫星遥感图(内蒙古自治区测绘地理信息中心 2023 年提供)

据第七次全国人口普查结果，2020 年 11 月 1 日零时内蒙古常住人口 2 404.9 万人，其中汉族人口占 78.74%，蒙古族人口占 17.66%，其他少数民族人口占 3.60%，居住着除珞巴族以外的汉族、蒙古族、满族、回族、达斡尔族、鄂温克族、鄂伦春族等 55 个民族。

全区下设呼和浩特、包头、乌海、赤峰、通辽、鄂尔多斯、呼伦贝尔、乌兰察布、巴彦淖尔 9 个市，兴安、锡林郭勒、阿拉善 3 个盟。全区下辖 11 个县级市、17 个县、49 个旗、3 个自治旗和 23 个市辖区。

内蒙古版图由东北向西南斜伸，地形以高原为主，通称内蒙古高原。地势由南向北、西向东缓缓倾斜。高原占全区面积的一半左右，海拔在 1000 米以上，地势高平，辽阔坦荡，是我国第二大高原，自东向西有呼伦贝尔高原、锡林郭勒高原、乌兰察布高原和巴彦淖尔—阿拉善—鄂尔多斯高原。高原、草原(是我国著名的天然牧场)、沙漠并驾齐驱。

高原的边缘山峦纵横，大兴安岭、阴山、贺兰山蜿蜒相连，蛇曲状横贯全区。东北部著名的大兴安岭延伸千余米，最高峰 2034 米，系内蒙古高原与松辽平原的分水岭。横亘中部的阴山山脉，由大青山、乌拉山、色尔腾山、狼山等组成，绵延 1000 千米，海拔 1500～2000 米，主峰 2364 米，北坡宽缓，多低山、丘陵，南坡陡峭，形如屏障，把内蒙古高原和河套平原隔成两种截然不同的地貌景观。贺兰山(图 2-2)呈南北向耸立在内蒙古中西部最南端，海拔 2000 余米(最高峰 3556 米)，

图 2-2　初雪覆盖的贺兰山(张玉清 2015 年摄)

峰峦重叠、崖谷险峻,是中国西部区重要的地理界线。鄂尔多斯高原西、北、东三面被黄河环绕,南部与晋陕黄土高原相连,地势西北高、东南低,海拔在 1200～1600 米之间,盐碱湖群和沙漠广布。其北侧的阴山山地之南,是由黄河冲积而成的河套平原,海拔 1000 米左右。东南部地区的西辽河平原是由老哈河、西拉木伦河交汇而形成的冲积平原,最低海拔不足百米。

我国第二大河——黄河,在内蒙古流经 830 千米,流域面积达 17 万平方千米。嫩江、额尔古纳河(图 2-3)、西辽河等是东部区重要的河流。全区流域面积在 1000 平方千米以上的河流有 107 条,流域面积大于 300 平方千米以上的河流有近 260 条。全区大小湖泊近千个,呼伦湖、贝尔湖、岱海、乌梁素海(图 2-4)、居延海等为较大的淡水湖。

图 2-3　额尔古纳河——界河(张玉清 2022 年摄)

图 2-4　乌梁素海(张玉清 2023 年摄)

内蒙古地大物博,经过几代地质人艰苦努力,地质工作成绩斐然,全区区域地质调查、地球物理、地球化学、水文、矿产勘查等方面都取得了可喜的成绩。已发现矿床及矿点约 2800 处,涉及矿种 142 种。

内蒙古地质构造十分复杂,古生代跨越了塔里木、西伯利亚、古亚洲洋、华北、祁连洋五大古板块。其中塔里木、西伯利亚板块只涉及其南部边缘,华北板块也只涵盖了北部一小部分,其主体在我国的中部地区(山西、河北、山东、河南)。涉及内蒙古的华北板块,在太古宙—古元古代漫长的地质历史演化中经历了初始陆核、陆核增长扩大、陆壳固结等基底渐进形成过程,其间发生了多旋回的沉积作用、岩浆活动、构造运动和区域变质作用;中新元古代地壳开始趋于稳定,进入了相对稳定的盖层沉积阶段,但仍表现出相对活动的特点,多地伴有火山活动;古生代表现为长期隆起区(阿拉善陆块)、相对稳定区(鄂尔多斯陆块)、强烈沉降区(鄂尔多斯西缘坳陷)等不同特征的构造单元。中生代全区构造运动以强烈的水平运动为主,挤压与伸展相伴而生,导致褶皱、断层等构造的产生;新生代的垂直运动基本铸就了现今的地形、地貌形态。

全区地层发育齐全,太古宙至第四纪均有不同程度的出露,沉积类型多样,富集了大量的矿产资源。从寒武纪"生命大爆发"开始一直到第四纪人类的出现,地层中保存了大量精美的古生物化石和古生物遗迹化石,因此,内蒙古是我国北方研究地层古生物的理想地区之一,无数的中外地质学家留下了探寻的足迹。寒武纪—奥陶纪三叶虫动物群发育,代表性化石出露地区有呼和浩特市清水河县和鄂尔多斯市棋盘井镇西(图 2-5)地区;泥盆纪—石炭纪蕨类等植物化石发育,代表性化石出露地区有乌海市乌达区和东乌珠穆沁旗。鄂尔多斯、乌海一带也保存了石炭纪—二叠纪完整的植物群化石。三叠纪以鄂尔多斯地区出露地层最全,含有较丰富的动、植物化石,动物化石以古脊椎动物为主,其中肯氏兽类化石最著名。侏罗纪—白垩纪古生物化石门类繁多,有双壳类、腹足类、介形类、昆虫类、鱼类、两栖类、爬行类、鸟类和古植物等,代表性化石主要有阿拉善左旗苏红图食肉恐龙化石,吉兰泰大水沟恐龙类化石,巴彦淖尔市乌拉特后旗恐龙类、龟鳖类等化石,鄂尔多斯市杭锦旗恐龙、叶肢介等化石,鄂托克旗骨骼化石、恐龙足迹和弓鳍鱼、狼鳍鱼、叶肢介等化石,二连浩特市恐龙化石,赤峰市宁城县道虎沟生物群化石等。古近纪、新近纪哺乳动物繁盛,以二连盆地最发育,著名的化石有四子王旗脑木根哺乳动物化石,乌兰花镇三趾马、古犀牛化石和苏尼特左旗通古尔铲齿象等动物群化石。第四纪著名的化石产地有鄂尔多斯市乌审旗萨拉乌苏动物群化石产地、呼伦贝尔市满洲里扎赉诺尔煤矿猛犸象化石产地和呼和浩特市郊区大窑村肿骨鹿、原始牛、野马虎、鼠狗等化石产地。另外,内蒙古还保存有丰富的古人类化石,在鄂尔多斯南端的萨拉乌苏地区,晚更新世河湖相粉砂、黏土等沉积物中埋藏有人类的骨骸、旧石器,以及大批哺乳动物、鸟类化石,这里被命名为"河套人"活动遗迹。全新世早期在海拉尔盆地河湖相沉积物中发现有人头骨和新石器,命名为"扎赉诺尔人",又称"扎赉诺尔文化"。

图 2-5 奥陶纪灰岩,产三叶虫化石

(张玉清 2022 年摄于鄂尔多斯棋盘井镇西)

自太古宙以来,内蒙古岩浆活动强烈而频繁,不同地质时期都有相应的侵入岩(图 2-6)和火山岩出露,分布面积约占全区基岩面积的一半。太古宙—元古宙的岩浆岩主要见于华北陆块区,呈近东西向带状展布,多构成花岗岩-绿岩带;古生代主要分布于造山带及陆块边缘;中生代主要分布于大兴安岭隆起区;新生代以火山喷发为主,主要见于中东部区。岩浆岩的岩石类型多样,从基性岩到酸性岩均有不同程度的出露;岩浆的来源也十分复杂,有幔源的、壳源的、重熔的、混浆的。

图 2-6 花岗岩风化地貌

(张玉清 2023 年摄于苏尼特左旗苏尼特地质公园)

内蒙古是资源大省区,矿产资源十分丰富,也是中国发现新矿物最多的省区。自 1958 年以来,中国获得国际上承认的新矿物有 50 余种,其中白云鄂博矿等 10 余种矿物发现于内蒙古。内蒙古稀土(包含 17 个金属元素)储量世界、全国均居第一,其中包头白云鄂博矿是世界上最大的稀土矿。换言之,中国稀土在内蒙古,内蒙古稀土在白云鄂博。内蒙古是全国的煤炭大省,保有储量位居全国第一。全区有 100 余种矿产的资源储量居全国前十位;资源储量占全国总量 10%以上的矿产包括煤炭、天然气、铅矿、锌矿、银矿、钼矿、铌矿、锆矿、钇矿、铒矿、稀土矿、铈矿、锗矿、砷矿、晶质石墨、天然碱、芒硝、普通萤石、电气石、玛瑙、砖用黏土、陶粒用黏土、建筑用橄榄岩、麦饭石、珍珠岩等。

全区地质遗迹非常丰富,有从 30 亿年前原始陆壳到第四系的标准地层剖面、从海洋到陆地的动植物古生物化石；有地壳运动形成的典型构造形迹以及各类稀有岩石、矿物标本；有火山、温泉、湖泊、奇峰异石构成的景观地貌。这些都记录和描绘了远古内蒙古的演化过程，是我国北方一座天然的地质博物馆。多处地质遗迹已建为不同级别的地质公园，全区已建立了多处地质（自然）博物馆（图 2-7），是内蒙古重要的地质科普教育基地。

图 2-7　内蒙古自然博物馆（张玉清 2021 年摄）

区内地质旅游资源丰富多彩，有响沙湾、腾格里沙漠、巴彤吉林沙漠、呼伦湖、月亮湖、岱海、哈素海、乌梁素海、居延海、海森楚鲁国家地质公园、阿拉善梦幻大峡谷、锡林郭勒草原火山地质公园、梅力更风景区、老牛湾国家地质公园、辉腾锡勒草原旅游区、阿尔山自然景区（图 2-8）、克什克腾世界地质公园阿斯哈图石林等。

图 2-8　金丝雀——三叠纪花岗岩风化地貌（张玉清 2022 年摄于阿尔山玫瑰峰景区）

生活在都市的我们，看惯了林立的高楼、川流不息的汽车、繁华的不夜城……但读者朋友们是否想过，我们身边这些生活必需品，大到万丈高楼、小到手机屏幕，它们的原材料从哪里来？是谁发现的？笔者今天自豪地告诉大家，现实生活中、国民经济建设中的绝大多数生活、生产物资均来自地壳表层及地下，而这些与我们生活息息相关的宝藏正是地质工作者经过千辛万苦才寻找出来的。内蒙古这片热土就是一个巨大的聚宝盆，现在就请大家走进远古内蒙古，了解她的地质历史，揭开其神秘面纱。

第三篇

沉积史书——地层与古生物

CHENJI SHISHU —— DICENG YU GUSHENGWU

清水河 杨家川 张玉清2022年摄

人类文明史只有数千年,而地球的历史有46亿年,这些历史资料如何知道呢?其实地球的历史都有特定的物质记录,它们就是广泛分布的地层▲1和赋存其中的古生物化石。一套地层就是一部远古的历史书籍,它可以揭示地壳某一时期的形成过程及所处的环境,诉说地球“沧海桑田”的演化历史。因此,我们称它们为“沉积史书”。当然,记录地球历史的还有其他地质事件,如岩浆事件、构造事件。

▲1 地层:是地壳中某一地质历史时期由沉积作用和火山作用形成的层状岩石,具有一定的展布空间,可以由单一岩石组成,多数是由多种岩石(或结构、构造、颜色等)按一定的规律叠覆而成。地层由沉积岩、火山岩、变质岩组成。地层可以是完全固结的岩石,也可以是没有固结的堆积物。地层在垂向上叠置是有先后顺序的,正常情况先形成的居下,后形成的在上。层与层之间的界面可以是明显的层面或沉积间断面,也可以由岩性、所含化石、矿物成分、化学成分、物理性质等不十分明显的特征界限分开。地层具有特定地质时代涵义和沉积环境,部分地层中含动物或植物化石。地层是岩层的一种。岩层泛指赋存于地壳中的、呈层状展布的一种岩石或多种岩石的集合体,顶底一般有较为清晰的界面,或平行或斜交。岩层产状由走向、倾向、倾角三要素构成。岩层类型有水平、直立、倾斜(图3-1)、倒转(顶底翻转)4种。

图3-1 单斜地层(张玉清2021年摄于赤峰市巴林左旗)

地层是由沉积岩、火山岩和变质岩组成的。沉积岩只占整个岩石圈体积的5%,但分布面积却是陆地面积的75%,大洋的底部几乎全部被沉积岩或沉积物覆盖。内蒙古地层的分布面积占全区总面积的70%以上。

在地壳表层的条件下,由母岩风化的碎屑沉积物通过流水、风等介质的搬运,后经沉积和成岩作用,最终形成沉积岩。正常来说,沉积岩形成之初是呈水平层状产出的,随着时间的推移,一层一层地由下至上沉积成岩,因此称为沉积地层。沉积岩相对稳定,在一定范围内是连续分布的，正常情况下下面的地层时代老，上面的地层时代新（图 3-2）。不过，地层的形态错综复杂。它们或因地壳运动使原始水平状态变得倾斜甚至弯曲、原始连续地层发生断开或错动、抬升后遭受剥蚀而缺失，或因变质作用使地层产状和面貌完全改变。它们就如同一本古老的旧书，有的可能被揉皱、毁坏、页序颠倒，必须重新考证、理清顺序后尚可阅读。因此，地质学家在野外研究地层时，常选择出露完全、顺序正常、接触关系清楚、化石保存良好的地层作为研究对象。

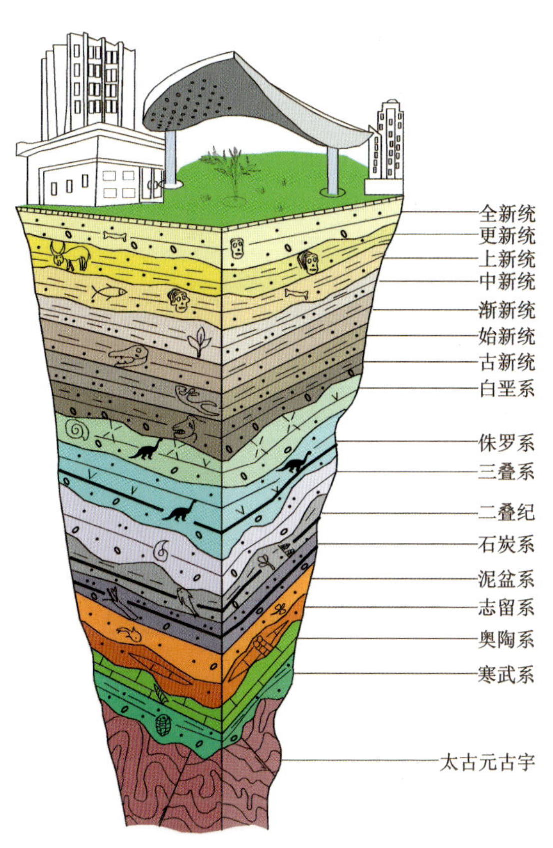

图 3-2 地层层序示意图

山川河流、沧海桑田，地球环境变化和古生物的演化历史可以通过不同时代地层的信息解析与重建。地质学家发现，在不同的沉积环境和成岩过程中，沉积岩在岩性特征、古生物化石组成以及地球化学特征上有显著的差别。同时，地层之间的接触关系中不整合可以反映古地理环境的重大变化，如地壳的升降运动或褶皱变形。

沉积岩的岩性特征包括物质成分、粒度大小、磨圆度、颜色、岩石类型，以及沉积地层的结构、构造等，它们可以从侧面反映沉积岩形成的沉积环境。例如，粒度大小、磨圆度好坏可以反映搬运动力的强弱和搬运距离的远近，颜色指示形成时的氧化还原条件，层理、波浪等沉积构造反映沉积过程中水动力条件的强弱及水流方向等。

图 3-3 中侏罗世天义初源化石
（据田明中等，2013）

不同时代的地层常含有不同种类的古生物化石或古生物化石群落，有些古生物在某个地质时期特别繁盛。如寒武纪的代表性海洋生物有三叶虫，志留纪的代表性海生生物为笔石，泥盆纪则是“鱼类时代”，侏罗纪、白垩纪的霸主生物是恐龙。因此，可以利用沉积岩及古生物化石等推断地层的大致形成时代，进而进行不同地区间地层的对比，梳理地球历史。

内蒙古从中太古代至第四纪，地层出露较为齐全。中太古代—古元古代（距今 32 亿～18 亿年）地层发生了强烈的变形、变质，目前能见到的岩石原岩面貌已经荡然无存；中新元古代（距今 18 亿～5.4 亿年）变质作用相对前者弱了许多，原岩的结构、构造等基本保留，但不同地区、不同构造环境变形作用差异较大；寒武纪（距今5.4亿年以后）以来，部分地层中含有古生物化石，有的还特别丰富，种类繁多。个别古生物化石是内蒙古所独有的，如宁城五道沟天义初源化石（图 3-3）的发现，将“娃娃鱼”的起源由美洲改写为亚洲大陆；獭形狸尾兽▲2化石（图 3-4），是世界上最早在水中游泳的哺乳动物，它让哺乳动物适应半水生生活的时间提前了 1.1 亿年。

▲2 獭形狸尾兽：属哺乳纲柱齿目，为已知最早的半水生哺乳动物和体型最大的中生代哺乳动物，该化石产于道虎沟中侏罗统，距今约 1.64 亿年。保存部位为身体骨架和不完整的头骨（图 3-4 下），下颌骨和下齿保存完好，尾巴附近保存有大量的皮毛化石。化石显示，獭形狸尾兽具海狸的尾巴、水獭的排水肢和海豹的牙齿。它的身体全长至少 42.5 厘米，估计体重在 0.5～0.8 千克之间，牙齿锋利，上肢粗壮，尾巴扁而宽，并且覆盖有鳞片，尾椎的骨骼特征与海狸和水獭相似，脚趾间还有不完全的脚蹼。生活方式主要是在岸边挖地洞，在水中“狗刨”，同现代鸭嘴兽类似。

图 3-4 獭形狸尾兽化石标本及复原图（据田明中等，2013）

一、古老磐石——中太古界—古元古界

提到古老磐石，想到了大人小孩皆知的中国古代神话——“盘古开天地”，讲述了盘古开天辟地（图 3-5）、创造万物的故事，赞颂了盘古与自然斗争的献身精神。这只是一个美好的传说而已，然而天地万物可不是这样形成的。今天，我们要以科学的态度来认识问题、分析问题、解决问题，而且要树立人与自然和谐共处的科学观。

图 3-5 盘古开天地（据袁珂，2020）

地球最初形成时尚无生命出现，称为冥古宙（距今 46 亿～40 亿年），又称为“黑暗时代”，是太古宙之前的一个地质时期，有些科学家称其为地球的天文时期或地球的前地质时期。这一时期地球历史处于原始状态，既没有生命记录又无岩石信息。关于这个地质时期的相关假说、推论有许多。

太古宙是冥古宙之后的第一个时代，是真正意义的地质时期，是地球演化史中具有明确地质记录的最初阶段，它是从 40 亿年前开始的，在 25 亿年前结束，延续时间长达 15 亿年。从早到晚分为 4 个阶段（表 3-1），是地质发展史中最久远、最重要的时期，是地球演化的关键时期，地球中的岩石圈、水圈、大气圈和生命的形成，都发生在这一重要而又漫长的时期，该时期所形成的地层称为“太古宇”。地质工作者随着工作程度的不断提升，在内蒙古不同地区建立了相应的岩石地层单位▲3（表 3-2）。

表 3-1 太古宙划分表

地质时代	年代地层	距今年龄（亿年）	特征
新太古代	新太古界	28～25	火山活动非常活跃，地壳比现今的薄，很多地方可能都存在断层、开裂等现象，大块的大陆直到晚期才出现，大部分时候大陆以小块原始大陆的形式存在，而剧烈的地质运动使得它们无法整合到一起
中太古代	中太古界	32～28	内蒙古目前识别出的最老地层形成于该时期，称兴和岩群，岩石类型为麻粒岩、片麻岩、大理岩等，岩石中出现特征变质矿物紫苏辉石
古太古代	古太古界	36～32	澳大利亚西部发现距今 34.6 亿年最古老的生物化石（细菌化石）
始太古代	始太古界	40～36	地球形成最初的永久地壳，大气圈、海水开始形成，最早的生物——原核生物（包括细菌和蓝藻）被认为是在这个阶段产生的

太古宙地球活动较冥古宙平静了许多，但地球的热流值很高，大约是现在的 3 倍以上，这些热流值主要来自地核释放出的引力势能和放射性元素衰变热。因此，太古宙出现了很多高温变质作用▲4。太古宙早期，大陆地壳开始逐渐组建起来，内蒙古大地也不例外，在中太古代形成了稳定的古陆（地质学称其为克拉通▲5），为生命的出现提前备好了温室。

▲3 岩石地层单位：是一个地质专有名词，是根据可观察到的并呈现总体一致的岩性或岩性组合、变质程度或结构特征，以及与相邻地层间关系所定义和识别的一个三维空间的岩石体。一个岩石地层单位可以由一种或多种沉积岩、火山岩、变质岩组成。因此它是一个岩石集合体，而且各岩石之间相互是有关联的。岩石地层单位的鉴别标志是整体岩石特征的一致性和顶底界面的清晰性。

表 3-2　内蒙古中太古代—古元古代岩石地层划分表

年代地层	顶底界距今年龄(亿年)	锡林浩特	海拉尔	额济纳		阿拉善左旗—阿拉善右旗		乌海		包头—集宁		赤峰
古元古界 Pt_1	18～25	锡林郭勒岩群 $Pt_1Xl.$	兴华渡口岩群 $Pt_1X.$	北山岩群 $Pt_1B.$	敦煌岩群 $Pt_1D.$	龙首山岩群 $Pt_1L.$	阿拉善岩群 $Pt_1A.$	赵池沟岩群 $Pt_1\check{Z}.$ 贺兰山岩群 $Pt_1H.$	千里山岩群 $Pt_1Q.$	宝音图岩群 $Pt_1By.$ / 美岱召岩群 $Pt_1M.$ / 二道凹岩群 $Pt_1E.$ 乌拉山岩群 $Pt_1W.$	集宁岩群 $Pt_1J.$	明安山岩群 $Pt_1Ma.$ 双井片岩 Pt_1ssch
新太古界 Ar_3	25～28					叠布斯格岩群 $Ar_3D.$				哈德门沟岩群 $Ar_3H.$	色尔腾山岩群 $Ar_3S.$	建平岩群 $Ar_3Jp.$
中太古界 Ar_2	28～32									兴和岩群 $Ar_2X.$		

注：据内蒙古自治区地质调查院(2018)修编，部分岩群细划为多个岩组，本表未列。

▲4 变质作用：是指岩石在基本固态下，受到温度、压力、化学活动性流体等的作用，发生矿物成分、岩石结构构造等变化的地质作用。通俗地讲，变质作用就是使原有岩石或矿物发生物理性质和化学性质改变的作用。变质作用可以对地球上所有的岩石进行改造，任何一种岩石一旦它们所处的物理、化学环境与原来不同，在一定的温度、压力或流体的影响下就可以发生变质作用，由变质作用所形成的岩石即为变质岩。

▲5 克拉通一词来自希腊语 Kratos，意为"强度"。是指大陆地壳上的古老而稳定的部分，于最近至少 5 亿年内的大陆和超大陆的汇聚与分裂过程中几乎没有发生变化。板块构造观点认为，多数克拉通是在中—新太古代陆续形成的。形成之后，由于板块运动而逐渐拼合、增生成为大陆。因此，太古宙形成的克拉通也叫陆核。

关于生命的起源，是一个亘古未解的科学之谜。地质学家用保存于岩石中的化石发现了迄今为止最古老的生物，认为最早的生命在 38 亿年前的始太古代已经出现，生活在海底热液喷出附近，为早期无细胞核的原核生物。内蒙古乃至整个中国大地，目前尚未发现太古宙的生命遗存体，内蒙古也未识别出有确切时代依据的始太古代、古太古代地质体。

中太古界(距今 32 亿～28 亿年)兴和岩群(图 3-6，表 3-2)目前地质学界认为是内蒙古境内最古老的岩石地层，主要分布于包头、呼和浩特、丰镇等地的山区，形成于浅海环境，当时地壳不稳定，常伴有火山活动，沉积物为砂泥质碎屑岩、碳酸盐岩及火山岩。大约在中太古代末期，在强烈构造运动和大规模岩浆活动的影响下，岩石发生区域变质作用，形成一套高级变质岩系，岩石类型主要为麻粒岩(图 3-7)、片麻岩、石英岩、大理岩等，岩石中出现特征变质矿物——紫苏辉石、矽线石(见于变质表壳岩中)。变质作用峰期变质温度为 760～850 摄氏度，压力为(1.05～1.2)×

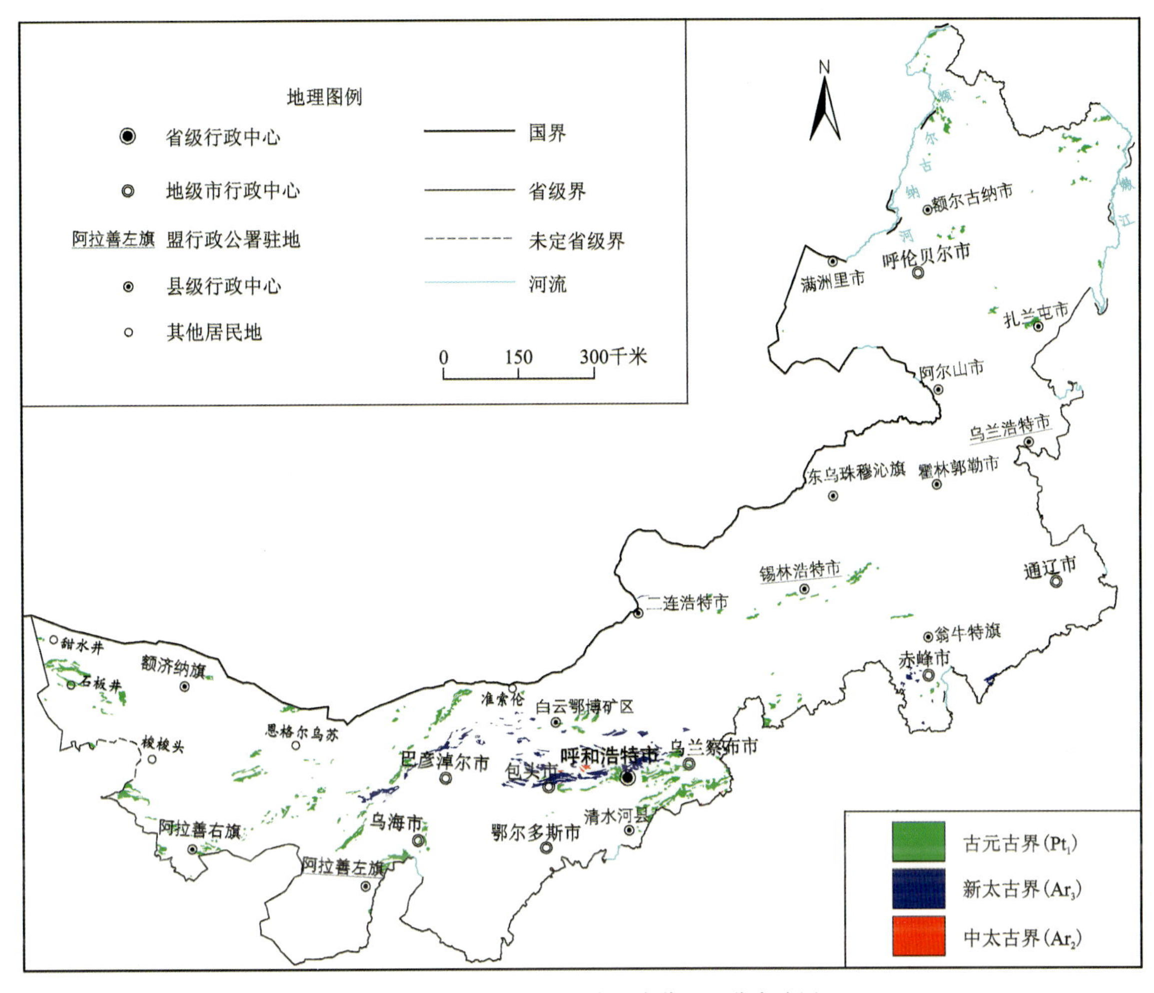

图 3-6 内蒙古太古宙—古元古代地层分布略图

10^9帕，属高压型麻粒岩相变质▲[6]。这些岩石中赋存沉积变质型(也称受变质型)磁铁矿，含量(品位)不高，为贫铁矿；另外，大理岩、片麻岩、石英岩等已作为非金属建材开采。

▲6 高压型麻粒岩相变质标准：温度介于700～900摄氏度之间，压力介于(1.0～2.0)×10^9帕之间。

位于包头市北部的五当召(图 3-8)就建在中太古代古老变质地层之上，至今已有360年的历史，那是一片依山而建的平顶白楼建筑群，重重叠叠、浑然一体，有点像布达拉宫。

图 3-7 麻粒岩

(张玉清 2014 年摄于兴和县黄土窑)

图 3-8 建在古老变质地层之上的五当召

(张玉清 2020 年摄)

新太古代距今28亿～25亿年，是地壳上陆块▲7的形成、固结、扩大的重要时期，其间经历了长时间的沉积作用、火山作用、岩浆侵入及后期的碰撞、变质作用，是地史上重要的地壳增生阶段。内蒙古新太古代地壳演化主要经历了3个大的阶段：早期为地壳拉伸和海洋形成阶段，巴彦淖尔、包头、呼和浩特、赤峰等地已被海水覆盖，随着拉张作用的加剧，地幔物质开始上涌，基性—超基性火山熔浆沿裂隙通道向上喷发，形成了火山岩（科马提岩）和条带状含铁硅质岩（BIF型铁矿），地壳大幅度由南向北增生；中晚期为海洋缩减和活动大陆边缘火山岛弧形成阶段，随着大量的英云闪长岩、奥长花岗岩、花岗闪长岩组合（TTG岩系）入侵，地壳也在不断加厚，发生了垂向增生；晚期岩浆底侵，导致下地壳物质发生部分熔融，形成大量的熔花岗岩，同时使之前的岩石发生强烈变质变形。经过这一时段的地壳演化，陆壳的面积和厚度增加不少，而且也更加稳固。内蒙古陆块由中高级变质的火山岩-沉积岩系以及新太古代英云闪长岩、花岗岩、石英闪长岩、花岗质片麻岩等侵入体组成，呈近东西向带状展布，地质上称其为新太古代花岗岩-绿岩带，构成华北陆块区▲8内蒙古段的结晶基底。

▲7 陆块：泛指整个地史时期，某个隆起的、高出海面的、遭受剥蚀的陆地区域，由已固结陆壳组成的相对稳定的地区，陆块范围一般较大，古地理面貌经常发生海陆变迁，可以是隆起剥蚀区，也可以是沉积盆地。

▲8 华北陆块区：又称华北克拉通，范围包含今日的华北与中国东北部、大部分朝鲜半岛，面积达170万平方千米。内蒙古境内只是其中的一小部分。

新太古界主要分布于阿拉善右旗至赤峰一线的内蒙古中南部山区（图3-6，表3-2），原岩为砂岩、泥岩、碳酸盐岩、火山岩等，形成于海相环境，当时地壳不稳定。后期经构造、岩浆热事件影响，岩石发生了角闪岩相至麻粒岩相变质，变成了石英岩、绿片岩、大理岩、片麻岩（图3-9）、变粒岩等。新太古界是区内重要的金、铁、石墨含矿层位，如达茂旗三合明铁矿（图3-10）、固阳老羊壕金矿等均产于色尔腾山岩群中。包头地区哈德门沟岩群峰期变质温度为683～856摄氏度、压力在（0.942～1.099）×10^9帕之间；色尔腾山岩群的变质温度在400～570摄氏度之间，压力在（0.3～0.8）×10^9帕之间（后期岩石发生了明显的绿片岩相退变质作用）；叠布斯格岩群的变质温度在795～782摄氏度之间、压力在（0.5～0.6）×10^9帕之间。

新太古代的岩石普遍发生了混合岩化作用▲9，以包头哈德门沟岩群中的混合岩为代表，主要岩石类型有角砾状混合岩、条带（痕）状混合岩（图3-11）、肠状混合岩、眼球状混合岩、阴影状（雾迷状）混合岩等。

图3-9　片麻岩（张玉清2015年摄）。左：包头市哈达门沟混合质黑云角闪斜长片麻岩；右：阿拉善盟敖伦布拉格黑云斜长片麻岩，长英质脉体与片麻理一致

图 3-10　色尔腾山岩群东五份子岩组角闪磁铁石英岩（张玉清 2017 年摄于达茂旗三合明铁矿），现陈列于内蒙古自然博物馆矿石园

图 3-11　混合状片麻岩，肉红色条带为脉体（由钾长石、石英等组成），暗色部分为基体（片麻岩）（张玉清 2014 年摄于包头西哈达门沟）

▲9 混合岩化作用：是介于变质作用和典型岩浆作用之间的、有不同性质流体参加的地质作用和造岩作用。一般发生在造山带的深部，往往在区域变质作用的基础上产生花岗质脉体，贯入区域变质岩石中。在此过程中，新生的长英质、花岗质组分与原岩活动性弱的原有组分，在新的条件下相互作用与混合，这种转化作用称为混合岩化作用，所形成的不同组成和形态的岩石统称混合岩。混合岩化作用的最终产物是混合花岗岩。内蒙古混合岩比较发育。

古元古代发生在距今 25 亿～18 亿年之间，这期间的构造运动在我国华北地区称为“吕梁运动”，因为其在山西吕梁山的表现最为典型，故而得名。在距今 20 亿～18.5 亿年之间，全球由于造山作用，将太古宙的古陆块（克拉通）汇聚在一起，形成一个古元古代超大陆，称之为“哥伦比亚超大陆”。

在我国北方，包括内蒙古在内的几个新太古代末形成的陆核，经过吕梁运动的褶皱变形、变质固结等地质作用，拼接成一个较大规模的稳定地区，称为“华北原地台”。

内蒙古古元古代的岩石地层广泛发育，从东至西均有不同程度的出露。根据产出的构造环境不同，大体分为北部造山带▲10和中部相对稳定的陆块区。

▲10 造山带：是地球上由岩石圈剧烈构造变形和其物质与结构的重新组建、使地壳挤压收缩所造成的狭长强烈构造变形带，往往在地表形成线状相对隆起的山脉。一般与褶皱带、构造活动带等同义或近乎同义。包括地壳挤压收缩，岩层褶皱、断裂，并伴随岩浆活动与变质作用所形的山脉，以及拉伸构造、剪切走滑在形成裂谷和裂陷盆地形成的同时，相对造成周边抬升，构成的山系。这种横向收缩、垂向增厚，隆升成山而造成构造山脉的作用叫作造山作用或造山运动，与地壳运动中的造陆运动相提并论。造山带类型主要有俯冲造山（一边洋壳，另一边陆壳）、陆-陆碰撞造山、大陆与岛弧碰撞造山（新几内亚型造山）。

1. 北部造山带

北部造山带包括呼伦贝尔、锡林浩特、额济纳旗等地。原岩为火山岩、陆源碎屑岩及碳酸盐岩，形成于浅海环境。在古元古代晚期的22亿～18亿年间，岩石受构造-岩浆热事件的影响变质变形强烈，变质温度500～710摄氏度，压力$(0.4\sim0.9)\times10^9$帕（中低压），为中低级绿片岩至角闪岩相变质。变质后形成片麻岩、片岩、大理岩、变粒岩、浅粒岩等，含特征变质矿物蓝晶石、石榴石、十字石、透闪石等。

2. 中部相对稳定的陆块区

该陆块区包括阿拉善左旗至赤峰一线的内蒙古中南部山区。当时地壳基本稳定，火山活动较弱，沉积物的补给主要来自陆地上的风化产物。该区域以出露一套富铝的中级变质岩系为特征，地质学者多称其为孔兹岩系▲11（图3-12、图3-13）。

▲11 孔兹岩：最早发现于印度格勒亨地东南部孔兹人居住地区。是一套含石墨、富铝的片岩、片麻岩夹大理岩和石英岩的区域变质岩组合又称孔兹岩系，其矿物组合为石榴石、矽线石、石英和石墨。一般认为孔兹岩的原岩属于稳定陆棚浅海环境下的沉积产物。

本区由于所处的碰撞造山构造部位及经受的岩浆热事件差异较大，不同岩石地层（表3-2）中岩石的变质变形程度也明显不同。其中，集宁岩群、乌拉山岩群、千

图3-12　石榴矽线黑云钾长片麻岩。上：单偏光；下：正交偏光。Gr.石榴石；Sil.矽线石；Kf.钾长石（据陈曼云等，2009）

图3-13　古元古界集宁岩群沙渠村岩组矽线榴石钾长片麻岩（张玉清2014年摄于凉城县）

里山岩群、贺兰山岩群等原岩为富铝的高黏土质砂岩、含有机质黏土岩、碳酸盐岩和火山碎屑岩等，在距今19亿年前后发生了高级变质，形成了含石墨富铝片麻岩、大理岩、磁铁石英岩、透辉石岩、浅粒岩等高角闪岩相至麻粒岩相岩石组合。岩石中含有特征变质矿物石榴石、矽线石、透辉石、石墨（图3-14）等。受岩浆热事件的叠加改造，有多期次的花岗质脉体注入，形成各种类型的混合岩化岩石及混合岩。峰期变质温压条件为770～880摄氏度和$(0.9\sim1.1)\times10^9$帕，属中高压变质。以乌拉山岩群为代表，孔兹岩原岩形成时代为20.5亿～19.8亿年，峰期变质时代为19.5亿～19.0亿年，退变质时代为19.0亿～18.5亿年；退变质作用出现的特征变质矿物为绿泥石、十字石、堇青石。该孔兹岩系是区域上石墨矿最主要的赋矿层位，如兴和县石墨矿就赋存于集宁岩群中。另外，海水中生存的蓝藻也能够把空气中的二氧化碳转变为氧气，使得游离于海洋中的铁离子发生了氧化，并沉淀至海底，形成了铁矿层（BIF型条带状含铁建造）。

图3-14　石墨矿——小亮点即为石墨晶体（张玉清2014年摄于黄土窑）

与上述各岩群相比，龙首山岩群、阿拉善岩群、二道凹岩群、宝音图岩群等的变质程度略低，为一套中级变质岩系，发生了绿片岩相—角闪岩相变质。岩石组合为大理岩、石英岩、斜长角闪片岩、片麻岩、片岩、浅粒岩、变粒岩、长石石英岩、各类混合岩、蚀变安山岩，原岩为一套火山-沉积建造。出现特征变质矿物蓝晶石、十字石、铁铝榴石、透闪石等。变质温压条件：温度 550～690 摄氏度、压力(0.4～0.9)×10^9 帕，变质时代为古元古代晚期。变质作用发生于碰撞造山带的构造环境。

内蒙古前古生代变质岩十分发育，是我国乃至世界研究变质岩的理想地区之一。古元古代除了上述谈到的变质作用外，地质学家还发现高压麻粒岩相变质作用、超高压榴辉岩相变质作用、高温—超高温变质作用等几种具特殊意义的变质作用。

二、初始盖层——中—新元古界

阴山脚下、黄河之畔，坐落着一座美丽的城市——包头。包头是蒙古语“包克图”的谐音，意思是有鹿的地方。中华人民共和国成立后的第一个五年计划期间，中央决定在包头兴建大型钢铁联合企业，从此包钢成为了新中国首批建设的三大钢铁企业之一，1959 年 9 月 26 日，包钢一号高炉流出了第一炉铁水，结束了内蒙古“不产寸铁”的历史，开启了为新中国钢铁工业贡献力量的崭新征程，包头便有了“草原钢城”的美誉。然而，你是否知道包头钢铁厂的炼铁(图 3-15)原材料从哪里来的？铁矿是什么时候形成的？现告诉大家，起初的铁矿石主要来自包头市北 150 千米以外的白云鄂博铁矿，炼铁所需的辅助熔剂——白云岩、石英岩，分别采自固阳县及大佘太镇，这些工业原材料均为内蒙古中部中新元古界的重要岩石组成。下面我们一起了解内蒙古的中新元古界及其中赋存的矿产资源。

图 3-15　包钢一号平炉开炉铁锭，长 90 厘米、宽 75 厘米、高 230 厘米(张玉清 2021 年摄于呼和浩特市青城公园)

就全球而言，古元古代(距今 20 亿～18.5 亿年)形成的哥伦比亚超大陆大约在距今 16 亿年前开始裂解，至 12 亿年前裂解终止。分裂后的各大陆又在大约距今 11 亿年前汇合成为“罗迪尼亚大陆”，它的形成过程被称为“格林维尔事件”。正是这样的分分合合，促使了地壳上大量沉积物的产生和矿床的形成。因此，地球上所有的克拉通稳定沉积盖层都是在中—新元古代(距今 18 亿～5.41 亿年)形成的，我们脚下的这块沃土也不例外，也是在这漫长的地质历史时期稳固下来的。这个时期形成许多与沉积有关的矿产资源，如铁、铌、稀土、铜、铅、锌、硫铁矿、白云岩、石英岩等。

中—新元古代前后跨越了约 12.6 亿年，其中中元古代包括早期的长城纪(距今 18 亿～16 亿年)、中期的蓟县纪(距今 16 亿～14 亿年)和晚期的待建纪(距今 14 亿～10 亿年)，新元古代包括早期的青白口纪(距今 10 亿～7.8 亿年)、中期的南华纪(距今 7.8 亿～6.35 亿年)及晚期的震旦纪(距今 6.35 亿～5.41 亿年)。内蒙古限于研究程度,目前将蓟县纪和待建纪合称“蓟县纪”。在内蒙古大地上,中新元古代海陆分明,并以海洋环境为主体,区外的物源补给区有南侧的华北古陆块、北东侧的西伯利亚古陆块、北西侧的塔里木古陆块;区内大的微陆块有锡林浩特微陆块,此时的鄂尔多斯陆块已是华北陆块的一部分(图 3-16)。各古陆为海洋提供了丰富的沉积物质和生命养分,岩石地层具如下特点:①分布广泛,全区有不同程度的出露;②沉积环境以海洋环境为主;③碎屑物主要来自古陆块,搬运距离长,磨圆度好;④碳酸盐岩等化学沉积发育,并富含藻类纹层,部分地区形成碳酸盐岩台地;⑤各沉积盆地由于古地理格局和物源的不同,所以又各具特色。

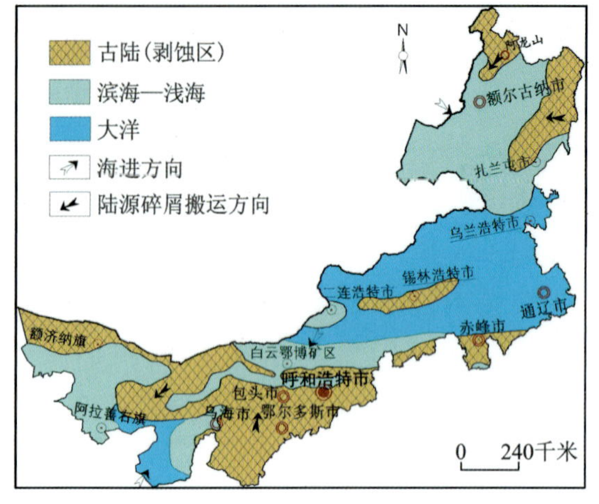

图 3-16 内蒙古中元古代至新元古代早期古地理略图
[据内蒙古自治区地质调查院(2018)修编]

(一)岩石地层

1. 中元古界—新元古界青白口系

中元古界—新元古界青白口系全区均有不同程度的出露。主要由一套河流—三角洲相、海相沉积的陆源碎屑岩及碳酸盐岩组成,但不同地区的古地理格局存在明显差异。

乌拉特后旗—大佘太—固阳地区及白云鄂博—化德地区(图 3-17)分别沉积了以海相为主的渣尔泰山群和白云鄂博群(表 3-3),岩石发生了浅变质,主要为变质石英砂岩、变质砾岩、变质粉

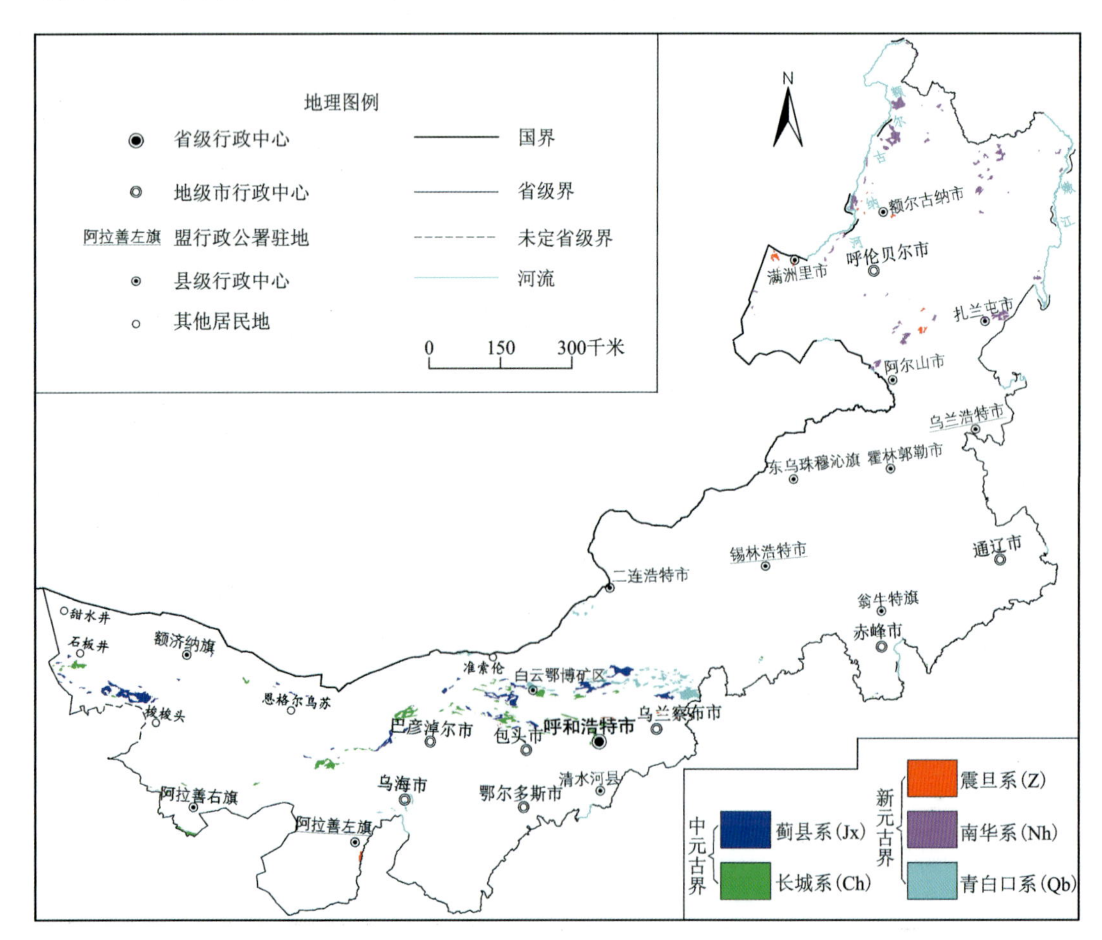

图 3-17 内蒙古中—新元古界分布略图

表 3-3 中元古界—新元古界岩石地层划分表

年代地层		顶底年龄（亿年）	二连浩特	满洲里	额济纳旗	阿拉善右旗	白云鄂博—化德	乌拉特后旗—大佘太—固阳	赤峰南	巴彦浩特
新元古界 Pt_3	震旦系 $Pt_3^3(Z)$	5.41		额尔古纳河组 Pt_3^3e	洗肠井群 Pt_3^3X	韩母山群 Pt_3^3H：草大板组 Pt_3^3c；烧火筒沟组 $Pt_3^3\hat{s}h$		什那干组 $Pt_3^3\hat{s}$		正目观组 $Pt_3^3\hat{z}$
	南华系 $Pt_3^2(Nh)$	6.35		佳疙疸组 Pt_3^2j						
	青白口系 $Pt_3^1(Qb)$	7.8	艾勒格庙组 Pt_3^1a		圆藻山群 Pt_2^2-Pt_3^1Y		白云鄂博群 $Pt_{2\text{-}3}B$：呼吉尔图组 Pt_3^1h；白音宝拉格组 Pt_3^1b	渣尔泰山群 $Pt_{2\text{-}3}\hat{Z}$：刘鸿湾组 Pt_3^1l		王全口组 Pt_3^1w 西勒图组 Pt_3^1x
中元古界 Pt_2	蓟县系 $Pt_2^2(Jx)$	10				墩子沟群 Pt_2D	比鲁特组 Pt_2^2b 哈拉霍疙特组 Pt_2^2h	阿古鲁沟组 Pt_2^2a	高于庄组 Pt_2^2g	
	长城系 $Pt_2^1(Ch)$	16 18			古硐井群 Pt_2^1G		尖山组 Pt_2^1j 都拉哈拉组 Pt_2^1d	增隆昌组 Pt_2^1z 书记沟组 $Pt_2^1\hat{s}$ 马家店群 Pt_2^1M	大红峪组 Pt_2^1dh 团山子组 Pt_2^1t 串岭沟组 $Pt_2^1\hat{c}l$ 常州沟组 $Pt_2^1\hat{c}$	

注：据内蒙古自治区地质调查院(2018)修编。

砂岩、板岩、千枚岩、灰岩等。碎屑岩结构成熟度、成分成熟度均较高，岩石中波痕、层理（图 3-18）等沉积构造十分发育，并清晰保留；灰岩中藻纹层发育，20 世纪前，老一代地质学者将这些藻类化石的集合体称为叠层石。这两个群内部存在两个区域性角度不整合面，下部的角度不整合面位于长城系与蓟县系之间，部分地段形成风化壳型赤铁矿（如增隆昌水库西侧的小型铁矿）；上部的角度不整合面位于蓟县系与青白口系之间。这两个角度不整合面可与整个华北的中新元古界不整合界面进行对比。渣尔泰山群赋存海底喷流沉积型（Sedex）铜铅锌硫矿床，代表性矿床有东升庙、炭窑口、霍各乞、甲生盘等。白云鄂博群更是因赋存全世界最大的铁铌稀土矿床而闻名于世。

图 3-18　渣尔泰山群书记沟组变质石英砂岩中波痕（左）、层理（右）（张玉清 2017 年摄于固阳县阿塔山），此二标本现藏于内蒙古自然博物馆

阿拉善地区为陆表海环境、锡林浩特地区为西伯利亚陆块的被动陆缘盆地，两地的地层均由陆源碎屑岩、碳酸盐岩组成，发生了轻微变质作用。

2. 新元古界南华系

新元古界南华系目前只见于大兴安岭地区，称佳疙疸组，主要由碎屑岩组成，夹变安山岩、结晶灰岩等，形成于海相环境，后期发生了轻微变质。

3. 新元古界震旦系

新元古界震旦系来源于中国古称“震旦”，年代地层单位称“震旦系”。这个时期（距今 6.35 亿～5.41 亿年）内蒙古大部分地区已抬升为陆地，遭受剥蚀。但在乌拉特前旗什那干地区、呼伦贝尔市额尔古纳地区与海盆保持连通，属温暖的陆表海环境，地层由不同粒级的陆源碎屑岩、含藻纹层灰岩等组成。阿拉善地区气候寒冷，处于冰期，山谷冰川发育，由冰碛砾岩、泥砾岩、板岩及白云质灰岩等组成，为一套冰川、浅海相沉积的碎屑岩—碳酸盐岩建造。

（二）古生物

中新元古代开始，生物演化发生着微妙的变化。古太古代就出现了的原核生物蓝藻在这个时期依然缓慢地进化着，出现了细胞核，细胞开始了丝状分裂，组成多细胞生物。

内蒙古中新元古代沉积物中赋存着大量的藻类和微古植物化石，藻类呈明显微纹层状（图 3-19）。

图 3-19　白云鄂博群哈拉霍疙特组藻纹层灰岩（张玉清 2017 年摄于包头白云鄂博北）

18亿～8.5亿年生命的演化几乎没有什么起色。8.5亿年的雪球地球事件使地球气温骤然下降，出现了最早的冰期，地质学家认为这与罗迪尼亚超大陆▲12裂解有关。被冰层包围了2亿年之久的地球，在大量的火山活动（南华系佳疙疸组中出现火山岩夹层就是很好的例证）下又重获了生机，埃迪卡拉生物群也因此而诞生，终于在40亿年的慢慢长夜之后迎来了第一缕曙光，地球含氧量充足，真核生物第一轮大幅度进化，藻类进入繁盛期。

▲12 罗迪尼亚超大陆(Rodinia)是一个13亿～10亿年通过格林威尔造山运动生成、8亿～5.4亿年裂解的新元古代超大陆。

三、海陆变迁——古生界

黄河，中国第二大河，被喻为我们的母亲河，经宁夏回族自治区流入内蒙古，形成一个大大的“几”字弯。其中位于呼和浩特市清水河县境内的老牛湾（图3-20、图3-21）大峡谷最引人瞩目，随着地质公园的建设，近年来游人络绎不绝，摇着小船，穿行于峡缝、怪石之间，享受着大自然赐予我们的美景。然而，你是否知道，两岸危峰兀立的岩层就是我们即将讲述的古生界寒武系、奥陶系，其中还赋存有美丽的远古生物——三叶虫等化石。

图3-20 黄河

（肖剑伟2023年制作）

图3-21 黄河老牛湾，两侧岩层为奥陶系水平产出的石灰岩（张玉清2022年摄于清水河县老牛湾）

下面我们一起穿越古生代，了解这个时期内蒙古的地质演化及所形成地层、岩石和古生物。

古生代，开始于距今5.41亿年，结束于距今2.5亿年，自下而上分为6个纪（表3-4），每个纪大约间隔0.5亿年。在近3亿年的历史长河中，经历了大陆增生、大洋扩张、板块俯冲▲13、联合大陆形成等过程。可归结为早古生代和晚古生代两个大的地质时期。

早古生代包括寒武纪、奥陶纪和志留纪，代表显生宙的早期阶段。这个时期全区已存在数个大陆块，它们的发展不尽相同。华北地台内蒙古段（乌海—鄂尔多斯—清水河）在寒武纪、奥陶纪早期经历了广泛的海侵（图3-22），海生无脊椎动物大量出现；奥陶纪中晚期整体上升，缺失相应的沉积记录。塔里木陆块额济纳段在寒武纪、奥陶纪时期以正常浅海沉积为主。到志留纪，南部区已经隆升，缺失相应的沉积记录。古祁连海也因加里东构造运动褶皱而关闭，陆地面积进一步

表 3-4　古生代地质年代表

地质年代		顶底年限(亿年)	年代地层	生物特征
晚古生代 Pz_2	二叠纪 P	2.52–2.99	二叠系	裸子植物适应了干旱的环境,陆地上出现了爬行动物,进入了“巨兽时代”。生物群具多样性,表现在海洋生物种类的繁多和陆地植物南北的分异上。二叠纪末**第三次生物大灭绝**,96%的海洋物种和70%的陆地脊椎动物消失,约57%的生物科和83%的属灭绝
	石炭纪 C	2.99–3.60	石炭系	蕨类生长繁茂;海洋动物䗴、腕足类、头足类、腹足类、珊瑚等进入了新的繁盛期;䗴类为单细胞生物,持续到二叠纪末期就灭绝了
	泥盆纪 D	3.60–4.16	泥盆系	泥盆纪也被称鱼类的时代,植物、昆虫和两栖动物逐渐占据了陆地和淡水。泥盆纪晚期(距今3.72亿年)发生了地球生物史上**第二次生物大灭绝**事件,有21%的科、50%的属,近75%的海洋物种灭绝,火山活动可能是主要凶手
早古生代 Pz_1	志留纪 S	4.16–4.44	志留系	笔石是这一地质时期海洋中非常重要的生物,身体呈蠕虫状,是研究志留纪地层系统的首选化石门类
	奥陶纪 O	4.44–4.85	奥陶系	统治海洋的霸主生物是角石(属软体动物头足纲)。4.45亿～4.44亿年(奥陶纪末期)发生了地球历史上真正意义的**第一次生物大灭绝**事件,其中85%的物种灭绝(大量的牙形石、三叶虫、笔石消失)
	寒武纪 ∈	4.85–5.41	寒武系	海洋中三叶虫比其他古生物类群丰富,因此被称为“三叶虫时代”。寒武纪末,出现了地球史上首次**生物大灭绝**事件

▲13 板块俯冲:是指岩石圈板块的全部或一部分向下潜入相邻的另一个岩石圈板块之下。通常情况下,向下俯冲的板块是由洋壳组成的大洋板块,因为洋壳主要由硅镁质物质构成,密度较大,相对于陆壳而言更易下沉。上升端往往形成高大的山系,海沟是大洋地壳和大陆地壳相互碰撞时大洋地壳倾没于大陆地壳之下的结果,最彻底的俯冲是洋壳消失,在海沟附近形成俯冲增生杂岩。

扩大。属于西伯利亚陆块的东乌珠穆沁—海拉尔地区,寒武纪的海域十分局限,奥陶纪—志留纪海侵扩大,地层发育齐全。志留纪末期的加里东构造运动使得内蒙古全部上升,海水退出,在陆块的边缘活动地带发生了强烈的褶皱,隆升造山。加里东构造运动对全球的地质和生物演化影响更是巨大,古大西洋关闭、劳亚大陆形成。

晚古生代包括泥盆纪、石炭纪和二叠纪,代表显生宙的中期阶段。随着陆地面积的不断扩大,陆生生物开始出现和繁盛。

在内蒙古,包括鄂尔多斯在内的中南部地区晚奥陶世就上升为陆地,到了石炭纪后期地壳才开始沉降(图3-22、图3-23),出现多次短暂的海侵,至早二叠世晚期才全部隆升为陆地,并一直延续到现代。北部、东部地区,经历了加里东运动之后,泥盆纪开始海水频繁入侵与消退,海洋与陆地不断变迁,直到晚二叠世,才全部隆升为陆地。苏尼特右旗—乌兰浩特地区在古生代则是古亚洲洋的一部分,早古生代和晚古生代均经历着复杂的洋壳和陆壳的转化过程,洋壳不断向陆壳俯冲,最终于晚二叠世初期洋盆彻底闭合,转化为陆地,目前留下的物质记录是多条蛇绿混杂岩带和覆于上面的晚二叠世河湖相砂泥质沉积物。

晚二叠世末,随着海西构造运动的影响,全球联合古大陆形成,内蒙古大地整体上升为陆地,进入全新的地质发展演化阶段。

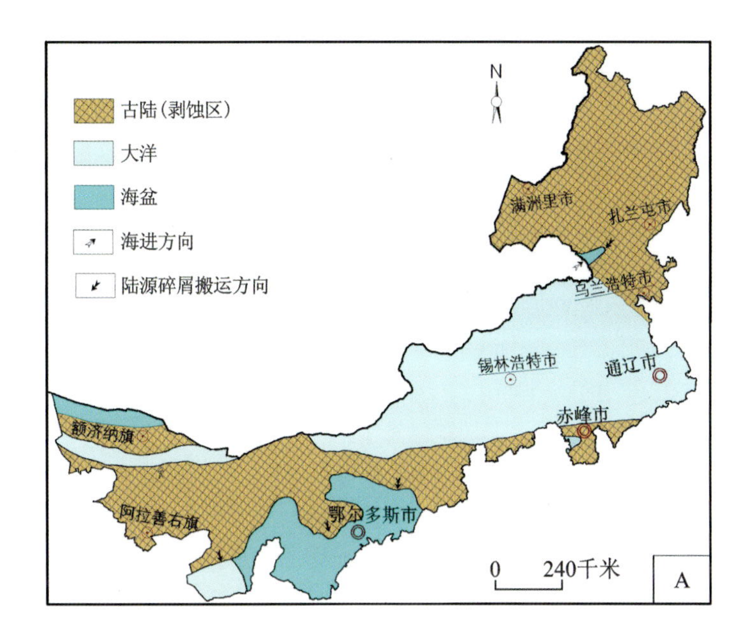

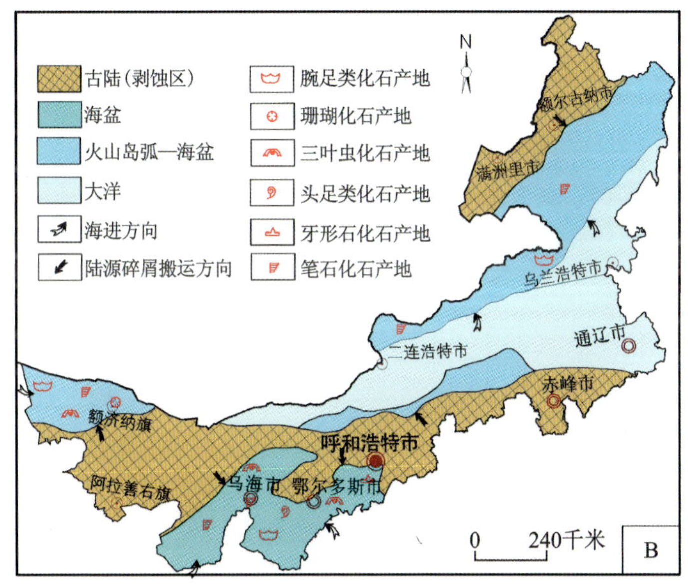

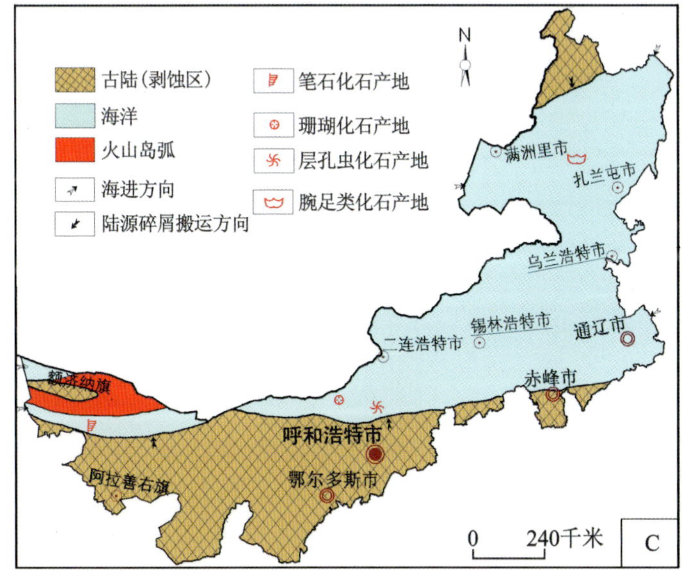

图 3-22 内蒙古早古生代古地理演化略图

[据内蒙古自治区地质调查院(2018)修编]

A. 寒武纪;B. 奥陶纪;C. 志留纪

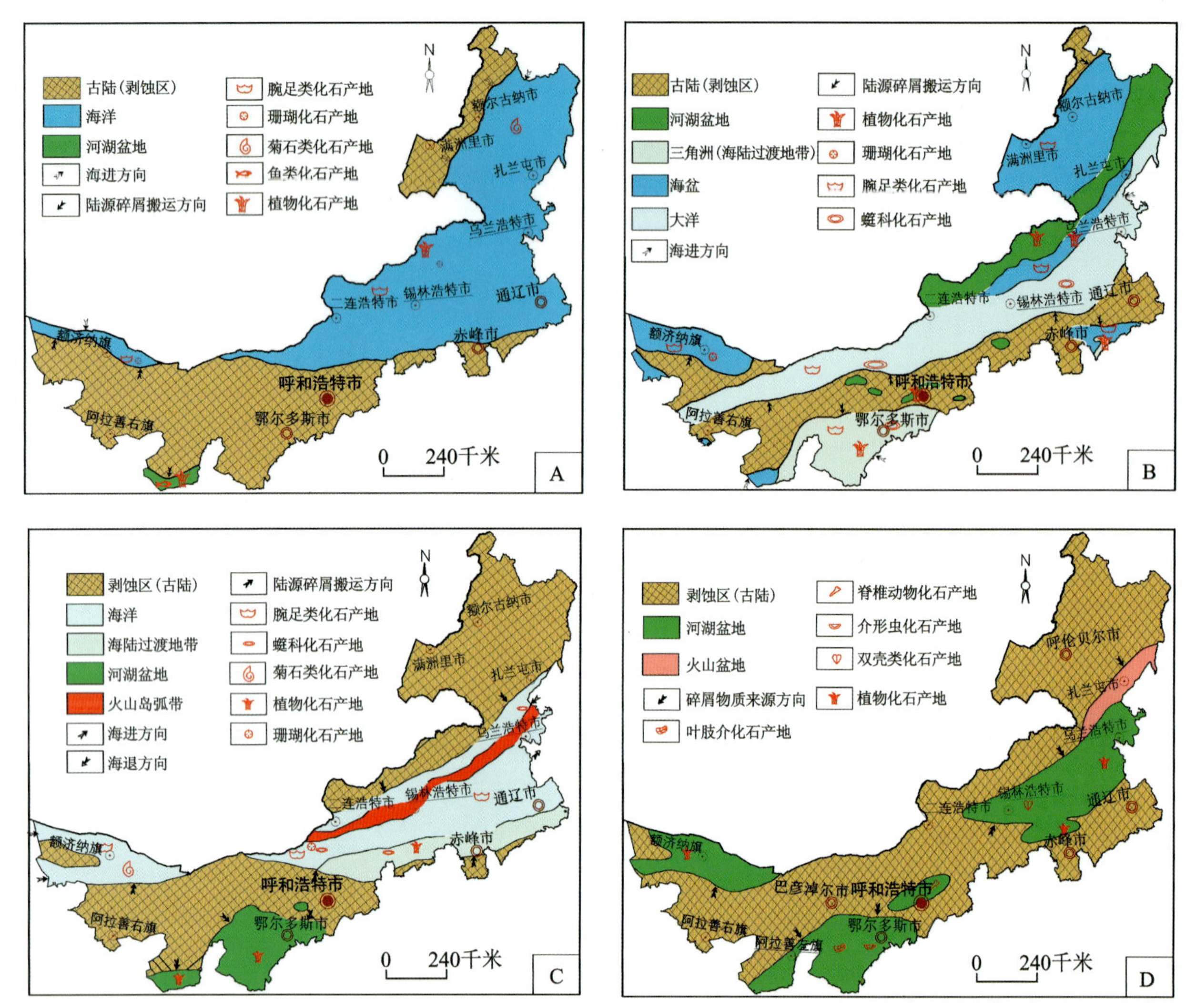

图 3-23 内蒙古晚古生代古地理演化略图[据内蒙古自治区地质调查院(2018)修编]
A. 泥盆纪;B. 石炭纪—早二叠世;C. 中二叠世;D. 晚二叠世—早三叠世

古生代每个地质时期的地层出露较为齐全(表 3-5),不同地区各具特色,部分地层中赋存古生物化石。

(一)岩石地层

不同地区的地层(图 3-24)形成环境、岩石组合、所含化石、出露程度以及后期变质变形等均千差万别。变化的主要原因是它们所处的大地构造位置不同,即分布于不同的大陆板块和大洋板块中。

1. 东乌珠穆沁—海拉尔地区

该区主要包括二连浩特至扎兰屯一线以北的广大地区,为一北东向展布的带状区域,大地构造位置属于西伯利亚板块南部及东部陆缘的活动带。寒武纪该区处于抬升阶段,因此无沉积记录。奥陶纪开始,海水入侵,海平面上升,地层较为发育,多为深水复理石建造▲14和硅质岩建造,笔石页岩和细砂岩等碎屑岩广泛分布,大量的笔石和三叶虫化石具有明显的地方性色彩,腕足类化石(图 3-25)也较为常见;部分地区发育了岛弧型火山岩(多宝山组火山岩)和碳酸盐岩。志留系为一套浅海相碎屑岩组合,以含大量的腕足类图瓦贝(*Tuvaella*)为特征。泥盆系下部以浅海相碎屑岩夹碳酸盐岩沉积序列为主,其中牙克石乌奴耳等地的浅海区海水相对稳定、阳光充裕,

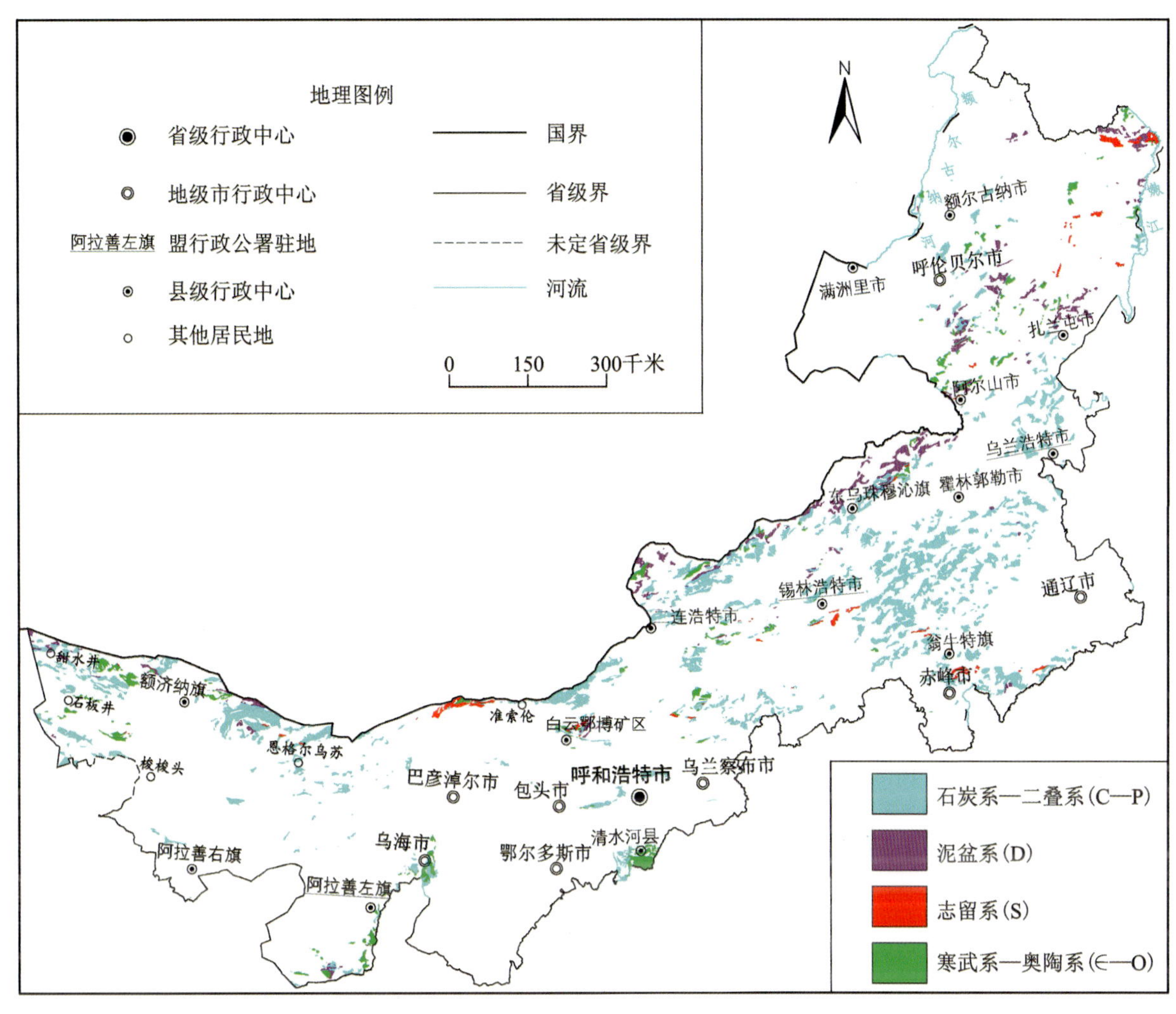

图 3-24　内蒙古古生代地层分布略图

▲14 复理石建造：是沉积建造的一种类型。一种特殊的海相沉积岩组合，由半深海和深海相泥灰岩、砂质钙质页岩、泥岩，与砾岩、砂岩、杂砂岩等组成，具有明显韵律层。一般认为形成于海洋浊流环境。造山作用主幕发生之前的沉积产物。建造：地质学中是指在时间和空间上彼此有密切联系的各种岩石的天然组合。

形成造礁灰岩，由大量的珊瑚、层孔虫及玉髓、石英砂屑及亮晶方解石等组成，地质上称其为乌奴耳礁灰岩；而东乌珠穆沁旗西山哈诺敖包一带则为陆相沉积环境，砂泥质沉积岩中含植物化石。泥盆系中上部多为海相陆源碎屑岩和火山碎屑岩，大兴安岭地区的大民山组发育海相中酸性火山熔岩。石炭纪—二叠纪海水开始减退，陆地面积增大，除海相碎屑岩、碳酸盐岩大量出露外，也见有细碧角斑岩等海底喷发火山熔岩、较深水的硅质岩

图 3-25　中国西方正形贝，产于东乌旗汗乌拉中奥陶统(据内蒙古自治区地质局，1976a)

等；与此同时，广泛分布的河、湖相淡水沉积物中均含有安格拉植物群和西伯利亚双壳类动物群。此外，石炭纪—二叠纪陆相中酸性火山岩也较发育。晚二叠世，本区全部隆升为陆地，在凹陷盆地中出现了陆相沉积岩，以孙家坟组为代表的黑色砂板岩具有广泛的分布性。晚古生代以冷水型或冷暖混合型动物群及安格拉型植物群的出现为特色。

表3-5 内蒙古

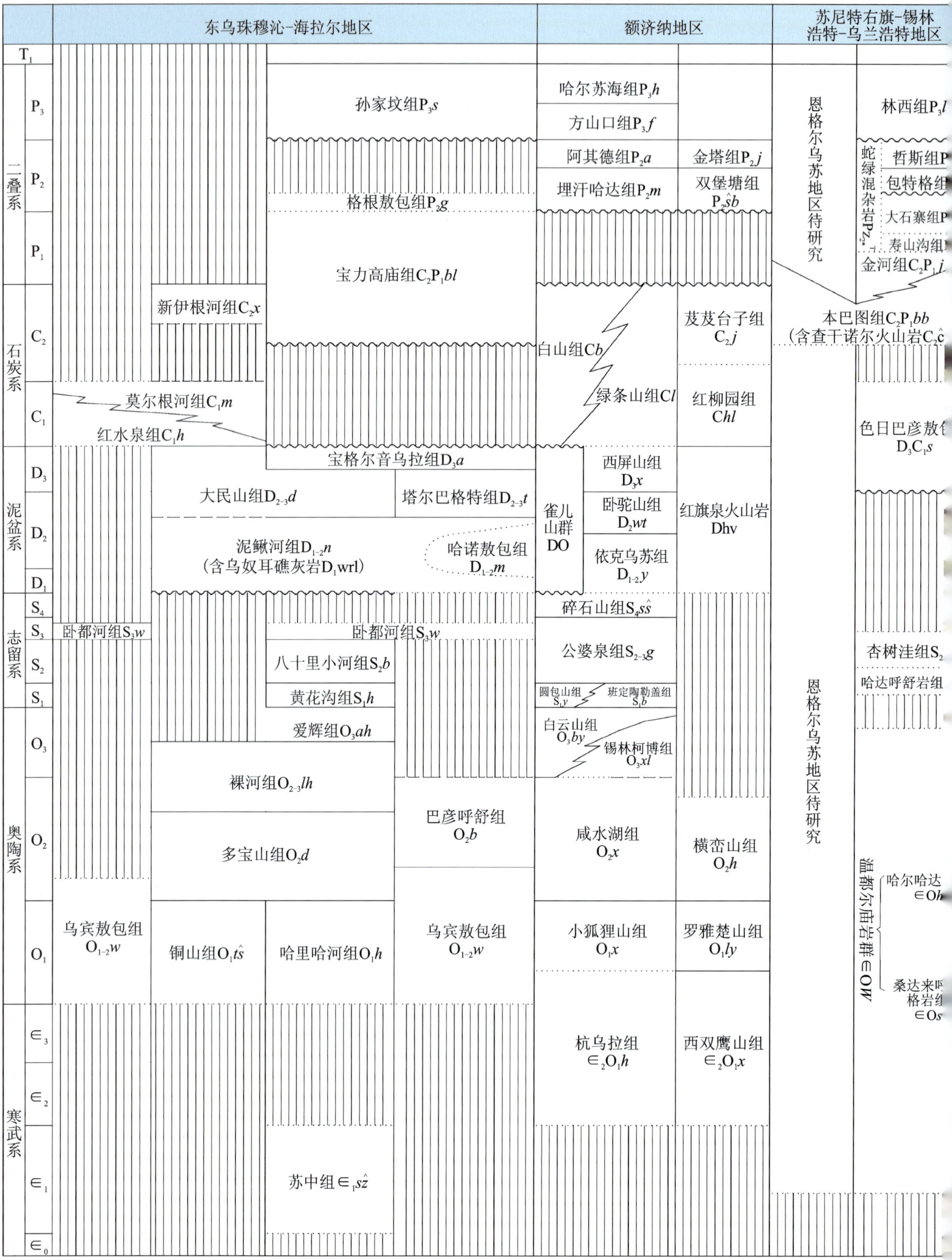

系	统	东乌珠穆沁-海拉尔地区	额济纳地区	苏尼特右旗-锡林浩特-乌兰浩特地区
	T_1			
二叠系	P_3	孙家坟组P_3s	哈尔苏海组P_3h；方山口组P_3f	恩格尔乌苏地区待研究；林西组P_3l
	P_2	格根敖包组P_2g	阿其德组P_2a；埋汗哈达组P_2m；金塔组P_2j；双堡塘组$P_2\hat{s}b$	蛇绿混杂岩Pz_2；哲斯组P；包特格组；大石寨组P；寿山沟组
	P_1	宝力高庙组C_2P_1bl		金河组C_2P_1j
石炭系	C_2	新伊根河组C_2x	白山组Cb；绿条山组Cl；芨芨台子组C_2j	本巴图组C_2P_1bb（含查干诺尔火山岩$C_2\hat{c}$
	C_1	莫尔根河组C_1m；红水泉组C_1h	红柳园组Chl	色日巴彦敖 D_3C_1s
泥盆系	D_3	宝格尔音乌拉组D_3a	西屏山组D_3x；雀儿山群DO；红旗泉火山岩Dhv	
	D_2	大民山组$D_{2-3}d$；塔尔巴格特组$D_{2-3}t$；泥鳅河组$D_{1-2}n$（含乌奴耳礁灰岩D_1wrl）；哈诺敖包组$D_{1-2}m$	卧驼山组D_2wt；依克乌苏组$D_{1-2}y$	
	D_1			
志留系	S_4		碎石山组$S_4\hat{s}s$	
	S_3	卧都河组S_3w；卧都河组S_3w	公婆泉组$S_{2-3}g$	杏树洼组S_2
	S_2	八十里小河组S_2b		哈达呼舒岩组
	S_1	黄花沟组S_1h	圆包山组S_1y；班定陶勒盖组S_1b	
奥陶系	O_3	爱辉组O_3ah	白云山组O_3by；锡林柯博组O_3xl	恩格尔乌苏地区待研究
	O_2	裸河组$O_{2-3}lh$；多宝山组O_2d；巴彦呼舒组O_2b	咸水湖组O_2x；横峦山组O_2h	温都尔庙岩群∈OW：哈尔哈达 ∈Oh
	O_1	乌宾敖包组$O_{1-2}w$；铜山组$O_1\hat{t}s$；哈里哈河组O_1h；乌宾敖包组$O_{1-2}w$	小狐狸山组O_1x；罗雅楚山组O_1ly	桑达来呼 格岩组 ∈Os
寒武系	$\in_3$		杭乌拉组$\in_2O_1h$；西双鹰山组$\in_2O_1x$	
	$\in_2$			
	$\in_1$	苏中组$\in_1s\hat{z}$		
	$\in_0$			

注：据张玉清等（2020a）修编。

-二叠系划分表

红旗牧场-翁牛特地区	巴彦浩特-腮林忽洞地区	大佘太地区	贺兰山地区	桌子山地区	东胜地区	清水河地区	阿拉善南部地区		
			刘家沟组T_1l	刘家沟组T_1l	刘家沟组T_1l			T_1	
P_3；于家北沟组$P_{2-3}y$		老窝铺组P_3lw；脑包沟组P_3n	孙家沟组P_3sj	孙家沟组P_3sj	未出露	孙家沟组P_3sj	窑沟组P_3yg	P_3	二叠系
P_2；额里图组P_2e		石叶湾组$P_2\hat{s}y$	石盒子组$P\hat{s}$	石盒子组$P\hat{s}$		石盒子组$P\hat{s}$	大黄沟组C_2P_2dh	P_2	
山组 a；保格切火山岩C_2P_1bv；三面井组P_1sm；青龙山火山岩C_2qv	苏吉组P_1s；大红山组P_1d	杂怀沟组P_1z；拴马桩组$C_2P_1\hat{s}m$	山西组$P_1\hat{s}$；太原组C_2P_1t	山西组$P_1\hat{s}$；太原组C_2P_1t		山西组$P_1\hat{s}$；太原组C_2P_1t		P_1	
酒局子组C_2jj；石咀子组$C\hat{s}$；白家店组Cbj			本溪组C_2b	本溪组C_2b		本溪组C_2b	羊虎沟组C_2y	C_2	石炭系
							臭牛沟组$C_1\hat{c}$；前黑山组C_1q	C_1	
朝吐沟组$D_3\hat{c}t$							中宁组$D_3\hat{z}$	D_3	泥盆系
							石峡沟组$D_2\hat{s}$	D_2	
合布组$D_1\hat{c}$；前坤头沟组D_1q								D_1	
河组$S_{3-4}x$；下石碑组$S_{3-4}x\hat{s}$								S_4	志留系
								S_3	
乌苏组S_2x；八当山火山岩S_2bv；晒乌苏组$S_2\hat{s}$								S_2	
								S_1	
		乌兰胡洞组O_3wh	平凉组O_3p	拉什仲组$O_3l\hat{s}$；乌拉力克组$O_{2-3}wl$				O_3	奥陶系
包尔汉图群$O_{1-2}B$；哈拉组$O_{1-2}h$；龙山组$O_{1-2}bl$；白乃庙组$\in_3Ob$		二哈公组O_2e		克里摩里组O_2k；桌子山组$O_2\hat{z}$；三道坎组O_2s	未出露	马家沟组O_2m	毛土坑山浊积岩O_2mBT；米钵山组O_2mb	O_2	
	阿牙登组$\in O_1a$；腮林忽洞组$\in O_1s$	山黑拉组$O_1\hat{s}$	天景山组O_1t		未出露	亮里山组O_1l；冶里组O_1y		O_1	
锦山组$\in_3j$		老孤山组$\in_{2-3}l$	阿不切亥组$\in_{2-3}a$	炒米店组$\in_3\hat{c}$；崮山组$\in_{2-3}g$		炒米店组$\in_3\hat{c}$；崮山组$\in_{2-3}g$		$\in_3$	寒武系
			胡鲁斯台组$\in_2h$；陶思沟组$\in_2t$	张夏组$\in_2\hat{z}$		张夏组$\in_2\hat{z}$	香山群$\in_2x$	$\in_2$	
		色麻沟组$\in_{1-2}sm$	五道淌组$\in_1w$；苏峪口组$\in_1s$	馒头组$\in_{1-2}m$		馒头组$\in_{1-2}m$		$\in_1$	
								$\in_0$	

2. 额济纳地区

涉及阿拉善盟额济纳旗全部及阿拉善左旗、阿拉善右旗的北部部分地区，呈一倒三角状的区域，东南界至恩格尔乌苏—梭梭头一线，北界为中蒙国境线，西部为内蒙古与甘肃的省（区）界。大地构造位置处于塔里木板块的东南大陆边缘，地质体与蒙古及我国的甘肃、新疆具有广泛的连通性。

该区域古生代地层出露较为齐全，寒武系—奥陶系以砂岩、页岩、灰岩等浅海相沉积岩为主，部分地区发育白云岩以及海相中基性火山岩、深水沉积的硅质岩等。志留系的公婆泉组为海相火山岩、火山碎屑岩，其他地层均为海相碎屑岩和灰岩。其中，下志留统多见含笔石化石的页岩和含放射虫化石的硅质岩。泥盆系主要为浅海环境的陆源碎屑、碳酸盐岩，含大量的珊瑚、腕足类等化石，局部地区见有少量的海相火山岩。本区石炭纪—二叠纪古地理格局比较复杂、沉积环境多变，石炭系下部为一套浅海相碎屑岩组合，主要由砂岩、千枚岩、板岩等组成，偶夹灰岩和火山岩，地层中含珊瑚、腕足类、腹足类等化石；中上部主要为中酸性熔岩及其碎屑岩，局部地区夹砂岩、灰岩等；在额济纳旗北山煤矿至芨芨台子一带见有岩性单一的含蜓化石灰岩。石炭纪晚期本区发生地壳抬升运动，海水退出，经受着长期的风化剥蚀，直到中二叠世，海水才又开始逐渐入侵本区。中二叠统下部以页岩、砂岩、砂砾岩为主，夹生物碎屑灰岩，含腕足类、菊石类（图 3-26）等海相无脊椎动物化石；上部为一套海相基性火山岩夹陆源碎屑岩组合，碎屑岩夹层含腕足类化石。晚二叠世早期地壳隆升，本区海水开始退去，海平面下降，变为了陆地，并出现了火山喷发，形成以陆相中酸性熔岩及凝灰岩为主的火山岩组合，部分地区见有砂砾岩夹层，这也说明了火山喷发的多期次性，在火山喷发的间歇期沉积了河流相砂砾岩；晚二叠世晚期，岩浆活动减弱，火山喷发停止，海水回流，海平面有所上升，本区变为海陆交互环境，岩石组合为砂岩、泥质灰岩、灰岩等，含植物化石。

图 3-26　双堡塘组灰岩中的菊石类化石，属软体动物门头足纲（张玉清 2019 年摄于阿拉善盟额济纳旗）

3. 苏尼特右旗—锡林浩特—乌兰浩特地区

该区北界为二连浩特至扎兰屯一线（二连浩特-贺根山蛇绿混杂岩带北界），南界为巴彦淖尔索伦山到通辽一线（索伦山-西拉木伦蛇绿混杂岩带南界），为一近东西向延伸的喇叭状地带，大地构造属性为古亚洲洋板块，现在见到的只是一个残缺不全的残存体，是古生代古亚洲洋南北双向俯冲的消减地带，它记录着古亚洲洋生成、发展、消亡直至转化为陆壳的全过程，是我国研究大洋板块地层系统的理想地区之一。本区区域地质演化非常复杂，而且不同时期地质学者的认识也不尽相同，这些深奥的地质问题尚需地质学家们不断探索。

寒武系—奥陶系由绿片岩（图 3-27）及含铁石英岩等组成，多构成早古生代蛇绿混杂岩的“岩块”“岩片”，其中哈尔哈达岩组主体为远洋硅泥质沉积，含放射虫化石（图 3-28），与之相伴而生的有高镁安山岩、条带状辉长岩、超基性岩等。上述岩石组合与大洋地壳的岩石组合是一致的，说明这一地区在寒武纪—奥陶纪是一个新生的大洋，只是由于后期的构造运动将其肢解得支离破碎。中下志留统哈达呼舒岩组为一套深水砂泥质沉积，杏树洼组以粉砂质绢云母板岩、变质砂岩等为主，夹灰岩，含珊瑚等化石，岩石变形十分强烈。受全球加里东运动的影响，志留纪晚期该洋壳向陆壳俯冲而最终消失，洋盆关闭，形成早古生代造山带。中下泥盆统哈诺敖包组陆相地层的出现，说明当时东乌珠穆沁地区地势较高，还在遭受风化剥蚀，低洼处则出现了山间盆地沉积；此时其他广大地区海水则开始回灌。上泥盆统至下石炭统的色日巴彦敖包组不整合于哈尔哈达岩组之上，为大陆边缘海沉积的、以碎屑岩为主的岩石组合。石炭纪—二叠纪洋盆再次打开，以出现大量的超基性岩、枕状玄武岩(图3-29)、含放射虫硅质岩等为证。卷入晚古生代蛇绿混杂岩带的有上石炭统—下二叠统本巴图组碎屑岩、金河组碳酸盐岩(含珊瑚化石)、查干诺尔火山岩，以及下二叠统寿山沟组深色细碎屑岩系、中下二叠统大石寨组岛弧火山岩系、中二叠统哲斯组滨浅海相碎屑岩-碳酸盐岩。上二叠统林西组在该区域广泛分布，以河湖相碎屑岩为主(图3-30)，夹有淡水灰岩。

图3-27 温都尔庙岩群哈尔哈达岩组绢云绿泥石英片岩
(张玉清2014年摄于苏尼特右旗朱日和镇东)

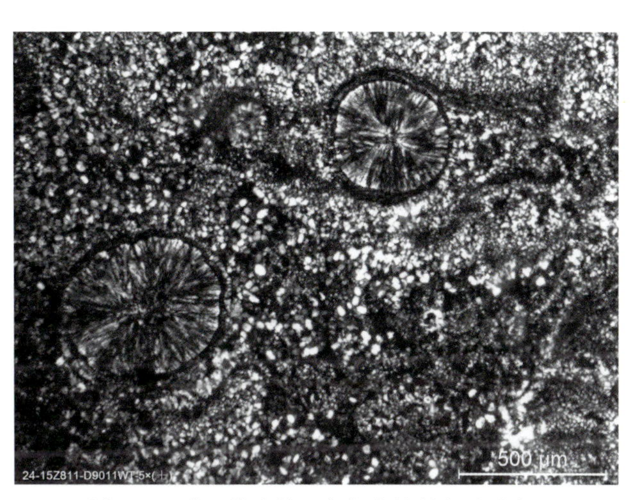

图3-28 苏尼特右旗温都尔庙放射虫硅质岩，
5倍显微照(王继春2021年提供)

图3-29 枕状玄武岩
(张玉清2017摄于苏尼特右旗图古木吉)

该区突出的特点是蛇绿构造混杂岩分布较多，如温其根乌兰、索伦山、满都拉、昌图、乌兰沟、柯单山、杏树洼、二道井、迪彦庙、梅劳特乌拉、呼和哈达、贺根山、乌斯尼黑等地均有不同程度的出露。蛇绿混杂岩由岩块和基质两部分组成，其中岩块主要来自俯冲板块中的放射虫硅质岩和归属于洋壳、地幔的基性—超基性岩碎块以及海沟内壁上的蓝片岩；基质一般为大洋及海沟

图3-30 上二叠统林西组泥(页)岩夹砂岩
(张玉清2014年摄于林西县官地)

沉积的发生强烈变形的构造，相对塑性的泥砂质岩石，是当时陆壳增生的产物。蛇绿混杂岩一般被认为是洋壳最终消失的地方，即古海沟的位置。

4. 达茂旗—翁牛特地区

该区域北界为巴彦淖尔索伦山至通辽一线（索伦山-西拉木伦蛇绿混杂岩带的南界），南界为阿拉善右旗—白云鄂博—赤峰一线以北（阿拉善右旗-白云鄂博-赤峰断裂，该断裂地质学者们之前称其为“槽台”断裂，是阴山北麓的深大断裂带），为一北东东向展布的细条状地带，大地构造属性为华北陆块的北部边缘，是古生代华北板块向北逐渐增生的产物。

受构造-岩浆热事件的影响，该区岩石遭受不同程度的变质、变形（图 3-31），地层露头零星、连续性很差，个别地质体以岩块或岩片的形式产出。寒武系—奥陶系主要是硅泥质岩和火山岩（图 3-32），泥质岩中产笔石化石，部分地区见浅海相灰岩。

图 3-31 布龙山组（$O_{1-2}b$）变质粉砂岩发生了揉皱（张玉清 2020 年摄于达茂旗黑沙图萤石矿南）

图 3-32 白乃庙组变质安山岩（张玉清 2014 年摄于四子王旗白乃庙矿区），右为正交偏光显微照 Hb-角闪石，Ep-绿帘石，Pl-斜长石

早志留世由于构造运动的影响，本区未接受沉积。中志留统下部在赤峰以北见浅海相灰岩、泥质灰岩、板岩等，灰岩中含珊瑚化石；上部发育海相中酸性火山岩夹碎屑岩，说明地壳并不稳定；晚志留世至顶志留世本区处于相对稳定的浅海环境，沉积物为砂岩、灰岩、泥（板）岩及生物礁灰岩（巴特敖包礁灰岩）等，灰岩中富含珊瑚、腕足类、层孔虫、海百合茎等化石。

志留纪末期，该区受全球加里东运动的影响，岩浆侵入、褶皱造山，海洋转化为陆地，经受着风化、剥蚀，在志留系顶部形了古风化壳。

泥盆系微角度不整合于志留系之上，早泥盆世为一套相对稳定的海相沉积，由陆源碎屑岩和碳酸盐岩组成，局部地段形成生物礁，如百灵庙镇北瓦窑东的堤状礁，由大量珊瑚、苔藓虫、层孔虫等构成生物格架。早泥盆世晚期至晚泥盆世早期，地壳上升，处于风化剥蚀期，缺失相应的沉积记录。晚泥盆世中晚期，海水开始入侵，但此时的地壳尚不稳定，伴有火山活动，沉积物为浅海相砂岩、板岩夹灰岩及基性火山岩组合，含珊瑚及腕足类化石。

石炭系—二叠系的岩性、岩相均比较复杂，海相、陆相、海陆交互相地层均有不同程度的发育。石炭纪的海相地层主要是陆源碎屑岩、灰岩；在古陆边缘的敖汉旗酒局子附近，有含植物化石的陆相碎屑沉积岩。二叠纪伊始，海平面逐渐下降，陆地面积在缩小，海相、陆相地层同时发育，遂形成了以浅海相碎屑岩夹灰岩的三面井组和以含大量植物化石、淡水动物化石的陆相额里图组（碎屑岩、火山岩）。在海盆中部则形成了碎屑岩、灰岩夹中酸性火山岩的地层序列，含大量的腕足类、珊瑚和蜓等浅海生物化石。晚古生代的古生物化石以暖水型特提斯动物群和华夏植物群为特色。

5. 内蒙古中南部区(华北陆块区内蒙古段)

该区域为白云鄂博—化德一线以南至内蒙古与山西、陕西、宁夏等省(区)的境界线,为一椭圆形的地带,大地构造属性为华北板块的二级构造单元——华北陆块,为一相对稳定的构造单元,构造运动以垂直升降为主,地质演化历史与整个华北陆块基本一致。

本区内的古生界是中新元古界基底上的第一套稳定盖层,岩层构造变形十分微弱,岩石未发生明显变质,只是泥质、泥晶方解石等发生了弱的重结晶。

1)巴彦浩特、白云鄂博、腮林忽洞地区

该地区处于华北陆块的最北缘,紧邻华北北缘增生区,因此,该区域为华北北缘增生区与华北稳定陆块区的过渡区,其地质演化介于二者之间。

寒武系—奥陶系为一套浅海相碎屑岩、碳酸盐岩建造,起初沉积时地壳并不稳定,地震活动较为频繁,导致某些碎屑岩层及灰岩层中出现震动液化脉(图 3-33)。受潮汐作用影响明显,碳酸盐岩中藻纹层多形成叠层状构造(图 3-34)。

图 3-33 阿牙登组灰岩中震动液化脉

(张玉清 2016 年摄于达茂旗北呼吉尔图)

图 3-34 腮林忽洞组叠层状灰质白云岩

(张玉清 2017 年摄于达茂旗腮林忽洞组)

早奥陶世末期至早二叠世早期,该区地壳处于隆升造山阶段,没有沉积记录。早二叠世中期,陆地上形成山间盆地,在河流、湖泊、沼泽滩等地沉积了砂砾岩、碳质泥岩、泥灰岩等,局部夹有煤层、煤线等,含植物化石;与此同时,沿断裂伴有火山喷发,陆地上堆积了火山熔岩及火山碎屑岩,在白云鄂博矿区的西部,现存有较为完整的早二叠世破火山口。

2)大佘太地区

寒武纪—奥陶纪时,乌拉特前旗大佘太镇一带仅为一海湾,海水较浅,沉积物为石英砂岩、粉砂岩、页岩及灰岩等,含珊瑚、牙形石等化石,这个时期风暴强烈,未固结的灰岩被扰动成竹叶状。晚奥陶世至早石炭世,与华北陆块主体区一起抬升,缺失沉积记录。晚石炭世开始山间盆地逐渐形成,早期(晚石炭世—早二叠世)在浅海区、湖泊、沼泽等地沉积了砂砾岩、泥质等,夹有煤层、煤线。

3)桌子山—清水河地区

该地区经历了震旦纪末期晋宁运动的抬升后直到早寒武世,该区海水才再次入侵,海平面上升,海域面积不断扩大。下寒武统为一套紫红色砂岩(图 3-35)、粉砂岩、页岩及碳酸盐岩,属稳定陆表海环境下的海侵产物;中上寒武统则是由泥质灰岩、鲕状灰岩、竹叶状灰岩(图 3-36)等构成的一套浅海潮坪相沉积组合。

图 3-35 中下寒武统馒头组紫红色砂岩、泥岩,水平地层

(张玉清 2021 年摄于清水河县蒙西水泥厂)

图 3-36 张夏组竹叶状灰岩,左下为磨制的健身球

(张永清 2017 年摄于乌海市新地乡东)

下奥陶统见于清水河、贺兰山北段等地,为一套产状近水平的白云质灰岩(图 3-37)、白云岩及砾状白云岩,含头足类(如角石)、三叶虫、腕足类及牙形石等化石。

从早奥陶世开始,到中奥陶世末,整个华北陆块包括本区在内,均发生了不同程度的垂向抬升运动,只是不同地区海水进退的时间与速度不一致而已。

清水河地区晚奥陶世后期海水退出,到中奥陶世中期海水再次入侵,海平面上升,沉积了一套浅海相厚层灰岩,局部地区夹少量石英砂岩及白云岩,含头足类(如角石)、三叶虫等多门类化石;桌子山地区寒武纪末期海水逐渐退出,到中奥陶世中期海水入侵,与清水河地区不同的是该地区陆源物质补给较充足、海水明显变深,中上奥陶统由陆源碎屑岩(砂岩、粉砂岩和泥页岩,图 3-38)、生物碎屑灰岩及球粒灰岩(图 3-39)等组成,含大量笔石和牙形石等化石;贺兰山北段晚奥陶世晚期海水退出,到晚奥陶世初期海水才入侵,沉积了一套砂岩、泥页岩、粉砂岩及灰岩等,含丰富的笔石化石。

图 3-37 清水河奥陶系条带状灰岩

(张玉清 2022 年摄)

图 3-38 奥陶系灰岩、泥页岩呈缓倾斜状

(张玉清 2021 年摄于乌海市海南区)

中晚奥世—中石炭世早期，包括本区在内的华北陆块发生了长时间的整体抬升，造成了1亿余年间的沉积记录缺失，这期间华北陆块遭受着长期风化、剥蚀、夷平等复杂的地质作用，形成一个明显的红土型、铝土型古风化壳，具有区域性的对比意义。

石炭纪—二叠纪古地理格局发生了翻天覆地的变化，往日的汪洋大海已不复存在，取而代之的是层峦叠嶂、沃野千里的山岭和盆地。沉积物以河湖相碎屑岩为主，伴有海陆交互相含煤岩系（图3-40）。下石炭统底部平行不整合于古风化壳之上，为一套含铁铝质黏土岩，在清水河等地富集形成风化壳型赤铁矿和铝土矿。石炭系主要为砂岩、页岩和生物碎屑灰岩夹煤层，海相地层从东向西逐渐减少并变薄，继而尖灭；二叠系为稳定的内陆河流相、湖相及沼泽相含煤碎屑岩岩系，红色层和石膏层的出现，说明本区湿热环境逐步向干热的氧化环境转变。这一地区，二叠系与三叠系为连续沉积。自三叠纪以来，处于清水河与桌子山之间的鄂尔多斯（东胜区及其以西）地区一直处于沉降阶段，形成鄂尔多斯大型凹陷盆地，地表未见古生代地层出露，其上被中新生界覆盖。

图3-39 奥陶系球粒灰岩

（张玉清2021年摄于乌海市海南区）

图3-40 二叠系煤系地层

（张玉清2022年摄于清水河县黑矾沟）

6. 阿拉善左旗及阿拉善右旗南部区

该区即巴丹吉林沙漠南缘的以南地区，南界至内蒙古与甘肃、宁夏的省（区）界，涉及的范围较小。大地构造属北祁连洋板块，次一级构造单元为北部走廊弧后盆地，该弧后盆地是由于北祁连洋向北持续俯冲作用使得火山岛弧裂解、弧后产生扩张而形成。弧后盆地的中心位于甘肃省境内。本区是靠近华北陆块（内蒙古段）的近陆弧后盆地，未见到岩浆活动的迹象。初（底）寒武世至中寒武世初期处于挤压造山阶段，缺失相应的沉积记录；中寒武世中期本区发展成为大陆斜坡，水体较深，沉积了砂岩、泥岩、碳酸盐岩及硅质岩，同时也见有重力流的产物。晚寒武世与早奥陶世再次发生挤压造山，海水退出。中奥陶世海水重新入侵，海平面上升，接受了砂岩、泥岩、硅质岩（放射虫燧石）、砾屑灰岩等沉积，岩石成分庞杂，具近源重力流和浊流沉积的特点，为浅海—半深海大陆斜坡环境的产物；其上沉积了半深海浊积岩，岩石组合为黑色页岩、砂岩、粉砂岩，含笔石化石。本区岩石后期发生了浅变质。中奥陶世晚期—早泥盆世，同样受全球加里东运动的影响，处于长期的隆起剥蚀阶段。中泥盆世开始，陆相山间盆地开始形成，中上泥盆统为一套河湖相碎屑岩，含鱼类和植物化石；石炭系为海陆交互相含煤地层，二叠系为陆相砂泥质沉积。

（二）古生物

古生代是显生宙的开始，意思为远古的生物时代，持续约3亿年。对动物界来说，这是一个重要的生命演化时期(图 3-41)。虽然地球生命的雏形可追溯到 40 亿年前,但至少有 35 亿年的时间都消磨在单细胞这样的低等生命演化上。

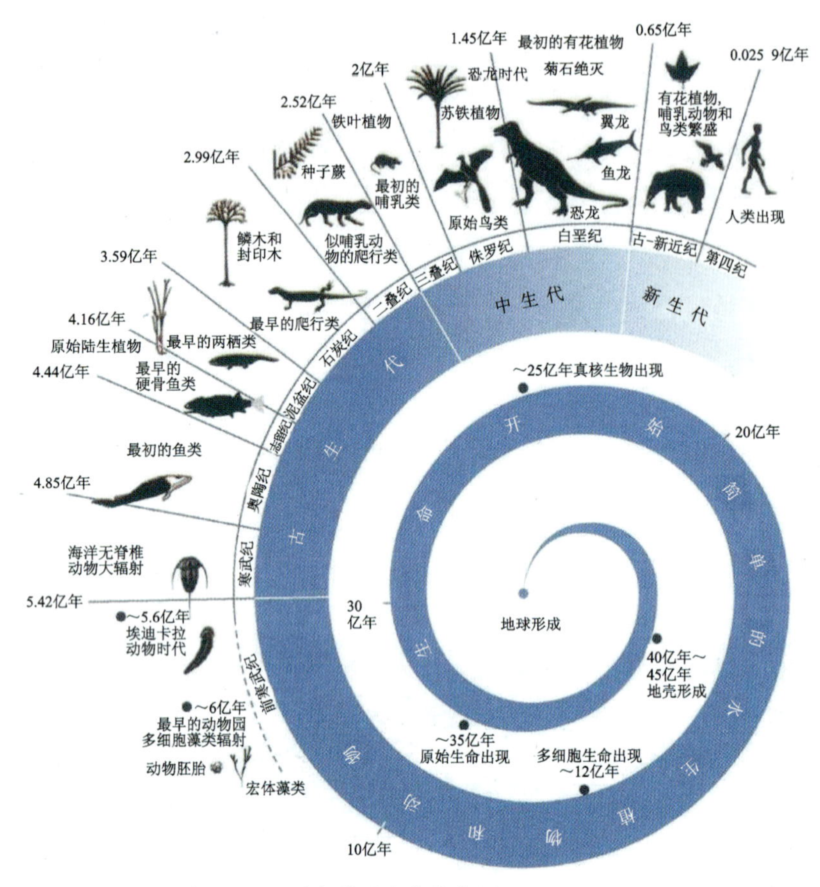

图 3-41 地质年代及生物演化图(据陈军等,2016)

寒武纪为古生代第一个纪,是地球发展的里程碑。这个时期产生了绝大多数无脊椎动物门类(如节肢动物、棘皮动物、软体动物、腕足动物等)和海生藻类,而且在短暂的时间内快速演化。自寒武纪开始后 2000 多万年时间内,突然出现了各种各样的生物,不约而同地迅速起源,在地球上"集体亮相",形成了多种门类动物同时存在的繁荣景象,而在此之前的岩石地层中没有找到明显的祖先的痕迹,这一现象被古生物学家和地质学家称之为"寒武纪生命大爆发"。这些生物形态奇特,与我们现在地球上见到的生物极不相同。寒武纪岩石中保存有比其他生物类群丰富的三叶虫(属节肢动物门,三叶虫纲)化石,约占生物总数的 60%,其次是腕足动物,约占 30%,其他如古杯类、螺等生物约占 10%。因此,寒武纪也被称为"三叶虫时代"。早期(距今 5.41 亿~5.21 亿年)小壳动物群继续丰富物种,多孔动物、刺胞动物和两侧对称动物快速繁衍,腕足动物出现,海洋中磷酸盐和钙离子含量的增高为硬壳和外骨骼的出现提供了可能。5.21 亿~5.15 亿年间,动物大爆发,以泛节肢动物为优势类群,从此为寒武纪奠定了复杂且完整的生态系统。在内蒙古,白云鄂博、腮林忽洞地区存在微古植物化石;大兴安岭地区见古杯类化石;阿拉善左旗发现牙形石化石;清水河、桌子山、阿拉善等地则以三叶虫化石(图 3-42)为主,数量大、属种多。在生物大爆发的 0.5 亿年后,即寒武纪末,迎来了地球史上首次生物大灭绝事件,约 49%的"属"都消失了,其可能是由于大规模的缺氧事件或宇宙辐射所致。

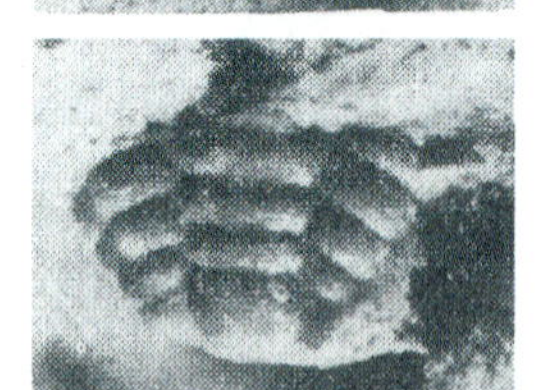
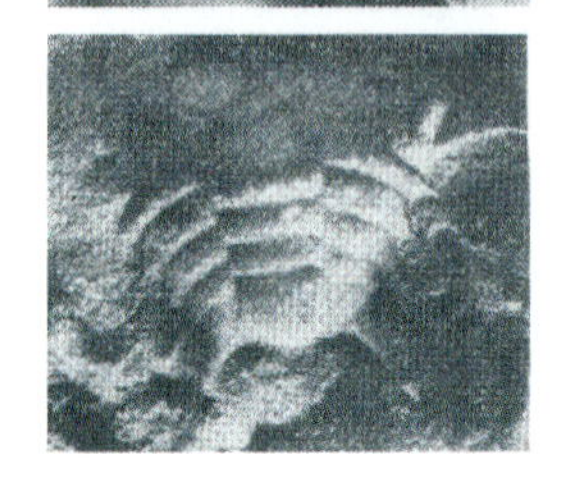

图 3-42 清水河叉尾虫(上:头部,中:中下部,下:尾部),产于清水河县中寒武统张夏组(据内蒙古自治区地质局,1976a)

奥陶纪气候温和、海域宽广，其中的生物门类、纲类虽然没有寒武纪多，但却更加进化，海生生物得到了空前的发展。奥陶纪末期生物“科”的数量达到寒武纪顶峰时的 4 倍以上。三叶虫、腕足类、头足类等最常见，头足类进入了繁盛时期，其中的角石(属软体动物、头足纲)成为奥陶纪统治海洋的霸主生物。内蒙古角石化石(图 3-43)主要产于桌子山等地。三叶虫为了生存，形态也发生了相应的变化，由原来的头大尾小，变成了头尾同宽(等称虫就是典型代表)。东乌珠穆沁旗东部、阿拉善盟、准格尔旗、乌海桌子山等地区的地层中均有三叶虫化石(图 3-44)。腕足类和双壳类也在房角石的注视下偷偷生存，常把自己自闭在壳中，内蒙古该类化石多见于阿拉善和大兴安岭等地。笔石因形态如在岩石上留下笔迹而得名，最早出现于晚寒武世，直到奥陶纪才实现大发展，因为其随洋流快速到达全球各地，演化又十分迅速，是古生物学家十分喜爱的标准化石，内蒙古见于乌海桌子山至贺兰山北段、额济纳旗小狐狸山、达茂旗包尔汉图等地。牙形石，推测是当时一种凶猛捕食者的牙齿，是奥陶纪除笔石动物群外地层划分对比的重要化石，主要产自乌海桌子山和乌拉特前旗大佘太镇东白彦花山等地。珊瑚类动物在奥陶纪初始发育，在阿拉善、大青山等地温暖的浅海环境下欢快地生活着。介形虫在大兴安岭大量出现。综上所述，奥陶纪的海洋是一片生机勃勃的景象，然而好景不长，在奥陶纪末期(4.45 亿～4.44 亿年)发生了地球历史上真正意义的**第一次生物大灭绝**事件。这次灭绝事件由前、后两幕组成，其间相隔 50 万～100 万年。第一幕是生活在温暖浅海的许多生物灭绝了，灭绝的属占当时属总数的 70%，灭绝的种高达 80%；第二幕是那些在第一幕灭绝事件中幸存的较冷水域的生物又遭受灭顶之灾，如腕足类的属灭绝率为 60%，种的灭绝率达 85%，三叶虫在这次灭绝中也大伤元气。关于灭绝事件的原因众说纷纭，大体有以下几种假说：气候变化、天体撞击地球、恒星爆炸释放伽马射线击中地球。但沉重的打击并没有阻挡生物进化的脚步，生命的种子还在延续。

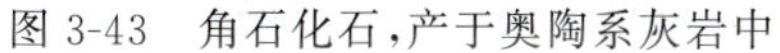

图 3-43　角石化石，产于奥陶系灰岩中

图 3-44　三叶虫化石，产于奥陶系灰岩中

(张玉清 2022 年摄于鄂托克旗棋盘井镇西)

志留纪仅持续了 0.24 亿年，但就在这看似平淡而“短暂”的时光里，地球和生命正悄悄地发生着巨大的变化。海生无脊椎动物在志留纪仍占重要地位，但其组成有所变化，三叶虫、头足类衰减，介形类和牙形石类兴起与发展，笔石中的单笔石极为繁盛，因此志留纪又称“笔石时代”。笔石是志留纪地层分层系统中首选的门类，它是志留纪海洋中一类非常重要的生物，身体呈蠕虫状。笔石的个体大小不一，它们在海水中飘浮，可以到达很远的地方，它们的空壳镶嵌在岩石中。志留纪的顶底界是通过笔石化石来确定的。额济纳旗、阿拉善左旗的北部(即巴丹吉林沙漠的西缘和北缘的山区)笔石化石丰富。在达茂旗西别河至巴特敖包一带发育腕足类、珊瑚(图 3-45)、

层孔虫、苔藓虫、三叶虫、鹦鹉螺、介形虫、牙形石、海百合(棘皮动物,图 3-46)等门类的古生物化石。在额尔古纳市地营子、科尔沁右翼前旗的苏呼河以及东乌珠穆沁旗的巴润德勒等地产腕足类化石,主要是图瓦贝动物群的成员。志留纪海洋中已经开始出现多种鱼类,但内蒙古尚未发现该时期的鱼类化石。表面上波澜不惊的志留纪走到了末期,但平静中却孕育着下一次生物的变迁与繁荣。

图 3-45 上顶志留统西别河组珊瑚化石

图 3-46 西别河组灰岩中的海百合(棘皮动物)茎化石

(张玉清 2020 年摄于包头市达茂旗北)

从泥盆纪开始,地质历史进入了晚古生代,植物、昆虫和两栖动物逐渐占据了陆地和淡水,对生命演化而言这是极为重要的转变。泥盆纪最引人注目的是鱼类的进化,原始的甲鱼类和真正的有颌鱼类都非常繁盛,被称为“鱼类的时代”,其中盾皮鱼类中的恐鱼超过 10 米,是海洋中的统治者。泥盆纪晚期,全球海平面下降,陆地扩大,某些肉鳍鱼类逐渐演变成了既可在水中游动又能在陆上跳跃的最早登陆的脊椎动物——两栖类,鱼石螈就是原始两栖类的代表。泥盆纪初期,繁盛的裸蕨类占优势,但还没有真正的根和叶;到泥盆纪中期原始石松、有节类出现,根、茎、叶细化明显;晚期裸蕨类灭绝,真蕨类和原始裸子植物出现,乔木植物占据优势,并形成小规模森林。

内蒙古北部造山带的额济纳旗、大兴安岭、达茂旗的巴特敖包等地,海洋生物以苔藓虫(自奥陶纪生存至今的外肛动物门)、腕足类、头足类动物以及珊瑚(图 3-47)为主,海百合、牙形石也有一定的分布。陆地上植物也经历着剧烈的演化,区内该时段的植物化石主要见于东乌珠穆沁旗西山等地。

图 3-47 包头市达茂旗北查干合布组中的珊瑚化石

(张玉清 2020 年摄)

泥盆纪晚期的生物灭绝事件,是地球生物史上**第二次生物大灭绝**事件,发生在距今 3.72 亿年,称凯尔瓦塞事件,同时也标志着泥盆纪最后一个时期“法门阶”的开始(即弗拉斯阶与法门阶的边界)。这一事件呈现两个高峰,中间隔 1 百万年,导致地球上所有 3/4 的物种全部消失。其中海洋生物 82%灭绝,占科总数的 30%(达 70 多种),当时的珊瑚等受到影响最大,几乎全部灭绝,海里的礁类也几乎完全消失,造礁生物只能以单独个体生存,三叶虫、腕足类、头足类很大一部分也灭绝了，直到1亿年后部分生物才得以恢复昔日的光彩。对于这次生物灭绝事件的原因，科学家们有不同的认识：全球变冷、彗星撞击地球、陆生植物繁盛影响了海生生物、火山活动，等等。凶手究竟是谁？科学家们还在侦探之中。虽然大量的生物遭受了灭顶之灾，但有些生物还是顽强地存活了下来，脊椎动物类、海蜇、海蝎等都是其中的幸存者。

石炭纪从距今约3.6亿年演化到约3.0亿年，持续时间6000万年。这个时期植物和动物都完成了登陆任务，陆地不再是死寂单调的场所，已经变成了一片生机勃勃的热带雨林。陆地植物生长繁茂，并逐渐占据内陆腹地，地球上首次出现了大规模森林，早期以石松、真蕨和科达类为主，晚期出现了舌羊齿等植物群，从而使得全球至少一半的煤炭储量都出自这个时期形成的沉积岩层中，石炭纪正是因此得名。石炭纪早期两栖动物蓬勃发展，生活于沼泽、河湖地带；晚期爬行动物出现，这是脊椎动物演化史上的又一次飞跃，其标志是通过陆生羊膜卵的方式在陆地上繁殖后代，林蜥是其中的代表，是已知的最早爬行动物；昆虫类在石炭纪得到了空前发展，由于这个时代的昆虫体型巨大，又被称为“巨虫时代”，其中最著名的是巨脉蜻蜓。内蒙古海洋动物䗴、腕足类、头足类、腹足类、珊瑚(图3-48)等进入了新的繁盛期。䗴为单细胞生物，具有坚硬的壳体而突然繁荣，但持续到二叠纪末期就灭绝了，成为珍贵的标准化石。珊瑚趋向复杂化，腕足类也较繁荣，它们常构成礁体。三叶虫大为衰落，晚石炭世出现了鱼类化石，内蒙古见于阿拉善左旗。石炭纪初期，内蒙古植物群有了很大的发展，以西拉木伦—索伦山一线为界，形成了南、北两个不同性质的古植物地理区系，北部晚石炭世发育安格拉植物群，南部早石炭世—晚石炭世早期发育欧美植物群、晚石炭世晚期出现独具东亚特色的华夏植物群(以大羽羊齿类植物为代表)，这个特点一直延续到二叠纪末，由于气候干旱而结束。

图3-48 金河组灰岩中的珊瑚化石，左为群体珊瑚，右为单体珊瑚

(张玉清2014年摄于苏尼特右旗乌日根塔拉镇东)

二叠纪全球“泛大陆”逐渐形成，陆壳抬升，气候更加干燥。早期植物界以高大的石松、节蕨、科达及真蕨、种子蕨类为主，晚期大羽羊齿、瓣轮叶、松柏、苏铁类、银杏繁盛，裸子植物占主导地位，并凭借着有外壳保护的种子，适应干旱的环境。爬行动物身披细密的鳞片，产下的卵覆有硬壳、羊膜包裹胚胎，陆地进入了“巨兽时代”。迷齿类中的块椎类占优势，曳螈是其代表，与现代鳄鱼的生物习性相似；原始爬行类开始演化。二叠纪中晚期，兽孔类(接近哺乳动物)占领了大地，海生无脊椎动物中的笔石几乎灭绝，三叶虫大量减少，而珊瑚、腕足类、䗴类和菊石类大量繁盛。

内蒙古二叠纪生物群具多样性，表现在海洋生物种类的繁多和陆地植物南北的分异上。早中二叠世以海相沉积为主，中部地区以䗴类(图 3-49)、腕足类(图 3-50)、珊瑚、有孔虫、苔藓类等共生

图 3-49　阿木山组灰岩中的䗴类化石
左下为野外实体，主图为显微镜下切面(王雪兵提供)

图 3-50　哲斯组灰岩中的腕足类化石
(张玉清 2019 年摄于达茂旗哲斯敖包)

为主的类群，西部以菊石类、腕足类、头足类为主的类群和以腕足类、珊瑚、苔藓虫、海绵、双壳等共生的类群。晚二叠世为陆相沉积，陆生植物大致以西拉木伦河为界，南、北面貌差异明显。北部晚石炭世—晚二叠世均发育了安格拉型植物群，晚二叠世尚有少量华夏型分子混入，林西组内见有孢粉组合；南部是以早二叠世为繁盛期的华夏植物群(图 3-51、图 3-52)。乌海五虎山一带由六大植物类群组成，包括石松类、有节类、瓢叶类、蕨类、原始松柏类、苏铁类，为二叠纪森林景植物群落组合。二叠纪的脊椎动物化石仅见于包头市石拐区童盛茂东，为爬行类、二齿兽类等化石；放射虫见于洋壳上覆岩系的硅质岩中。

图 3-51　旋楔银杏，产于准格尔旗黑岱沟石盒子组

图 3-52　三脉座延羊齿，产于清水河县黑矾沟太原组

(据内蒙古自治区地质局，1976a)

二叠纪末期发生了地球史上最惨烈的生物大灭绝事件，影响了整个生物圈，是地质史上的**第三次生物大灭绝**，并以此作为古生代与中生代的分界线。估计地球上有 96%的物种灭绝，其中 95%的海洋生物和 75%的陆地脊椎动物消失，约 57%的生物科和 83%的属灭绝。䗴、三叶虫、棘皮动物的海蕾类、四射珊瑚、横板珊瑚、板足鲎等彻底退出历史舞台，从此销声匿迹。海百合、腕足类动物门、陆生的蕨类也大量死亡。这次大灭绝使得占领海洋近 3 亿年的主要生物从此衰败并消失，让位于新生物种，为恐龙等爬行动物的进化铺平了道路。但这次灭绝事件对鱼类的影响相对较小，软骨鱼中的肋刺鲨类继续发展，陆生生物以水龙兽为代表的部分爬行动物也存活下来。造成此次生物灭绝事件的主要原因可能是距今 2.52 亿年前西伯利亚区域内的火山爆发，也有学者认为与多个大型流星撞击事件、温室效应失控、海平面变化、缺氧干旱、海洋环流变化等有关。

四、山川火海——中生界

你可能看过《侏罗纪公园》(1993)这部科幻电影,该电影是根据迈克尔·克莱顿(美)的同名科幻小说 *Jurassic Park*(《侏罗纪公园》)(1990)改编的。剧情惊险万分,高潮迭起,让人看得血脉偾张,影片带给观众对科学与伦理的沉重思考,从此恐龙这种生物也深深地印入大人小孩的脑海中。

其实,恐龙在地球上真实存在过,在内蒙古大地上侏罗纪就已经横行天下了,它的遗骸在"侏罗系"这套地层中有多处保存。白垩纪是恐龙繁盛时期,特别是早白垩世,恐龙生存于内蒙古东西南北,是当时称霸天下的爬行动物(图 3-53)。当然,中生代的生物不只是恐龙,还有其他生命,这个时期的地质演化十分复杂,变幻莫测。下面带领大家走进中生代的地层与古生物世界。

中生代(距今 2.52 亿～0.66 亿年)开启了地球演化的新纪元,是显生宙的第二个代,自下而上分为 3 个纪(表 3-6),跨越了 1.86 亿年的地质历史,形成的地层称中生界。这段时间除地壳发生巨大变化外,生物界以恐龙为代表的爬行动物极盛,因此又称为"爬行动物时代"或"恐龙时代"。植物生长十分茂盛,因此中生代也是重要的成煤期,包括内蒙古在内,各大型沉积盆地是乌金(煤)的聚宝盆(图 3-54)。

图 3-53 二连浩特博物馆馆外雕塑(宁培杰提供)

图 3-54 通辽市霍林郭勒露天煤矿(张玉清 2021 年摄)

注:全国最早的五大露天煤矿之一。黑色层为煤层,其中可采煤层 9 层,总厚度 81.7 米。受断裂构造错动,煤层连续性差。煤平均发热量为 3150 大卡/千克。

表 3-6 中生界划分表

地质年代	年代地层	顶底年限(亿年)	生物特征
白垩纪	白垩系 K	0.66 1.45	被子植物全面开花,恐龙的多样性达到顶峰。鸟类发展迅速,哺乳动物进化出胎盘。白垩纪末期发生了地史上**第五次生物大灭绝**事件,75%的属种消失,陆上、水中许多生物灭绝,恐龙时代从此划上了圆满的句号
侏罗纪	侏罗系 J	1.996	以恐龙为代表的爬行动物达到鼎盛,裸子植物、蕨类植物构成茂密的原始森林,哺乳动物出现,但发展缓慢。侏罗纪晚期,一些长着羽毛的恐龙飞向天空,成了鸟类的鼻祖
三叠纪	三叠系 T	2.52	陆上四足动物只剩下 48 属,裸子植物达到鼎盛、被子植物也蓬勃兴起。晚三叠世出现了卵生原始哺乳动物。晚三叠世末期,地史上发生了**第四次生物大灭绝**,最后的哺乳类爬行动物、许多大型两栖动物也灭绝了,但未影响到恐龙

中国中生代受印支运动▲15和燕山运动影响严重，侏罗纪古中国大陆雏形基本形成，由长期以来的南北方向差异转化为东西方向的差异。

▲15 印支运动：全称印度支那运动，最初是指中南半岛和中国华南地区中三叠世与晚三叠世地层之间的角度不整合所表现出来的构造运动。现在，把整个三叠纪的地壳运动统称为印支运动，其主幕发生在晚三叠世晚期。昆仑-秦岭造山带是由印支运动最终完成的。

燕山运动：侏罗纪—白垩纪在中国大陆产生的地壳运动，其表现为强烈的褶皱、断裂，岩浆活动强烈，动力变质作用和成矿作用明显，并奠定了中国的基本构造格局。阴山-燕山陆内造山带是由燕山运动造就的。

内蒙古，三叠纪以来，海洋几乎全部消失，取而代之的是生机盎然的陆地世界，气候温暖、水草肥美，是陆生动物、飞鸟的天堂。然而好景不长，侏罗纪、白垩纪火山肆虐（特别是东部区），生物界也遭受了灭顶之灾。这一系列地质作用的产生，是由于中生代以来太平洋板块向欧亚联合大陆俯冲造成的，俯冲作用的结果是在内蒙古的东部区形成一系列北东向或北北东向的隆起带和坳陷区，中西部主要表现为差异性的升降运动，形成大型内陆坳陷盆地和高耸的山岭。因此，全区不同地区的沉积环境、地层分布（表 3-7，图 3-55）、古生物的发育状况也不尽相同。

表3-7　内蒙古三叠系—白垩系划分表[据内蒙古自治区地质调查院(2018)修编]

		大青山地区	通辽-赤峰地区	二连浩特-海拉尔地区	额济纳地区	阿旗-阿右旗	鄂尔多斯地区
K	K_2		松花江群K_2s：明水组K_2ms 四方台组K_2sf 嫩江组K_2n 姚家组K_2yi 青山口组K_2qs 泉头组K_2q　孙家湾组K_2sj	二连组K_2e　孤山镇组K_2g		乌兰苏海组K_2w　金刚泉组K_2j	
	K_1	白女羊盘组K_1bn 固阳组K_1g 李三沟组K_1ls 金家窑子组K_1jj	热河群K_1R：阜新组K_1f 九佛堂组K_1jf 义县组K_1y 白音高老组K_1b	白彦花组K_1bh 伊敏组K_1ym　甘河组K_1gh 大磨拐河组K_1d 梅勒图组K_1ml　龙江组K_1lj 九峰山组K_1j 白音高老组K_1b	新民堡群K_1X：中沟组K_1zg 下沟组K_1x 赤金堡组K_1c	苏红图组K_1s 巴音戈壁组K_1by 庙沟组K_1mg	志丹群K_1Z：东胜组K_1ds 泾川组K_1jc 罗汉洞组K_1lh 环河组K_1h 洛河组K_1l 宜君组K_1yj 左云组K_1z
J	J_3	大青山组J_3d	玛尼吐组J_3mn 满克头鄂博组J_3mk 土城子组J_3t	玛尼吐组J_3mn 满克头鄂博组J_3mk 土城子组J_3t		沙枣河组J_3s	
	J_2	石拐群$J_{1-2}S$：长汉沟组J_2c 五当沟组$J_{1-2}w$	新民组J_2x	塔木兰沟组J_2tm 新民组J_2x　万宝组J_2wb 绣峰组$J_{1-2}x$	龙凤山组J_2l	青土井组J_2q	安定组J_2a 直罗组J_2z
	J_1		下花园组J_1x	红旗组J_1h　柴河组J_1c 绣峰组$J_{1-2}x$	大山口组J_1d	芨芨沟组J_1j	延安组J_1y 富县组J_1f
T	T_3			青克勒组T_3q	珊瑚井组T_3s	南营儿组T_3n	延长组T_3yc
	T_2				二断井组$T_{1-2}e$	西大沟组$T_{1-2}x$	二马营组T_2e
	T_1			老龙头组T_1ll　哈达陶勒盖组T_1hd			石千峰群P_3T_1S：和尚沟组T_1h 刘家沟组T_1l

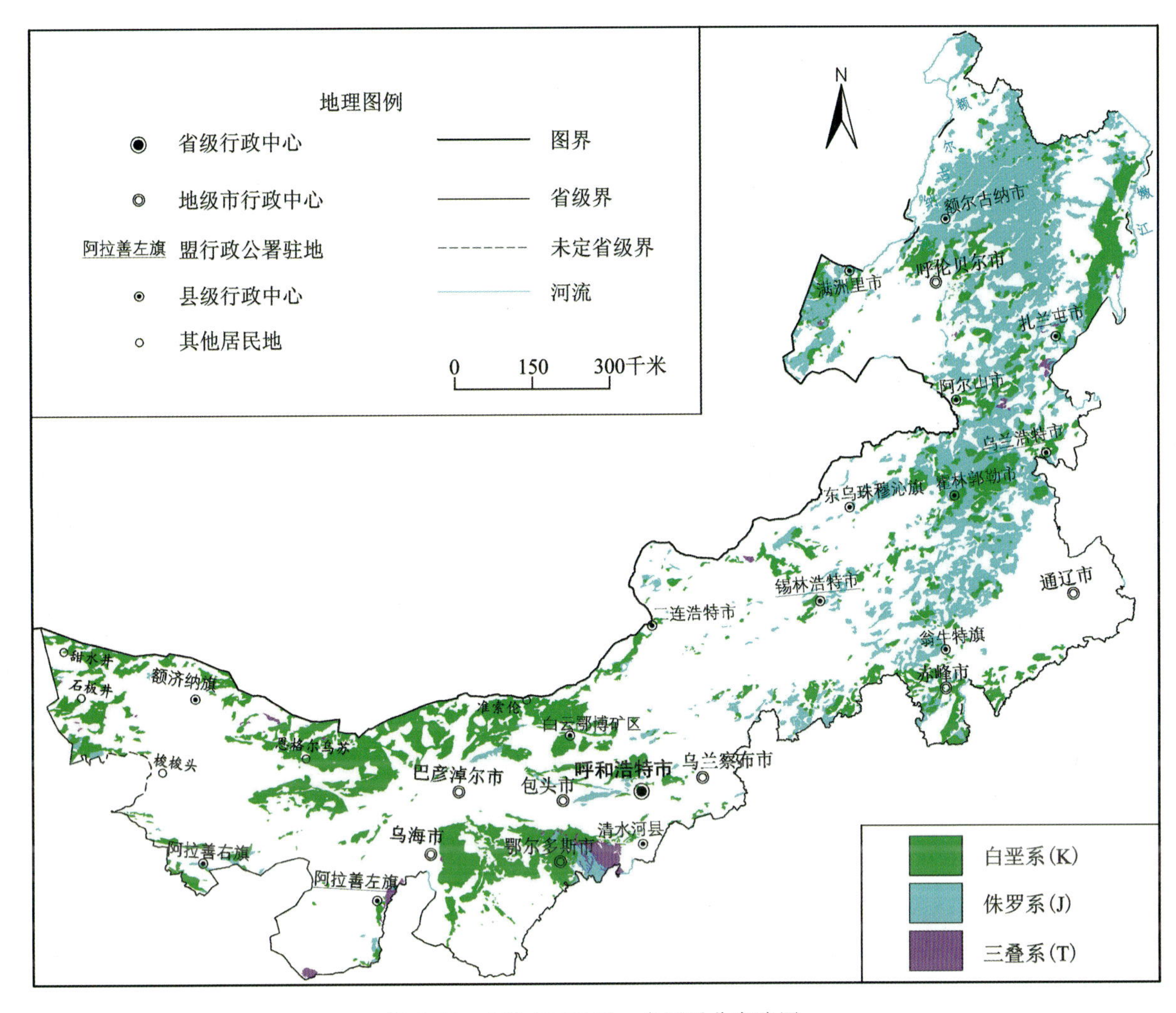

图 3-55 内蒙古三叠系—白垩系分布略图

(一)岩石地层

1. 阿拉善地区

该地区包括阿拉善盟所辖 3 个旗的绝大部分地区，中生代以差异式升降构造运动为主，三叠系、侏罗系、白垩系三者间均呈微角度不整合接触。地层由山麓、河流、湖相、沼泽环境下形成的砾岩、砂岩、粉砂岩、泥岩以及陆相火山岩等构成，其中含丰富的植物、叶肢介、介形虫、昆虫、瓣鳃类、脊椎动物等化石。中下侏罗统部分地段形成可采煤层，下白垩统夹煤层、煤线、油页岩及石膏、菱铁矿透镜体等。苏红图等地区的下白垩统出现中基性火山熔岩（安山岩、玄武岩等），其中的空洞中产玛瑙，如人们喜爱的葡萄玛瑙、小鸡出壳（图 3-56，估价过亿元人民币）。玛瑙湖的玛瑙多来源于此。

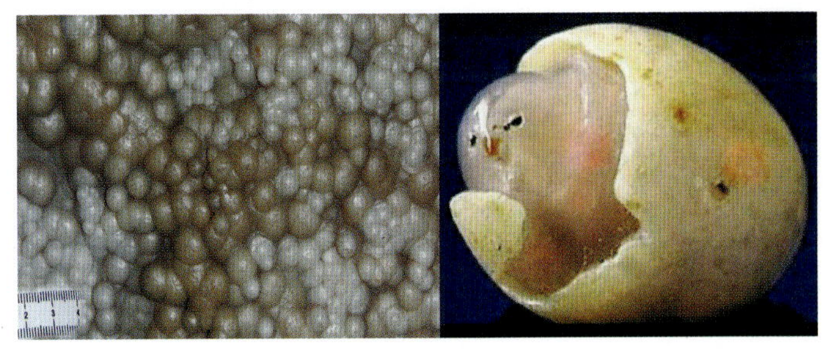

图 3-56 葡萄玛瑙（张玉清摄）、小鸡出壳（据田明中等，2012）

阿拉善右旗额日布盖、阿拉善左旗敖伦布拉格等地上白垩统红褐色砂砾岩在早期流水侵蚀作用下形成丹霞地貌，后又在风蚀作用下形成雅丹地貌。额日布盖峡谷全长约 5 千米，自北而南呈“人”字形，峡谷蜿蜒，谷壁陡峭险峻。敖伦布拉格不足 2 平方千米的范围，集中分布了 10 条峡谷(最长 5 千米),岩层平缓,峡谷曲折,其中的“人根峰”矗立在一个臂弯型环抱的山崖处,为一伟岸挺拔、耸入云霄的天然风蚀石柱,可与广东韶关丹霞山的阳元石媲美。

2. 鄂尔多斯地区

该区位于乌海以东、呼和浩特以南地区,涉及鄂尔多斯、巴彦淖尔南部、乌海、阿拉善左旗南部等地。

三叠系与二叠系为连续沉积,中上三叠统总体由湖沼沉积环境下的砂砾岩、泥页岩及煤线构成,含蕨类、鳞木等植物化石及瓣鳃类等动物化石。

早侏罗世初期,局部地段有短暂的抬升,形成古风化面,但总的趋势是以沉降为主,大部分地区为内陆盆地环境(图 3-57),形成以河流相、湖沼相沉积为主的含煤岩系,以产油页岩、煤为特征,含双壳类、植物等化石。中侏罗世末盆地再次抬升,直到早白垩世,造成这一时段的地层缺失。

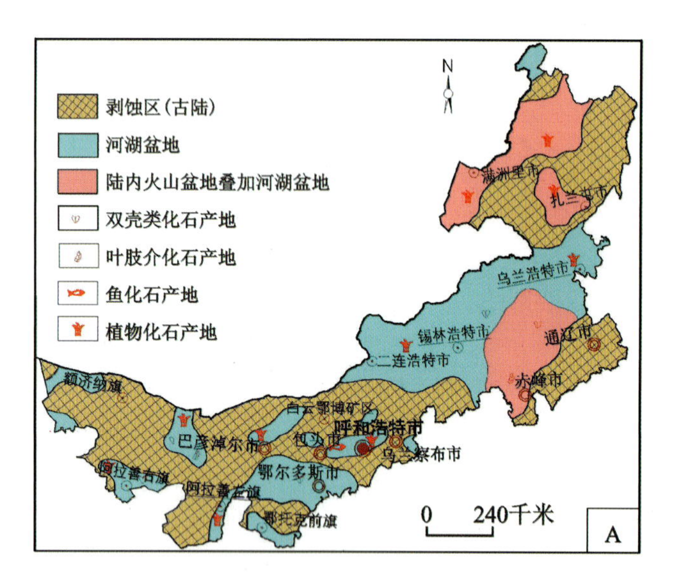

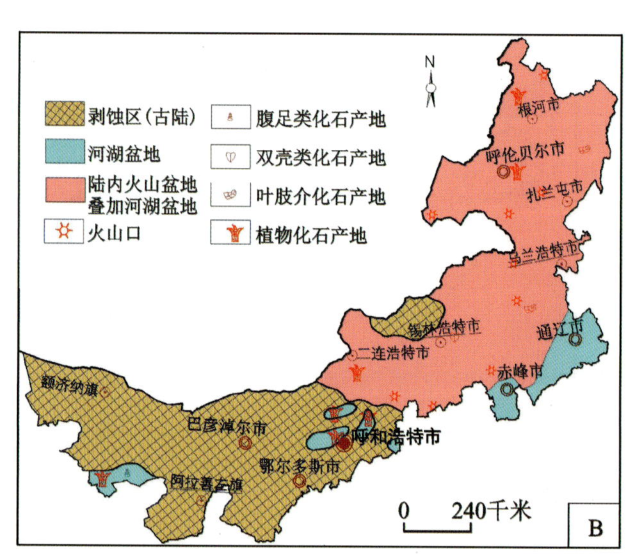

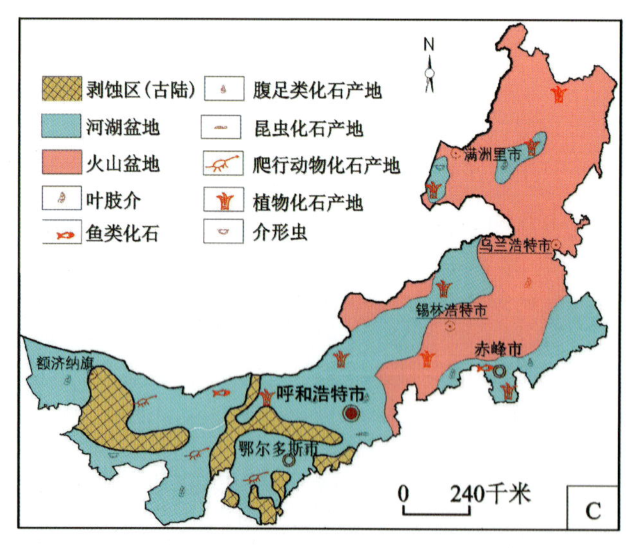

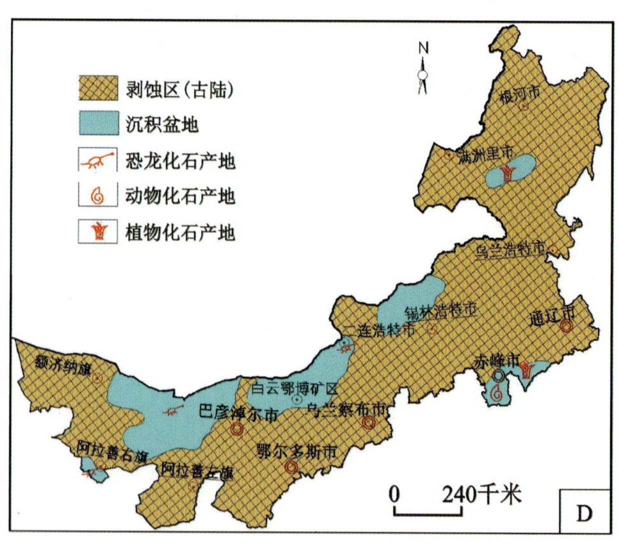

图 3-57 内蒙古侏罗纪—白垩纪古地理演化略图[据内蒙古自治区地质调查院(2018)修编]

A. 早中侏罗世;B. 晚侏罗世;C. 早白垩世;D. 晚白垩世

早白垩世气候炎热、潮湿,在高氧化环境中多形成河湖相“红层”(图 3-58),岩性为砂砾岩(图 3-59)、泥页岩,产脊椎动物化石、恐龙脚印化石等。早白垩世末期,鄂尔多斯盆地整体抬升,结束了自晚古生代以来的陆相沉积而成为剥蚀区。

图 3-58 下白垩统志丹群

（张玉清 2022 年摄于鄂尔多斯市鄂托克旗查布北）

图 3-59 砂砾岩

（张玉清 2022 年摄于清水河县喇嘛湾镇樊山沟）

3. 包头、呼和浩特以北地区

该地区涉及包头—呼和浩特以北、白云鄂博—商都一线以南地区，为一近东西向展布的带状区域。

三叠纪一直处于隆升阶段，无沉积记录。中下侏罗统为山间盆地河湖、沼泽相砂砾岩、碳质页岩、油页岩、泥灰岩及煤层，是本区重要的含煤地层（如大青山煤田），含植物、叶肢介和鱼类等化石；上侏罗统为一套巨厚的以山麓堆积为主的砂砾岩、泥页岩，含植物化石及孢粉。早白垩世早期幔源岩浆喷出地表，形成中基性火山岩（安山岩、玄武岩）；中期地壳趋于平稳，在山间盆地中沉积了河湖相杂色砂砾岩、泥岩、油页岩和可采煤层（如固阳、武川一带的小煤矿）等，含叶肢介、鱼类及植物化石等；晚期火山再次喷发，形成大面积分布的火山熔岩（图 3-60）和火山碎屑岩，其中珍珠岩、黑曜岩已作为非金属建筑材料在开采（如达茂旗西河乡稍林房珍珠岩矿）。白垩纪末期，本区基本处于风化、剥蚀阶段，仅局部洼地有零星红色砂泥质沉积，表明当时处于干热的氧化环境。

图 3-60 下白垩统白女羊盘组石泡构造流纹岩，具流纹构造

（张玉清 2021 年摄于呼和浩特乌素图森林公园）

4. 赤峰—通辽南部地区

该地区包括赤峰及通辽南部的广大地区。三叠纪地壳因抬升，无沉积记录。下侏罗统为一套河湖相、沼泽相砂岩、粉砂岩及页岩等，夹泥灰岩和可采煤层；中侏罗统以酸性火山碎屑岩、火山熔岩为主，是内蒙古重要的多金属含矿层，火山喷发间歇期沉积有河湖相、沼泽相砂砾岩、砂泥岩及煤层，这个时期生物大量繁盛，恐龙等爬行动物已出现；上侏罗统的下部由紫红色调为主的砂砾岩、泥页岩构成，含动、植物化石，上侏罗统的中上部为大面积出露的中酸性火山熔岩和火山碎屑岩，火山活动的间歇期盆地形成正常的砂泥质沉积岩。进入白垩纪，火山活动还持续进行，形成了下白垩统下部从基性到酸性的火山熔岩和火山碎屑岩组合；之后随着地下能量的释放，地

表也变得平静了许多，沉积了下白垩统上部河湖相、沼泽相砂砾岩、泥岩（图 3-61）、泥灰岩、油页岩及可采煤层等，含大量的热河动物群化石（鱼类、三尾拟蜉游、东方叶肢介等）及植物化石。上白垩统厚度近千米，主要由湖相砂岩、泥岩、油页岩等细碎屑岩组成，蕴藏着丰富的石油、天然气、页岩气等能源矿产，含介形虫、叶肢介、鱼类、双壳类、腹足类等化石。

图 3-61　下白垩统阜新组砂岩、泥页岩

（张玉清 2021 年摄于赤峰市宁城县柳条沟）

5. 二连浩特—海拉尔地区

该地区包括内蒙古中部草原区和东部大兴安岭林区。中生代的构造格局总体为北东东向，主要是由太平洋板块向欧亚联合大陆俯冲作用造成的，巍巍大兴安岭正是因此而形成。

下三叠统仅出露于东部区，由陆源碎屑岩、火山碎屑岩、火山熔岩等组成，沉积地层中含叶肢介和双壳类化石；上三叠统见于阿巴嘎旗，为河流相砂砾岩、粉砂岩、泥岩等，产蛤、蚌类及硅化木等化石。

中下侏罗统为含煤地层，由河湖、沼泽相的砂（砾）岩、泥页岩、泥灰岩、油页岩及煤层（线）等组成，含叶肢介、植物等化石。中侏罗世后期发生了一次大规模的火山喷发，形成了塔木兰沟组中基性火山熔岩、火山碎屑岩。中侏罗世末，地壳发生了区域性抬升，遭受风化剥蚀。晚侏罗世早期沉积了一套陆相紫红杂色碎屑岩，含动、植物化石；之后则发生了史无前例的火山活动，形成覆盖整个锡林郭勒、大兴安岭地区的中酸性火山熔岩和火山碎屑岩，火山活动间歇期的沉积夹层中见植物、叶肢介、双壳类化石。晚侏罗世末期的地壳运动使全区总体抬升，遭受剥蚀。

图 3-62　下白垩统白音高老组石泡流纹岩（邵永旭提供）

早白垩世，锡林郭勒、大兴安岭地区火山喷发极为频繁，从基性到酸性（图 3-62）的火山岩地层均有出露，形成一系列火山洼地和火山口盆地。另外，这个时期由于气候温暖，适于植物生长，形成多个含煤沉积盆地，岩性为河湖和沼泽相的砂砾岩、泥页岩、油页岩、可采煤层（如伊敏煤田）、煤线等，动植物化石丰富；中部草原区白彦花盆地赋存煤、石油等能源矿产。晚白垩世大部分地区已经抬升为陆地，盆地仅发育在二连、海拉尔等地，二连盆地沉积了一套干旱气候条件下河湖相杂色砂砾岩、黏土岩等，含动物（恐龙）、植物化石；海拉尔盆地发生了火山喷发，形成了一套以中酸性火山熔岩为主夹火山碎屑岩的岩石组合。

（二）古生物

中生代开始，海生无脊椎动物呈现崭新的面貌，陆生动植物进入了一个新的发展阶段。脊椎动物首次占领了陆、海、空全方位领域，显示出生物对环境的适应性。

三叠纪两栖类中的迷齿类、原始爬行类中的二齿兽类等成为陆地脊椎动物的主要成员，中晚期出现在森林中的小型食肉类新巴士鳄，是恐龙与鳄类等爬行动物的共同祖先。原始的恐龙和最原始的似哺乳动物在三叠纪晚期迅速发展，成为爬行类动物的一个突发演化期。植物界，三叠纪以裸子植物中的松柏类、苏铁类、银杏类以及蕨类的繁荣为特征，其中肋木和真蕨类极为繁盛。海洋中，三叠纪海生无脊椎动物中的菊石类和双壳类是最为重要的生物。

内蒙古，早三叠世是以陆地的蕨类(图 3-63)、石松类、有节类植物大为衰减，裸子植物达到鼎盛，在许多地方形成大片茂密的森林，被子植物也蓬勃兴起；晚三叠世恐龙和卵生原始哺乳动物开始出现。叶肢介化石见于大兴安岭、准格尔旗的泥页岩和泥灰岩中。介形虫、古脊椎动物(中国肯氏兽动物群)、孢粉等主要产于准格尔旗。延长植物群产于黑岱沟一带的上三叠统延长组上部泥页岩中，是内蒙古乃至华北地区唯一的晚三叠世植物化石集中产地。

图 3-63　拉氏枝脉蕨，产于准格尔旗五字湾中三叠统二马营组上部(据内蒙古自治区地质局，1976b)

晚三叠世末期，地史上发生了**第四次生物大灭绝**(距今 2 亿年)，“泛大陆”解体。海洋中 23%的“科”、47%的“属”、75%的物种都全部消失，其中包括生物地层学中常用的牙形石。一些陆生动植物也遭受冲击，哺乳类爬行动物、许多大型两栖动物也灭绝了。但这次灭绝事件对生物多样性造成的影响并不是最残暴的，没有影响到像恐龙这样的种群，这次灭绝事件腾出大量的陆地空间，有助于恐龙在侏罗纪占据主导地位。这次灭绝事件也标志着花卉的更替，从单孢和双孢花粉组合的消失到花冠属花粉组合的出现。灭绝的原因，目前认为较有说服力的解释是火山喷发，释放的二氧化碳或二氧化硫和气溶胶导致全球变暖(前者)或变冷(后者)；也有观点认为是陨石撞击地球所致，或是一次快速而大幅度的海退—海进旋回以及干旱造成灭绝，等等。

侏罗纪全球海洋面积扩大，温度升高，氧含量和二氧化碳含量升高。爬行动物已经在地球上的海、陆、空生态领域占统治地位，也是恐龙的鼎盛时期，各类恐龙欢聚一堂，迅速成为地球的霸主。自此，龙行天下的时代正式开启。陆地上的异龙、空中的翼龙以及水中的鱼龙成了地球的主宰。侏罗纪早期新产生了哺乳动物——多瘤齿兽类，它们个体大小如鼠或猫，为了自身安全，只能生活在地洞里。鸟类一般认为是从侏罗纪的槽齿类爬行动物中的一支进化来的，其直接祖先尚不清楚。1861 年在德国巴伐利亚地区发现了第一具有羽毛的古鸟化石，后来命名为始祖鸟。1996 年在我国辽西热河生物群中发现的中华龙鸟取代了 130 多年来德国始祖鸟是鸟类祖先的地位。有学者认为，侏罗纪晚期一些长着羽毛的恐龙飞向天空，成了鸟类的鼻祖。在侏罗纪的植物群落中，裸子植物苏铁类、松柏类、银杏类极其繁盛；蕨类植物木贼类、真蕨类与松、柏、银杏以及乔木状的羊齿类共同构成了茂盛的森林，草本羊齿类和其他草类遍布低处，覆盖大地。淡水动物以热河生物群为代表，以出现东方叶肢介、拟蜉蝣、狼鳍鱼为特征。

侏罗纪保留下来的古生物种类较多。介形类化石见于大兴安岭、多伦县、阿拉善左旗等地；叶肢介化石见于准格尔旗、宁城县、赤峰市、兴安盟、呼伦贝尔市(图 3-64)等地；双壳类化石见于准格尔旗、扎鲁特旗等地；鱼类化石极为稀少，仅见于包头市石拐矿区和大兴

图 3-64　满洲里南上侏罗统满克头鄂博组沉凝灰岩中叶肢介印膜化石(康小龙提供)

安岭地区;昆虫化石全区均有零散分布。宁城县道虎沟生物群研究较为详细,化石主要产于热和群的泥页岩中,其中獭形狸尾兽化石(中侏罗世)是世界上最早在水中游泳的哺乳动物;天义初源化石的发现,将"娃娃鱼"这一物种的起源由美洲改写为亚洲大陆;恐龙化石归于中侏罗世。

早中侏罗世植物也非常发育,至中侏罗世达到发育的顶峰期,以苏铁类、真蕨类、节蕨类、银杏类为代表;晚侏罗世由于气候干热,植物化石变得稀少;孢粉仅见于鄂尔多斯及大青山石拐地区,由蕨类孢子、裸子植物花粉、松柏类花粉等组成。

图 3-65　宁城道虎沟早白垩世孔子鸟化石——中国的始祖鸟(赤峰市宁城县国家地质公园管理处提供)

白垩纪陆地爬行动物仍占绝对优势,恐龙类依然占据着陆、海、空生态领域,恐龙的多样性达到顶峰;白垩纪早期鸟类(图 3-65)开始分化,飞行能力及树栖能力比始祖鸟大大提高。哺乳动物在白垩纪也得到了进化,但所占比例较小,只是陆地动物的一小部分,并且进化出了胎盘。宁城县道虎沟的远古翔兽(图 3-66)为目前世界上最早的滑翔类哺乳动物(距今 1.25 亿年,K_1,哺乳纲翔兽目),它的出现,证明哺乳动物在 1.2 亿年前开始在天空中翱翔。白垩纪早期,以裸子植物为主的植物群落仍然繁盛,而被子植物的出现则是植物进化史上又一次重要事件,到白垩纪晚期,被子植物迅速兴盛,代替了裸子植物的优势地位,形成延续至今的被子植物群。开花植物在白垩纪也首次出现,到白垩纪后期,悬铃木(也称"法国梧桐")、榕树、木兰花等大型植物开始出现。白垩纪,昆虫开始多样化,最古老的蚂蚁、蝴蝶、蛾、蚜虫、草蜢、瘿蜂等出现;湖生脊椎生物鳐鱼、鲨鱼和其他硬骨鱼较常见。

图 3-66　宁城县道虎沟早白垩世远古翔兽化石及复原图(据田明中等,2013)

叶肢介在内蒙古较常见;鱼类化石见于中东部地区,以真骨鱼类狼鳍鱼科(图 3-67)大量发育为特征,另有固阳鱼、华夏鱼科、薄鳞鱼科等;腹足类化石只见于固阳地区;介形虫、双壳类化石,孢粉类全区各沉积盆地均有发现;麻黄、银杏、松柏、木贼等的植物化石及东方叶肢介、三尾拟蜉蝣等化石主要见于东部区,在霍林郭勒煤矿煤系地层中发现有大量的硅化木(图 3-68);轮藻类化石主要产于固阳盆地及二

图 3-67　宁城县道虎沟早白垩世热河群狼鳍鱼化石(赤峰市宁城县国家地质公园管理处提供)

图 3-68 硅化木（张玉清 2022 年摄于霍林郭勒煤矿）

连浩特盆地；爬行动物种类较多，其中以恐龙动物群占绝对优势，其他如龟鳖类、鳄类以及蜥蜴类等化石零星发现。两栖类（如北方诺敏螈）见于呼伦贝尔莫力达瓦达斡尔族自治旗宝山镇太平川。恐龙是这一时期的主角，国内外对内蒙古恐龙化石考察与发掘已有近百年的历史，取得了丰硕的成果，因此内蒙古白垩纪恐龙化石名声远扬，在国内外占有一席之地。早白垩世鹦鹉嘴龙在中西部区具有广泛的分布性；阿拉善左旗庆格勒图地区产大量的巨型蜥脚类、鸟脚类及食肉类恐龙化石；乌拉特后旗巴彦满都呼地区和阿拉善左旗乌兰苏海产角龙类、甲龙类、绘龙类、兽脚类恐龙化石；二连盐池产丰富的恐龙骨骼化石，以巴克龙（*Bactrosauru*）为代表。龟鳖类、鳄类和蜥蜴类多与恐龙相伴而生。植物化石分布广泛，与煤系地层关系极为密切。

白垩纪末期的生物大灭绝事件是目前所知的地质历史上**第五次生物大灭绝**事件，也是地史时期最后一次生物灭绝事件，发生在距今 6600 万年前。造成 75%的属种消失，陆上、水中许多生物灭绝，长达 1.6 亿年之久的恐龙时代从此画上了圆满的句号；海洋中的菊石类也一同消失。这一灭绝事件也为哺乳动物及人类的登场提供了契机。关于这次生物（恐龙）灭绝事件，科学界有不少假说，但普遍认为是由小行星撞击地球、地球环境剧变引起的。除此之外，还有气候变化说、大陆漂移说、物种斗争说、植物种毒说、酸雨说、火山爆发说、自相残杀说等。

（三）恐龙化石及古生物群产地

恐龙是一种生活在距今 2.35 亿～0.655 亿年的大型爬行动物，是中生代的霸主，主宰地球约 1.7 亿年，其中的一小支进化为鸟类，它与中国人熟悉的龙完全是两回事。1841 年英国科学家欧文首先提出了恐龙类这一英文学名 dinosavia，意思为恐怖的蜥蜴，19 世纪末日本生物学家译为恐龙，20 世纪初，一中国古生物学家将恐龙一词引入中国。恐龙的遗体及活动的遗迹（足迹）埋藏后经过漫长的石化作用，最终形成了恐龙遗体化石和遗迹化石。目前根据恐龙化石，将恐龙划分为 2 目 8 亚目 57 科 500 余属 800 余种，足以证明恐龙家族的庞大。全球七大洲几乎都有恐龙化石被发现。根据骨盆形态不同，分为呈三射形式的蜥臀目（晰龙目）和呈四射形式的鸟臀目。亚洲恐龙丰富多彩，其中中国恐龙在亚洲乃至全球都具有重要的影响。到 2019 年底，中国已经研究命名的恐龙有 322 种，数量居世界首位，其中内蒙古发现 37 种，仅在巴彦淖尔发现的恐龙化石就有 15 属 18 种，化石的种类和数量列居内蒙古首位。据不完全统计，内蒙古发现的恐龙有巨嘴龙、内蒙古龙、巴克龙、古似鸟龙、阿拉善龙、二连龙、耀龙、巨盗龙、计氏龙、戈壁龙、临河盗龙、足羽龙、绘龙、窃蛋龙、原巴克龙、鹦鹉嘴龙、中国鸟脚龙、中国似鸟龙、苏尼特龙、鸭嘴龙等。

内蒙古恐龙化石分布广泛，全区有 9 个盟市发现恐龙化石。目前发现的最古老恐龙生活于中侏罗世，主要见于赤峰市宁城县、巴彦淖尔市乌拉特中旗。早白垩世以鹦鹉嘴龙—原巴克龙为代表的恐龙动物群在内蒙古分布较广，主要产地有阿拉善盟阿拉善左旗吉兰泰大水沟和鄂尔多斯市鄂托克旗查布苏木。晚白垩世由于环境与气候的变化，恐龙生存范围缩小，也预示着其灭绝的必然性，恐龙化石主要见于锡林郭勒盟二连盐池、巴彦淖尔市巴彦满都呼。白垩纪恐龙化石埋藏层位及种类变迁，基本表现为从南到北地层层位逐渐偏新、恐龙种类逐渐进化的总体趋势，说明恐龙为了更好地生存，不断向北迁徙。

1. 赤峰市宁城县古生物群化石产地

该生物群化石主要分布在道虎沟、柳条沟、土门和必思营西三家等地。化石产于白垩系和侏罗系，与辽西和冀北古生物群化石类型相近，已发现20多个门类，脊椎动物有恐龙、翼龙▲16（图3-69）、鱼类、两栖类、有鳞类、龟类、鸟类、哺乳类，无脊椎动物有叶肢介、双壳类、腹足类、蛛形类和昆虫，植物包括苏铁类、银杏类、松柏类、茨康类、真蕨类和孢粉等古生物化石。

在道虎沟，中上侏罗统（下部层位）的化石命名为“道虎沟生物群”（1.65亿年前），下白垩统（上部层位）的化石属“热河生物群”（1.25亿年前）。“道虎沟生物群”是燕辽生物群最精彩的部分，该生物群化石比热河生物群核心化石层早4000万年，时代为中晚侏罗世。在“道虎沟生物群”中发现大量精美的昆虫化石和植物化石的同时，还发现了迄今为止最古老的一种半水生食肉哺乳动物——獭形狸尾兽化石、最早会飞的哺乳动物——远古翔兽化石、中国已知最古老的有尾类——奇异热河螈、侏罗纪最小的兽脚恐龙——宁城树栖龙、世界上最早的大鲵（娃娃鱼）——天义初螈（从此将娃娃鱼这一世界珍稀动物的起源时间向前推进了1亿多年）、世界首具脚部长羽毛的恐龙——道虎沟足羽龙和最完整的翼龙化石（均保存了极佳的软组织构造）。

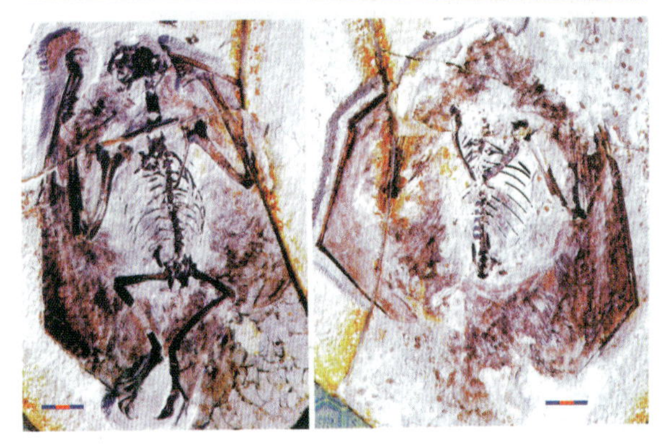

图3-69　宁城热河翼龙。上图：复原图；下图：正、副模，线段比例尺每一小格为1厘米（据张立东等，2017）

▲16 宁城热河翼龙：产于赤峰市宁城县道虎沟中侏罗统。属翼龙目喙嘴龙亚目蛙嘴翼龙科热河翼龙属。个体相对较大，两翼展开长约90厘米，头骨宽大于长，翼掌骨短于桡骨长度的1/4，尺骨与翼掌骨的长度之比小于4。

2. 乌拉特中旗古生物遗迹化石产地

该生物化石位于海流图镇西10千米处，恐龙足迹化石保存在中下侏罗统黑色含砾粗砂岩层面上。在300平方米的范围内共识别出116枚脊椎动物足迹和无脊椎动物痕迹。25条脊椎动物足迹中有24条为恐龙形迹。主要为两足行走的蜥臀目大型兽脚类玫瑰实雷龙、蜥臀目中小型兽脚类卡岩塔龙足迹，四足行走的鸟臀目小型鸟脚类中型异样龙恐龙足迹。另外一条为小型四足行走的鳄类蛙步足迹。

3. 阿拉善左旗大水沟古生物群化石产地

该生物群化石位于罕乌拉苏木所在地大水沟以西及西南部，1960年由中国和苏联专家共同组织的考察队发现，恐龙（骨骼）化石及龟鳖类化石产于白垩纪砂砾岩、砂岩泥（页）岩中。下白垩统主要产蜥臀目兽脚亚目的一些肉食龙类及鸟臀目的禽龙类化石，上白垩统主要产甲龙类及鸭嘴龙类化石。恐龙化石多产于浅湖相的砂泥岩中，埋藏方式有原地埋藏和异地埋藏两种。至今已发现的恐龙属种有鹦鹉嘴龙、阿拉善原巴克龙、戈壁原巴克龙、禽龙、兽脚类以及慢龙类的毛尔吐吉兰泰龙等。这个生物群可与鄂尔多斯盆地、固阳盆地的早白垩世恐龙生物群对比。

4. 鄂尔多斯鄂托克旗恐龙足迹化石产地

该生物化石主要分布在鄂托克旗查布苏木马新呼都格等地 500 多平方千米的范围内。最早发现于 1979 年，现共发现 16 处化石点，除恐龙足迹（图 3-70）外，还有恐龙尾迹化石。已查明 1500 多个恐龙足迹和 100 多个鸟类的足迹化石，其规模之大和足迹种类之多是全世界罕见的。除此之外，该处还发现了鸟类、爬行类、鱼类等脊椎动物化石；叶肢介、蜉蝣等的无脊椎动物化石。恐爪龙足迹的发现填补了内蒙古地区两趾型兽脚类足迹的空白。恐龙足迹保存状态很好，大多数为连续的形迹。恐龙足迹化石产在下白垩统泾川组湖泊沉积的灰绿色砂岩层面上，岩层近乎水平状。查布地区的恐龙足迹分为兽脚类（占 70%）、蜥脚类（占 25%）和鸟类（占 5%）三大类。

图 3-70 恐龙脚印化石（张玉清 2022 年摄于鄂尔多斯市鄂托克旗野外地质遗迹博物馆）

5. 二连浩特古生物群化石产地

该生物群化石位于二连浩特国家地质公园内，为一东西长约 18 千米、南北宽约 6 千米的狭长盆地。该化石产地是亚洲最早发现恐龙化石的地区之一，是我国第一个建立的面积最大的恐龙化石自然保护区。1893 年，俄罗斯地质学家首次发现了含化石地层（二连组），1921 年“中亚古生物考察团”开启了该地古生物化石研究的序幕，至今已有近百年的历史。发现的恐龙类型占内蒙古恐龙类型总数的 2/3 以上，是我国晚白垩世恐龙生物群的代表，是研究鸭嘴龙起源的重要地区。恐龙化石赋存于上白垩统二连组砂泥岩中，属种丰富、保存完好，国内外实属罕见。已发现 200 多个恐龙个体，有姜氏巴克龙、亚洲似鸟龙、欧氏阿莱龙、奥氏独龙（图 3-71 左）、甲龙、巨盗龙、蜥脚类恐龙等十几个种类，此外还发现了大量的植物化石、瓣腮类化石、介形虫、哺乳类动物化石（巨犀类、雷兽、巨猪、鬣齿兽等）、龟鳖类化石以及淡水软骨鱼、中华弓鳍鱼、簇蟹、鳄鱼和蜥蜴等，它们代表着距今 0.8 亿年左右晚白垩世亚洲特有的生物群，也证实了二连浩特地区在晚白垩世是一个广阔的湖泊。其中的二连巨盗龙（图 3-71 右上）不仅是二连恐龙生物群的典型代表，也是内蒙古恐龙生物群的突出代表，是一个恐龙向鸟类进化程度较高的兽脚类恐龙化石，它的发现填补了窃蛋龙类的一个空白，在恐龙进化史上具有重要的科学价值。恐龙蛋的发现，证实了恐龙是卵生的爬行动物，二连浩特恐龙蛋属圆形（图 3-71 右下）薄皮蛋，产卵方式为双枚齐下，呈圆圈排列，在该区先后挖掘出 20 多窝恐龙蛋化石。目前，二连浩特博物馆、二连浩特国家地质公园（盐池恐龙化石埋藏区）已开发为旅游区和科普教育基地。

图 3-71　二连恐龙化石。左：奥氏独龙模型，其下为原地恐龙骨骼化石（张玉清 2023 年摄于内蒙古二连浩特国家地质公园恐龙原地埋藏馆）；右上：巨盗龙骨架和复原图；右下：恐龙蛋（宁培杰提供）

6. 巴彦淖尔乌拉特后旗古生物群化石产地

该生物群化石分布在巴音前达门苏木巴彦满都呼、赛乌素镇北楚鲁庙、巴隆乌拉及其以北地区。其中巴彦满都呼地区古生物化石研究工作始于 1927 年，恐龙化石的属种数量、富含程度、化石保存完好程度、生物群组合特点等均属国内罕见。恐龙化石、恐龙蛋和其他脊椎动物化石赋存于上白垩统乌兰苏海组河湖沉积的砂砾岩、砂泥岩中。到目前为止，已发现恐龙化石 10 余种，主要化石有原角龙、临河盗龙等，共生的还有蜥蜴类、鳄类、龟类等爬行动物及原始哺乳动物化石多瘤齿兽，以及大量的恐龙蛋化石[主要有长椭圆形(图 3-72)和圆形两种]。其中单指临河爪龙是目前世界唯一产出地，精美临河盗龙化石(图 3-73)是世界上最完整的恐龙化石；大型原角龙头骨化石完整，从老年到幼年均有发现，该地区是目前发现的最大的原角龙聚居区；驰龙新属骨骼化石也是亚洲地区保存最好的恐龙化石，结构清晰；部分恐龙蛋化石中含胚胎。经研究，这里的恐龙化石与北美发现的恐龙属同一血系。

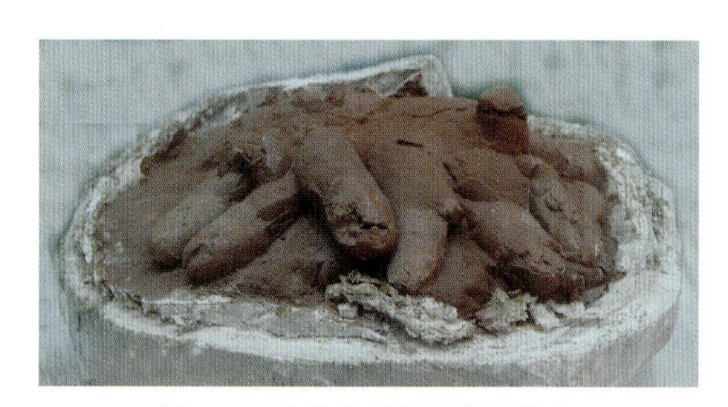
图 3-72　乌拉特后旗恐龙蛋化石
（张玉清 2023 年摄于巴彦淖尔市地质博物馆）

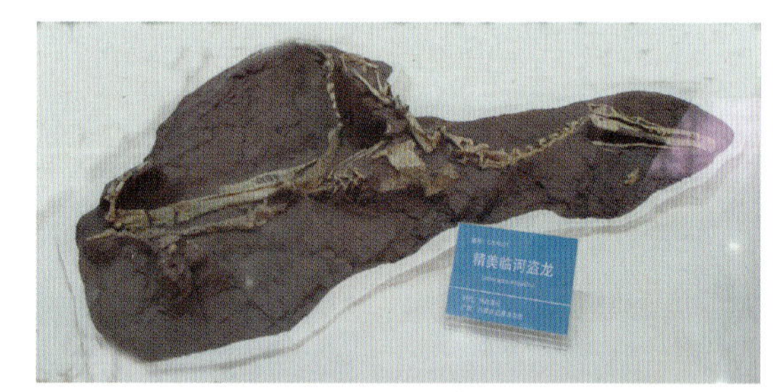

图 3-73　精美临河盗龙(K_2)
（张玉清 2023 年摄于巴彦淖尔市地质博物馆）

五、红色大地——古近系、新近系

航天英雄杨利伟，一个家喻户晓的名字，中国第一位飞天航天员。他于 2003 年 10 月 15 日由长征二号 F 火箭运载的神舟五号飞船首次进入太空，次日安全返回四子王旗航天着陆场——

图 3-74 四子王旗阿木古郎神舟五号飞船着陆现场
（来自搜狐网）

阿木古郎大草原，那一刻，全国人民热血沸腾、兴高采烈，象征着中国太空事业大大向前迈进了一步，起到了里程碑的作用。当时全国人民关注的自然是破晓时分的茫茫草原、从天而降的火球（图 3-74）、我们的英雄杨利伟，却很少有人了解过这片平坦的草原附着在什么岩层之上？它为什么会这么平？什么时候形成的？现在，带领大家开启内蒙古大地上新生代古近纪、新近纪的地层与古生物之旅，一起了解绿色草原下的红色沉积……

古近纪▲17（旧称早第三纪）距今 66 百万～23 百万年，是地质年代新生代的第一个纪；新近纪（旧称晚第三纪）距今 23 百万～2.588 百万年，是地质年代新生代的第二个纪。

自白垩纪末期，包括内蒙古在内的地壳发生了大规模的抬升运动，地表逐渐夷平，古近纪—新近纪形成了一系列坳陷盆地、断陷盆地及山间盆地，在炎热气候条件下，形成了内陆湖泊—河流相含石膏红色碎屑岩沉积，赋存介形虫、双壳类、腹足类及脊椎动物（哺乳动物）等化石。至新近纪末期，西高东低的古地理格局基本形成，面貌已与现代接近。

▲17 古近纪、新近纪：2002 年之前合称为“第三纪”，意为新生代第四纪之下的一个纪。2002 年 10 月全国地层委员会编著的《中国区域年代地层（地质年代）表》中正式使用了古近纪和新近纪，取代早第三纪、晚第三纪。从此将新生代划分为 3 个纪：古近纪、新近纪、第四纪。

（一）岩石地层

古近纪、新近纪对应的岩石地层单位分别为古近系、新近系，它们自下而上又分为若干个统（表 3-8）。不同地区（图 3-75）的沉积环境、岩性等存在有一定的差异，因此地质工作者命名了不同的岩石地层单位。

1. 乌海—阿拉善地区

该地区基本包括了整个阿拉善、乌海及巴彦淖尔的西部地区。始新世开始接受沉积，地层由砾岩、粉砂岩、泥岩及石膏层等构成，近水平状，基岩主要见于冲沟壁，含哺乳动物、介形类化石。

2. 呼和浩特—鄂尔多斯地区

该地区包括乌海以东、乌拉特前旗—呼和浩特以南地区，涉及鄂尔多斯及巴彦淖尔、包头、呼和浩特的平原区。始新统至上新统厚度达 3500 米以上，岩性为红色杂色砂砾岩、粉细砂岩、泥岩，夹白云质灰岩、石膏层等，基岩主要见于钻孔中。

3. 锡林浩特—四子王旗地区

该地区为西南至乌拉山—大青山、东部至大兴安岭南段西坡、北至中蒙边境线，涉及内蒙古的中部广大地区。其中二连盆地的地层最为发育，从晚古新世至上新世地层均有出露，是我国北

表 3-8 内蒙古古近系、新近系划分表［据内蒙古自治区地质调查院（2018）修编］

系	统	距今年限（百万年）	乌海—阿拉善地区	呼和浩特—鄂尔多斯地区	锡林浩特—四子王旗地区			呼伦贝尔地区	通辽地区	
新近系 N	上新统 N_2	5.3～2.588	苦泉组 N_2k	乌兰图克组 N_2w	宝格达乌拉组 $N_{1\text{-}2}b$	百岔河玄武岩		五叉沟组 $N_2w\hat{c}$	泰康组 N_2t	孙吴组 Ns
	中新统 N_1	23.03～5.3	彰恩堡组 $N_1\hat{z}$	五原组 N_1w	通古尔组 N_1t	汉诺坝组 N_1h	老梁底组 N_1l	呼查山组 $N_1h\hat{c}$		
古近系 E	渐新统 E_3	33.8～23.03	清水营组 E_3q	临河组 E_3l	呼尔井组 E_3h 乌兰戈楚组 E_3w	昭乌达组 $E_3\hat{z}$				
	始新统 E_2	55.8～33.8	寺口子组 E_2s	乌拉特组 E_2w	沙拉木伦组 E_2sl 伊尔丁曼哈组 E_2y 阿山头组 E_2a 脑木根组 $E_{1\text{-}2}n$					
	古新统 E_1	65.5～55.8								

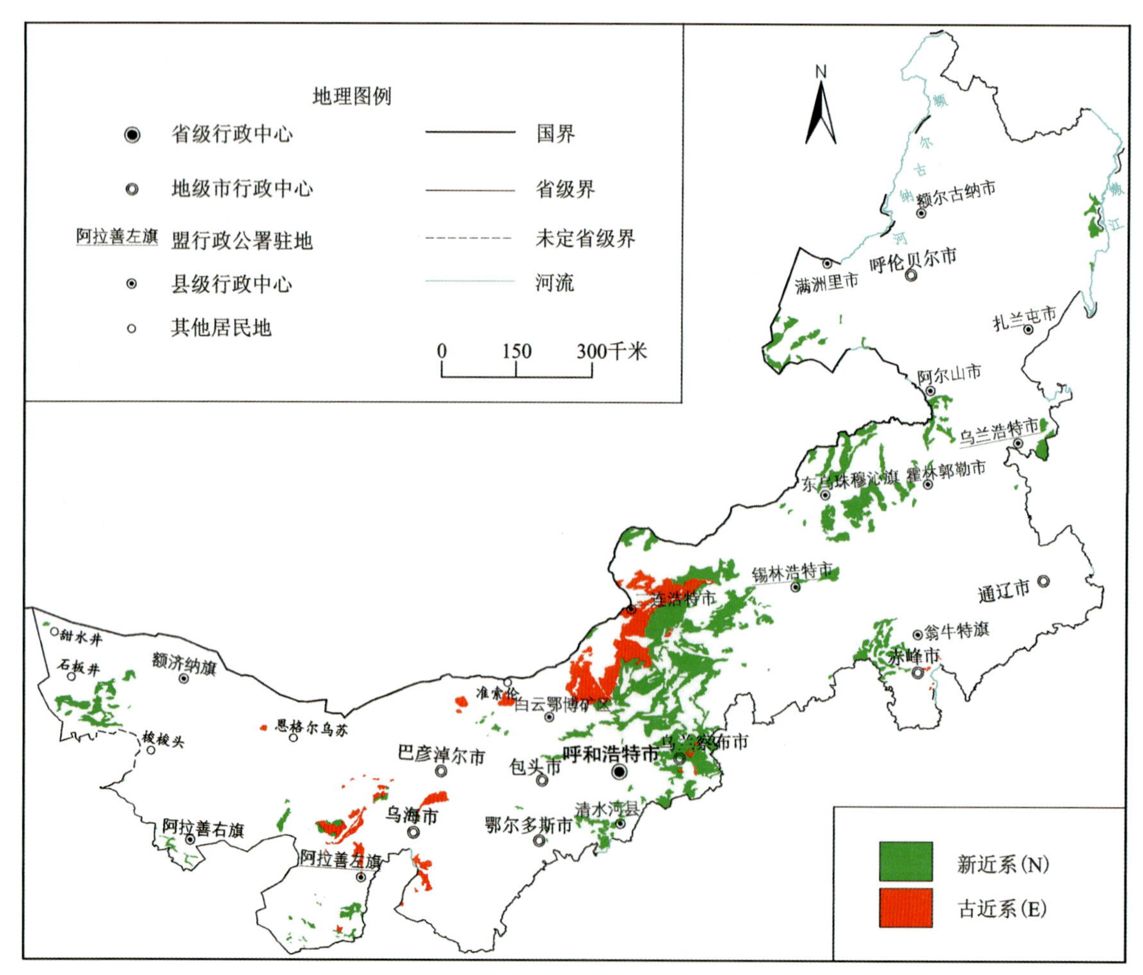

图 3-75 内蒙古新近系—古近系分布略图

方古近纪—新近纪地层古生物研究的最理想地区。四子王旗脑木更大红山等地，由于风化和流水侵蚀作用形成了形态各异的碎屑岩奇峰和侵蚀地貌（“V”形沟谷、“L”形沟谷）——丹霞地貌，谷壁沟壑交错。

古近系主要为一套内陆湖相、河流相沉积的红色杂色泥质岩、粉砂岩（图 3-76）、砂砾岩，产天青石、石膏（图 3-77），含丰富的脊椎动物（哺乳类）化石及轮藻、介形类化石；在赤峰地区出现了火山喷发事件，地貌上形成雄伟壮观的高原熔岩台地及桌状山，主要由玄武岩组成，局部夹未完全固结的泥岩，含孢粉化石。

图 3-76 砖红色泥岩、粉砂岩

（张玉清 2022 年摄于四子王旗脑木根大红山）

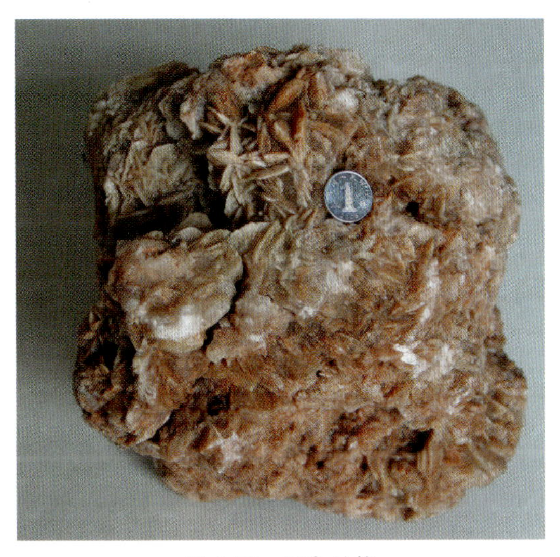

图 3-77 石膏晶体

（张玉清 2006 年摄于二连浩特）

新近系为河湖相红色色调为主的泥岩、砂岩、砂砾岩，局部含钙质结核及淡水灰岩，含腹足类及脊椎动物（三趾马）化石；另外，该时期火山活动较为频繁，盆地沉积的同时，多个地区发生火山喷发，岩性以溢流相的玄武岩为主（图 3-78），部分岩层气孔、杏仁状构造发育，充填物为钙质、硅质等，有的形成“8”字形的同心环，观赏石界称其为“钱币石”（像古代带眼的铜钱而得名，图 3-79）；火山间歇期在盆地中沉积了泥页岩、砂岩等，有时含煤线，产哺乳类、腹足类、双壳类及植物化石，目前地表表现为产状近水平的熔岩阶地地貌，形成高平台、桌状山，乌兰察布市的“卓资县”就是因此而得名的，县城东侧山顶平似桌子，故名“桌子山”，后改“桌子”为“卓资”，意为卓有资产。

图 3-78 汉诺坝组柱状节理玄武岩

（张玉清 2021 年摄于乌兰察布市集宁区南）

图 3-79 钱币石

（四子王旗圣缘奇石馆藏品，皇家新娘影楼 2022 年摄）

4. 呼伦贝尔地区

该地区包括大兴安岭的北段和中段，涉及呼伦贝尔市大部及锡林郭勒盟、兴安盟等部分地区。区内缺失古近系。新近系中新统为砂砾岩、砂泥岩，含钙质结核，岩石疏松，含孢粉、腹足类、双壳类化石；上新统主要为安山玄武岩、安山岩，底部见未完全固结的砾石层，形成高平台或帽状地形。

5. 通辽地区

该地区主要涉及通辽平原及大兴安岭西坡部分地区。该区自白垩纪末期地壳抬升以来，一直处于风化剥蚀阶段，直到新近纪中新世才开始接受沉积，地层沉积厚度不大、出露零星，岩性为杂色砂砾岩、泥岩类，含钙质、硅质、锰质结核，产蚌壳、塔螺、植物碎片等化石。

(二)古生物

古近纪、新近纪中国的生物界主要特征是爬行类的大规模衰落、哺乳动物的大量发展和被子植物的极度繁盛，森林不再一统天下，草本植物开始广布，地球上有了真正的草原。古近纪早期是古有蹄类繁盛的时期，它们是由原始食虫类演化而来的；古近纪中晚期是奇蹄类高度发展和食肉类繁盛的时期，之前的一些“古老类型”大量灭绝或衰退，被进步的有蹄类(犬、猫等)所代替，现代哺乳动物的祖先已基本出现，这个时期除了适应陆地生活的多种方式外，还出现了天空飞翔的蝙蝠类和重新适应海中生活的鲸类；新近纪的动物总貌与现代更为接近，哺乳动物进一步发展，牙齿分工明细，听觉和嗅觉灵敏，擅长维持体温，后代成活率高，是偶蹄类大发展、象类迅速演化的时期。新生代是被子植物繁盛的时代，植物分区接近现代。古近纪被子植物基本上是乔木，到新近纪植物已基本上由现代属组成，并有大量的现生种。

内蒙古，介形类、孢粉、轮藻等化石出露零星，哺乳动物化石较常见。楔齿兽等见于四子王旗脑木根；后沼雷兽、戈壁兽见于苏尼特右旗及四子王旗乌兰勃尔、额尔登敖包一带；原雷兽、蒙古小雷兽、短齿貘、全脊齿貘产于四子王旗阿山头和伊尔丁曼等地；巨两栖犀等见于沙拉木伦河两岸；新两栖犀、晚雷兽、强中兽(图 3-80)、大角雷兽主要见于四子王旗巴彦乌兰及沙拉木伦河两岸；大角雷兽、苏海图副卡地犀(E_2)、阿拉善两栖犀(E_3)等分布于阿拉善左旗豪斯布尔多等地；巨犀、全齿猪等见于二连盐池南岸呼尔井；啮齿类、兔形类、鼠类、双猬、兔类等见于乌海市伊克布拉格—呼吉尔图沟一带。介形类产于四子王旗、乌海等地；孢粉主要产于临河地区，部分见于集宁的白脑包地区，均以被子植物的孢粉为主，裸子植物的次之，蕨类孢子甚少。轮藻不甚发育，在四子王旗、河套地区有分布。另外，在四子王旗萨拉木伦见有陆龟(图 3-81)。

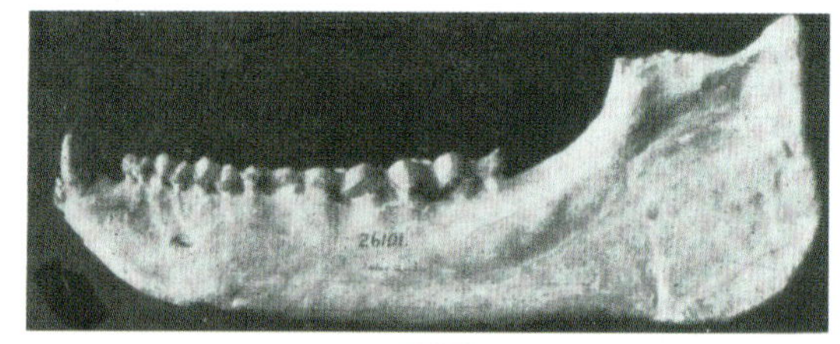

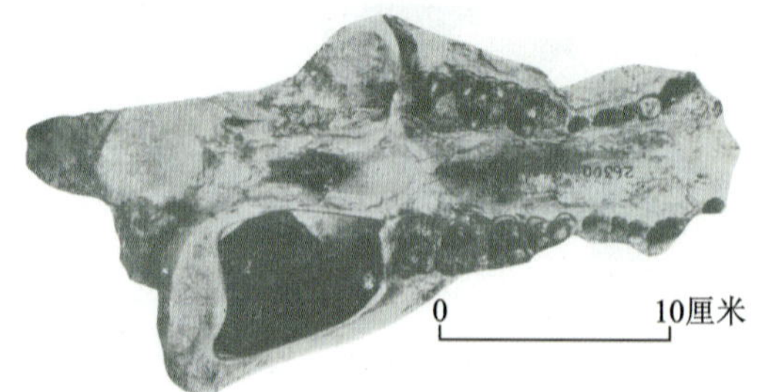

图 3-80 哺乳动物化石。上：基型晚雷兽牙骨；下：东方强中兽头骨，产于四子王旗萨拉木伦渐新统(据内蒙古自治区地质局，1976b)

新近纪各大洲板块逐渐形成现今的位置，喜马拉雅山进一步抬升，高山改变了空气流通和天气模式。随着气候变化，从海岸线到高纬度地区的森林逐渐让位于草原，擅长奔跑和啃草的马科、牛科脱颖而出，象类成为最大的陆地动物。区内仍以哺乳动物(图 3-82)为主体，介形虫、腹足类、双壳类、植物、孢粉也有不同程度的产出。其中哺乳动物三趾马、大唇犀等主要见于阿巴嘎旗、化德、四子王旗、东胜等地；铲齿象、锯齿象、安琪马、丽齿猪、半熊等产于二连盆地和河套地区。介形虫见于河套地区。腹足类、双壳类在河套、集宁、凉城等地均有零星出露。植物、孢粉在东部、中部、南部地区均有产出。

图 3-81　纳怒斯陆龟，产于四子王旗萨拉木伦渐新统
(据内蒙古自治区地质局，1976b)

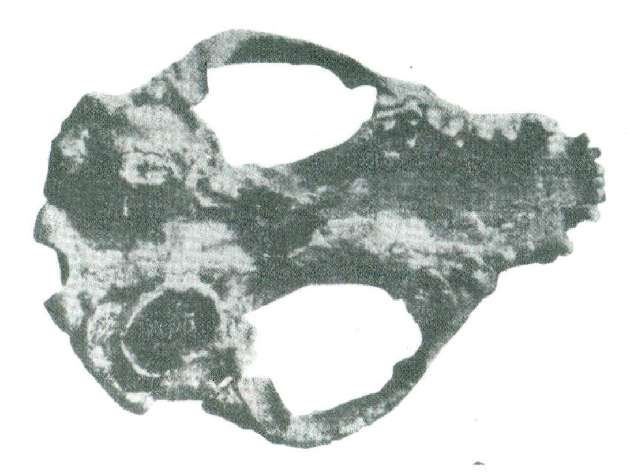

图 3-82　内蒙古丽鼬，产于苏尼特左旗本巴图
(据内蒙古自治区地质局，1976b)

内蒙古中部古近纪、新近纪代表性的古生物化石产地有苏尼特右旗、四子王旗赛罕高毕、脑木根、乌兰花等地；南部区有鄂尔多斯准格尔等地。

1. 赛罕高毕古生物群化石产地

该生物群化石位于苏尼特左旗赛罕高毕苏木，1928—1930 年美国自然历史博物馆中亚考察团在通古尔地区获得大量哺乳动物化石标本。1959 年中苏考察团再次发掘，发现的哺乳动物化石中以铲齿象最多，将所含的化石命名为通古尔哺乳动物群，现也称安琪马—铲齿象动物群。化石产于中新统通古尔组砂砾岩、泥页岩中，约 70 种，主要有长鼻类中的铲齿象、锯齿象，奇蹄类中的安琪马，反刍类中的柄杯鹿、叉角鹿、皇冠鹿、古麟，以及利齿猪、安理狸等哺乳动物化石，同时含有瓣腮类、腹足类等化石。

2. 脑木更古生物群化石产地

该生物群化石位于四子王旗脑木更苏木巴彦乌拉，研究工作始于 1928 年，1975 年内蒙古第一区域地质调查队将这里的古生物化石命名为脑木更哺乳动物群，形成时代为古近纪。发现 6 目11 科 12 属哺乳动物化石，脑木更组以含多瘤齿兽和蒙古兽化石、阿山头组以含貘类属种为特色；伊尔丁曼哈组以奇蹄目占优势，棱齿貘、全脊貘、蒙古小雷兽、原雷兽最为常见；乌兰戈楚组含雷兽和两栖犀；呼尔井组以巨犀和裂齿兽为特征。

3. 乌兰花古生物群化石产地

该生物群化石位于四子王旗乌兰花镇南，产于晚中新世至上新世紫红色粉砂质泥岩中，是内蒙古晚中新世具有代表性的哺乳动物化石产地，属于晚中新世三趾马动物群，以大唇犀和三趾马(图 3-83)为主体。该地目前也是我国可以全面开展埋藏学研究的唯一地点，已建立了博物馆。另外，采集到的哺乳动物化石还有鼠、狗、鹿、羊、狸等属种。

图 3-83　哺乳动物化石。左：两栖犀头骨化石；右：三趾马化石（据闫凤荣等，2015）

4. 准格尔古生物群化石产地

该生物群化石位于鄂尔多斯市准格尔旗境内，以哺乳动物化石为主，赋存于新近纪中新世河湖沉积的红色泥砂岩中，数量大、种类多。已鉴定出 17 个属 19 个种，保存完好，命名为“准格尔旗哺乳动物群”，以三趾马为主体，还有貂、獾、狗、犀、羚羊、麟、鼠、兔等。

六、人类摇篮——第四系

第四纪（Quaternary）是新生代最后一个纪，包括早期更新世（距今 258.8 万～1.17 万年）和晚期全新世（距今 1.17 万年至今）。这个时期形成的地层称第四系，1829 年由迪斯努瓦耶提出，他在研究塞纳河低地的沉积层时发现了一层比晚第三纪更新的岩层，而命名。

在我国，第四纪以来陆地上地震和火山活动频繁。喜马拉雅地区继续上升，其中的珠穆朗峰（海拔 8 848.86 米）成为世界最高峰。环太平洋地区不断隆起，台湾等众岛屿形成。

内蒙古及晋陕高原，新近纪以来一直处于剥蚀、夷平期。山区遭受风化剥蚀，凹陷区及断陷盆接受河湖堆积（图 3-84，表 3-9）。高原上黄土广泛发育，同时戈壁、沙漠也广泛分布。东北地区受太平洋板块向西俯冲的影响，出现了多期次的火山活动。现代风成沙广布于西部和南部，形成著名的巴丹吉林沙漠、腾格里沙漠、乌兰布和沙漠、库布其沙漠（图 3-85）及毛乌素沙漠，全新世盐湖在全区星罗棋布。

第四纪最突出的特征是有了人类的活动，人类及其他生物在第四系上世世代代繁衍生息、安居乐业，创造着一个又一个人类文明。

（一）沉积物

全区从早更新世至全新世均有沉积物分布，沉积厚度以河套盆地为最大，揭露的厚度已逾千米。

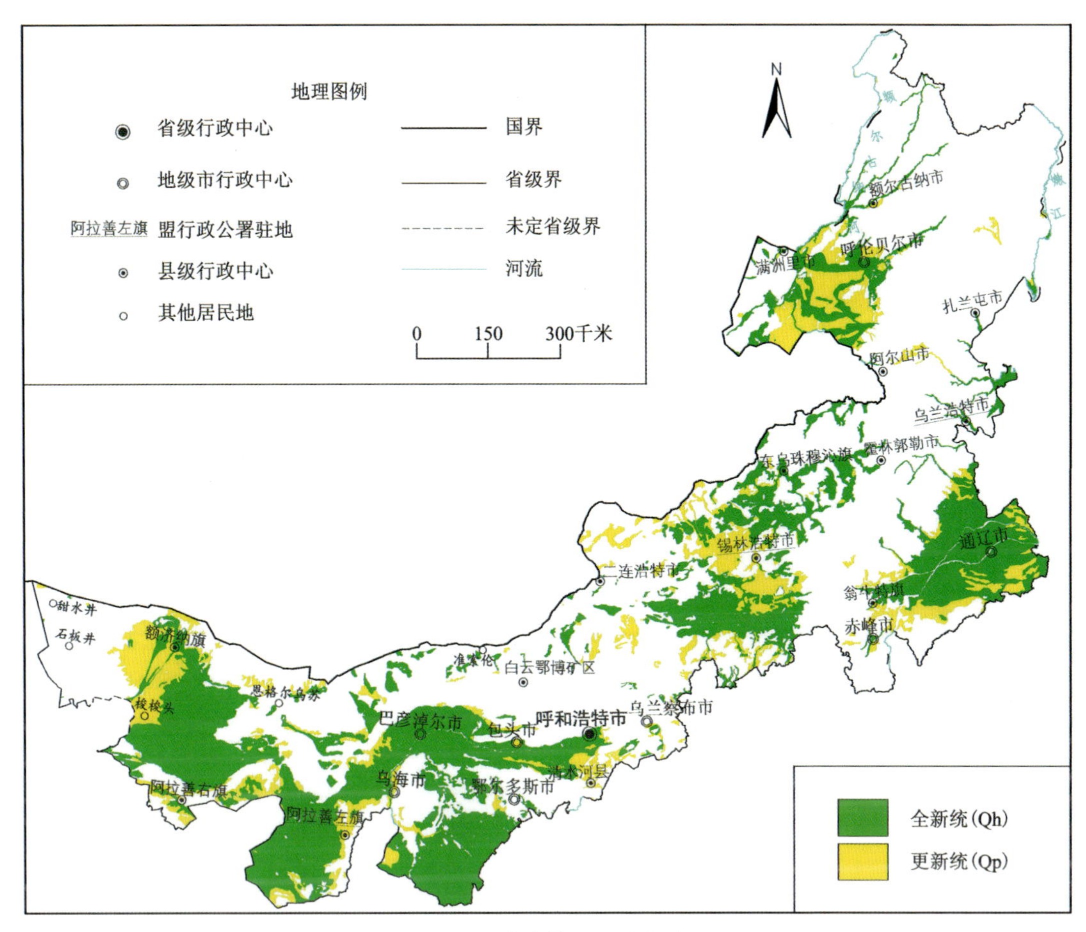

图 3-84 内蒙古第四系分布略图

1. 更新统

按成因类型分为残积、坡积、冲积、洪积、湖积、化学沉积、风积、冰碛、冰水沉积、冻土堆积、火山堆积、黄土(图 3-86)以及相互间的过渡类型,均为松散堆积物,未固结成岩。部分研究程度高的地区建立了组级岩石地层单位(表 3-9)或赋予了专属名称(如赤峰黄土)。洪积层、冲洪积层、冰碛层多分布在高台地之上,部分出现于山前地带及山间盆地中,有时含披毛犀、猛犸象等哺乳动物化石及旧石器(石片);湖积、化学沉积出露于低洼处,含蚌壳类、淡水螺化石及孢粉;残、坡积层主要由几乎未经搬运的碎石、黏土质粉砂组成,多为原地、半原地风化堆积;洪、冲洪积层主要由砂层、砾石层组成,成分因物源而异,具成层性,见斜层理及砂泥质透镜体;湖积层主要由黏土、粉砂等组成,湖盆边缘见砂及砂砾石等,成层性较好,水平层理发育,韵律特征明显;化学沉积层主要由天然碱、芒硝、岩盐和含盐碱砂土组成;冰碛层、冰水堆积物由各种砾石及泥砾混合堆积而成,无层理和分选性,砾石多呈棱角状及次棱角状,坚硬砾石上见槽形擦痕和受

图 3-85 库布其沙漠

(张玉清 2021 年摄于鄂尔多斯市杭锦旗)

图 3-86 更新统黄土层,有古人居住的遗址

(张玉清 2021 年摄于鄂尔多斯市乌审旗大湾沟)

表 3-9 内蒙古第四系划分表

地质时代		阿拉善	根河	海拉尔	二连浩特	加格达奇	赤峰	通辽	鄂尔多斯
全新世Qh	晚期Qh_3	风成沙Qh^{e} 冲洪积层Qh^{fp} 化学沉积层Qh^{c} 残坡积层Qh^{eld} 坡洪积层Qh^{dp} 湖积层Qh^{l} 湖积-化学沉积层Qh^{lc} 冲积层Qh	风成沙Qh^{e} 湖沼积层Qh^{ls} 冲积层Qh^{f} 冲洪积层Qh^{fp} 洪积层Qh^{p} 冲湖积层Qh^{fl}	湖沼积层Qp^{ls} 沼泽堆积层Qh^{s} 风成沙Qh^{e} 冲积层Qh^{f} 洪积层Qh^{p}	风成沙Qh^{e} 沼泽堆积层Qh^{s} 湖沼积层Qh^{ls} 湖积层Qh^{l} 冲湖积层Qh^{fl} 冲积层Qh^{f} 冲洪积层Qh^{fp} 坡洪积层Qh^{dp} 残坡积层Qh^{eld}	火山堆积层Qh^{vl} 沼泽堆积层Qh^{s} 冲积层Qh^{f} 冲洪积层Qh^{fp}	风成沙Qh^{e} 湖积层Qh^{l} 冲积层Qh^{f} 冲洪积层Qh^{fp}	风成沙Qh_3^{e} 冲积层Qh_3^{f} 湖沼积层Qh_3^{ls}	滴哨沟湾组$Qh_{1\text{-}2}d\hat{s}$ 湖积层Qh^{l} 冲积-沼泽堆积层Qh^{fs} 湖冲积层Qh^{lf} 冲积层Qh^{f} 冲洪积层Qh^{fp}
	中期Qh_2							湖沼积层Qh_2^{ls}	
	早期Qh_1			达布逊湖组Qh_1db				温泉河组Qh_1w	大沟湾组$Qh_{1\text{-}2}d$ 洪积层$Qh_{1\text{-}2}^{p}$
更新世Qp	晚期Qp_3	湖积层Qp_3^{l} 洪积层Qp_3^{p} 化学沉积层Qp_3^{c} 冲洪积层Qp_3^{fp} 马兰组Qp_3m	雅鲁河组Qp_3y 坡洪积层Qp_3^{dp}	海拉尔组Qp_3h 辉河口组Qp_3hh	冲洪积层Qp_3^{fp} 湖积层Qp_3^{l} 冲积层Qp_3^{f} 阿巴嘎组Qp_3a 马兰组Qp_3m	火山堆积层Qp_3^{vl} 雅鲁河组Qp_3y 冲积层Qp_3^{f}	乌尔吉组Qp_3w 冲积层Qp_3^{f}	顾乡屯组Qp_3gx	城川组$Qp_3\hat{c}$ 马兰组Qp_3m 泥石流-洪积层Qp_3^{mfp} 洪冲积层Qp_3^{pf} 湖积层Qp_3^{l} 洪积层Qp_3^{p} 萨拉乌苏组$Qp_{2\text{-}3}s$ 冲洪积层$Qp_{1\text{-}2}^{fp}$
	中期Qp_2	冰碛层$Qp_{1\text{-}2}^{g}$ 冲洪积层$Qp_{1\text{-}2}^{fp}$ 洪积层Qp_2^{p} 冲洪积层Qp_2^{fp} 湖积层Qp_2^{l}	冰水堆积层Qp_2^{gf} 冲积层Qp_2^{f} 绰尔河组$Qp_2\hat{c}h$ 火山堆积层Qp_2^{vl}	扎泥河组Qp_2z 嵯岗组Qp_2c	冰碛层Qp_2^{g} 冰水堆积层Qp_2^{gf} 湖积层Qp_2^{l} 冲积层Qp_2^{f} 冰碛-冰水堆积层Qp_2^{gfg} 冰碛层$Qp_{1\text{-}2}^{g}$ 冲洪积层Qp^{fp} 赤峰黄土$Qp_2\hat{c}$	火山堆积层Qp_2^{vl} 诺敏河组Qp_2n 冲积层Qp_2^{f} 绰尔河组$Qp_2\hat{c}h$	排头营子组Qp_2p 赤峰黄土$Qp_2\hat{c}$ 乃林组Qp_2nl	排头营子组Qp_2p 大青沟组Qp_2d	离石黄土Qp_2^{l} 湖积层$Qp_{1\text{-}2}^{l}$ 冲洪积层$Qp_{1\text{-}2}^{fp}$
	早期Qp_1	洪积层Qp_1^{p} 洪冲积层Qp_1^{pf} 湖积层Qp_1^{l} 冲洪积层$Qp_{1\text{-}2}^{fp}$	冰水堆积层Qp_1^{gf}	阿尔善组Qp_1a 湖积层Qp_1^{l} 冰水堆积层Qp_1^{gf}	湖积层Qp_1^{l} 洪积层Qp_1^{p}	火山堆积层Qp_1^{vl} 白土山组Qp_1b 东华组Qp_1dh 冻土堆积层Qp_1^{ts}	宁城黄土Qp_1n 白土山组Qp_1b 火山堆积层Qp_1^{vl} 冰碛-冰水堆积层Qp_1^{gfg}	白土山组Qp_1b 冰碛层Qp_1^{g}	

注：据内蒙古自治区地质调查院（2018）修编。

力挤压形成的裂隙,不具分选性,典型的砾石有凹面石、猴脸石、马鞍石等;风成沙浅黄色、灰黄色,成分以石英为主,长石、岩屑次之,粒度细小,地貌上形成沙山、沙丘、沙垄、波状沙地、草丛沙滩地等;火山堆积物主要为玄武岩(图 3-87)及火山渣,成为高平台、桌状山(图 3-88)、塌陷火山口、火山湖(著名的阿尔天池)等地形地貌,部分玄武岩呈绳状(图 3-89),火山间歇期见有陆源碎屑沉积夹层;黄土多为风积成因,也有冲洪积等其他成因,垂直节理发育,质地疏松,孔隙度大,湿陷性强,有时含腹足类(蜗牛)、瓣腮类、脊椎动物、植物孢粉等化石。

图 3-87 阿巴嘎组气孔杏仁状玄武岩,杏仁体充填物为蛋白石、石英、铁锰质等,构成玛瑙(右下)

(张玉清 2020 年摄于苏尼特右旗)

图 3-88 成吉思汗宝格都山

(张玉清 2023 年摄于锡林浩特市阿巴嘎旗西北)

图 3-89 绳状玄武岩

(张玉清 2015 年摄于阿尔山)

更新统的萨拉乌苏组出露于鄂尔多斯地区东南部、包头等地,主要由河湖相黏土质粉砂、粉砂质黏土、黏土与粉砂质细砂及细砂互层组成,并有古土壤和风成沙与之穿插的复杂堆积体,赋存晚期智人(河套人)化石、萨拉乌苏动物群化石及旧石器、鹿角制品等。

2. 全新统

全新统均为松散堆积物,未成岩,由沙、土(图 3-90)、砾石、淤泥、化学晶出的盐类等组成。按成因类型分为残积、坡积、冲积、洪积、湖积、化学沉积、风积、沼泽堆积、火山堆积等,部分研究程度高的建立了组级岩石地层单位。冲、洪积层多呈线状分布于河谷中;湖积层、化学沉积层、沼泽堆积呈面状分布;风成沙多形成沙漠景观地貌;坡洪积层、残坡积层分布于山前扇形斜坡地带、缓坡地带;火山堆积层主要分布于中东部区,以基性火山岩为主。

图 3-90 第四系全新统沙土层

(张玉清 2021 年摄于鄂尔多斯市乌审旗南)

全新统的大沟湾组为湖沼相，含芒硝、食盐、碱，常形成具工业价值的矿体，土层垂直节理发育；达布逊湖组属盐湖化学堆积，含盐、芒硝、天然碱等。

(二)古生物

更新世早期出现了真象(东方剑齿象)、真马(三趾马)、真牛(野牛)、肿骨大角鹿(肿骨鹿)、披毛犀等。末次冰期，今天地球上的所有动植物几乎都出现了，而猛犸象、披毛犀、剑齿虎、剑齿象、大角鹿、西伯利亚野牛、巨貘等巨兽在末次冰期结束后(距今1.5万年至9000年间)几乎全部消失，成为全球一次规模不小的生物灭绝事件，主要涉及体重超过40千克的大型陆生哺乳动物，而大熊猫、麋鹿等动物则和人类一样熬过了冰期—间冰期旋回，生存至今。第四纪高等植物与现代植物基本没有区别。

内蒙古鄂尔多斯盆地萨拉乌苏河流域及赤峰地区碧流台的第四系及古生物化石研究较为详细。

萨拉乌苏组动物群产于晚更新世早期，是萨拉乌苏河流域脊椎动物化石的总称，有哺乳类34种(食肉类、长鼻类、奇蹄类、偶蹄类、食虫类、啮齿类)，鸟类12种。其中33种哺乳类动物为萨拉乌苏组所独有，晚更新世河套大角鹿、王氏水牛、原始牛等为典型代表，中晚更新世常见的有最后斑鬣狗、虎、普氏野马、野驴及古菱齿象等。肿骨鹿、王氏水牛(图3-91)、诺氏象、最后斑鬣狗、诺氏驼、河套大角鹿、许家窑扭角羊、披毛犀、原始牛等9种是已经灭绝的物种，约占萨拉乌苏组动物化石总数的20%，野驴、普氏野马、野猪、普氏羚羊、鹅喉羚、原始牛等种群都是晚更新世才开始出现的物种。

图3-91 王氏水牛化石产地。左：哺乳动物化石碎片；右：正在采取保护措施的“王氏水牛”出土地点
(张玉清2021年摄于鄂尔多斯市乌审旗大湾沟)

城川组动物群产于晚更新世晚期，主要见于萨拉乌苏河流域的嘀哨沟湾城川组中及碧流台马兰黄土中，物种有奇蹄类、偶蹄类等。

大沟湾组动物群产于全新世早期，牛、马等都是现生物种，目前内蒙古到处可见。另外产腹足、塔螺、平卷螺、介形虫、孢粉(植物)等化石。地层中孢粉属种、数量、组合的变化，对恢复古地理、古气候有着重要的意义。

(三)古人类文化

1. 古人类遗存

第四纪是人类出现并大发展的时代，故第四纪又称为“人类时代”。据陈军等(2016)研究，在我国，直立人阶段为早中更新世，出土化石有云南元谋猿人（1965 年发现，其年代起初有人定为距今 170 万年前，但后来有人认为不到 100 万年）、陕西蓝田猿人（用古地磁法测定认为是距今 65 万年前）、周口店北京猿人（距今 70 万～50 万年）等。早期智人阶段，为晚更新世，出土化石有山西丁村人（距今 21 万～16 万年）、陕西大荔人（距今 20 万年）等。晚期智人阶段（新人阶段），出现于 5 万年前，为晚更新世晚期，是现代人的直接祖先，能制造复杂的石器、骨器、饰品，能摩擦取火，会捕猎和捕鱼。迄今我国已发现 40 多个晚期智人遗址，如广西柳江人、山顶洞人、辽宁建平人等。柳江人 1958 年在广西柳江县的一个岩洞中发现，其头骨具蒙古人种（黄种）的许多基本特征，是原始的黄种人，他们身材矮小，接近现代东南亚人，代表了蒙古人种的早期类型；山顶洞人 1933 年在周口店龙骨山顶部洞中发掘，他们具原始蒙古人种的特征，其年代为距今 2.7 万年前。全新世，人类的骨骼等无大的变化，但生产生活方面却进入了一个新的阶段，劳动工具不断改进，称为新石器时代，由采集植物或捕猎食物逐步变为栽培植物、家养动物。

内蒙古重要的古人类化石遗存有两处：一处是产于鄂尔多斯乌审旗萨拉乌苏河流域的河套人（图 3-92），另一处是产于满洲里扎赉诺尔地区的扎赉诺尔人。

图 3-92　萨拉乌苏遗址（张玉清 2021 年摄于鄂尔多斯市乌审旗大湾沟）

萨拉乌苏河流域“河套人”赋存于晚更新世河湖相粉砂、黏土中，该地层中埋藏有人类的骨骸、旧石器、大批哺乳动物化石和鸟化石，被命名为“河套人”活动遗迹。在萨拉乌苏流域 40 千米的范围内（断面高度六七十米），先后发现了 10 个古人类化石集中出土点，共发现古人类化石和石器等文化遗物 600 多件；同时发现了包括 34 种哺乳动物和 12 种鸟类在内的“萨拉乌苏动物群”。这是中国最早被发现和研究的旧石器文化，是中国古文化遗址研究中的一个里程碑。1922 年桑志华和德日进等在乌审旗大沟湾一带挖掘出包括八九岁儿童的上外侧门齿一颗在内的 23 件古人类化石，之后陆续在周边出土了头顶骨、左股骨、额骨、枕骨、下颌骨、股骨、胫骨、腓骨和肩胛骨等 20 余件化石。古人的体质已接近现代人，但也保留一些原始特征，如头骨和股骨骨壁较厚。门齿呈铲形，与蒙古人种接近。其中“河套人”牙齿，是中国境内发现的第一件有准确出土地点和地层记录的人类化石，也是我国乃至亚洲发现时代最早的晚期智人化石之一，并宣告了“亚洲地区没有旧石器时代的远古人类”理论的终结。

“扎赉诺尔人”也为晚期智人化石，早在 1933 年顾振权在满洲里东南的扎赉诺尔煤矿发现了第一件十分完整的人类头骨化石，之后的半个多世纪以来，在扎赉诺尔遗址中已出土了 16 个比较完整的人类头骨化石，他们属于从古人到现代人转变过程中旧石器时代晚期的人类。

2. 古文化遗址

旧石器（距今 300 万～1 万年，属上新世晚期至全新世初期）以使用打制石器为标志，主要遗址有大窑遗址（呼和浩特市保合少乡大窑村南山）、萨拉乌苏遗址（乌审旗萨拉乌苏河流域）、乌兰木伦遗址（康巴什乌兰木伦河边）、三龙洞遗址（赤峰市阿鲁科尔沁旗巴彦温都苏木吉布图嘎查北部的三龙山）、金斯太遗址（东乌珠穆沁旗阿拉坦合力苏木以西的东海尔汗山）等。

新石器（距今 1 万年至 5000 多年或 2000 多年，属全新世）以使用磨制石器（图 3-93）为标志，文化遗址有 60 余处，中南部地区及赤峰地区多见，出土有大量的石器（石斧、石箭头、石锄、石刀）、陶器（砂质红陶片）、房址、墓葬以及我国最早的磨制玉器。

图 3-93　石舂锤

（张玉清 2015 年摄于四子王旗）

（四）第四纪气候变迁

进入第四纪，全球受海陆分布变化等影响，“寒冷”▲18与“干旱”的气候并存。内蒙古先后出现了 5 次冰期、4 次间冰期和 1 次冰后期。

▲18“寒冷”主要表现为第四纪大冰期，也是地质历史上距今最近的一次冰期，这期间气候变化很大，冰川有多次明显的进退交替，分别被称为冰期（冰川扩大前进）与间冰期（冰川消融后退）。

早更新世初全区气候严寒，处于高纬度地区的大兴安岭已进入雪线，有冰川形成，出现冰碛、冰水堆积物。冰期过后气候转暖，进入了第四纪以来的第一次间冰期，大兴安岭地区出现阔叶树种的疏林草原植被景观。

早更新世晚期第二次冰期席卷大地，克什克腾、林西地区由于冰川侵蚀作用形成冰斗、刃脊、角峰等冰川地貌；大兴安岭东坡及松辽盆地出现冰碛—冰水沉积物。冰期过后气候再次转暖，迎来了第二次间冰期，气候湿热，山坡湖滨长有蒿、桦、松、杉，并有众多动物（双叉鹿、梅氏犀、乳齿象等）生存。这个时期已有人类活动，在呼和浩特市新城区保合少乡大窑村南山（距市区 33 千米）发现有古人类打制的石器、骨骼化石等，称“大窑文化”（图 3-94）。该文化遗址是中国北方距今 70 万年～40 万年的旧石器时代文化遗存，是中国北方一处重要的石器制造厂遗址，也是内蒙古首次发现的第一个旧石器时代初期的人类文化遗址。它将人类开采石料制造石器的历史从旧石器时代晚期提前到旧石器时代初期，不仅填补了这一时期的文化空白，而且为研究我国北方旧石器文化分布和发展提供了极为重要的资料。该文化遗存涵盖了旧石器时代（早、中、晚期）和新石器时代遗存，大规模石器制造物在国际国内都

图 3-94　大窑文化遗址考查现场，有临时搭建的脚手架及遮挡物

（张玉清 2018 年夏天夕阳西下时摄于呼和浩特市保合少乡大窑村南）

是独一无二的。可见,“青城”人民早在70万年前就开始有创新性的思维活动了。1973年考古工作者在大窑村西南马兰黄土中发现大量的哺乳动物化石,有虎、鬣狗、赤鹿、野马、原始牛、扭角羚等,其中以赤鹿化石数量最多,在动物骨骼化石上有人为砍锯的痕迹。在同一地层中还发现经人工打制的石核和刮削器等石器。之后,在大窑村南山二道沟、四道沟下部中更新统离石黄土、上部上更新统马兰黄土中出土了500多件人工打制的石片、石块等石器,多为半成品,是一处古人类石器制造场。所用原料均为燧石(注:笔者认为燧石主要来自附近汉诺坝组火山岩中),石器类型以刮削器为主,砍砸器次之,还有尖状器、石球和石锤等。

中更新世早期出现第三次冰期,在大兴安岭、乌拉特中旗川井一带出现冰碛、冰水堆积物。冰期过后,第三次间冰期登场,海拉尔盆地、鄂尔多斯高原南部、河套盆地呈现森林草原景观。

中更新世晚期第四次冰期使得大兴安岭林东部地区冰雪覆盖,形成冰斗、刃脊、角峰、冰川槽谷、冰窖、冰坎、冰溜面等冰川遗迹,并出现冰水沉积物。海拉尔盆地呈现疏林草原景观;鄂尔多斯高原南部呈现荒漠、干草原等景观;河套盆地呈现针叶林森林、草原景观。在海拉尔和西拉木伦河地区的冰缘雪地上有喜寒动物披毛犀和松花江猛犸象等生存。晚更新世早期为第四次间冰期,冰雪融化,流水潺潺,自西向东河流、湖泊广布。“河套人”在河套盆地、萨拉乌苏一带生活,与之相伴的还有牛、鹿等哺乳动物和鸟类。

晚更新世晚期第五次冰期来临,海拉尔盆地、松辽盆地生存有喜寒的猛犸象、披毛犀等动物;中西部地区风沙肆虐,内蒙古高原中部呈现干凉草原、寒漠草原景观,河套盆地呈现草原—针叶疏林草原景观。

全新世进入冰后期,气温回升,人类文化也步入发展之中。全新世早期“扎赉诺尔人”在海拉尔盆地生息繁衍(距今1.15万~0.9万年),原始农业开始出现;浑善达克沙地的沙丘处于活动状态,气候干燥,植被覆盖度低;西辽河流域气候开始转暖,整体上为温性草原景观,出土了小河西、兴隆洼等新石器时代文化遗址;内蒙古高原中南缘气候温和干燥并向暖湿转化,自然景观为草原或稀疏草原;萨拉乌苏流域气候较为干冷,自然景观为干旱草原;吉兰泰盐湖开始萎缩,逐步咸化,气候干旱;巴丹吉林地区气候相对湿润。

全新世中期,气候进入暖期,促进了粗耕农业文化的繁荣。浑善达克沙地沙丘总体上处于固定—半固定状态,气候较早全新世明显湿润,植被相对茂密;西辽河流域气候暖湿,整体上为暖湿性森林草原景观,出现赵宝沟、红山、富河、小河沿、夏家店等新石器时代文化遗址,各遗址均出土了非常珍贵的文物(图3-95);内蒙古高原中南缘气候温暖湿润,出现原始农业;萨拉乌苏流域为疏林草原,气候比较湿润偏凉;黄河流域出现仰韶文化遗址;吉兰泰盐湖在经历短暂的淡化期后进入了干旱期,湖泊的萎缩导致咸化进一步加剧;巴丹吉林地区气候湿润;阿拉善出现新石器时代文化。

图3-95 中华玉龙,收藏于中国国家博物馆

全新世晚期,暖期结束,气温波动下降,畜牧业文化兴起。浑善达克沙地气候干旱,沙丘又重新活化;西辽河流域波动降温,降水减少;内蒙古高原中南缘气候总体偏干冷,波动明显;萨拉乌苏流域气候较为干冷,自然景观为干草原;吉兰泰盐湖也因气候干旱而萎缩,盐分剧增;巴丹吉林地区逐渐干旱。

进入20世纪以来,全球气候逐渐变暖,北半球春天冰雪解冻期比150年前提前了约9天,而秋天霜冻开始时间却晚了约10天。

第四篇

岩浆行踪——侵入岩和火山岩

YANJIANG XINGZONG—QINRUYAN HE HUOSHANYAN

达茂旗 吉穆斯太(花果山) 张玉清2016年摄

岩浆岩(magmatic rock)是与沉积岩、变质岩并列的成因不同的三大岩类之一，又称为火成岩，是相对于水成岩(沉积岩)而言的。岩浆岩的形成要经历非常复杂的地质过程，这一过程称为岩浆作用，首先由上地幔或地壳的岩石经熔融或部分熔融形成岩浆，岩浆形成后，沿着岩浆通道(一般为构造软弱带)上升到地壳或喷出地表(图 4-1)，在上升、运移过程中，由于物理、化学条件的改变，岩浆的成分也在不断发生变化，最后冷凝形成岩浆岩，包括侵入岩和火山岩两大部分。岩浆侵入地壳但未喷出地表称为侵入作用，所形成的岩石称侵入岩；如果岩浆沿构造裂隙上升，喷出地表，称为火山作用，所形成的岩石称为火山岩。岩浆岩是组成地壳的主要岩石，约占地壳总体积的 65%，总质量的 95%。

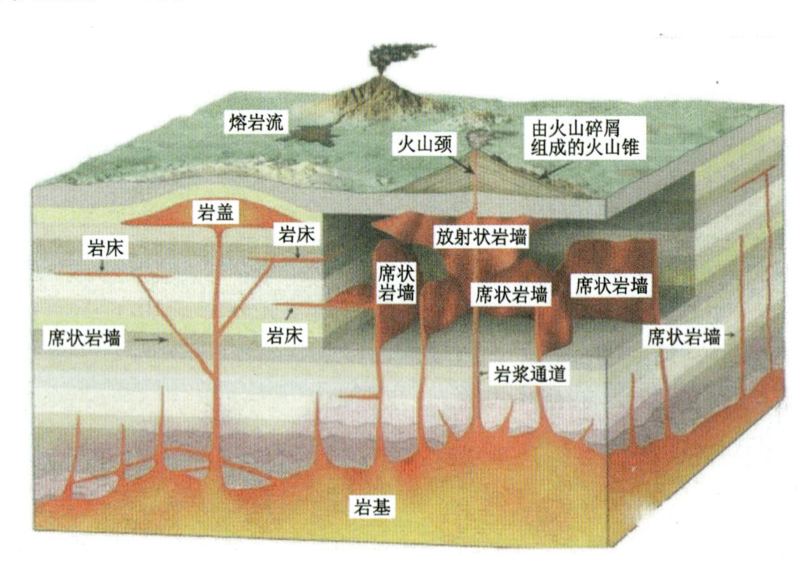

图 4-1 岩浆岩的产出状态(据张春池等，2016)

岩浆[※1]的成分以硅酸盐为主，主要由氧、硅、铝、铁、镁、钙、钾、钠、锰、钛、磷等元素以及水、二氧化碳、二氧化硫挥发性物质等组成。如果以氧化物的含量来衡量岩浆，那二氧化硅(SiO_2)是其中最多的。岩浆在冷凝和结晶过程中会失去大量的挥发分而形成岩浆岩，因此岩浆岩的成分与岩浆的成分是不完全相同的。

> ※1 岩浆：地质学专业术语，来源于希腊，原意是一种类似粥状物。是指产生于上地幔和地壳深处，含挥发成分的高温黏稠物质，主要成分为硅酸岩熔融物。

侵入岩形成时均没有露出地表，其上还盖着一层厚厚的岩石(沉积岩、变质岩早期形成的岩浆岩)。那今天我们为什么能看到如此多的侵入岩(如花岗岩等)呢？是因为侵入岩在地下形成后，由于后期的构造运动将其抬升，再经过漫长的风化、剥蚀、搬运等地质作用，将侵入岩上部的那些岩石一点点地清理掉，露出了侵入岩的“庐山真面目”，裸露在地表，形成各种侵入岩风化地貌，如赤峰市克什克腾旗阿斯哈图世界地质公园中的花岗岩石林地貌；另一种情况是在构造应力的作用下，直接将地下的侵入体和上覆顶盖一起抬起，出露地表，人们从某个断面才能观察得到。喷出岩则是另一番景象，岩浆直接喷出或溢流到地表(极少部分潜伏于近地表的火山通道中)，冷凝形成岩石，因此喷出岩的形成是一个温度和压力急剧下降的过程，固结成岩的时间相对于侵入岩而言短了不少。经地质学家研究，一个 2 千米厚的花岗岩体完全结晶大约需要 6.4 万年，8 千米厚的花岗岩基则需要 1000 万年。而 1 米厚的玄武岩全部结晶需要 12 天，10 米厚的需要 3 年，700 米厚的则需要 9000 年，由此看来，岩浆越厚，冷凝固结成岩需要的时间就越长，并非等比关系。岩浆喷出后压力骤减，造成喷出岩浆的挥发分以气体的形式大量逃逸，致使岩石出现了形态各异的气孔(地质上称其为气孔状构造)，如果这些气孔形成后的空洞被晚期岩浆气液等充填，就形成了杏仁体(地质上称其为杏仁状构造),日常生活中常提到的“玛瑙”就是杏仁体之一。

侵入岩一般与周围的岩石间有明显的界面,界面两侧的岩石均发生了不同程度的物理性质和化学性质的变化,这种现象地质上称其为热接触交代变质作用,在内外接触带的局部地段富集形成可供工业利用的矿床(如黄岗接触交代型铁锡矿床)。另外,多数侵入岩本身就是矿体或某种矿产含矿母岩。

岩浆岩中矿物种类繁多,但常见矿物只有20余种,其中构成岩石主体、在岩浆岩分类命名中起决定性作用的矿物也就十来种,这些矿物称为主要造岩矿物,它们是石英、钾长石、斜长石、白榴石、霞石、橄榄石、辉石、角闪石、黑云母、白云母等。这些矿物根据化学成分可分为硅铝矿物(SiO_2、Al_2O_3含量较高,包括石英、长石等)、镁铁矿物(FeO、MgO含量较高,包括橄榄石、辉石、角闪石、黑云母等)。另外,岩浆岩中还有少量相对稳定的矿物,如锆石(图4-2)、磷灰石等,不易因后期温压条件的改变而失去本身原有的特性。地质工作中通常用这些矿物进行同位素年龄测定,来判断其母岩的形成时代。主要测年原理是锆石等矿物中含微量元素U、Th、Pb,利用U-Pb衰变方程得到Pb^{206}/U^{238}、Pb^{207}/U^{235}、Pb^{207}/Pb^{206}三个独立年龄,然后经过计算机程序处理后获得谐和年龄或加权平均年龄。

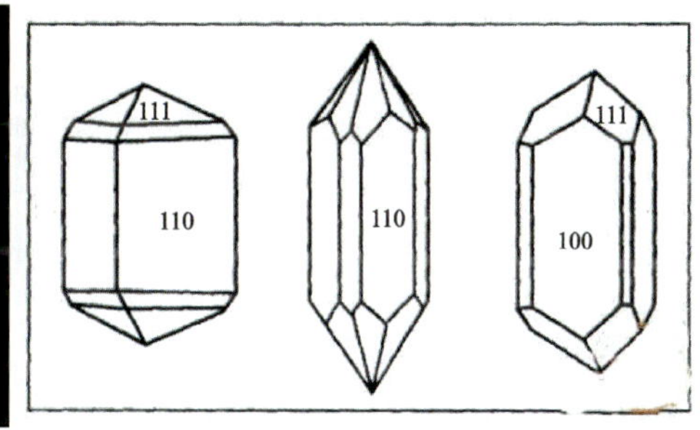

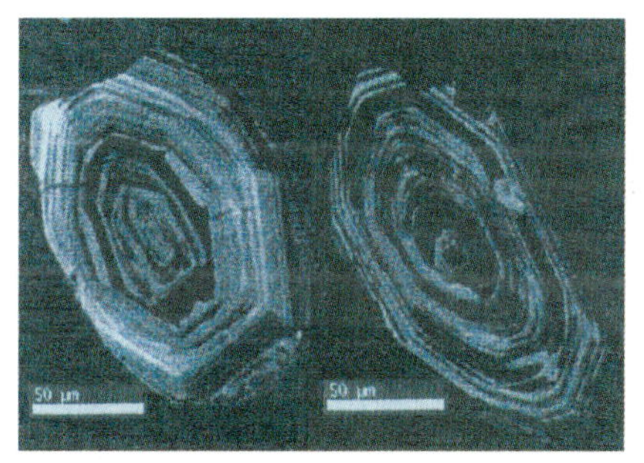

图4-2 岩浆岩中锆石形态

左:复四方双锥晶体;中间:晶体三维素描图;右:晶体中心切面的阴极荧光(CL)图像

锆石又称锆英石,颗粒十分细小,多数不足1毫米,常为零点几毫米,为硅酸盐类矿物,晶体属四方晶系,呈四方短柱状、四方双锥状、复四方双锥状(聚形)等,颜色多样,无色、粉红色、淡黄色等,具强玻璃光泽或金刚光泽,无解理,摩氏硬度6~7.5,密度大,多在3.9~4.8克/立方厘米之间,因此也称这类密度大的矿物为重矿物。锆石耐热抗震动,稳定性良好,熔点为2340~2550摄氏度,氧化条件下,1300~1500摄氏度稳定,1550~1750摄氏度分解。品质好、颗粒大的锆石也可作为宝石,但有的含有过量放射性元素,不能作为首饰佩戴。

一、暗流涌动——侵入岩

(一)侵入岩产出状态及分类

侵入岩(图4-3)是岩浆岩的一种,当岩浆房[※2]上覆岩层的压力减小时,岩浆就会向压力减小的空间里钻，在地壳深处缓慢冷却凝固，形成坚硬的岩石。一般形成于距地表3千米以下，通常称这种侵入岩为深成侵入岩。另外还有浅成侵入岩(形成距地表1.5～3千米处)、超浅成侵入岩(形成距地表0.5～1.5千米处)和脉岩(形成近地表处)。岩浆侵入时，起先总是选择最省力的方式沿裂缝灌入，但如果没有通道时岩浆也不会放弃向上入侵，随着其温度、压力、内部气体等不断增加，大规模岩浆整体向上强攻，推开周边的岩石，自己在适合的位置安家，并将其上的地壳拱起。岩浆从冷却到凝固成岩需要一个十分漫长的岁月，因此其中的矿物有足够的时间按自己的生长习性长成一定的形状，岩浆中矿物的形成是有早晚相对结晶顺序的，这一过程地质上称为鲍文反应序列，早期形成的矿物自由生长空间相对大，可以按自己的喜好生长(每种矿物都有自己的生长规律)，矿物自形程度高(类似于冰糖从糖水中缓慢结晶出晶莹剔透的晶体一样)，晚期形成的矿物几乎没有自己选择的空间，只能挤在早先形成矿物的间隙间，故矿物的自形程度就很差，多为他形粒状集合体。

※2 岩浆房：也称岩浆库，是指在地壳的深处及上地幔的某些地方，由于局部温度的升高，而形成囊状的硅酸盐岩浆熔体的地方。当地壳构造因素使岩浆库周围压力失去平衡时，岩浆就会向压力小的方向(如裂隙和脆弱地带)运动，并侵入上升，有时喷出地表。

图4-3 阿拉善左旗巴彦诺尔公查干敖包花岗岩风化地貌——哈布茨盖怪石林(张玉清2022年摄)

根据岩石中二氧化硅(SiO_2)的含量，将侵入岩分为五大岩石类型(表4-1)。越是酸性的岩浆，二氧化硅含量越高，黏性也越大，温度低(880摄氏度以下)，不易流动，移动的距离相对较短；越是基性的岩浆，二氧化硅含量越低，黏性也越小，温度高(可达1225摄氏度)，易于流动，移动的距离也长。当然，温度、压力和挥发组分对岩浆黏度会产生综合影响，如温度越高，挥发成分越多，压力越小，则黏度越小；反之，黏度越大。

表 4-1 侵入岩类型划分表(引自 GB/T 17412.1—1998)

序号	岩石大类	SiO_2含量(%)	特征	代表性岩石
1	超基性岩	<45	颜色深,氧化镁、氧化铁等含量高,主要矿物为橄榄石、辉石等,岩石易变为蛇纹石、滑石、绿泥石、闪石类矿物、菱镁矿等的集合体	橄榄岩(图 4-4)、辉橄岩、橄辉岩、辉石岩
2	基性岩	45~52	颜色深,多为黑色、深灰黑色。主要矿物成分为辉石、基性斜长石,不含石英或石英含量极少,色深,比重大	斜长岩、辉长岩(图 4-5)、辉绿岩、辉绿玢岩(图 4-6)、辉绿辉长岩
3	中性岩	52~63	颜色以灰色为主。主要矿物成分为角闪石和中性斜长石,可含低于长石石英总量 20%的石英	闪长岩(图 4-7)、石英闪长岩、闪长玢岩(图 4-8)、正长岩、石英正长岩、二长闪长岩
4	酸性岩	>63	色浅,多呈浅肉红色、灰白色等。矿物以钾长石、酸性斜长石、石英(大于或等于长石石英总量的 20%)为主,暗色矿物少,为黑云母、角闪石。该类岩石通常笼统地称为花岗岩类	碱长花岗岩、正长花岗岩、二长花岗岩(图 4-9、图 4-10)、花岗闪长岩、英云闪长岩、碱性花岗岩、花岗斑岩(图 4-11)、花岗细晶岩(图 4-12)、花岗伟晶岩
5	超酸性岩	>75	几乎不含暗色矿物,浅色矿物为碱性长石、石英	白岗岩、白云母花岗岩、石英脉

岩浆上侵的过程中携带着许多有用元素,侵入岩在冷凝成岩的过程中有用元素也会局部聚集,形成各种矿藏。内蒙古与侵入岩有关的矿床很多,有金属矿产(金、银、铜、铅、锌、钨、锡、钼、铁、锰、铬、镍及稀土、稀有、分散元素等)、非金属矿产(石英、长石、云母等)。金属矿产是工业的粮食,它们关乎着国家安全和国民经济命脉。非金属矿产多用于建筑材料[如饰面板材(图 4-13)、基石等]、生活用具[石碾、碡碌、石礅、石槽(图 4-14)、石磨盘、拉砘等]等方面。

图 4-4 强蚀变橄榄岩正交偏光显微照,橄榄石多数变为蛇纹石,部分中间有原矿物残留,保留有橄榄状外形及龟裂状裂隙

(张玉清 2019 年摄)

侵入岩经后期地壳抬升露出地表,风化剥蚀后形成残坡积层,构成肥沃的土壤,提供植物生长所需的氮、磷、钾等元素以及对人体有益的硒等微量元素。部分地区的花岗岩风化地貌已开发为旅游景区,建立了不同级别的地质公园,如阿尔山联合国教科文组织世界地质公园玫瑰峰景区、克什克腾世界地质公园阿斯哈图石林等。

图 4-5　辉长岩(正交偏光显微照),Aug. 普通辉石;Pl. 斜长石;Mt. 磁铁矿(张玉清 2019 年摄)

图 4-6　辉绿玢岩(正交偏光显微照),斑晶:Aug. 普通辉石(横断面近八边形);Pl. 斜长石;基质为 0.2 毫米以下的板状斜长石、微粒状辉石、磁铁矿(张玉清 2019 年摄)

图 4-7　闪长岩(正交偏光显微照),Hb. 普通角闪石;Pl. 斜长石(张玉清 2019 年摄)

图 4-8　闪长玢岩(正交偏光显微照),斑晶:Hb. 普通角闪石(横断面为菱形六边形,两组解理缝清晰);Pl. 斜长石;基质为 0.2 毫米以下的细板状斜长石、隐晶质(张玉清 2019 年摄)

图 4-9　花岗岩。左:似斑状二长花岗岩;右:正长花岗岩(张玉清 2022 年摄)

图 4-10　二长花岗岩(正交偏光显微照),Qz. 石英;Pl. 斜长石、Kf. 钾长石(张玉清 2019 年摄)

图 4-11 花岗斑岩(正交偏光显微照),斑晶:Qz.石英;Pl.斜长石;Kf.钾长石;基质:0.2毫米以下的长英质集合体(张玉清 2022 年摄)

图 4-12 斑状花岗细晶岩(正交偏光显微照),斑晶:Qz.石英;Pl.斜长石;基质:0.2~0.5毫米之间的微粒长石、石英等(张玉清 2019 年摄)

图 4-13 饰面板材。上:二长花岗岩;下:辉绿玢岩,装饰界称墨玉(张玉清 2022 年摄于呼和浩特)

图 4-14 生活用具。上:石墩;下:石槽(张玉清 2022 年摄于呼和浩特)

(二)内蒙古侵入岩时空分布

内蒙古侵入岩较为发育,出露面积约 20 万平方千米,约占全区总面积的 1/5。

从时间分布看,新太古代到白垩纪均有岩浆侵入活动。按形成时期划分为新太古代(阜平期[※3]—五台期)、古元古代(吕梁期)、中元古代(晋宁期)、新元古代(扬子期)、早古生代(加里东期)、晚古生代(海西期)、三叠纪(印支期)、侏罗纪—白垩纪(燕山期)8个侵入岩浆活动期。每个岩浆活动期形成的侵入岩岩性齐全,且均与同期构造运动的关系极为密切,具同步消长关系,构造运动频繁,岩浆活动亦频繁,不但时间上保持着对应的关系,而且在空间上二者也是相伴而存。

从空间分布看,全区自西向东前古生代不同类型的侵入岩均有出露,而古生代、中新生代的侵入岩则主要分布于造山带及陆块边缘地带,包括鄂尔多斯在内的华北陆块稳定区没有出露。

另外，不同时间侵入岩在空间上还表现为继承性、迁移性、叠加性与新生性。以呼和浩特大青山地区为代表，从新太古代至白垩纪的侵入岩均有不同程度的出露。

※3 阜平期：指新太古代早期的地壳构造运动期，距今 29 亿～26 亿年。末期的构造运动称阜平运动。该构造运动在河北阜平最具代表性，因此以阜平命名。由于岩浆活动与构造运动同期或稍后发生，通常用构造运动期来划分大的岩浆活动期。

燕山期是侏罗纪至早白垩世早期的构造运动，是中国地质学家翁文灏(1927)最早提出的术语。

从分布的岩石类型看，不同时期的侵入岩均以酸性岩为主体，常形成面积较大的岩基、岩珠，多数为复合岩体，岩性种类相互过渡。中性岩次之，常与酸性岩相伴而生。基性、超基性岩较少，出露的地区也十分局限。特别是超基性岩，多见于蛇绿混杂岩带中，多数岩石发生了强烈的变质变形，呈残缺的构造岩片、岩块存在。

从岩石形成的深度(距地表的距离)看，以深成侵入岩为主，浅成岩、脉岩占比极少。其中脉岩之所以称为“脉岩”，是因为它呈细条状分布，就像血管。脉岩由于其结构细密，抗风化能力强，多突出地表形成高梁子，易于被人发现和挖掘利用。地表最常见的脉岩是石英脉※4(图 4-15)、花岗斑岩脉(浅灰色、浅肉红色)、花岗伟晶岩脉[图 4-16，矿物颗粒粗大，含白云母(天皮)、电气石(碧玺)及放射性元素]、辉绿(玢)岩脉(板材中的丰镇黑、墨玉)等。

图 4-15　四子王旗乌兰哈达石英脉(中间为灰白色脉状体)(张玉清 2022 年摄)

图 4-16　乌拉特中旗角力格太含电气石白云母花岗伟晶岩(张玉清 2022 年摄)

※4 石英脉：通常为纯白色，主要成分是二氧化硅，因其硬度大(摩氏硬度 7)，与铁器撞击会产生火花，老百姓称其为马牙石、火石，古人用其取火(配套的有火镰、火葛)。部分石英脉中含少量氧化铁、氧化钛，颜色呈粉色，宝玉石中称其为“芙蓉石”，品相好的可制作饰品(图 4-15)。部分石英脉中含金，达到开采程度的可称石英脉型金矿，也是民间采金的常见类型。

从变质变形角度看，新太古代—古元古代的侵入岩变质变形表现得极为强烈，几乎所有的岩石在构造应力的作用下，其中的矿物发生了定向排列，形成片麻状构造，部分大的矿物颗粒被挤压成透镜状或眼球状(图 4-17)，有的被错断、拉长。岩石中原有矿物重新生长，原本自形的板、柱状矿物因后期生长变大而成为他形粒状。一部分矿物则转变为其他新生矿物，如橄榄石与钙长石结合生成石榴石(当然，石榴石的形成不止这一种方式，富铝泥质岩石在高温高压下重熔也可形成石榴石，如石榴石花岗岩中的石榴石）、钾长石被钠长石交代而转变为钠长石并带走了钾离子，橄榄石变为蛇纹石、滑石等，辉石变为阳起石（中医可入药）等。以上变化的最终结果就是岩石的结构、构造、矿物成分发生明显变化，导致其岩石名称、特性等均发生了质的变化，如非常坚硬的橄榄岩变为质地较软的蛇纹岩、滑石岩。20 世纪 70 年代人们用滑石等制作石笔，在石板（黑色板岩）上写字。中新元古代的侵入岩变形较强烈、但变质并不明显。寒武纪以来的侵入岩，特别是中酸性侵入岩，均保留了岩体的外部特征和内部结构构造及矿物特性，但处于构造带[※5]中的岩石同样遭受了不同程度的构造改造，也可发生深部韧性剪切变形和浅部的脆性破裂。

图 4-17　新太古代糜棱岩化正长花岗岩，肉红色正长石被挤压成透镜状，暗色矿物及细小的长英质绕其定向分布（张玉清 2022 年摄于达茂旗召河）

※5 构造带：指受到各种构造作用影响的地壳的综合体，它不仅包括经地壳运动形成于地表的巨大山系，也包括位于深处的坳陷部分——山脉的根部。

（三）各时代侵入岩

1. 新太古代（阜平期—五台期）侵入岩

新太古代的侵入岩是构成华北古陆核的重要组成部分（图 4-18），断续延伸约 700 千米，主要分布于内蒙古中部区，东部及西部零星出露。岩性以酸性岩为主，中性岩、基性岩、超基性岩较少，岩石均发生了不同程度的变质变形，多数原岩外貌及结构、构造、矿物形态、矿物组成等完全改变或发生了极大的变化。

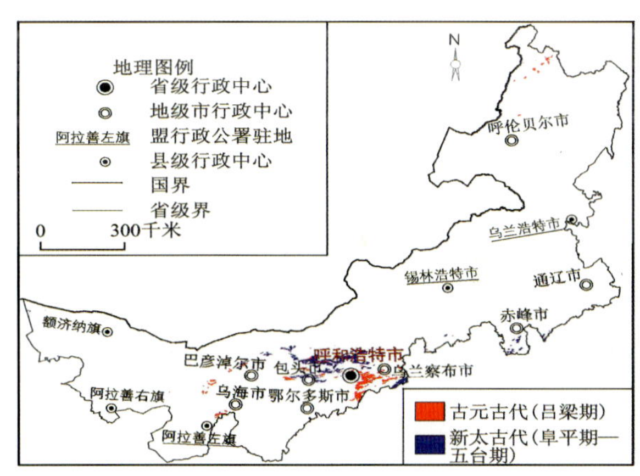

图 4-18　新太古代—古元古代侵入岩分布略图

中酸性侵入岩形成于以挤压作用为主的大陆边缘环境，岩石中除石英、钾长石、斜长石、黑云母、角闪石等原有矿物发生形态变化外，还出现了新生的变质矿物紫苏辉石、石榴石、透辉石等，矿物通常具粒状变晶结构，暗色与浅色矿物有相对集中的趋势，并呈断续定向分布，地质上称这种现象为片麻状构造[※6]。岩石类型有片麻状花岗岩类、花岗质片麻岩类、紫苏石英闪长质片麻岩类等，有时与同时代的变质表壳岩不好区分，二者通常呈条带状相间分布，并一起发生褶皱变形。局部地段见有黑色闪长质包裹体以及变质地层捕虏体被包裹其中。

※6 片麻状构造：是变质岩中常见的一种构造，岩石浅色粒状矿物间有一定数量的深色片柱状矿物断续定向排列，将浅色粒状矿物分开。

中性岩主要见于固阳县城北仁太和、乌拉特前旗坝梁等地，零星出露，岩性为（二长）闪长质片麻岩类，韧性剪切变形明显。

基性岩分布更少，见于固阳、石拐以及丰镇市东部和兴和县黄土窑一线以南，呈细条状产出，岩石总体呈灰黑色，有片麻状辉长岩、斜长二辉麻粒岩、辉石岩及斜长角闪岩等。暗色矿物以辉石、角闪石为主；浅色矿物以斜长石为主。该类岩石含铁，前几年磁性铁含量大于达到 6% 或 8% 可作为超贫磁铁矿开采（视开采是否经济而定）。

2. 古元古代(吕梁期)侵入岩

> ※7 重熔作用：又称为熔融作用，是指区域变质作用的后期阶段，由于温度继续升高，在没有外来物质的参与下，使已变质的岩石发生选择性熔融，其中具有低熔点的长石和石英首先开始熔化成为液相，这种作用称为重熔作用。由这种作用产生的岩浆称为重熔岩浆或深熔岩浆。

该时期的侵入岩主要分布在内蒙古中部的南部地区，地质上称华北陆块区，包括包头—呼和浩特南、和林格尔、凉城、察哈尔右翼前旗等地的山区，是构成华北地台(华北克拉通)不可或缺的重要组成部分。

中酸性岩是该期侵入岩的主体，主要形成于挤压环境。岩石类型主要有片麻状石英闪长岩、片麻状花岗岩类，其特征是岩石具粒状变晶结构、片麻状构造，含新生变质矿物石榴石。目前普遍认为该石榴石花岗岩(图 4-19～图 4-21)类不是典型岩浆侵入所成，而是含石榴黑云片麻岩(原变质地层)在下地壳高级变质作用条件下就地重熔※7所形成的。其形成、演化与古元古代陆缘弧俯冲(挤压)有直接关系。岩体中有含矽线石及石榴石等的黑云斜长片麻岩残留体存在，有时与岩体的边界模糊不清。该岩体在凉城县城西永兴湖周边有大面积的出露，湖边的基石上立有田家镇惨案纪念碑。纪念碑西侧不远处的小山梁上该岩石形成球形风化露头，大大小小的浑圆形石头散落于基石上，有人在这些球形石头上刻有醒目的“陨石”“飞来石”“外星石”等字样(图 4-22)。这样写可能会让人产生误解，其实这类岩石形成于地壳深部，后期地壳运动才使其露出地表，经风化形成球形，它们的“根”就在这里，并非外来或天上掉下来的。由此可见，科学普及是多么的重要，一定要渗透到寻常百姓的日常生活中。

图 4-19　古元古代石榴石花岗岩宏观露头
(张玉清 2022 年摄于凉城县永兴湖)

图 4-20　斑状石榴石花岗岩，大的长方形为长石，褐色的为石榴石(张玉清 2021 年摄于和林县摩天岭)

图 4-21　石榴石花岗岩，紫红色矿物为石榴石
(张玉清 2021 年摄于和林县摩天岭)

图 4-22　凉城县永兴湖边石榴石花岗岩球形风化露头
(张玉清 2022 年摄于凉城县永兴湖)

拉布达林—满归一线的花岗质片麻岩类同样是额尔古纳陆块的重要组成部分之一，岩石变质变形强烈，部分发生了强糜棱岩化。

基性岩分布零星，原岩石为辉长岩类，物质来源于地幔，形成于拉伸环境。后期岩石变质变形较为强烈，片麻理发育，岩性为辉长质片麻岩等。

3. 中元古代(晋宁期)侵入岩

该时段的侵入岩主要分布于中部地区(图 4-23)，西部地区出露零星。主要形成于伸展构造环境，与该时期大陆裂解有关。岩石变质变形较弱，部分暗色矿物发生了次生蚀变，如绿泥石化、绿帘石化，长石则发生了绢云母化、高岭土化。

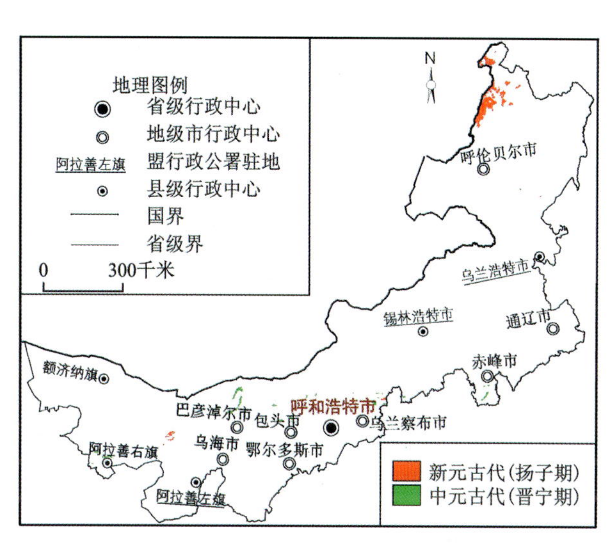

图 4-23　中新元古代侵入岩分布略图

中酸性岩的岩石类型主要有二长花岗岩、英云闪长岩、石英闪长岩、石英二长岩、石英正长岩、闪长岩、二长岩等几大类。酸性岩浆主要来源于下地壳，中性岩浆主要来源于上地幔。

基性岩形成与大陆裂谷构造环境有着密切的联系，岩石类型有辉长岩、辉绿(玢)岩、斜长角闪岩等，主要零星分布于中部地区，形态多为岩株状或脉状。丰镇市北部的辉绿岩呈密集岩墙群产出，岩墙的间距数米至数百米，岩墙宽度不一，5～50 米不等，个别达百余米宽，延伸一般均在 3～5 千米以上，长者可达 15 千米，呈陡立状，近直线延伸。

图 4-24　蚀变橄榄岩，主照片为 20 世纪 60 年代铬铁矿大会战时挖的探矿坑。左下为橄榄岩碎块，被挤压成浑圆状
(张玉清 2019 年摄于白云鄂博矿区北比鲁特)

超基性岩见于白云鄂博矿区北比鲁特一带，呈北东向带状分布，现存岩石主要为强蚀变橄榄岩、蛇纹石岩。受后期构造改造，侵入体强烈变形，被挤压成大小不一的碎块，呈棱角状或浑圆状(图 4-24)，与辉长岩、细碧岩、白云鄂博群的变质砂岩、灰岩等夹杂在一起，也有部分学者认为是古亚洲洋初始洋壳的残存体。

4. 新元古代(扬子期)侵入岩

中酸性侵入岩主要分布于东部额尔古纳河一带，另在中西部区也有零星出露。以额尔古纳地区为代表，新元古代早期岩浆活动弱，岩体规模小，岩浆上侵具脉冲性质，石英二长闪长岩、石英闪长岩、花岗闪长岩等形成于大陆边缘弧环境，正长花岗岩形成于拉伸环境；中期浆活动强度大，岩体分布广泛，呈岩基※8 产出，花岗岩中斑晶发育，形成于挤压环境；晚期岩浆活动强度小，岩体呈岩株状，石英正长岩、正长花岗岩等形成于拉伸环境。

中基性杂岩仅见于东北地区，主要岩石类型有辉长岩类及闪长岩类，可能形成于活动大陆边缘弧环境。岩体球形风化明显，后期构造改造强烈，矿物定向分布。

※8 岩基、岩株：是侵入岩两种产出状态。岩基是巨大的岩体，出露面积一般大于60平方千米，几乎都是由酸性和中性岩浆构成，向下延伸超过10千米。它们是由于大规模的深位运动而形成的，所以大片岩浆缓慢地冷却，形成结晶体大的岩石（以花岗岩为主）。处于褶皱山脉的核部，长轴方向呈平行山脉。岩体切穿围岩层理，呈不协调状。岩株又称岩干，是一种呈树干状向下延伸规模较大的侵入岩，平面上多呈近圆形，与围岩接触面陡立。在其边部常有许多枝状岩体侵入围岩，称岩枝。岩株与下部岩基往往相连。

5. 早古生代（加里东期）侵入岩

早古生代（加里东期）侵入岩包括寒武纪、奥陶纪、志留纪的侵入岩，全区自西向东均有不同程度的出露（图 4-25），但其只涉及内蒙古北部地区的造山带和活动大陆边缘，其形成演化与早古生代古亚洲洋的产生、消亡有着密切的成生联系。也就是说，早古生代古亚洲洋在产生、发展直至最后消亡的各个阶段都有相对应的侵入岩形成，反过来，地质学家应用现有的侵入岩去反演已消亡闭合的古亚洲洋的生成与发展，重溯古亚洲洋当时的波澜壮阔。中部地区的南部（属华北陆块区，如清水河、鄂尔多斯、乌海等地）地壳相对稳定，以垂直升降为主，无岩浆活动，因此没有这一时段的侵入岩记录。

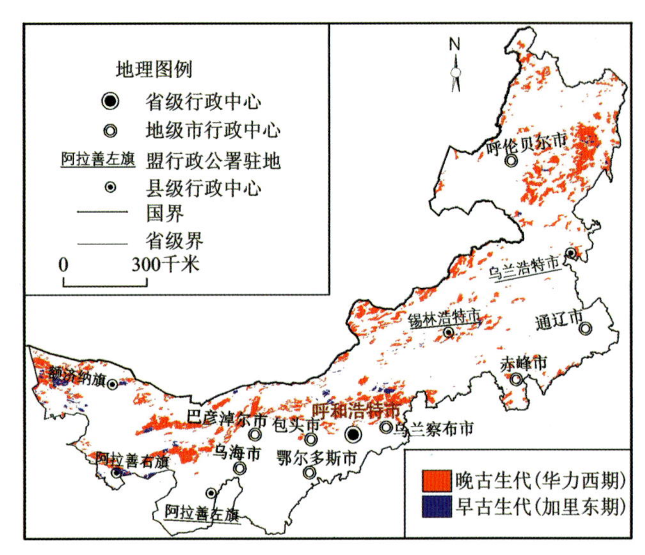

图 4-25 古生代侵入岩分布略图

中酸性岩主要形成于与各种俯冲有关的挤压环境，是古亚洲洋板块向陆块俯冲的直接证据。岩石类型有闪长岩、石英闪长岩（图 4-26）、英云闪长岩、花岗闪长岩、二长花岗岩、正长花岗岩等，岩体规模中等，多呈岩珠状产出。岩石普遍发生次生蚀变，暗色矿物绿泥石化、绿帘石化、阳起石化，长石泥化、钾化等，后期构造变形较明显，但各地强弱不均匀，出现矿物拉长、定向，大颗粒碎裂、浅色暗色矿物相对集中形成条纹条带等。岩浆来源多样：以来自中上地壳的为主体，有部分是来自地壳地幔混源的（如东北地区的花岗闪长岩等），也有来自地幔的（如西部区的各类中酸性岩）。岩石抗风化能力相对较差，球状风化明显，多形成较低缓地貌或丘陵，局部切割较深，地形相对较陡。

图 4-26 晚奥陶世石英闪长岩
（张玉清 2019 年摄于白云鄂博矿区西北）

基性岩有辉长岩、辉绿辉长岩等，呈岩株或岩脉状产生，寒武纪、奥陶纪的侵入岩多形成于与俯冲作用（挤压）相关的岛弧[※9]构造背景。中志留世的辉长岩可能是在大陆边缘裂解背景下产生的。阿拉善盟小红山中志留世辉长岩体为钒钛磁铁矿的赋矿岩体。基性岩多与超基性岩一起组成蛇绿混杂岩带，如洗肠井、小黄山等蛇绿混杂岩带。

※9 岛弧与海沟：是大洋板块与大陆板块相互碰撞、大洋板块俯冲潜入大陆板块之下形成的，在大洋一侧出现深度巨大的海沟。同时大陆地壳继续运动，使其前缘的表层沉积物相互叠加到一起，形成岛弧，大洋板块的下插加剧，深部熔融作用开始，岩浆上侵、火山喷发，使岛弧更加壮大。岛弧位于大陆附近，向海洋凸出呈圆弧状的列岛。

超基性岩多数分布于蛇绿混杂岩带中，原岩为橄榄岩、橄辉岩等，产生于大洋中脊或岛弧带，岩浆来源于地幔。随着古亚洲洋板块不断向南部华北板块及北部西伯利亚板块的双向俯冲，古亚洲洋趋于闭合，基性、超基性岩，洋壳硅泥质岩、洋岛火山岩、海山碳酸盐岩等都被带到海沟附近削刮下来，并与陆源砂泥质碎屑岩一起混杂堆积，形成俯冲增生杂岩带，代表了洋壳最终消亡的位置。因此，该类岩石虽然在自然界中分布不多，但其存在的地质意义非常重大，是恢复古洋壳的重要证据之一。当然，也不是所有的超基性岩均产在大洋中脊，有一部分是地幔超基性岩浆直接切穿地壳上侵的。目前所见到的超基性岩多数是经过板块俯冲运移过的，呈大小不等的构造岩块、岩片堆积于当时的海沟处，岩石强烈蛇纹石化、绿泥石化、滑石化，变质强烈时变为蛇纹岩（图 4-27）、滑石阳起石岩等蚀变岩。

图 4-27 蚀变超基性岩——蛇纹玉及加工的饰品
（张玉清 2023 年摄于内蒙古隆辉矿业乌拉特中旗哈达呼舒矿区）

6. 晚古生代（海西期）侵入岩

该岩类包括泥盆纪、石炭纪、二叠纪的侵入岩，广泛分布、规模宏大，岩石类型发育齐全，是区内侵入岩最发育的时段之一。所形成的侵入体长轴方向总体呈近东西向、北西向、北东向展布，与同期区域构造线方向基本上一致，反映了晚古生代区域岩浆活动与古亚洲洋盆的演化关系极为密切，不同时期、不同地区岩石形成的构造环境及岩浆的来源千差万别。涉及清水河、鄂尔多斯、乌海等地的华北陆块区，这期间地壳稳定，无岩浆侵入活动。

1）泥盆纪侵入岩

（1）中酸性岩。分布于北部造山带和中南部陆块区两个大的侵入岩带中。

北部造山带（即乌拉特后旗、达茂旗、化德、赤峰地区）主要有闪长岩、石英闪长岩、英云闪长岩、花岗闪长岩、二长花岗岩、正长花岗岩等，局部见暗色微粒包裹体。岩体主要呈岩基、岩株状产出，部分呈岩瘤、岩枝状产出，球状风化明显，风化后地势低平，岩石较疏松。岩石变形极弱，局部暗色矿物略具微弱定向，原生流动构造清楚，层节理发育。岩浆主要来源于地壳地幔混合源，形成于与俯冲构造有关的挤压环境。其中乌拉特中旗巴嘎乌德北的二长花岗岩、达茂旗查干敖包苏木南的正长花岗岩较特殊，岩浆来源于地壳，形成于拉伸构造环境。

图 4-28 赤峰红山
由中泥盆世肉红色二长花岗岩、正长花岗岩构成，在雨后或太阳的斜射下整个山体显得更红。红山蒙古语为乌兰哈达（红色山峰），红山文化也因其得名（张玉清 2017 年摄）

中南部陆块区，包括乌拉特后旗—赤峰（图 4-28）

一线以南、包头—呼和浩特以北地区。岩体呈岩基、岩株状产出，为深部岩浆以热气球膨胀的方式主动强力上侵就位的，围岩被侵入体挤压改造，通常内接触带形成与接触面一致的叶理构造，外接触带则形成围岩的硅化、角岩化现象。岩体含细粒闪长岩包裹体，呈饼状，与母岩界线清晰。岩体中发育花岗伟晶岩脉、花岗细晶岩脉、闪长玢岩脉等。岩性以正长岩、二长闪长岩、石英闪长岩等为主，岩浆主要来源于地幔，并伴有地壳物质混入；二长花岗岩少量，岩浆来自下地壳，岩石后期发生韧性剪切变形，并伴有金、铜矿化。这些岩石均形成于伸展(拉伸)构造环境。

(2)基性岩。分布局限，主要见于西部的额济纳旗，东北扎兰屯也有零星出露。岩性以辉长岩为主，出露面积小，多呈小岩株状产出，可能形成于伸展构造背景。

2)石炭纪侵入岩

中酸性岩石类型齐全，岩体呈岩基、岩株、岩枝状产出，其分布明显受断裂控制，地形相对平缓，球状风化普遍，岩体内多含微细粒闪长质暗色包裹体[※10]。岩体节理比较发育，脉岩呈垄岗状正地形，在地表形成一道道纵横交错的"岩墙"。中东部地区的中性岩浆源于基性岩浆分异，酸性岩浆是地壳重熔改造而来的，均形成于与俯冲有关的挤压环境；阿荣旗岩一带的花岗岩与前述不同，以含白云母为特征，岩浆受到新元古代幔源物质的混染，为陆陆碰撞的产物。西部额济纳地区岩浆主要来自地壳重熔，同时受到幔源岩浆改造，形成于拉张的构造环境；阿拉善右旗的石英闪长岩岩浆来源于俯冲洋壳的部分熔融。中部区著名的大桦背岩体(乌拉特前旗巴彦花镇东北)构成乌拉山第一高峰(海拔 2322 米)，由石英闪长岩、二长花岗岩(图 4-29)、正长花岗岩等组成，现列为国家级森林公园，是以众多的巨型球状花岗岩、瀑布和植物景观为主的自然风景区，包头境内称梅力更风景区。西部区阿拉善右旗沙枣泉岩体主要由石英闪长岩、石英二长闪长岩等组成。

※10 包裹体：许多专家研究认为，花岗岩中的暗色微粒包裹体是岩浆混合作用最显著、最直接的证据，是研究混合作用方式、端元组分的性质、成岩过程的物理化学条件等不可缺少的信息载体，是了解壳幔作用的窗口。也有少部分专家认为这些暗色包裹体可能是散布于花岗质岩浆内部的基性岩浆团固结的产物，其界线与花岗岩清晰。

图 4-29 骆驼山，由石炭纪二长花岗岩构成

(张玉清 2017 年摄于包头市梅力更)

基性岩在内蒙古中东部地区零星分布，主要由辉长岩、苏长岩等组成，出露面积小，呈小岩株或岩脉产出，岩浆来自地幔，形成于洋壳俯冲构造背景或岛弧环境。

3)二叠纪侵入岩

中酸性岩岩石类型齐全，但不同时期、不同地区岩石形成的构造环境有所不同。早二叠世，东乌珠穆沁旗—扎兰屯一带、额济纳旗月牙山以北的花岗岩类形成于伸展环境，其余地区中酸性岩形成于与俯冲有关的陆缘弧环境。中二叠世，额济纳旗甜水井南、东乌珠穆沁旗—扎兰屯一线以北的中酸性岩形成于后碰撞或火山弧的内弧位置，其余大面积出露的则形成于陆陆碰撞环境。晚二叠世，中酸性均形成于后碰撞的拉伸构造环境。海流图镇南拜兴图晚二叠世闪长岩已开发，作为建筑用板(石)材矿开采(石材界称"中旗黑""蒙古黑"图 4-30)；乌拉特中旗海流图镇南的花岗岩出露区已建为花岗岩风蚀地质公园、阿拉善左旗巴彦诺尔公查干敖包(哈布茨盖)怪石林也进行了初步保护，这些地区的花岗岩普遍含有大量的暗色闪长质包裹体(图 4-31)，呈椭圆形或不规则状，后期因风化及重力等地质因素的作用下，包裹体多离开母体，发生了脱落，在岩石表面形成一系列空洞(图 4-32、图 4-33)，个别空洞中有暗色包裹体残留。

图 4-30 巴彦淖尔市乌拉特中旗海流图西南拜兴图闪长岩石材矿采场及板材(张玉清 2023 年摄)

图 4-31 角闪花岗闪长岩中暗色闪长质包裹体(张玉清 2022 年摄于四子王旗乌兰哈达)

图 4-32 二叠纪花岗岩中含有暗色包体，上部凸出的黑色部分细粒闪长岩包裹体的残留部分，中下部空洞为暗色包裹体风化脱落后产生的，且在后期的风化作用下空洞的范围和形状也在不断的改变(张玉清 2021 年摄于海流图南花岗岩风蚀地质公园)

图 4-33 早二叠世花岗岩

上:风蚀坑，主要为暗色包体脱落所致;下:球状风化形成过程，左上角为肉红色二长花岗岩局部放大图[张玉清 2022 年摄于拉善左旗巴彦诺尔公查干敖包(哈布茨盖)怪石林]

基性—超基性岩的岩石类型为辉长岩、辉石岩、角闪石岩、橄榄岩(图 4-34、图 4-35)等，多发生了不同程度的阳起石化、绿泥石化、滑石化、蛇纹石化，蚀变强烈时变为蛇纹岩，岩石总体呈暗

图 4-34 基性—超基性(张玉清 2016 年摄于克什克腾旗柯单山)

左:层状辉长岩;右:橄榄岩中穿插浅色辉石岩脉

绿色、灰黑色。岩浆来自地幔,部分超基性岩形成于大洋中脊,最终因洋陆俯冲而以岩片、岩块的形式存留于海沟带的俯冲增生杂岩中;多数基性—超基性岩形成于岛弧环境,为洋陆俯冲的产物。基性—超基性岩中赋存铜镍硫化物矿床,如乌拉特中旗温根地区部分变质橄榄岩产镍矿床(硅酸镍)及菱镁矿床、克布基性—超基性杂岩体普遍发育磁黄铁矿化、黄铁矿化、铜矿化;达茂旗黄花滩、四子王旗小南山辉长岩等具铜镍矿化。

图 4-35 蛇纹石化橄榄岩

(张玉清 2017 年摄于林西县杏树洼)

7. 三叠纪(印支期)

除鄂尔多斯及其周边(即华北陆块区)外,三叠纪的侵入岩全区均有不同程度的出露(图 4-36),但出露面积较小,总体呈北东向断续条带状展布。岩石类型以中酸性岩为主,基性、超基性岩很少。

中酸性岩以花岗岩类为主,闪长岩类、正长岩类出露较少,均形成于造山晚期拉伸构造环境,地表露头风化较为严重,多形成球形风化地貌。位于卓资县大苏计的花岗斑岩富含辉钼矿,分布于包头市东河区莎尔沁北部的霓辉石正长岩形成险峻的山峰,总体呈红色,宛若一朵含苞欲放的莲花,当地人称其为莲花山(图 4-37),山的半腰建有寺庙。

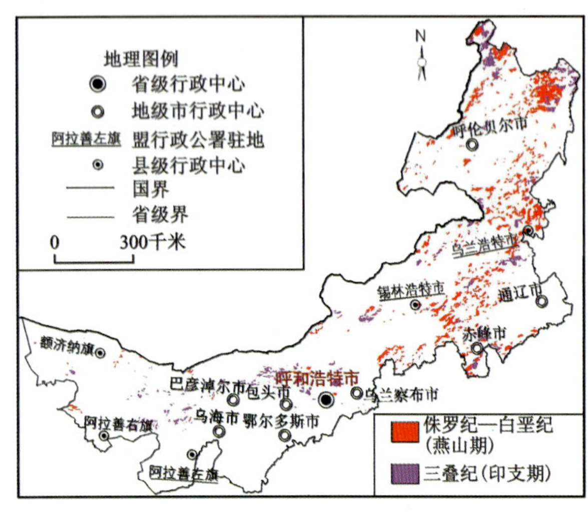

图 4-36 三叠纪—白垩纪侵入岩分布略图

图 4-37 晚三叠世霓辉石正长岩体

(张玉清 2023 年摄于包头市东河区莲花山)

基性—超基性岩主要见于阿拉善、四子王旗、丰镇、赤峰等地，岩性为橄榄辉石岩、角闪辉石岩、角闪石岩、角闪辉长岩、辉绿岩、辉绿玢岩等，岩浆来源于地幔源，形成拉伸构造环境。丰镇等地的辉绿（玢）岩、辉长岩裂隙少、块度大，岩石新鲜，多用于加工建筑饰面板材[※11]，丰镇一带的辉绿（玢）岩板材称丰镇黑或墨玉。

※11 饰面板材：天然的均出自大自然，由原岩石经切割打磨而成。主要原料有花岗岩类（侵入岩），玄武岩、流纹岩（火山岩），大理岩（变质岩），砂岩、板岩、白云岩、石灰岩（沉积岩）等。由此可见，并非所有的石材都是"大理石"，大理石只是众多石材中的一种，质地细腻纯白的称为汉白玉。

8. 侏罗纪、白垩纪（燕山期）侵入岩

这一时期的侵入岩主要分布于东部区赤峰至海拉尔一线，中部区及西部区出露较为零星，中南部区包括鄂尔多斯在内的华北陆块区未出现。其实，自中元古代以来，华北陆块区内蒙古段就未见侵入岩出露。

该时段侵入岩的形成与燕山期滨太平洋板块向古欧亚大陆碰撞俯冲关系极为密切，既有俯冲时挤压环境下形成的岩石，又有应力释放时拉伸环境下形成的岩石，可表现为多个活动周期。

岩石主要以中酸性岩为主（图 4-38），岩石类型齐全，基性岩较少且出露零星。这一时段的岩石新鲜，后期蚀变极弱。各种岩石构成高大的山系，如巍巍兴安岭的重要组成部分之一就是该期侵入岩。

图 4-38 奈曼旗新镇平顶山侏罗纪石英二长闪长岩——中华麦饭石，具保健性，含铁、镁、钾、钠、钙、锰、锌、磷等 20 多种对人体有益元素，可制作生活用品

（张玉清 2020 年摄）

燕山期的岩浆侵入活动携带了大量的含矿热液，在东部区形成了多处岩浆型铜、铅、锌、金、银、稀土等多金属矿床，为东部区的经济振兴注入了活力。其中通辽市巴尔哲稀土矿（图 4-39），富含稀土氧化物近百万吨。呼和浩特武川县大兰旗见有呈小岩株状产出的侏罗纪天河石花岗岩（图 4-40），含铌钽矿。

图 4-39 早白垩世碱性花岗岩，富含铌、稀土，岩石即为矿石

（张玉清 2021 年摄于通辽市巴尔哲矿区）

图 4-40 侏罗纪天河石花岗岩，天河石为含铯、铷元素的蓝绿色微斜长石变种，又称亚马逊石，品相好的可作宝石（见角图），具蓝绿色和白色格子色斑，闪光

（张玉清 2019 年摄于呼和浩特武川县大兰旗）

阿尔山玫瑰峰、克什克腾旗阿斯哈图、巴林左旗召庙等山峰都由这个时期的花岗岩类构成，现已辟为地质公园及旅游景区。

这些地区的花岗岩岩体最大的特点是原生节理※12十分发育，是形成现在壮美地貌的主要地质因素。以阿斯哈图石林为代表，层节理最发育，最小间隔2厘米左右，将岩石切割成薄板状（图4-41），形成该区花岗岩最突出的特征，即成"层"性十分醒目，纵节理和横节理次之，节理间隔偏大，因此造就了现今的塔形、柱形等地貌特征。

图4-41　晚侏罗世二长花岗岩，层节理（水平状）十分发育
（张玉清2016年摄于克什克腾世界地质公园阿斯哈图石林）

※12 节理：花岗岩类在冷却凝固的过程中，体积会收缩，产生裂缝，这种裂缝称为原生节理，花岗岩类岩石的原生节理一般有3组，彼此近于垂直，3个方向的节理会把岩体切割成立方体、长方体等块体。水平方向的节理称为层节理、平行岩体走向的节理称纵节理、垂直岩体走向的节理称横节理。如3组节理的间隔相差不多，相交的棱角处被风化剥蚀后会变成一个个不规则的球体（称球状风化），形成石蛋景观。一般而言，层节理最发育，产状近于水平或缓倾斜。另外，花岗岩在内力和外力的作用下，还会产生次生节理（多与后期构造作用有关，岩体冷凝固结成岩后形成的）。节理是花岗岩最脆弱的部位，最容易遭受风化、剥蚀，从而形成各种独特的造型景观。因此，节理是形成花岗岩类地质地貌景观的决定性地质因素。

二、石破天惊——火山岩

（一）火山

火山喷发不是山在燃烧，而是高热的岩浆从地下涌出来造成的现象。岩浆冲出地面时，液态熔岩温度高达700摄氏度以上，像火一样红（图4-42）。熔岩在压力和分离气体的带动下喷涌而出。于是，人们就以为看到了熊熊的火光腾空而上。

图 4-42 火山喷发(来自图虫创意)

火山的山是火山活动时由地下喷出的碎屑和熔岩在火山口周围堆积成的中央高、四周低的锥形山峰,这是最具有火山特征的火山。但是有的火山因为喷发时爆炸猛烈、毁坏了原来的火山锥,从而不具有山的形态;有的火山因为岩浆沿着地壳裂隙大面积涌出,留下的只是又宽又平的高地,也不形成凸起的山丘;有的火山岩浆上升到接近地表而未能冲出,但已使地面形态变异,可以认为存在着潜在的火山(所形成的岩石称潜火山岩)。简单地说,火山就是地下深处的高温岩浆及其有关的气体、碎屑从地壳中喷出而形成的、具有特殊形态和结构的地质体。

地球表面上好像是静止不动的,实际上地球下面的物质在不停地运动,火山和地震就是它不断运动而成的。

那火山到底是如何形成的呢?板块构造学说认为,洋壳板块向陆壳板块下插俯冲,到达一定深度时,隐没的板块在高温下发生融熔,形成岩浆。岩浆在浮力的作用下缓缓上升,并不断聚集气体,当岩浆房压力累积到一定程度时,灼热的岩浆沿通道冲出地表,形成火山爆发。

地质学家根据火山的活动情况划分为活火山、死火山、休眠火山。活火山是指现在还具有喷发能力的火山(如夏威夷火山),有人认为全新世(1 万年以来)喷发过的火山均属于此类,但 1 万年以前及更长时间没有再发生过喷发的“死”火山,也有可能由于深部构造或岩浆活动而重新喷发。死火山是指全新世之前发生过喷发、之后一直未活动的火山,有的火山仍保持着较完整的火山形态,有的则受风化剥蚀,只见残缺不全的火山遗迹。休眠火山是指有史以来曾经喷发过,但长期以来处于相对静止状态,保存有完好的火山锥形,仍具有火山活动能力(如日本的富士山),是介于活火山与死火山之间的过渡类型。以上 3 种火山类型没有严格的界限,休眠火山可以复苏,死火山也可以复活。只要火山下面有新的活动岩浆系统,火山就有可能重新活过来,再次爆发,成为活火山。

由西蒙·韦斯特执导的中国动作灾难影片《天·火》,就是讲述年轻地质学家李晓梦团队在天火岛研发首个火山监测系统“朱雀”以及火山再次爆发时的逃生故事。这部电影虽然是一部科幻影片,但提醒人们要尽快建立较为完善的火山活动及其他地质灾害的预警机制(目前全球已有 50 余个火山观测站),按科学办事,正如影片最后告诉我们的:“敬畏自然、行有所止,守望相助、珍爱彼此。”

影响火山作用的因素很多，如岩浆的性质、地下岩浆库的压力、火山通道的形状、火山喷发的环境（陆地、海洋）等。地下岩浆中的气体和水分是火山喷发的重要动力之一，火山作用多与长期发育的区域断裂有关。喷发类型大体有裂隙式喷发、中心式喷发和熔透式喷发3种。裂隙式喷发是岩浆沿着地壳上巨大的裂缝溢出地表，属于“线”状喷发，这种喷发有强烈的爆炸现象，喷发物冷凝后多形成覆盖面积很广的熔岩台地，如内蒙古中新统汉诺坝组玄武岩、更新统阿巴嘎组玄武岩。中心式喷发是指地下的岩浆通过管状火山通道喷出地表，属于“点”状喷发，如更新统阿尔山火山口（天池）、柴河火山口（月亮湖），中心式喷发往往发生在两组断裂交会的地方。熔透式喷发是岩浆熔透地壳，大面积溢出地表，这是一种古老的火山活动方式，一般认为是太古宙、古元古代地壳较薄，地下岩浆压力较大产生的。

根据火山构造形态划分为复式火山、盾状火山、熔岩台地、火山渣锥等。复式火山又称层火山，是由中心火山口反复爆发的火山碎屑与相对短时期喷溢的熔岩流共同组成的火山，二者交互成层，在喷发口附近堆积成高耸的锥形火山。盾状火山是由低黏度岩浆（如玄武质岩浆）从中央或侧火山口溢出，沿火山斜坡溢流构成，岩浆逐渐冷却后，形成宽阔穹状缓坡，顶部似盾。熔岩台地也称熔岩高原，是由大规模的高流动的熔岩溢流覆盖所形成的平坦高地，熔岩流主要由玄武岩组成，锡林浩特市南分布有大面积的第四系更新统玄武岩岩熔台地。火山渣锥是由火山喷发物中的火山渣、火山灰、熔岩流喷出地表后又从空中落到喷发口附近相互叠置堆积而成的火山锥体，如阿尔山地质公园内的石塘林，岩石中具有明显的溅落特征。

火山喷出物有高温熔浆、火山碎屑[※13]、气体等（图4-43）。火山气体是火山作用过程中从岩浆分离出来的挥发性物质的总称，包括水蒸气（70%～90%）、二氧化碳、二氧化硫以及微量的氮、氢、一氧化碳、氯等。喷出气体的温度可达500～600摄氏度，岩浆析出的水蒸气或地下水受热汽化成的水蒸气沿裂隙上升，在地表往往形成温泉。熔浆是灼热黏稠状可流动的液态产物，主要成分为硅酸盐，不同类型的火山，喷出的熔浆成分有很大不同，熔浆冷却固结后即成为火山熔岩。火山碎屑是固态喷出物，是由于爆炸、热气流或岩浆的喷发被带入空中，颗粒大的散落在火山口及其附近（如火山集块、火山弹[※14]、火山角砾等），颗粒小的则飘落得很远（火山灰、火山尘等），它们经沉积、压实、固结等成岩作用后形成各种火山碎屑岩。

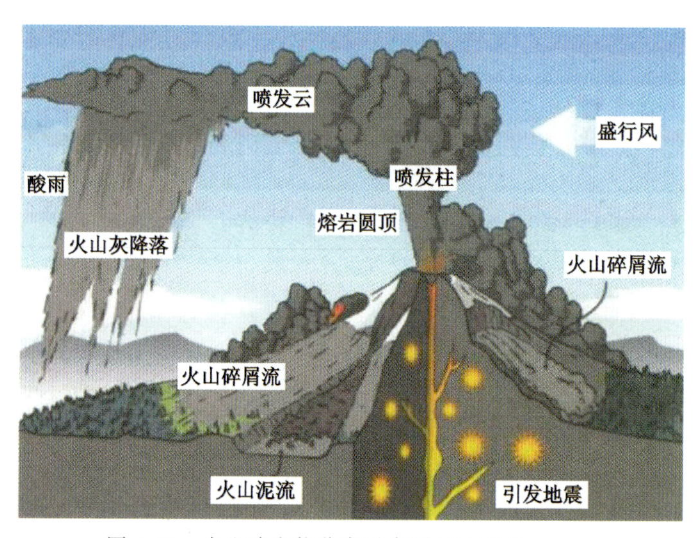

图4-43　火山喷发物分布示意图（据赵琳等，2016）

※13 火山碎屑：是火山喷出的岩浆冷凝碎屑以及火山通道内和四壁岩石碎屑。包括单个晶体、晶屑、玻屑、岩屑，其形状没有受到后期再堆积作用的改造。火山碎屑按粒度可划分为4个粒级：火山集块（粒径大于64毫米）、火山角砾（粒径介于2～64毫米之间）、火山灰（粒径介于0.062 5～2毫米之间）和火山尘（粒径小于0.062 5毫米）。

※14 火山弹：是火山集块的一种，是火山喷发的岩浆团块，在空中旋转并发生不同程度的冷却或固结，然后落地形成。由于喷发的岩浆团块落地时内部尚未完全固结，呈半塑性状态落地压扁，因此火山弹形态多样，常呈纺锤形、饼状、梨形、牛粪状或其他不规则状产出。火山弹（图 4-44）实质上是一个大的塑性浆屑，常含有较多的玻璃质，见气孔，有时气孔呈同心状分布，火山弹表皮气孔小而稀，内部气孔大而多，火山弹多见于基性火山碎屑岩中。气孔特别多、块体表面呈渣状者，称为火山渣。

图 4-44 玄武岩火山弹（张玉清 2022 摄于乌兰察布市察哈尔右翼后旗乌兰哈达火山地质公园）

地质学中通常以二氧化硅含量的多少将火山岩划分为酸性、中性、基性和超基性四大火山岩石类型（表 4-2）。

表 4-2 火山岩类型划分表

岩类	SiO_2 含量（%）	特征	代表性熔岩
酸性岩	＞63	颜色为灰色、砖红色。岩浆黏度大，多具流纹构造，斑状结构，斑晶由石英、长石等组成。形成于岛弧、活动陆缘、大陆板内活动带	流纹岩、英安岩（图 4-45）、珍珠岩、黑曜岩、松脂岩、石英角斑岩
中性岩	52～63	颜色通常为灰色、紫红色。气孔状构造、杏仁状构造发育。多数岩石具斑状结构，斑晶由中性斜长石、角闪石、黑云母等组成。形成于岛弧、活动大陆边缘、板内裂谷、俯冲带、大洋中脊等环境	安山岩（图 4-46）、粗安岩、粗面岩、角斑岩
基性岩	45～52	颜色以灰黑色为主。多具斑状结构，基质多为隐晶质、玻璃质；具气孔状构造、杏仁状构造。形成于大洋中脊、大洋岛弧、大陆裂谷、板块俯冲带等环境	玄武岩（图 4-44、图 4-47）、细碧岩
超基性岩	＜45	具斑状结构，斑晶以橄榄石（呈绿色，品质好的可作宝石）为主。形成于与俯冲有关的岛弧环境	苦橄岩、麦美奇岩、科马提岩

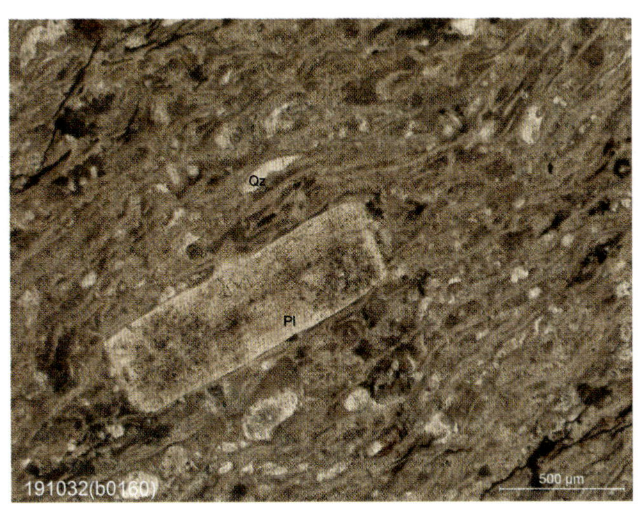

图 4-45 酸性岩溶。左：流纹岩，斑晶正长石（Kf），基质长英质具流动状构造；右：英安岩，斑晶斜长石（Pl），基质长英质具流动状构造（张玉清 2020 年摄于显微镜下）

图 4-46 安山岩，斑晶斜长石(Pl)、角闪石(Hb)，基质斜长石、隐晶质，具交织结构

图 4-47 玄武岩，斑晶普通辉石(Aug)，基质斜长石、玻璃质，具粗玄结晶

（张玉清 2020 年摄于正交偏光显微镜下）

从地质灾害的角度看，火山活动是主要的自然灾害之一，往往给人类带来巨大的灾难。但火山活动也给人类创造了丰富的矿产资源和自然景观。人类虽不可能控制自然的神奇力量，但我们可以永续合理地利用大自然所赐予的一切。

火山灾害对任何东西都可产生难以想象的破坏，如高温熔岩流、火山碎屑流等经过的地方可摧毁一切；降落火山碎屑物的重压可破坏建筑物，火山喷出的许多气体对人和生物有害；火山喷发可影响气候、破坏臭氧层、导致环境的污染与恶化，引起火灾、海啸、地震，引发洪水、泥石流，引起电子干扰，等等。在近 400 年的时间里，火山喷发已经夺去了大约 27 万人的生命。扩散广泛的火山灰不仅对生物造成损伤，而且对航天航空业造成巨大的危害。另外，地史上的 5 次生物大灭绝，经专家研究，多与火山活动有关。

火山又是大自然的雕塑家，造就了千姿百态的地貌景观和多种多样的生态环境，为旅游和科学考察提供了宝贵资源，世界各地许多旅游胜地多是火山岩区。火山给人类创造了丰富的资源，火山全身都是宝，主要蕴藏有矿物宝藏、地热资源，形成肥沃的土壤，构成独特的自然景观（极具观赏性的旅游资源）等。内蒙古与火山活动有关的矿床有很多，尤其是东部区的中生代火山岩中蕴藏的矿产种类较多，有金、银、铜、铅、锌、钨、锡、钼、铁、锰等金属矿产，还有明矾石、沸石、叶蜡石、鸡血石[※15]、巴林冻石（图 4-48）等非金属矿产，以及玄武岩、珍珠岩、黑曜岩、火山渣、浮石、火山灰等建筑材料。火山地热是一种清洁能源，含有多种矿物质，内蒙古东部火山地热资源非常丰富，如克什克腾旗、宁城、阿尔山等均建有规模不等的温泉洗浴场所，地热资源还可用于农用温室、水产养殖、采暖、发电等方面。另外，内蒙古东部之所以能成为米粮仓，就是因为大面积的耕地（土壤）是由风化的火山物质构成，它们含有丰富的氮、磷、钾及其他矿物组分，为植物的生长提供了充足的养分。火山地质景观现已多开发为旅游资源，特别是第四纪的火山，由于其形成后没有遭受大规模的构造运动破坏，火山地貌保存完好，如内蒙古乌兰

图 4-48 巴林冻石中的“水草”——铁锰质氧化膜

（张玉清 2021 年摄于巴林右旗大板镇盛和石轩）

察布市乌兰哈达、灰腾梁(黄花沟),锡林浩特市鸽子山、平顶山,阿尔山天池、石塘林,柴河月亮湖等均为自治区知名旅游景区。可见,火山活动及其形成的矿藏与我们人类生产、生活息息相关,我们要充分利用这些资源,同时要预防次生地质灾害的发生。

※15 巴林鸡血石:产于内蒙古巴林右旗,故名巴林鸡血石,与昌化鸡血石等齐名。鸡血石由“地”和“血”两部分组成,一般认为“血”的矿物成分主要为辰砂,“地”的矿物成分以黏土矿物中的地开石为主,也含有相当量的高岭石、明矾石、埃洛石、石英、黄铁矿等。巴林鸡血石质地温润,色泽丰富,适合篆刻、雕刻,是很好的印章石,也是观赏石中的佼佼者,好的鸡血石石质纯净,血色鲜艳夺目,地与血能够彼此呼应,按血色分为鲜红、大红、暗红等,按形态分为片红、条红、斑红等,总的来说,血色凝结程度越高,分布越集中,占据面积较大的鸡血石质量也就越高。巴林石分为鸡血类、冻石类(透明到微透明,不含辰砂,不具以黄色为主的地开石)和彩石类。

(二)内蒙古火山活动及火山岩

区内火山活动自太古宙至新生代不断发生,各时代活动强度不尽相同,火山岩类型多样,分布范围也较为广泛。空间上,中西部呈近东西向展布,东部呈北东向或北北东向展布。时间上,西部以古生代火山岩为主,中部以前古生代变质火山岩为主,东部则以中新生代火山岩为主。前古生代火山岩发生了变质变形,主要分布于古陆块区,少量分布于造山带,火山活动痕迹均已十分模糊,火山活动的方式、火山构造形态等已荡然无存,只能采取“将今论古”方式溯源当时可能形成的岩石类型。古生代火山岩主要分布于古陆块边缘的造山带中,是古亚洲洋演化和洋陆转换的重要地质记录,也是陆壳增生的重要物质组成,主体为海相火山岩。早古生代火山岩主要形成于岛弧、大洋中脊、活动陆缘环境;晚古生代火山岩多属于多岛弧盆系及陆缘弧环境,部分为陆缘裂谷环境。另外,晚石炭世—早二叠世及晚二叠世出露有大量陆相中酸性火山岩。古生代火山活动的痕迹有部分存留,可见残缺不全的火山机构,多数火山岩中保留火山岩的结构构造等。中、新生代火山岩是古太平洋板块向欧亚大陆俯冲、碰撞的产物,形成于大陆内部或大陆边缘,主要出露于东部区。中生代为陆内—陆缘弧火山岩,新生代出现了陆内裂谷型火山岩。中新生代的火山活动较为清晰,无论火山机构还是岩石类型等,保存均较为完整,并形成壮观的火山地貌,多地被打造成著名的游览胜地,同时也是重要的地质科普基地。

1. 太古宙—古元古代火山活动及火山岩

火山活动主要发生在海洋中,形成火山岛弧-盆地体系,岩石均已发生了强烈的变质变形,火山机构等已不存在,原岩石类型是根据现存变质岩经岩石化学等特征分析推测出来的。

中太古代的火山岩主要分布在包头至兴和一带的山区。原岩以基性火山岩为主,少量超镁铁质火山岩、中性—酸性钙碱性火山岩,物质来源于地幔及下地壳部分熔融。已发生了深变质(麻粒岩相),岩石类型有各种麻粒岩(图4-49)、角闪石岩、辉石岩、片麻岩及斜长角闪岩等,含有一定量的铁,局部可富集成铁矿,如壕赖山铁矿。

新太古代的火山岩分布广泛,西起阿拉善左旗、东自敖汉旗,呈近东西向断续分布。原岩主要为基性、中性、酸性火山岩,少量为超镁铁质火山岩。经研究,该时期火山岩早期形成于大陆边

图 4-49　兴和岩群二辉麻粒岩(张玉清 2021 年摄于丰镇市官屯堡乡十五坡村西)

缘裂谷环境,晚期主要形成于岛弧环境。原岩石均发生了较强的变质变形,现存岩石类型为斜长角闪岩、角闪石岩、片麻岩、变粒岩、钠长阳起片岩等。岩石中含铁、金,可富集成矿,如三合明铁矿、老羊壕金矿等。

古元古代的火山岩分布极为广泛,除鄂尔多斯及其周边外,其他地区均有不同程度的出露,进而说明该时期火山活动的普遍性。原岩主要为中性、基性、酸性火山岩,主要形成于活动大陆边缘滨海—浅海环境、陆缘裂谷环境及岛弧—弧后盆地环境。原岩石均发生了变质变形,现在的岩石类型为斜长角闪岩、片麻岩、变粒岩、浅粒岩、片岩等。

2. 中新元古代火山活动及火山岩

中西部区火山岩主要形成于大陆边缘裂谷环境,分布于阿拉善右旗至化德一带的渣尔泰山群、白云鄂博群中,原岩为基性、中酸性火山岩,为海底火山喷发的产物,与正常沉积物呈互层状出现。原岩石发生了低级变质作用,现岩石类型为蚀变岩、变质火山岩。该时期的火山活动与成矿关系极为密切,如举世瞩目的铁铌稀土矿(白云鄂博)以及与海底火山喷气相关的喷流沉积型铁铜铅锌硫矿床[霍各乞铜多金属矿、东升庙铅锌铜硫矿、炭窑口铜锌矿、甲生盘铅锌硫铁矿(图 4-50)]的形成均与火山活动有关。

图 4-50　渣尔泰山群铅锌硫铁矿(张玉清 2020 年摄于大佘太镇甲生盘矿区)

东部区火山岩分布于扎兰屯市以北广大地区,岩石组合为变质玄武岩、安山岩、凝灰岩及凝灰角砾熔岩等,形成于大洋岛弧环境。

3. 早古生代火山活动及火山岩

早古生代火山活动均发生在海洋中,所形成的岩石由于后期构造、岩浆活动等的影响,均发生了不同程度的变质变形(蚀变),多数残留有原岩石的结构、构造,但古火山机构※16等已不存在。

※16 火山机构:指构成一座火山的各个组成部分的总称。其中包括地表以上的锥体和岩浆在地下的通道。火山机构类型有复合火山、火山渣锥、熔岩高原、具有火山穹丘的火山灰锥、底上有火山渣锥的破火山口、火山灰流、火山颈、熔岩流、火山通道等。

1)寒武纪—奥陶纪火山活动及火山岩

该火山岩主要分布于中部区苏尼特右旗至四子王旗一带。原岩石类型,基性、中性、酸性火山熔岩、火山碎屑岩均有出露,是古亚洲洋形成与演化的物质记录。后期变质作用使原岩石变为了绿片岩(图 4-51)、变质火山岩类。

2)奥陶纪火山活动及火山岩

火山作用十分普遍,内蒙古从西到东都有发生,均发生于海洋中,主体构造环境为岛弧※17环境,部分地区的火山岩早期形成于大洋盆地板内伸展环境,晚期则主要形成于活动大陆边缘环境。岩石类型出露齐全，从基性到酸性均有分布，火山熔岩、火山碎屑岩均可见到。

※17 岛弧分为陆源岛弧和洋内岛弧。其中洋内岛弧：指大洋岩石圈板块俯冲到另一洋壳板块之下所形成的火山岛弧或岛链，它常常被弧后次级海底扩张形成的边缘海盆所分隔。由俯冲流体作用于地幔楔部分熔融形成的钙碱性火成岩组合是岛弧环境中物质组成的主体。

图 4-51 温都尔庙群绿片岩

（张玉清 2021 年摄于苏尼特右旗）

3）志留纪火山活动及火山岩

阿拉善地区的火山岩主体形成于板块俯冲背景下的岛弧环境，火山岩相类型包括溢流相、爆发相和喷发沉积相 3 种。溢流相以中酸性熔岩为主，见少量基性岩；爆发相以中性凝灰岩为主，有少量火山角砾岩、集块岩；喷发沉积相为火山间歇期的产物，以凝灰质砂岩为主，呈夹层出现。

赤峰翁牛特地区的火山作用早期以溢流为主，为岛弧环境下的基性火山岩，后期变质成为角闪片岩、绿泥片岩及变质安山岩；晚期以溢流相和爆发相为主，形成于大陆边缘（弧后盆地）环境，岩性为流纹岩、流纹质晶屑凝灰岩等，火山间歇期有砂泥岩等沉积。

4）早古生代与火山活动有关的矿产资源

早古生代火山喷发的同时，也携带了大量铜、钼、金等成矿元素，多地形成了与火山活动有关的矿床，如苏尼特右旗白云敖包（“温都尔庙式”）铁矿、四子王旗白乃庙铜矿、苏尼特右旗别鲁乌图-北柳图庙铜多金属矿等。

4. 晚古生代火山活动及火山岩

与早古生代比，晚古生代火山岩更加发育，分布范围广，形成的构造环境复杂多样，既有海相火山岩，也有陆相火山岩，晚古生代是古亚洲洋盆演化的终结阶段和洋-陆转换关键时期，火山岩是关键的物质记录之一。

1）泥盆纪火山活动及火山岩

火山活动主要发生在海洋中，岩石类型齐全，基性、中性、酸性火山熔岩和火山碎屑岩均有不同程度的分布。主要见于西部区和东部区，中南部地区无火山活动。西部额济纳地区的火山岩形成于与俯冲有关的岛弧环境；阿拉善左旗南部通湖山一带的玄武岩形成于造山后板内伸展环境。东部区的情况较为复杂，锡林浩特、乌兰浩特、呼伦贝尔等地区早中泥盆世的火山岩形成于靠近板块边缘的陆缘弧—活动陆缘盆地环境；伦贝尔地区中晚泥盆世的火山岩形成于与俯冲有关的岛弧环境；扎鲁特旗一带晚泥盆世至早石炭世的火山岩形成于大陆边缘靠陆一侧造山环境，为海陆交互相火山岩（以酸性岩为主）。

2）石炭纪火山活动及火山岩

除鄂尔多斯—清水河地区（华北陆块区）外，火山岩自东向西广泛分布，无论是海洋中还是陆地上，均有火山发生，从超基性岩到酸性岩均有喷溢，火山熔岩及火山碎屑岩类型齐全。不同地区火山岩形成的构造环境差异性明显，阿拉善地区以海相陆缘弧及弧后裂谷火山作用为主；二连浩特—乌兰浩特以南、赤峰以北地区早期以挤压环境为主，形成海相基性至酸性岛弧火山岩，晚期出现弧后扩张型铁镁质—超铁镁质火山岩。敖汉旗、东乌珠穆沁地区的火山岩形成于大陆边缘弧及弧后伸展环境(陆相)，保留较好的环状火山机构特征。海拉尔地区火山岩早期为伸展构造环境下形成的少量碱性橄榄玄武岩，晚期则以陆缘弧环境下中酸性火山岩为主。

3)二叠纪火山活动及火山岩

早中二叠世火山喷发以海相为主，晚二叠世为陆相环境。基性、中性、酸性火山熔岩和火山碎屑岩自西向东均有出露，但形成的构造环境各不相同。

阿拉善地区中二叠世火山岩形成于板内裂谷，晚二叠世陆相火山岩形成于挤压机制下的陆缘弧环境。

达茂旗满都拉至科尔沁右翼前旗大石寨地区火山作用伴随洋壳初始俯冲，早期海底火山喷发作用形成高镁安山岩、枕状玄武岩[※18](图 4-52)、细碧角斑岩等；中期洋壳向陆壳俯冲，形成岛弧玄武岩-安山岩组合；晚期形成成熟岛弧基性-酸性岩组合。

图 4-52 中下二叠统大石寨组枕状玄武岩

(张玉清 2016 年摄于克什克腾旗北五道石门)

※18 枕状熔岩：具枕状构造并认为是在水下环境中快速冷凝形成的熔岩。由不规则的椭圆体或多数球体聚集而成，在每个椭圆体上发育有从中心向外放射的裂隙，看上去就像枕头一样。椭球体的中心由较粗的岩石组成，周围部分则为极细粒结构，有时为玻璃质。这种熔岩常是玄武质或安山岩质，多见于细碧岩中。当熔岩从水下流出时，由于快速的冷却使熔岩流表面形成韧性的固体外壳，随着熔岩流内部压力增大，外壳破裂，就会像挤牙膏一样，挤出新的熔岩，随后再次形成外壳。如此循环往复，便产生了枕状熔岩。

白云鄂博、百灵庙以北的陆相中酸性火山熔岩、火山碎屑岩形成于陆缘弧，沿华北陆块大陆边缘分布。达茂旗苏吉南保留有较清晰的破火山口，地形上表现为阶梯状凹坑，见放射状水系。该火山口包括次火山岩相、爆发相和溢流相 3 个岩相[※19]。

※19 火山岩相：火山活动产物的产出环境及岩相特征，是火山物质的喷发类型、搬运方式和定位环境与状态。分为爆发相、溢流相、侵出相、喷发沉积相、火山通道相和潜火山岩相 6 个基本类型。其中：

爆发相：火山爆发时，产生的各种火山碎屑物(如火山弹、火山集块、火山碎屑、火山灰尘等)或原地堆积，或经大气、重力、气液搬运、分选，并以不同比例混合，形成一系列不同类型的火山碎屑岩，这种特点的火山岩相为爆发相，可分为空落堆积、崩落堆积、碎屑流堆积 3 种。

溢流相：是指炽热的岩浆自火山口或沿裂隙向外呈面状泛流或线状溢流形成各类熔岩或角砾熔岩。

喷发沉积相：是火山碎屑与陆缘碎屑在水体中堆积的产物，即水体是必需的介质。

锡林浩特地区为海相火山岩，形成于岛弧环境，包括溢流相安山岩、英安岩，爆发相火山角砾岩、凝灰岩和火山喷发沉积相凝灰质砂砾岩。

正蓝旗至赤峰一带火山岩形成于陆缘弧环境，中二叠世早期为海相中基性火山岩，晚期中酸性陆相火山岩占绝对优势。

4)晚古生代与火山活动有关的宝藏

石炭纪、二叠世纪，在火山岩形成的同时或稍后，也孕育了诸多火山岩型矿床，如额济纳旗黑鹰山铁矿、陈巴尔虎旗谢尔塔拉锌铁矿、巴林右旗代黄沟银铅锌矿等。

5. 中生代火山活动及火山岩

火山岩主要分布于东部大兴安岭，可以用铺天盖地来形容，是环太平洋中新生代火山岩的重要组成部分。另外，在中西部地区也有少量分布。全区均为陆地火山喷发，岩石类型从基性到酸性火山岩齐全，火山熔岩和火山碎屑岩均很发育。火山喷发时代以晚侏罗世—早白垩世占绝对优势，分布范围也广。同时形成了多处与火山活动有关的贵金属、有色金属、稀有金属及非金属矿床。其中非金属矿产黑曜岩、珍珠岩(图 4-53)、沸石、叶蜡石[※20]等多赋存在每次火山活动晚期所形成的层位中(即顶部层位)。

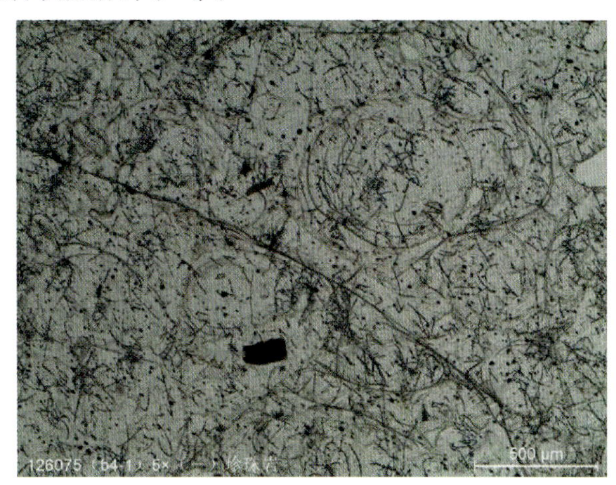

图 4-53 珍珠岩，主要由酸性玻璃构成，珍珠状裂隙发育，具膨胀性，是很好的隔热保温建材(张有宽 2021 年摄于单偏光显微镜下)

※20 叶蜡石：一种含羟基的层状铝硅酸盐矿物，多量隐晶质或微晶鳞片集合体，偶见纤维状、放射状集合体，本身为白色，因含杂质颜色变得丰富多彩。丰顺石、寿山石、青田石、昌化石等都属叶蜡石类。质地软，硬度 1，通常用于雕刻、填料、涂料、耐火材料、制造陶瓷。20 世纪 70 年代前也用其制作石笔，在黑色板岩上写字。

1)三叠纪火山活动及火山岩

该火山岩主要见于中东部地区，包头市北以碱性火山熔岩及其火山碎屑岩为主，形成于陆内裂谷环境。锡林浩特市及以东广大地区以火山熔岩为主，有少量火山碎屑岩，形成于大陆内部伸展背景下。

2)侏罗纪火山活动及火山岩

早侏罗世火山岩仅见于根河市满归镇，以火山岩熔岩为主，少量火山碎屑岩。形成的构造环境为活动大陆边缘靠陆内一侧。

中侏罗世火山岩在东部区有广泛的分布，以基性、中性火山岩为主，酸性岩较少，火山熔岩及火山碎屑岩均有出露。形成于陆缘弧环境，早期以挤压应力为主，晚期向伸展构造转化。这一时期形成的火山岩火山机构发育，其中新巴尔虎右旗特布和仁布拉格火山机构具代表性，火山通道位于火山口中心，有次粗安岩冷凝结晶，火山口及附近为火山爆发形成的火山集块岩、火山角砾岩，破火山口的外缘分布着熔浆溢流形成的粗安岩，呈半环形状分布。火山口及外围环状及半环状断裂发育，为火山活动结束后岩浆冷凝收缩的结果。

晚侏罗世东部区自南而北均有大规模的火山活动，早期以酸性火山熔岩(图 4-54)及火山碎屑岩为主，晚期以中性、中酸性火山碎屑岩及火山熔岩为主。每个时期火山喷发又具有多旋回性，火山间

图 4-54 满克头鄂博组流纹岩

(张玉清 2021 摄于霍林郭勒南)

歇期出现正常碎屑岩沉积。该时期火山活动与古太平洋板块向欧亚板块俯冲及后续陆内碰撞造山事件有关，总体属于挤压机制下的产物，基性岩浆来源于上地幔，中酸性岩浆主要来自中下地壳。多地见有保存较好的火山机构，如早期的西乌珠穆沁旗花恩格尔胡日亥层状火山、根河市阿拉齐山锥状火山等；晚期的科右中旗呼和音温都日乌拉复活式破火山、牙克石市下其尼克其河源头破火山、牙克石市874高地复合式盾状火山等。

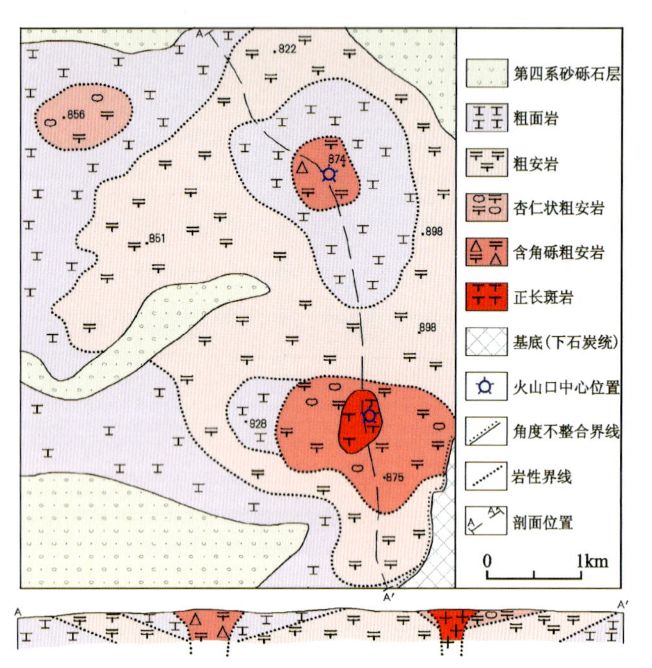

图 4-55　鄂温克族自治旗874高地火山口，北东部为主火山口
［据内蒙古自治区地质调查院(2018)修编］

阿拉齐山锥状火山，面积约50平方千米，呈浑圆状，阿拉齐山峰顶为火口中心，由次流纹岩(侵出相)构成，直径在1千米左右；火山口附近为流纹质火山碎屑物、火山口外围为流纹质熔结凝灰岩(火山碎屑流相)，呈环状展布；远离火山口为流纹岩(喷溢相)，在西侧围绕火山机构呈半环状展布。

874高地复合式盾状火山，位于牙克石市塔班温多尔西南侧，由一个主火山口和一个盾状次火口组成(图4-55)，呈不规则状产出，面积约41平方千米，放射状沟谷和水系发育。主火山口自中心向外依次为火山通道相的含角砾粗安岩、喷溢相的粗安岩-粗面岩；次火山口由中心向外依次出现潜火山岩相[※21]的正长斑岩、喷溢相的粗安岩类。

※21 潜火山岩相：又称次火山岩相，是由于岩浆的内压小于上覆围岩静压力，使岩浆未喷出地表而在近地表处定位、固结形成的地质体。它们较集中分布于火山活动强烈的地区。潜火山活动贯穿于火山活动的全过程，一般发生于一个火山喷发期的晚期阶段。产出的岩石称潜火山岩(次火山岩)，是一种与火山作用有关的并与火山岩系同源的浅成和超浅成侵入岩。外貌和成分与喷出岩相似。潜火山岩与火山热液成矿作用有密切联系，形成铜、钼、铁、金、银、锡、铅、锌等矿。

该时期形成多处与火山活动相关的金、银、铜、铅、锌等金属矿床及叶蜡石、珍珠岩等非金属矿床，如西乌珠穆沁旗沙布楞山铜锌钼矿、陈巴尔虎旗四五牧场金矿、扎鲁特旗沙锡拉特银铅锌矿、赤峰市松山区任营子沸石珍珠岩矿等。

3)早白垩世火山活动及火山岩

全区火山活动达到了地史上的顶峰，不但活动的频率高，而且分布范围也广，自西向东均能见到。其形成与古太平洋板块向欧亚板块俯冲作用有关。火山活动方式为中心式，岩浆来源于地壳物质的部分熔融。

(1)东部区。早白垩世早、中期是火山活动的高发期，有大面积的火山岩形成；晚期火山活动的范围大大缩小，主要发生在呼伦贝尔地区。

早白垩世早期，岩性以酸性火山熔岩为主，中性偏碱性的火山熔岩(图4-56)及中酸性火山碎屑岩(图4-57)少量。流纹岩、珍珠岩(建筑业中用于保温、吸音、防辐射等)、黑曜岩[※22]等是其代表岩性。代表性火山机构有多伦县多伦西破火山、科尔沁右翼前旗伊赫温都尔锥状火山等。

图 4-56 流纹岩,左下:“栓马桩”,火山口位置,人的手指方向为流纹岩、后背方向为火山集块岩

(张玉清 2015 年摄于巴林左旗哈萨尔)

图 4-57 玛尼吐组流纹质火山角砾岩

(张玉清 2022 年摄于霍林郭勒市北可汗山)

※22 黑曜岩:是一种致密块状的酸性玻璃质火山岩。二氧化硅含量在 70% 左右,含水量一般小于 2%,具深褐色、黑色、红色等,成分与花岗岩相近。玻璃光泽,具贝壳状断口。广泛用于化工、建筑、冶金、石油、电力、铸造、制药等部门,用作保温、隔音材料及农田改良剂等。还可制作工艺品、装饰品等,如黑曜石手串就是用黑曜岩磨制而成的。

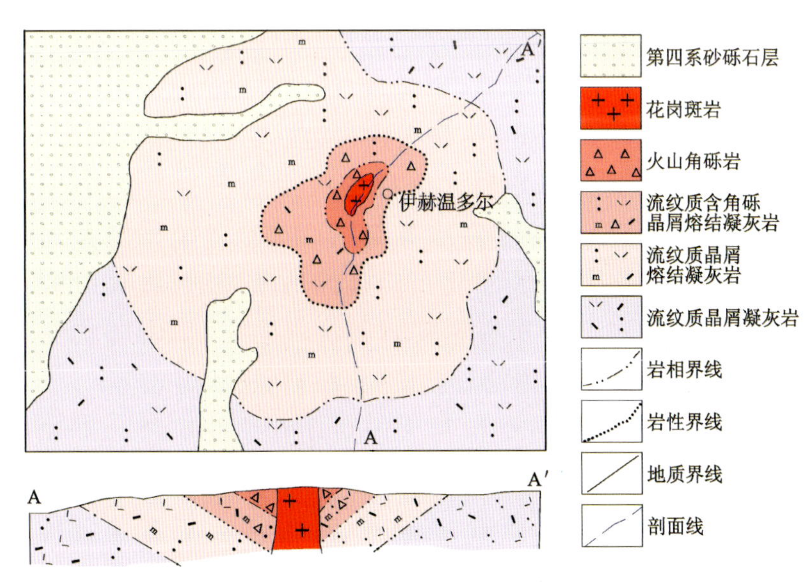

图 4-58 科尔沁右翼前旗伊赫温多尔锥状火山

[据内蒙古自治区地质调查院(2018)修编]

其中伊赫温都尔锥状火山平面形态为椭圆状,直径约 30 千米,面积约 750 平方千米,是在晚侏罗世大型破火口湖的基础上发展起来的,中心为潜火山岩相的花岗斑岩(图 4-58),向外依次为火山角砾岩、流纹质角砾晶屑熔结凝灰岩、熔结凝灰岩、凝灰岩(空落堆积相)等。火山活动过程大致分为 3 个阶段:早期为酸性岩浆大规模强烈式的爆发,火山堆积物主要为凝灰岩,呈环状、半环状分布于锥状火山的外部;中期为酸性岩浆宁静式的喷溢,火山产物为喷溢相的松脂岩;晚期为酸性岩浆大规模的喷发,火山堆积物为凝灰岩。最后由于岩浆的大量喷出,内压力减小,残余岩浆无力喷出而堵塞火山通道,形成潜火山相花岗斑岩。

早白垩世中期,东部区火山活动自南而北有一定差异,火山机构类型有盾状火山、锥状火山、穹状火山、破火山和层状火山等。

多伦—赤峰、突泉—根河市一带火山活动受北北东向基底断裂控制,为中心式喷发,以喷溢相为主,爆发相和火山碎屑流相次之。岩性以中基性为主,中酸性少量,岩石类型以熔岩为主,其中碱性岩偏多,该火山活动至少发生过 3 次明显的火山喷发,形成于由挤压向伸展转折期。基性岩浆起源于上地幔、中性碱性岩浆属壳幔混源、酸性岩浆主要来自下地壳。

大兴安岭北部东坡与黑龙江省接壤地带火山活动受前中生代基底构造控制,火山作用方式以喷溢和爆发为主。岩性以中酸性火山熔岩和火山碎屑岩为主。火山活动形成于大陆边缘弧环境。

早白垩世晚期，火山活动强度较中期明显减弱，活动范围也十分局限，仅见于呼伦贝尔地区。火山岩呈北北东向带状展布，受基底断裂控制，以中基性火山熔岩为主，火山碎屑岩较少，形成于大陆裂谷环境（拉张）。地貌上多形成火山喷发盆地、火山构造洼地和熔岩台地。火山机构以盾状火山为主，层状火山次之，仅在火口附近发育低平火山锥。岩浆主要来源于地幔，有一定地壳物质加入。

（2）中部区。火山活动发生于乌拉特中旗、固阳县、卓资县一带，火山机构类型主要有破火山、穹状火山、层状火山等。早期以基性、中性、酸性火山岩熔岩喷溢为主，火山碎屑岩少量，发生于前古生代陆块基底上形成的小型陆内断陷盆地，火山喷发具多期次性。晚期沿近东西向断裂发生过多期次的火山喷发，形成基性、中性、酸性火山岩熔岩及火山碎屑岩，火山喷发以中心式喷溢和爆发为主，环形及放射状火山断裂构造发育，呈串珠状排列，其中基性岩形成于陆内盆地伸展环境，大量中酸性火山岩形成于陆内造山环境。

（3）西部区。火山活动主要见于阿拉善左旗、阿拉善右旗一带，发生在早白垩世中期，火山活动明显受近东西向断裂控制，形成于陆内板块伸展环境。早期由裂隙式喷发形成溢流相中基性岩，晚期为中心式喷发，多形成溢流相及爆发相基性、中性火山熔岩及火山碎屑岩。其中玄武岩中发育气孔，有的充填有玛瑙等，气孔空洞大、空间充足时，玛瑙会按一定的方向生长，构成一定的外形，如小鸡出壳、沙皮狗（图 4-59）。火山喷发具多旋回性，火山间歇期沉积了正常碎屑岩。火山机构类型包括裂隙式火山、层状火山、穹状火山和盾状火山，地貌上表现为较大规模的火山岩平台及陡峻地形，其中阿拉善左旗苏红图西嘎顺呼都格裂隙式火山机构形成北北东向延伸的隆岗地貌，火山机构的中心为橄榄粗安岩等次火山岩，呈岩墙状分布于隆岗的顶部，向外为集块岩、层状熔岩等。

图 4-59 下白垩统苏红图组气孔状玄武岩中的玛瑙，外形似沙皮狗（张玉清 2021 年摄）

（4）早白垩世与火山活动有关的矿产。矿种十分丰富，主要包括铜、铅、锌、金、银、钼、钼等金属及叶蜡石、萤石、巴林石、珍珠岩、浮石等非金属矿产。代表性的矿产地有根河市比利亚谷铅锌银矿、根河市三河铅锌矿、新巴尔虎右旗额仁陶勒盖银矿、新巴尔虎右旗甲乌拉铅锌银矿等。

另外，在酸性火山熔岩的微孔隙中有晚期气水热液充填结晶，可形成美丽的“太阳花”（图 4-60），可见，大自然才是最杰出的艺术家。

图 4-60 白音高老组流纹岩中的“太阳花”，由微晶石英、长石组成，花的直径不足 1 毫米，中间由微粒长英质构成葵花子、外围柱状石英板状长石构成边部花瓣，花的正下方竖条纤维状长英质构成葵花杆、两侧为叶子。这也正是自然界的奇妙所在（张玉清 2021 年摄于正交偏光显微镜下）

4）晚白垩世火山活动及火山岩

火山岩活动微弱，主要分布于阿荣旗、卧都河等地，以中酸性火山熔岩为主，有少量火山碎屑岩，多为中心式喷发，火山机构主要为锥状火山，另见有层状、盾状、穹状等。多数继承于先前火山口之上，放射状火山断裂发育。早期为挤压机制下形成流纹岩、流纹质火山碎屑岩等，晚期为伸展机制下形成碱钙性粗面岩和英安岩等。

6. 新生代火山活动与火山岩

火山活动发生于大陆内部裂谷环境，古近纪渐新世，新近纪中新世、上新世，第四纪均有明显的表现。在诺敏河、阿尔山—柴河、阿巴嘎—锡林浩特和乌兰哈达等地形成火山群。地貌上多形成平顶山、桌状山、孤峰、火山湖（天池、地池※23）、柱状岩石群（玄武岩、安山岩柱状节理）等，部分已开发为旅游景区及地质科普教育基地。岩石类型以基性岩类为主，包括熔岩、碎屑岩、火山玻璃等，均是重要的非金属建材。部分火山灰泥、火山热水（地热温泉）对人体有很好的医疗、保健作用。岩石气孔中形成的玛瑙、钱币石可成为玉石、观赏石。

※23 地池：是由火山熔岩冷凝收缩、凹陷而形成的洼地，为破火山口，之后积水形成湖泊，因其低于相对地平面而得名地池。最具代表性的是阿尔山地池。

1）古近纪渐新世火山活动及火山岩

火山岩分布于赤峰市松山区东北部及东南部，见于北东向河谷两侧，岩性为气孔状杏仁状玄武岩、块状玄武岩，含橄榄石，为板内拉张环境下上地幔物质部分熔融的产物。火山作用受区域性深大断裂控制，多沿断裂呈中心式喷发，形成玄武岩熔岩台地。喷溢由数次到 20 余次不等，下部为致密块状玄武岩，上部为气孔状杏仁状玄武岩，喷发间歇期局部沉积泥岩等。

2）新近纪中新世火山活动及火山岩

火山活动持续时间长，分布较广、规模大，见于乌拉特中旗、集宁、赤峰一带，多形成规模不等的熔岩台地，近东西向分布。岩性以碱性玄武岩、安山玄武岩等为主，基性火山碎屑岩及浮岩较少，岩层近水平，岩石气孔、杏仁状构造（图 4-61）发育。早期火山喷发沿近东西向大断裂呈裂隙式喷发，晚期以中心式喷发为主，是由于软流圈物质上涌而发生的岩石圈破裂所致，由多个喷发韵律层组成，喷发间歇期形成正常砂泥质沉积。火山机构类型主要为锥状火山（火山碎屑渣锥）和盾状火山（熔岩盾）。集宁一带的玄武岩发育柱状节理※24（图 4-62）。

图 4-61　汉诺坝组玄武岩气孔状构造，产于察哈尔右翼中旗（天丽照相馆 2022 年拍摄）

图 4-62　汉诺坝组玄武岩柱状节理（张玉清 2021 年摄于集宁南）

※24 柱状节理：是高温火山熔岩在急速冷却过程中因体积收缩而形成的垂直节理，为规则或不规则柱状形态的原生张性破裂构造。基性熔岩体中常见，中性、酸性熔岩中也能见到。节理柱以六边形或五边形最为常见，四边形的也有。大多数节理面平直而且相互平行，熔岩的中心部位柱体近于直立，向外柱体外倾，节理柱直径从几厘米到数米。

3）新近纪上新世火山活动及火山岩

火山岩主要分布于东乌珠穆沁旗哈拉盖图至阿尔山市五叉沟一带，呈带状沿河谷洼地连片出露或呈高台状、帽状形态。岩浆来源于软流圈地幔部分熔融，具初期裂谷构造属性。火山喷发早期多为裂隙式熔岩溢流喷发，晚期多数为中心式喷发。岩性以中基性熔岩为主（前人称其为五叉沟玄武岩），火山碎屑岩和火山碎屑沉积岩少量。

4）第四纪火山活动及火山岩

火山活动与新构造运动密切相关，基底断裂构造的延伸控制着火山岩的展布方向。火山活动主要见中东部地区（图4-63）。诺敏、阿尔山天池、扎兰屯市柴河等地第四纪火山岩总体呈北东向展布，由基性火山碎屑岩和基性火山熔岩组成，前人称其为大黑沟玄武岩，岩浆来源于地幔，形成于裂谷初期阶段，火山喷发开始为裂隙式，晚期多为中心式。火山机构类型包括盾状火山和锥状火山岩。盾状火山多形成圆形或马蹄型火山口，呈大面积溢流相熔岩被或熔岩流出露。锥状火山以爆发相为主，溢流相较少。厚层熔岩被及熔岩流柱状节理较为发育，如绰尔河河谷边上的玄武岩，形成四、五、六边形石柱，顶部向中心靠拢、底部向四周撒开，即中心部位的近于直立，而边缘地带的倾斜或呈平躺状。

诺敏河火山群位于鄂伦春自治旗，构成火山锥、火山口天池、石塘、熔岩峡谷、堰塞湖等火山地貌，主要由玄武岩组成。已研究证实，该地区晚更新世火山有26座（以四方山火山机构为代表），全新世火山有4座（以马鞍山火山机构为代表）。

四方山火山机构，位于诺敏镇西北约30千米处，是火山群中海拔最高的山峰（海拔933.4米）。火口呈圆形，直径约500米，深度约70米，中心有积水，形成火口天池，是大兴安岭之上最高的天池。火口边沿相对平坦，近于方形，故称"四方山"（图4-64）。锥体主要由降落的松散火山渣组成，晚期叠加了溅落堆积的砖红色熔结集块岩。结壳熔岩流主体向南东流淌，呈带状展布。

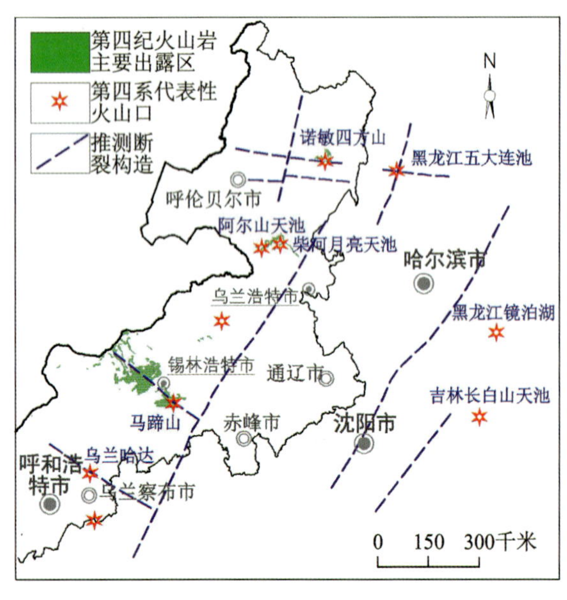

图4-63 内蒙古中东部地区第四纪火山岩主要分布区及代表性火山口

图4-64 四方山天池
（据内蒙古自治区地质环境监测院，2017）

马鞍山火山锥为一双火口复合锥，两火口东西排列，均发育岩浆溢出口，中间共用一火口缘，地貌上形如马鞍，故称马鞍山。锥体高246米，两火口均呈马蹄形。熔浆自火山口溢出，顺势而下，直抵毕拉河河谷，形成规模壮观的"石塘"。

阿尔山地区的火山群，不同时期的火山剥蚀程度差异明显，上新世火山遭受剥蚀较深，火山锥体残缺不全，更新世火山保存较好，部分火山口内积水成湖，形成火口湖，如由火山渣锥构筑的天池和由熔岩湖陷落而成的地池等。同时形成翻花石、喷气锥(碟)、熔岩冢等火山熔岩地貌，是一处天然的"火山博物馆"。

天池火山锥位于阿尔山镇东北50多千米处，是众多截头圆锥火山锥中最为典型的火山锥，东西长450米，南北宽300米，形成于距今30万～20万年前的晚更新世。中心火山口呈锅底状，四季均有积水，成为火山口湖，水面如镜，湖面不降不溢，无外流缺口，人们称其为"天池"，水深莫测，常年水位基本不变。

地池位于天池东约7千米处，为一塌陷火山口，是由于火山喷发晚期岩浆供给不足，加之火山通道岩石冷却收缩及内部压力减小，火山通道内产生一定的空间，在重力作用下，早期喷溢的玄武质熔浆向中心塌陷，形成洼地，终年积水，称其为"地池"(图4-65)。

图4-65　阿尔山地池(张玉清2022年摄)

分布于天池与地池之间的是火山岩熔岩台地，长约20千米，宽5～10千米，奇石怪松相映成趣，人们称其为"石塘林"。玄武质渣状熔岩[※25]怪石嶙峋，石块间微有连接，貌似整体，踏之即碎，这种景观像石头翻花，称为"翻花石"(图4-66)。同时见有多个喷气锥(碟)[※26]，直径0.8～1.5米，高不足1米，近圆形，喷气通道一般呈上细下粗的锥状，通道壁上有明显的熔岩喷气构造。与喷气锥相似的一种称为熔岩冢或熔岩丘，早期玄武熔浆结壳后，后期产生的气体没有足够的气量和压力冲破硬壳，气体在内部溢流，将结壳后熔浆吹成"馒头"状(图4-67)。

图4-66　翻花石——玄武质渣状熔岩

(张玉清2015年摄于阿尔山地质公园"石塘林")

※25 渣状熔岩：是熔岩流表壳类型的一种，另外两种称块状熔岩和结壳熔岩。渣状熔岩是由于熔岩流表面的流速不一，中心流速快，两侧流速慢，中心左侧的熔岩团块呈顺时针旋转，中心右侧的熔岩团块逆时针旋转。这种旋转扭扯了熔岩流表面，并将内部的熔岩带出，进而冷却、凝固，最终形成表面粗糙多刺的渣块，这些渣块均为自碎角砾，单个渣块的粒径为厘米级到米级，见有气孔，与火山渣类似，但密度比火山渣大很多。

※26 喷气锥：是熔岩表层结壳后，内部灼热熔浆将下面所覆湖沼中的水产生汽化，气体冲破壳层集中逃逸，使原本相对平整的熔岩被气体"吹"成鼓包。

图4-67　熔岩塚或熔岩丘

(张玉清2015年摄于阿尔山地质公园)

驼峰岭天池火山由火山锥和熔岩流组成。火山锥为一复合锥(图4-68),总体为一北西伸展的椭圆形(像人的左脚),呈北西开口的马蹄形,长约1200米,宽约800米,锥体北西为岩浆溢出口,现在仍是湖水流出的地方。火口周围由火山渣降落堆积而成,构成降落火山锥。熔岩流主要分布在火山锥的北西侧。

火山喷发的末期,由于大量岩浆喷出导致岩浆房空虚,已不足以支撑整个火山锥,发生火口塌陷,形成锅状洼地,内部积水成湖,构成天池(图4-69)。

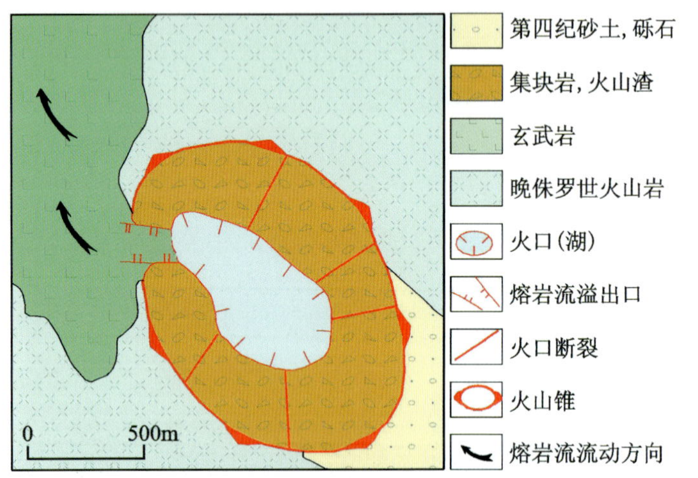

图4-68　驼峰岭天池火山锥平面图[据田明中等(2012)修编]

图4-69　驼峰岭天池——火山口(于洪志提供)

柴河地区保存有一系列火山地质遗迹,向西与阿尔山火山地质遗迹相连。主要包括中心式喷发的火山锥、火口天池等,其中月亮天池最具代表性。月亮天池位于柴河镇西约35千米处,火山口积水成湖,称“月亮天池”。火山由火山锥和熔岩流两部分组成,火山保存完好。锥体平面上呈圆形,锥底直径约1千米,锥体相对高度约270米,锥体陡峻。喷火口直径约250米,火口边沿宽10～20米,火口深约80米,积水深约7米,平静的水面如磨光的琥珀,形状如同一轮明月,当地人称“月亮泡”。锥体北西侧是熔岩流溢的出口。锥体主要由溅落堆积的玄武质熔结集块岩和熔结角砾岩堆砌而成。

锡林郭勒盟及赤峰市境内的更新世火山岩形成于晚更新世至全新世,前人称其为阿巴嘎玄武岩。岩性以基性岩类占绝对优势,中性岩少量,包括熔岩类和火山碎屑岩类。岩浆来源于上地幔基性岩浆,火山喷发活动以中心式喷发为主,具多旋回性。地貌上形成熔岩台地、火山群。火山构造由盾状火山和锥状火山构成,且多为马蹄形和圆形火山口,旁侧形成大量的寄生火山口(侧火口),在熔透能力较弱的熔岩台地区多形成喷气锥和喷气碟。

锡林浩特至阿巴嘎一带火山群的火山活动主要沿断裂呈中心式火山喷发,第四纪火山达300余个,包括各种火山锥、玄武岩熔岩台地和一系列火山岩地貌。

锡林浩特火山机构较为发育,有平顶山岩熔被、鸽子山火山口、白音库伦喷气碟及马蹄山火山口等。

平顶山岩熔被位于锡林郭勒盟锡林浩特市南10千米的贝力克牧场,为上新世大规模裂隙式喷溢形成的玄武岩台地,顶部平缓。岩熔被冷凝收缩形成大的龟裂缝,后经风化剥蚀及流水切割,沿裂缝形成沟壑、峭壁,岩熔被也独立为六边形或五边形的小平台。

鸽子山火山形成于全新世,为中心式玄武质火山。火山由锥体、熔岩流和火山碎屑组成。火山地貌保存完好,平面形态椭圆状。破火口地表直径450米,内部地势高低起伏,表现出沿多阶环状断裂塌陷的特征,早期为爆破式喷发,形成火山渣锥和碎屑,晚期主要为溢流式喷发,形成溅落锥和大规模熔岩流。

白音库伦(达里诺尔湖西)喷气碟,多呈碟状,中间有喷气口,大部分保存完好。熔岩流中的喷气锥高度一般在40~170厘米之间,直径大多在3~4米之间,小者约1米,大者可达8米,由薄片状熔岩饼叠置而成。喷气碟分布密集,不足半平方千米的范围内分布有数十个。另外,该地晚更新世早期马蹄山火山口发育,呈对称马蹄形环形山※27(图4-70),山体坡面总体平滑,山体中部为喷火口,外围为原地堆积爆发相溅落熔岩锥和碎屑锥。

图4-70 马蹄形火山口(张玉清2022年摄于锡林浩特南)

※27 马蹄形火口(斯通博利式火山):早期为弱的爆发式喷发,形成降落火山渣锥;晚期以溢出作用为主,形成大规模熔岩流,由于受中性浮力面控制,熔岩流不是从火口中溢出,而是从渣锥底部与基底岩石接触面的薄弱处形成岩浆溢出口,岩浆从溢出口涌出,并裂解锥体,形成马蹄形,如锡林浩特大敖包、马蹄山、鸡冠山等火山。

阿巴嘎地区有140余个火山口,主要呈北东向分布,部分为北西方向,明显受深部断裂控制。浩特乌拉、额斯格乌拉、车勒乌拉等玛珥式火山※28具代表性。其中浩特乌拉火山距别立古台镇约20千米,火山锥为一复式锥,呈双轮山地貌,平面上呈近等轴状(图4-71),锥底直径约1千米,锥体高度约70米。具双环结构,外环为外轮山,外侧坡度普遍较陡;内环为中心叠锥,由降落—溅落火山物质组成。

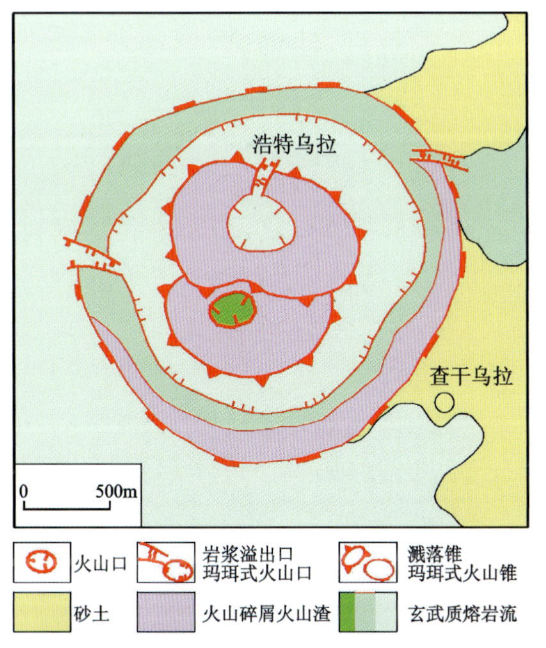

图4-71 阿巴嘎旗浩特乌拉火山锥平面图

察哈尔右翼后旗白音察干至乌兰哈达一带的火山称乌兰哈达火山群,是一处更新世至全新世多期火山喷发区。有30余座大小不一的火山,总体沿基底断裂分布,单一火山呈中心式喷发。

※28 玛珥式火山:得名于德国境内的一片负地形火山群,当地居民称这种火山口所形成的小型湖泊为玛珥(Maar),是地球陆地分布较广泛的火山,是岩浆上升近地表遇到含水层时,由于岩浆与水相互作用发生射汽或射汽岩浆爆发形成的基浪堆积物构成,锥体矮,火山口低平,也称低平火山,堆积物层理构造异常发育,为射汽岩浆爆炸式喷发形成的小型单成因火山。形状为一低平的圆形凹陷,中间凹陷处为火口,直径一般在0.2~3千米之间,多积水成湖。火山口的水平面低于爆炸喷发前的地表面(后期岩浆冷凝收缩塌陷所致),四周环状的凸起称为火山灰环,是由溅落堆积物、基浪堆积物和少量空降堆积物组成。火山口的下部为漏斗状的火山筒,由火山碎屑、围岩角砾和浅成侵入体组成,产状陡峭,一般在70度左右。

已查明17座火山形成于晚更新世，受北东和北西两个方向的断裂控制，总体呈串珠状展布，北东向基底断裂坐落有12座，北西向有5座（图4-72）。晚更新世火山总体喷发规模小，大量浆屑和熔岩团块等溅射在火口边沿上，形成溅落锥，活动末期有少量熔岩流在锥脚溢出，并裂解火山锥，形成马蹄形火山锥。后期遭受了强烈剥蚀，火口沿已经很低。其中黑脑包火山锥体高度约45米，直径约300米，其东侧已被人工开挖，锥体剖面裸露在外。火山锥由褐红色、灰黑色玄武质火山渣、熔结集块岩和玄武岩等构成，火山的基底为晚古生代花岗闪长岩。

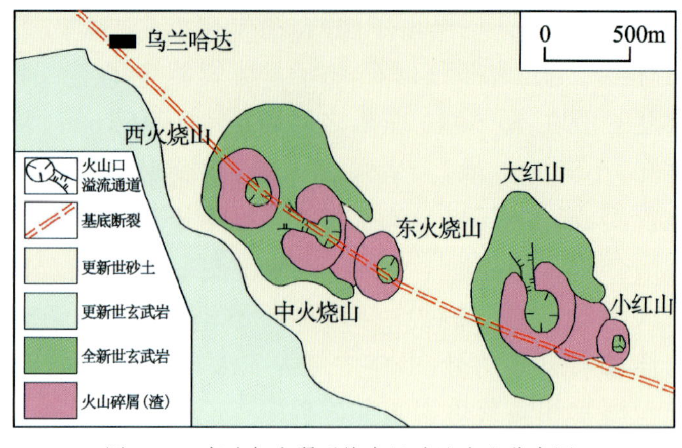

图4-72 察哈尔右翼后旗乌兰哈达火山分布图

全新世火山包括3座火山（炼丹炉）和8个小火山锥，火山总体呈北东向串珠状展布，受基底断裂控制。火山均由碱玄质火山渣锥和熔岩流组成，火山结构完整，锥体基本未遭受剥蚀。火山锥由早期降落的浮岩渣和晚期溅落的熔结集块岩组成，以降落火山渣为主，锥体地貌上形如炼炉，当地故称“炼丹炉”。

北炼丹炉火山锥（三号火山）平面呈圆形（图4-73），直径600～700米，高度80米，火口直径180米，火口深度约30米，火山锥坡度28度～30度。火山由渣锥和熔岩流组成（图4-74）。中炼丹炉火山由玄武质锥体和熔岩流组成，面积约1平方千米，熔岩流覆盖在全新世河流、沼泽沉积物之上，火山锥体完整，火山地貌特征清晰（图4-75），是乌兰哈达火山群中保存最好的一座火山，是一座天然火山“博物馆”。

图4-73 北炼丹炉火山锥（3号火山），由火山渣锥和熔岩流组成。顶视像一口锅，中间为火口中心

（李耀勇2023年摄于察哈尔右翼后旗乌兰哈达）

由上可见，第四纪火山活动存留下的痕迹保留较好，地貌形态变化不大，形成各种火山地质景观，是地质科研、地质科普、百姓休闲的好地方。但相关部门要引起注意！加强对全新世(1万年)以来的火山进行监测，预测预警火山活化，尽可能不要让影片《天·火》中的悲剧发生，科学合理地开发旅游资源，“敬畏自然、珍爱生命”！

图4-74 火山熔岩(张玉清2022年摄于察哈尔右翼后旗乌兰哈达)

图4-75 中炼丹炉、南炼丹炉、尖山构成火山链(李耀勇2023年摄于察哈尔右翼后旗乌兰哈达)

第五篇

排山倒海
——地质构造

PAISHAN DAOHAI——DIZHI GOUZAO

呼和浩特 察素齐 门庆坝 张玉清2022年摄

地质构造是指在地球的内、外应力作用下，地质体发生变形或位移而遗留下来的形态。在层状岩石分布地区表现最为明显。在侵入岩地区也有存在。具体表现是在岩石中形成褶皱、断裂、劈理以及其他面状、线状构造。

内蒙古地质构造独特。古生代主要由3个古老的刚性大陆板块及其围限的古亚洲洋板块（古生代对接带）以及镶嵌在大洋中的若干个微陆块组成；阿拉善左旗南部涉及祁连洋板块（秦祁昆造山系）。在地质历史变迁过程中，大陆板块内部构造变动、边缘增生、古亚洲洋板块演化、联合大陆形成等一系列构造活动，铸就了各种地质体和构造形迹组合，而且形式多样，堪称一本极好的地学教科书，令地质学家和地学爱好者流连忘返。

一、大地拼图——大地构造单元划分及主要特征

（一）大地构造单元划分

全区最新地质构造单元划分主要采纳《中国区域地质志工作指南》（2012）、《中国大地构造图（1∶2 500 000）说明书》（潘桂棠等，2015）以及《中国变质岩大地构造》（陆松年等，2017）成果中提出的一、二级大地构造划分方案，一级5个，二级11个（图5-1）。三级大地构造单元是在二级大地构造单元中根据内蒙古不同地质特征划分出来的。

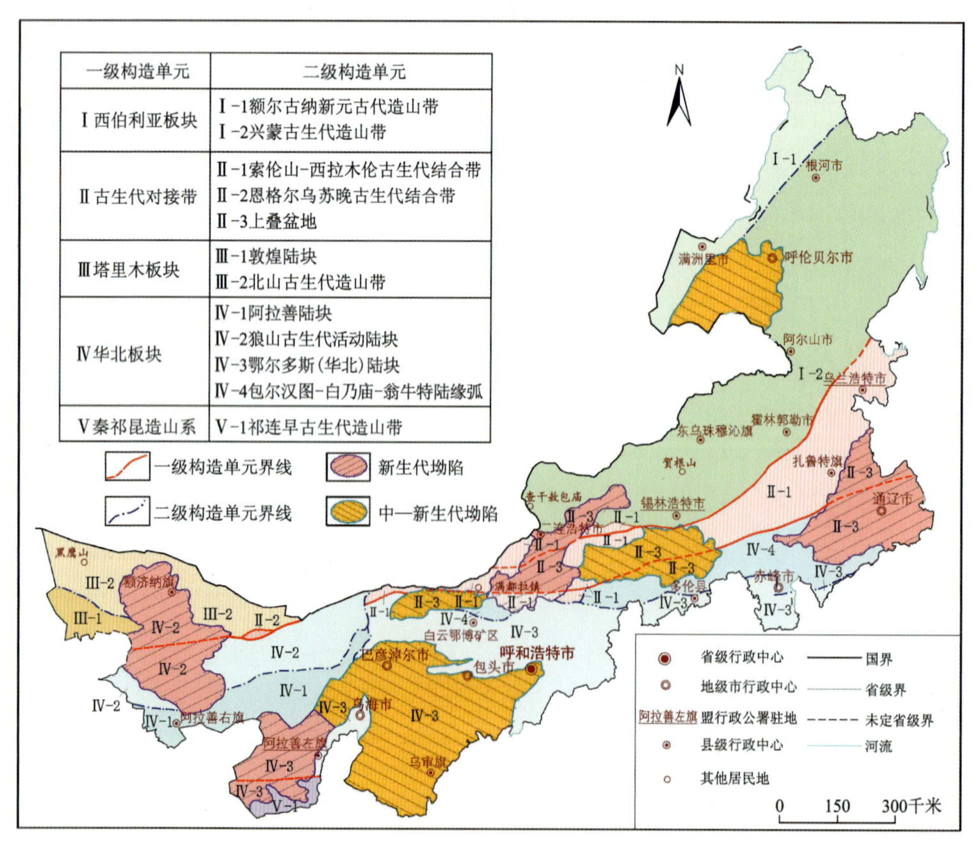

一级构造单元	二级构造单元
Ⅰ西伯利亚板块	Ⅰ-1额尔古纳新元古代造山带 Ⅰ-2兴蒙古生代造山带
Ⅱ古生代对接带	Ⅱ-1索伦山-西拉木伦古生代结合带 Ⅱ-2恩格尔乌苏晚古生代结合带 Ⅱ-3上叠盆地
Ⅲ塔里木板块	Ⅲ-1敦煌陆块 Ⅲ-2北山古生代造山带
Ⅳ华北板块	Ⅳ-1阿拉善陆块 Ⅳ-2狼山古生代活动陆块 Ⅳ-3鄂尔多斯（华北）陆块 Ⅳ-4包尔汉图-白乃庙-翁牛特陆缘弧
Ⅴ秦祁昆造山系	Ⅴ-1祁连早古生代造山带

图5-1　内蒙古大地构造单元划分略图［据内蒙古自治区地质调查院（2018）修编］

一级构造单元包括板块(含克拉通和造山系)、对接带(含蛇绿混杂岩在内的俯冲增生杂岩带);二级为造山带、陆块、陆缘弧或弧盆系;三级为叠接带、地块、隆起、裂谷带、岛弧、岩浆弧、俯冲增生楔或增生杂岩、上叠盆地等。

华北板块与西伯利亚板块是以索伦山-西拉木伦对接带为界。该对接带由南侧的白音查干早古生代蛇绿混杂岩带、索伦山-西拉木伦蛇绿混杂岩带和北侧的苏尼特左旗-达青牧场-迪彦庙蛇绿混杂岩带及其内部的岛弧、残余盆地等地质单元构成。塔里木板块与华北板块分界为恩格尔乌苏蛇绿混杂岩对接带,北东向带状展布。华北板块与祁连洋板块(秦祁昆造山系)分界线的龙首山断裂。

二级地质构造单元阿拉善陆块与华北陆块的分界线为狼山西缘断裂,近南北向展布。

(二)二级地质构造单元主要特征

1. 西伯利亚板块

1)额尔古纳新元古代造山带(Ⅰ-1)

该造山带为新元古代中晚期增生拼贴于西伯利亚板块之上的构造单元。主体位于俄罗斯、蒙古境内。其南以得耳布尔断裂为界与兴蒙古生代造山带相邻,向北东进入黑龙江省境内。发育古元古代兴华渡口岩群沉积变质岩,新元古代中晚期本区尚处在活动陆缘弧构造环境。

2)兴蒙古生代造山带(Ⅰ-2)

该造山带系指北以得耳布尔断裂为界,南至索伦山-西拉木伦蛇绿混杂岩带以北地区,占据内蒙古中部和东部大部分地区。沿西北方向进入蒙古境内,向东进入黑龙江省或被松辽裂谷盆地所截。

根据全区不同地质历史时期的沉积建造、火山岩建造,构造岩浆的侵入活动以及变质变形等特点,进一步划分为海拉尔古生代弧后盆地、头道桥-鄂伦春奥陶纪蛇绿混杂岩带、东乌旗-多宝山奥陶纪—泥盆纪岛弧、二连-贺根山晚泥盆世—早石炭世蛇绿混杂岩(叠接)带、锡林浩特古生代陆缘弧等多个三级地质构造单元。

2. 古生代对接带

1)索伦山-西拉木伦古生代结合带(Ⅱ-1)

该结合带呈西窄东宽的弧形带状展布,南北出露宽 100～300 千米,东西长 1200 千米以上,向西进入蒙古境内,向东延入吉林省。

带内的锡林浩特地块以独立的形式裂离于华北陆块而向北漂移,由于拉伸作用,在锡林浩特地块与华北陆块之间逐步发展成一个具一定规模的洋盆,即索伦山-西拉木伦新生洋盆。该单元位于艾力格庙-苏左旗-锡林浩特南-迪彦庙-巴音宝力格-阿力得尔断裂带或蛇绿岩带与索伦山-西拉木伦蛇绿混杂岩带之间。为西伯利亚板块与华北板块的对接带。

2)恩格尔乌苏晚古生代结合带(Ⅱ-2)

该结合带是塔里木板块与华北板块阿拉善陆块之间的晚古生代蛇绿混杂岩带。主要出露在阿拉善北部恩格尔乌苏一带,北东向断续延伸至蒙古境内,出露宽度 3 千米。向南西可能通过酒泉与阿尔金大断裂带相连。

恩格尔乌苏蛇绿混杂岩带代表了塔里木板块与华北板块最终缝合位置。蛇绿岩(橄榄岩、层状辉长岩、枕状玄武岩及上覆含放射虫硅质岩)的形成时代不晚于早二叠世,洋壳府冲闭合的时间为晚二叠世晚期。

3)上叠盆地(Ⅱ-3)

二叠纪末,西伯利亚板块与华北板块拼贴一起,构成了统一大陆,整体进入了盆地发展演化阶段,形成一系列上叠的中新生代构造盆地。主要有二连浩特中新生代盆地、川井中新生代坳陷、桑根达来中新生代坳陷、通辽盆地。这些盆地中形成了煤田、石油、天然气、石膏、湖盐等矿产。

3. 塔里木板块

内蒙古境内,敦煌陆块和其北部的北山古生代造山带以红柳河-洗肠井奥陶纪蛇绿混杂岩带为界。

1)敦煌陆块(Ⅲ-1)

该陆块向西进入甘肃省境内,向东被巴丹吉林沙漠掩盖。基底岩系由古元古界敦煌岩群、北山岩群,中元古界古硐井群,中新元古界圆藻山群构成。早古生代为盖层发育时期,晚古生代发育石炭纪-二叠纪陆内裂谷。

2)北山古生代造山带(Ⅲ-2)

该造山带向西延入甘肃省境内,向东经巴丹吉林沙漠在恩格尔乌苏蛇绿岩带以北出露,向北进入蒙古。由东七一山早古生代活动陆缘、旱山地块、红石山-圆包山古生代活动陆缘、红石山-甜水井-蓬勃山二叠纪蛇绿混杂岩带、珠斯楞海尔罕被动陆缘等三级地质构造单元组成。

4. 华北板块

内蒙古涉及的华北板块自西向东由阿拉善陆块、狼山古生代活动陆缘、鄂尔多斯陆块(克拉通)、包尔汉图-白乃庙-翁牛特陆缘弧 4 个二级构造单元组成。

1)阿拉善陆块(Ⅳ-1)

该陆块位于华北陆块西部,东南部与鄂尔多斯陆块相邻,北部为狼山古生代活动陆缘。新太古代、古元古代变质地质体是本区的结晶基底,新太古代出露有混合花岗岩、片麻岩和叠布斯格岩群,古元古代出露有阿拉善岩群、龙首山岩群等。

三级构造单元由龙首山-雅布赖山地块、狼山古生代活动陆缘、巴彦浩特新生代坳陷盆地、巴丹吉林新生代坳陷盆地组成。

2)狼山古生代活动陆缘(Ⅳ-2)

该陆缘东起宝音图隆起西缘断裂以西,向西至沙拉套尔汗山一带。北部以恩格乌苏蛇绿岩带为界与北山古生代造山带相邻,其南部为阿拉善陆块。该活动陆缘是发育在前古生代陆壳基底之上的一个构造单元,晚古生代中晚期造活动最为强烈,发育有石炭纪、二叠纪岛弧型火山岩及侵入岩。三级构造单元由沙拉套尔汗晚古生代岛弧、巴音戈壁晚古生代弧后盆地组成。

3)鄂尔多斯陆块(克拉通)(Ⅳ-3)

华北陆块在传统地质构造学中称为中朝准地台,其总体包括秦岭之北的整个华北、东北南部、渤海、北黄海以及朝鲜北部。它是中国时代最老的地台,有一系列高级变质岩系组成,最初的陆核可能形成于 30 亿年以前,25 亿年(五台运动)主体部分基本固结,但地台之最终形成则在 17 亿年(中条运动),内蒙古境内的鄂尔多斯陆块只是其中的一部分。

鄂尔多斯陆块北以白云鄂博-赤峰断裂为界,西部以鄂尔多斯西缘断裂为界,西南部与祁连早古生代造山带毗邻。

三级构造单元由鄂尔多斯中新生代坳陷区、鄂尔多斯西缘中元古代—古生代夭折裂谷、华北北缘隆起带、晋中南新元古代—早中生代坳陷区组成。

4)包尔汉图-白乃庙-翁牛特陆缘弧(Ⅳ-4)

该构造单元属于鄂尔多斯(华北)陆块以北的古生代陆壳增生部分。南以白云鄂博-赤峰断裂与鄂尔多斯(华北)陆块为界,北以索伦山-西拉木伦蛇绿岩带和恩格尔苏蛇绿岩带为界分别与兴蒙古生代造山带和北山古生代造山带相邻。这是一个受古亚洲洋板块长期向南俯冲影响、鄂尔多斯(华北)陆块不断向北增生而成的构造单元,弧盆体系齐全。

5. 秦祁昆造山系北祁连早古生代造山带(Ⅴ-Ⅰ)

该造山带呈北西向分布于中祁连北缘断裂与龙首山南缘断裂之间,内蒙古境内只包含北祁连弧盆系中次级构造单元——走廊弧后盆地。它主要由中寒武世之后沉积地层组成,侵入岩不发育。

二、时空演变——构造地质发展史

以下内容将以地质年代为序,穿越时空走廊,对内蒙古地质构造发展历史进行粗线条的勾绘;采用板块构造△1地质思维,以客观、真实的地质实体为基础资料,描绘古板块增生、洋陆转换和挤压造山等地质演变过程及构造变形,让社会公众更好地了解内蒙古地壳构造变迁及其发展历程。

△1 板块构造理论:板块构造(plate tectonics)理论是一种现代地球科学理论。其产生于20世纪60年代。板块构造认为,地球表层(岩石圈)是由厚度为100～150千米的巨大板块构成,现代全球岩石圈可分成六大板块,即太平洋板块、印度洋板块、欧亚板块、非洲板块、美洲板块和南极洲板块。板块间的分界线是海岭、海沟、大的褶皱山脉和裂谷与转换断层带。

内蒙古地质构造演化历史大体分为古太古代—古元古代(40亿～18亿年)陆核的形成,中新元古代(8亿～5.41亿年)陆块的形成与裂解,古生代(5.41亿～2.52亿年)华北、塔里木、古亚洲洋、西伯利亚等板块演化以及古亚洲洋的发展、消亡,中新生代(2.52亿年至今)陆内演变4个大的发展阶段。古亚洲洋一般指西伯利亚古板块南缘与塔里木—华北板块北缘之间的广大地区,大洋板块向两侧大陆板块多次双向俯冲,每次俯冲事件产生的大量地层——岩浆岩组合,地质体均以造山带的形式拼贴到两侧大陆板块边缘,构成大陆增生,形成造山带。古生代造山带占据内蒙古大部分地区,其间分布有多条近东西向展布的蛇绿混杂岩带△2。最终在古生代晚期—中生代早期南、北两

△2 蛇绿混杂岩带:包括板块俯冲过程中被构造肢解后的蛇绿岩及由构造卷入后期非洋盆演化阶级的岩石组分,其中蛇绿岩(ophiolite)是由蛇纹石化超镁铁岩、基性侵入杂岩和基性熔岩以及海相沉积物构成的岩石组合。

个大陆板块及其增生带拼合形成统一的大陆板块，组成现代欧亚板块的一部分。

通过内蒙古构造旋回及构造发展史简表（表 5-1），可以初步知晓内蒙古地质构造发展序次。

表 5-1　内蒙古大地构造单元划分略图［据内蒙古自治区地质调查院（2018）修编］

地质时代				地质年代	构造	构造运动	构造演化历史			
宙	代	纪	代号	（百万年）	旋回		华北板块	塔里木板块	古亚洲洋板块	西伯利亚板块
显生宙	新生代	第四纪	Q	2.59	阿尔卑斯山旋回	喜马拉雅运动	差异性升降，陆内断陷盆地发展阶段			
		新近纪	N	23.0						
		古近纪	E	65.5						
	中生代	白垩纪	K_2			燕山运动				
			K_1	145			陆内活动阶段。继承性断陷盆地。主要成煤期。推覆构造、拆离断层发育，东部环太平洋陆缘活化火山岩浆强烈发生	陆内断陷盆地发展阶段，伴有陆内火山喷发	陆内断陷盆地发展，兴蒙造山带东部环太平洋陆缘活化火山岩浆强烈发生	陆内构造活动阶段，裂谷发育，东南缘岛弧发育，向南增生造山
		侏罗纪	J_3							
			J_2							
			J_1	200						
		三叠纪	T_3			印支运动	陆陆碰撞造山，陆内推覆造山，陆块区断陷盆地形成阶段			
			T_2						古亚洲洋闭合，索伦-西拉木伦洋消失。陆陆碰撞;陆内造山;上叠盆地发展阶段	
			T_1	252						
	晚古生代	二叠纪	P_3		海西旋回	海西运动	总体稳定下降接受沉积，是本区主要成煤期，发育陆内断陷盆地			
			P_2					陆内断陷盆地发展阶段	古亚洲洋板块向北侧俯冲消减，兴蒙造山带洋陆转化阶段。早二叠世开始古亚洲洋闭合，东乌旗-多宝山岛弧与锡林浩特陆缘弧陆碰撞对接、拼贴、隆起褶皱造山	
			P_1	299						
		石炭纪	C_2							
			C_1	360						
		泥盆纪	D_3				鄂尔多斯陆块抬升隆起阶段，志留纪、泥盆纪缺失沉积;北侧陆缘弧向北增生	陆内构造演化阶段，北部古亚洲洋向南俯冲消减。志留纪末，沿洗肠井-月牙山大洋闭合		
			D_2							
			D_1	416						
	早古生代	志留纪	S_4		加里东旋回	加里东运动				
			S_3							
			S_2							
			S_1	444						
		奥陶纪	O	485			鄂尔多斯陆块盖层发展阶段。古亚洲板块向南俯冲消减，陆缘弧增生	第二沉积盖层发育阶段，北侧陆缘增生、拼贴		
		寒武纪	∈	541						
元古宙	新元古代	震旦纪	Pt_3^3	635	扬子旋回	扬子运动			古亚洲洋板块沿得耳布尔一带向北俯冲消减、震旦纪末拼贴于西伯利亚陆块边缘	陆内差异性升降，盖层发育阶段，东南侧与古亚洲样板块俯冲碰撞、增生
		南华纪	Pt_3^2	780						
		青白口纪	Pt_3^1	1000	晋宁旋回	晋宁运动	鄂尔多斯陆块裂解，白云鄂博渣尔泰山裂谷发育阶段	新元古界盖层形成阶段		
	中元古代	蓟县纪	Pt_2^2	1600	渣尔泰山旋回	渣尔泰山运动				
		长城纪	Pt_2^1	1800						
	古元古代		Pt_1	2500	吕梁旋回	吕梁运动	克拉通形成阶段	克拉通形成阶段		古陆核形成及克拉通形成阶段
太古宙	新太古代		Ar_3	2800	阜平旋回	阜平运动	陆核形成及陆块增生阶段	陆核形成及陆块增生阶段		
	中太古代		Ar_2	3200						
	古太古代		Ar_1	3600						
	始太古代		Ar_0	4000	迁西旋回	迁西运动				

(一)古太古代—古元古代原始古陆形成过程

关于地球的起源，众说纷纭，众多地质学者接受的说法是宇宙大爆炸学说。约在40亿年前宇宙大爆炸以后大量的宇宙尘埃和粒子形成星云，受引力作用逐步聚合成现在的星系和星球。内蒙古境内最老的陆块是中太古代（32亿～28亿年）大青山—兴和古陆核，至新太古代（28亿～25亿年），鄂尔多斯陆块、阿拉善陆块、敦煌陆块、额尔古纳地块通过古陆核多次裂解—拼合和增生相继形成。这一时期所发生的构造运动和变化在构造地质史上被称为阜平构造旋回。

图5-2 古元古界乌拉山岩群混合片麻岩中塑性流动褶皱（张玉清2022年摄于大青山）

距今25亿年，年轻的地壳普遍发生了一起重要的地质事件，薄弱的大洋地壳与古陆的结合带发生碰撞，地壳隆升形成山，地质上称造山作用，在高温高压下也形成了高级变质杂岩及相关的花岗岩类岩石，受气候的影响产生风化、破碎，受流水搬运的大量泥砂等碎屑物质被带到滨—浅海地带沉积下来，形成了一套下部以砂泥质为主向上逐渐过渡为泥碳质碎屑物的沉积，最终过渡到稳定的浅海碳酸盐岩沉积环境。富铝砂泥质岩就是这个时期沉积物的典型代表，之后经历多期变质作用和构造变形的改造，形成了现在的矽线榴石片麻岩、变粒岩、石英岩、含石墨大理岩等典型孔兹岩系岩石组合。

图5-3 古元古界乌拉山岩混合片麻岩中同斜褶皱与微断层（张玉清2014年摄于

在孔兹岩系形成、地壳厚度不断增加的过程中，由于地壳不均匀增厚与周边板块的缓慢运动，地壳下部也在暗流涌动，下部炽热的岩浆（900～1400摄氏度）翻滚不停，岩浆在运动过程中同时对坚硬的岩石进行熔化，形成新的岩浆。流动的岩浆沿着地壳薄弱带和裂缝发育地区有深成岩浆侵入活动。而沉积形成的地壳表层岩石在这个高温、挤压过程中发生变质变形，大量基性火山岩喷发，形成具有典型特征的沉积变质型铁矿床（乌拉山铁矿）。

大青山—乌拉山地区高级变质岩区岩石的变形强烈，具有明显的多期变形特征，早期为下地壳近水平顺层韧性滑脱构造，该构造使变质地层内部的原始组构基本消失。新生组构透入性顺层片麻理广泛发育。不同岩组内互层岩层中形成不均匀的塑性流动褶皱（图5-2），如封闭型同斜褶皱（图5-3）、斜卧褶皱等。

中期为穹褶构造。穹褶构造是大青山—乌拉山高级变质区的主期构造，是由规模不等、形态不规则的穹形构造和穹形构造间褶皱样式复杂多变的褶皱群构成。

图5-4 古元古界乌拉山岩群混合片麻岩中褶皱（张玉清2022年摄于大青山）

晚期为东西向陡倾构造带。发育近平行的两翼近直立紧闭同斜褶皱带（图5-4），其间被宽度不同的大型及较大型的韧性剪切带所分割。

距今25亿～18亿年间的构造变化称为吕梁构造旋回，吕梁旋回末期强劲的地球内部动力使得华北陆块与周边微陆块及沉积形成的孔兹岩系拼贴到古陆之上实现增生。最后强烈的造山运动使前期形成的岩石、地层强烈褶皱、断裂、隆起形成山脉，在高温高压下也形成了高级变质杂岩及相关的花岗岩。这一造山运动过程可能与此时全球发生的哥伦比亚超大陆[△3]拼贴有关。

△3 一般认为哥伦比亚大陆存在于古元古代的18亿～15亿年前。该大陆由许多后来形成的劳伦大陆、波罗地大陆、乌克兰地盾、亚马逊克拉通、澳洲大陆，可能还包含西伯利亚大陆、华北陆块、喀拉哈里克拉通许多原始克拉通组成。

(二)中元古代—新元古代地质构造演化

吕梁构造旋回及其末期的造山运动使华北板块北缘增生、汇聚成统一稳定的大陆地块(克拉通)，并褶皱隆起形成山脉。早期形成的岩石遭受风化、碎裂，经流水冲刷、搬运、再沉积，形成新元古代沉积地层。这段时期地球处于相对宁静时期，地壳运动以垂直升降为主，地球应力环境由挤压为主转换为拉张为主的地壳活动模式，古陆壳开始不断裂解。华北陆块在其北部边缘裂开形成若干裂谷[△4]，其中包括渣尔泰山裂谷、白云鄂博裂谷、喀喇沁隆起以南的燕山-辽西裂谷(内蒙古仅占极小部分)，鄂尔多斯西缘贺兰山裂谷。

△4 裂谷：是板块构造术语，两侧以高角度正断层为边界的窄长线状洼地。裂谷是伸展构造作用的产物，它使岩石圈减薄和破裂，地壳完全断离，有时新生的洋壳就会在其间产生，因此它代表了大陆裂解、洋盆产生的初期过程。裂谷以其线状形态及碱性双模式火山杂岩的发育为特点。在地质历史时期中，古裂谷系还出露下伏的环状碱性杂岩群。这些都是鉴别裂谷系的重要标志。

渣尔泰山、白云鄂博裂谷带是南北两个互不相连的近平行发育的裂谷构造。北部裂谷从白云鄂博起向东端延展至河北康保一带，称之为白云鄂博裂谷。南部从固阳一带起向西延展至诺尔公一带，称之为渣尔泰山裂谷。

长城纪(距今18亿～16亿年)早期拉张，裂谷下陷形成新生海洋，沉积有滨—浅海环境陆源碎屑岩。随后演变为封闭—半封闭浅海的细碎屑碳质铁锰质、硅泥质沉积，晚期发生的增隆昌构造运动使地壳一度抬升，海水退去，整个阴山地区又变成为陆地，继续接受风化剥蚀。所以顶部有喀斯特溶洞(图5-5)及硅质风化壳出现。

图5-5 长城系增隆昌组顶部灰岩中喀斯特溶洞，被灰岩角砾、铁质等风化产物充填(张玉清2016年摄于乌拉特前旗书记沟)

蓟县纪(距今16亿～10亿年)初期地壳又一次下沉，接受由裂谷边缘向裂谷中心过渡的较深水的海底泥石流——浊流沉积，形成浊积岩。顶部发育有多层褐红色铁质氧化层，为典型的红土型风化壳。表明本区蓟县纪末期再一次抬升成陆。

青白口纪(距今10亿～7.8亿年)地壳再一次下降，接受滨—浅海环境的砂泥质沉积，并见到基性火山岩。

青白口纪末(距今7.8亿年左右)的晋宁构造运动,导致本区地壳抬升隆起,从而结束了白云鄂博裂谷和渣尔泰山裂谷的演化历史。

裂谷发育期间曾有两次隆升构造活动,隆升期间地壳接受风化剥蚀,造成短暂的沉积间断,上下地层间平行不整合接触。

与白云鄂博裂谷相伴产生的碱性镁质碳酸岩(白云岩)侵入岩形成了铌、稀土铁矿的重要载体,著名的白云鄂博铁、铌、稀土矿床就产在其中。渣尔泰山裂谷也是内蒙古著名的铜、铅锌、硫铁多金属成矿带,形成了著名的东升庙、三片沟、对门山等多金属硫化物矿床。

西部贺兰山裂谷展布方向呈近南北向,北起于桌子山,向南至贺兰山一带,产生于中元古代末期。新元古代青白口纪时期属于陆表海砂泥质沉积。晚期连续沉积有滨海碳酸盐岩。华南纪—震旦纪(距今7.8亿～5.41亿年)裂谷充填封闭抬升造山后部分地段出现冰川,在鄂尔多斯西缘和龙首山地区发现冰川沉积物。

西部塔里木板块,中元古代—新元古代早期碳酸盐岩盖层沉积之后,晋宁旋回末期的晋宁造山运动,使其与敦煌地块分离并水平抬升,在北山地区也发现有南华纪—震旦纪冰川沉积物。

北方的西伯利亚板块南缘,新元古代末期—早寒武世(6.35亿～5.21亿年),古亚洲洋板块由南向北的俯冲消减作用开始,兴凯构造运动使额尔古纳陆块拼贴到西伯利亚陆块实现了由北向南的增生。

(三)古生代大洋与陆块区构造变迁

古生代,内蒙古地壳发生了翻天覆地的变化,山崩地裂、沧海桑田、岩浆涌动、地震、火山喷发、板块碰撞、生命的产生与毁灭,各种地质构造活动周期性循环发生,螺旋式进化。这一时段的地壳构造变化塑造了本区地质构造基本格局。

这一时期本区主要由四大区块构成,即南部的华北板陆块区、塔里木陆块(敦煌古陆块)区;中间的古亚洲洋板块区;北部的西伯利亚古陆块区(涉及二连浩特—东乌珠穆沁旗一带)。

1. 古生代华北板块、塔里木板块构造演化

1)华北板块

华北板块北缘(包括鄂尔多斯陆块、阿拉善陆块)从震旦纪(5.41亿～3.56亿年)开始至古生代(5.41亿～2.99亿年),整体处于相对稳定的构造阶段,构造变动总体表现为垂直升降运动。震旦纪—中奥陶世为陆表海碎屑岩和碳酸盐岩(石灰岩)沉积,典型沉积构造有奥陶纪竹叶状灰岩。

晚奥陶世—早石炭世,受加里东中期构造运动影响,本区处于整体水平抬升隆起阶段,大部分地区缺失该时期的沉积。

晚石炭世地壳又开始沉降,连续接受了晚石炭世—二叠纪以黏土岩夹砂岩为主的海陆交互相陆表海环境的泥页岩、煤层、碎屑岩、铝土页岩建造,是中国著名的铝土矿产出层位。

西部阿拉善陆块区早古生代整体处于上升隆起,以风化剥蚀为主,缺失相应的沉积记录。

2)塔里木板块

塔里木板块(敦煌地块、珠斯楞海尔罕地块)主要分布在额济纳旗及甘肃酒泉地区,在南华纪—震旦纪处于上升隆起时期,局部地段震旦纪出现冰川,发育冰川沉积物组合。

寒武纪—奥陶纪早期为浅海陆棚环境下的砂岩、粉砂岩、灰岩岩石组合,局部含有磷钒铀矿。缺失中晚奥陶世、志留纪、早泥盆世的沉积记录。进入晚泥盆纪—二叠纪(3.85亿～2.52亿年),

大陆地壳相对稳定，除了部分地区为浅海陆棚环境下的陆源碎屑岩沉积外，陆块内部开始了陆内构造演化阶段。

2. 古亚洲洋板块形成—消亡的演化历程

古亚洲洋板块是由西伯利亚板块南缘的海沟-岛弧-弧后盆地系统与塔里木板块—华北板块北侧的大陆边缘系统，以及居间的主洋盆系统组成。古亚洲洋从扩张到最后闭合，经过漫长的多次强烈的构造活动，其扩张—拼合过程仿佛一架手风琴，呈有规律张开—闭合的周期性韵律旋回，加里东构造旋回—海西构造旋回是其活跃期。内蒙古境内著名的兴蒙造山带、古生代造山带、北山古生代造山带就是古亚洲洋活动、地块拼贴、褶皱造山的产物，内蒙古境内大量蛇绿岩带的发现，记录了古亚洲洋存在多次开合、不断拼贴增生直至消亡的历史，并构成中亚造山带的主要组成部分。

古亚洲洋是在新元古代(10 亿～5.41 亿年)晚期罗迪尼亚超大陆裂解时形成的，本区古亚洲洋开始于晚寒武世(4.97 亿年)—早奥陶世(4.85 亿年)，闭合于早中三叠世(2.52 亿～2.35 亿年)。从晚寒武世—奥陶纪开始至志留纪、泥盆纪，华北、西伯利亚等地块由南半球漂移到达北半球；志留纪—泥盆纪(4.438 亿～3.596 亿年)，西伯利亚地块位于较高纬度；而包括华北地块在内的众多中国型地块运移至赤道附近(图 5-6)，直至早石炭世(3.60 亿～3.18 亿年)。因此，从晚寒武世—奥陶纪开始，众多中国—蒙古境内地块始终处于西伯利亚、劳伦和冈瓦纳大陆所围限的古特提斯洋之中，其中西伯利亚板块和华北陆块之间产生了与古特提斯洋相连的古亚洲洋。图瓦、中蒙古和额尔古纳等地块在志留纪与西伯利亚板块相连。西伯利亚板块不断北移，泥盆纪－石炭纪东北地区的一些中间地块向西伯利亚板块靠拢并导致其间先后拼合，于晚石炭世拼贴于西伯利亚板块东南边缘，与大兴安岭中北部额尔古纳、兴安地块一起，成为北亚联合(泛西伯利亚)古陆的一部分。晚石炭世晚期—中二叠世，重新组合的西伯利亚板块和东北联合地块与华北陆块之间是古亚洲洋及居间的锡林浩特微陆块，与西伯利亚板块之间存在蒙古-鄂霍次克洋(图 5-7)。自此，内蒙古自南而北形成塔里木板块—华北板块、古亚洲洋板块、东北联合古陆(泛西伯利亚)的洋陆格局。

因古亚洲洋间隔，晚石炭世晚期—中二叠世安格拉与华夏植物群区分明显；其间，因华北陆块从低纬度向高纬度快速北移，古亚洲洋不断收缩变小，导致在早中二叠世期间，冷水型与暖水型动物群逐步加剧混生；安格拉与华夏植物群可能开始在索伦山—西拉木伦河—长春一线以北

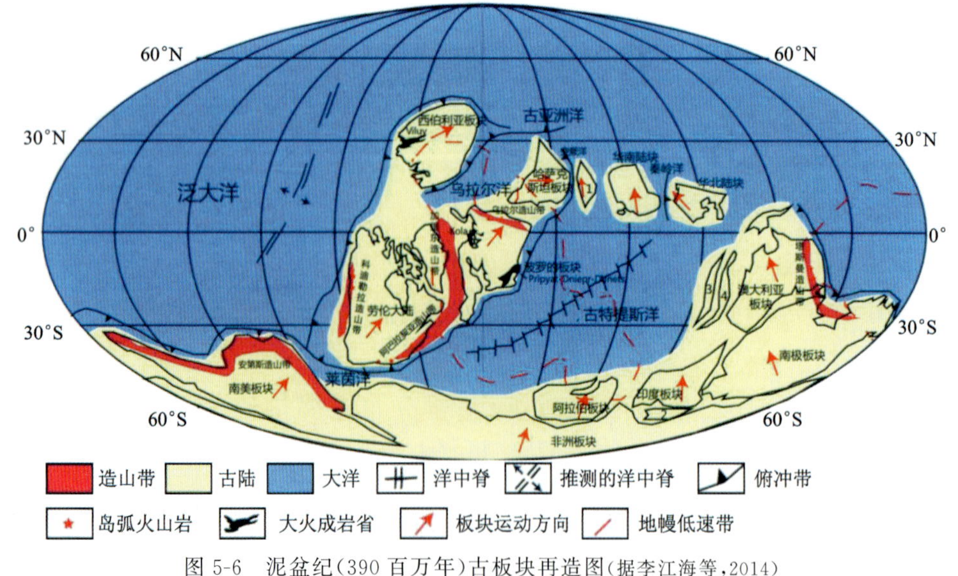

图 5-6　泥盆纪(390 百万年)古板块再造图(据李江海等,2014)

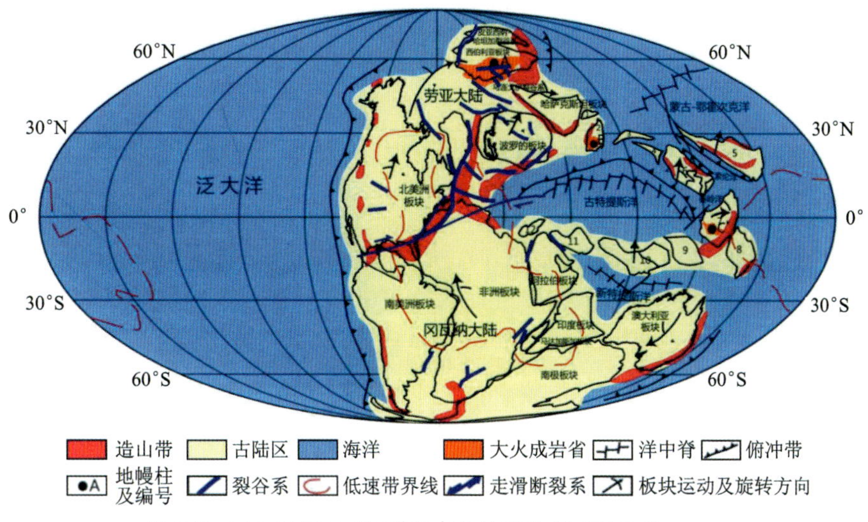

图 5-7　二叠纪(260 百万年)古板块再造图(据李江海,2014)

的个别地点混生;晚二叠世两大植物群沿恩格尔乌苏—索伦山—西拉木伦河—长春一线最终混生,标志着从晚二叠世开始至中三叠世,西伯利亚板块、东北联合地块与华北板块之间,沿碧玉山—恩格尔乌苏—索伦山—西拉木伦河—长春一线南北向碰撞造山,古亚洲洋开始消失,形成了近东西走向的巨型山系;直至中三叠世(247.2 亿～235 百万年),古亚洲洋完全消失,全区成陆。

兴蒙造山带和古生代造山带古亚洲洋洋-陆转换△5 的构造演化特点与演化模式见图 5-8。

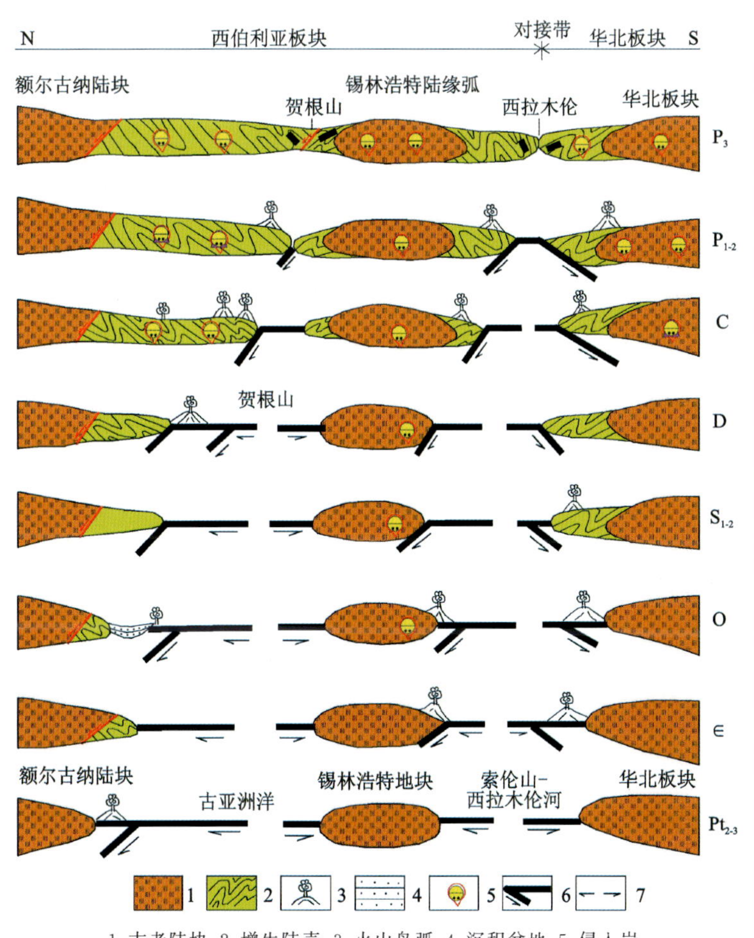

1.古老陆块;2.增生陆壳;3.火山岛弧;4.沉积盆地;5.侵入岩;6.洋壳(有箭头代表俯冲、无箭头代表没有俯冲);7.拉张方向。

图 5-8　古生代造山带(古亚洲洋)构造演化模式图
[据内蒙古自治区地质调查院(2018)修编]

△5 各阶段洋陆转换:①中新元古代,华北陆块裂解,锡林浩特地块分裂并向北漂移,索伦山-西拉木伦新生洋盆形成。②寒武纪,贺根山以北兴蒙造山带处于被动陆缘环境,西拉木伦洋扩张。③奥陶纪,古亚洲洋板块向北俯冲,发育奥陶纪岛和弧后盆地,南侧西拉木伦洋板块向南侧俯冲,形成岛弧。④志留纪,北侧古亚洲洋板块停止俯冲,为被动陆缘环境,南侧继续俯冲。⑤泥盆纪,古亚洲洋板块向北俯冲,形成火山岛弧,南侧西拉木伦一带继续俯冲。⑥晚石炭世—早二叠世,古亚洲洋板块向北俯冲;早二叠世末,兴蒙造山带与锡林浩特岩浆弧碰撞对接。索伦山-西拉木伦洋向南、北两侧俯冲。⑦早中二叠世,索伦山-西拉木伦洋向南、北两侧俯冲。⑧早中二叠世—三叠纪,索伦山-西拉木伦洋闭合,锡林浩特岩浆弧与华北板块碰撞对接。

(四)中—新生代构造演化

随着时光流逝,地球演化已到了成熟期,中—新生代(2.52亿至1.17百万年)内蒙古地区构造演化可以分为3个阶段:即晚二叠世—中三叠世(2.60亿~2.47亿年)板块碰撞对接形成统一大陆;侏罗纪—晚白垩世(2.35亿~0.99亿年)碰撞造山后大陆内部的挤压与伸展构造;新生代(6550万年至今)构造变迁。

中新生代生物演化也进入一个全新时代,逐步由古生代的两栖动物时代演变为恐龙时代、哺乳动物时代、人类时代。每一次生物的灭绝和进化突变都与构造运动有密切关系。

1. 晚二叠世—中三叠世板块碰撞对接成陆初期构造演化

晚二叠世—中三叠世古亚洲洋的完全闭合,两侧大陆发生最后碰撞对接导致本地区地壳褶皱隆起完成造山运动,此次运动发生在晚三叠世(2.35亿年左右),称为印支运动。从此本区形成完整的联合陆块,并挤压隆起造山。在华北板块北缘隆起的南、北两侧发育板内造山推覆-逆冲-走滑构造体系,如满都拉地区逆冲推覆构造(图5-9)、呼和浩特盘羊山地区逆冲推覆构造等。随着挤压作用停止,地壳逐渐处于松弛拉张构造环境,一直延续到中—晚侏罗世(175~135百万年,在本区形成大量拉张断陷盆地,造成了一系列山岭与断陷盆地相间的地貌特征,如内蒙古东部额尔古纳隆起带、海拉尔沉降带、东乌旗隆起带、二连-乌兰盖沉降带、苏尼特-西乌旗隆起带等隆拗相间的构造格局。

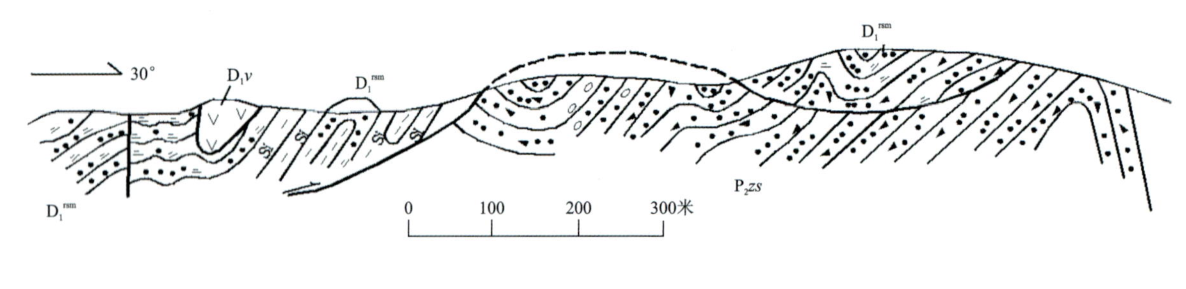

1. 含砾岩屑砂岩;2. 岩屑砂岩;3. 绢云母粉砂质板岩;4. 硅泥质岩;5. 粉砂质板岩;6. 火山岩。

图5-9 满都拉吉日格勒推覆构造剖面图(据1:25万满都拉幅区调报告,2002)

2. 侏罗纪—晚白垩世大陆内部的伸展与挤压收缩构造

近入中生代,本区构造环境为早侏罗世(235~199.6百万年)伸展—晚侏罗世末(163.5~145百万年)挤压—早白垩世(145~99.6百万年)伸展的过程,体现了燕山构造旋回在本区的构造特点。早期形成了一系列继承性陆内断陷盆地,从早侏罗世开始沉积了一套巨厚层的陆源碎屑河湖—湖沼相沉积含煤建造,(如鄂尔多斯、石拐、海拉尔煤田等);隆起区发育拆离断层和变质核杂岩构造。

侏罗纪晚期强烈挤压作用使本区发生了大规模推覆构造事件,在大青山、鄂尔多斯北部、科布尔—白音查干—尚义、供济堂、徐尼乌苏等地均发生大规模逆冲推覆。推覆距离均大于5千米,构造窗和飞来峰(图5-10)常见,形成了颇为壮观的地质构造景观。

中侏罗世开始受太平洋板块的影响在内蒙古东部大兴安岭一带发生了大规模的火山喷发活动。侏罗纪—白垩纪是火山喷发活动的高潮时期，喷发活动遍布大兴安岭主脊及其东、西两侧。火山活动规律为中侏罗世基性火山岩、晚侏罗世酸性火山岩及其碎屑岩-中性火山岩及其碎屑岩，早白垩世酸性火山岩及其碎屑岩-中性火山岩及其碎屑岩，火山岩活动向西可抵达至白云鄂博一带，自东向西规模越来越小。

图 5-10 察素齐镇朱尔沟飞来峰。上盘为古元古界乌拉山岩群大理岩，下盘为上侏罗统大青山组砂砾岩、泥岩，断层面向北缓倾斜（张玉清 2022 年摄）

早白垩世伸展构造环境下继承性盆岭构造格局仍然继续发展，盆地进一步下沉接受沉积，同时又有新的盆地形成，在古生代造山带地区尤其明显。这些盆地蕴藏着丰富的煤和石油等矿产资源。而在隆起区可见到大规模的拆离构造（或变质核杂岩），如雅干变质核杂岩、呼和浩特变质核杂岩。

3. 新生代构造变迁与奇妙的地质景观

新生代本区基本保持中生代以来构造格局，仍然是伸展构造环境，构造活动表现为地壳差异性升降活动引起的断裂构造，以及由此引起的地幔柱上涌和玄武岩火山喷发活动。

大兴安岭上升隆起，在其两侧对称性的继承性断陷盆地仍继续发生沉降，即二连-海拉尔盆地群和松辽盆地群，其中二连盆地是我国北方古近系、新近系出露最好、层序最全的地区，也是哺乳动物化石最丰富的地区之一。地层产状近水平（图 5-11），常形成陡崖，裸露于地表，易于观察研究。是研究古近纪和新近纪古地理环境、古气候变化、古生物演化的良好场所。松辽盆地也是以含量颇为丰富的油气资源而著称。

集宁一带分布有中新世（23～5.3 百万年）汉诺坝组玄武岩（图 5-12），五叉沟一带有上新世（5.3～2.58 百万年）裂谷型玄武岩沿沟谷溢出。更新世，在达里诺尔、阿巴嘎旗一带有含幔源包体的拉斑玄武岩呈大面积的溢出，形成壮观的玄武岩平台，平台之上有星罗棋布的火山口有序排列。

图 5-11 四子王旗大红山古近系

图 5-12 卓资山镇北古近系上新统汉诺坝组

（张玉清 2022 年摄）

原鄂尔多斯陆块区主要表现为差异性的升降运动，造成阴山山脉的崛起，吉兰泰-包头断陷盆地、巴彦浩特盆地的生成。在包头至呼和浩特一带，盆地内沉积物总厚度达6700余米。更新世沉积的砂砾石层在大青山山前高出公路几米到上百米的台地(山麓阶地)上能看到，反映了大青山山前活动断裂的强度。吉兰泰-包头断陷盆地自古近纪始新世开始沉积之后直至全新世沉积物总厚度达9000米。加上大青山目前的海拔高度与盆地海拔高度相差1000米左右高差计算，从盆地的底部到大青山的顶部高差接近万米，足以证明喜马拉雅运动的影响是十分强烈和明显的。我们所熟悉的阴山山脉现在每年都以一定的速度上升，只是我们人类感受不到。

三、天工之作——构造形迹之奥妙

内蒙古不同的构造单元形成了形态各异、丰富多彩的构造形迹，展现出独特的变形风格，是大自然赠予我们的一幅多彩画卷，堪称天工之作。精美绝伦的构造形迹不但是优美的画作，还是地质科学研究的天堂，每一种构造形迹的产生都有其独特的物质组成和形成环境，其结果也往往让人惊讶。

构造运动引发的岩浆活动还是形成大型矿床的物质和热量来源，而断裂构造又是成矿热液运移的通道、富集沉淀的场所，内蒙古已发现的绝大多数矿床均与构造活动有关。现代活动断裂带是引发地震、火山喷发、滑坡等自然灾害发生的主要地段。所以，研究构造变形及其特征不仅是科学研究的需要，同时也是人类生存发展的需要。

(一)内蒙古总体构造变形特点

本区地质构造形迹的特点按照构造位置可以分3种类型，一类是古陆块分布区构造形迹，二类是造山带分布区构造形迹，三类是早三叠世统一大陆形成后构造形迹。古大陆的变形表现为形成早期地壳深部高温环境下的韧性剪切变形、固态流动变形，后期地壳抬升之后大规模升降运动所产生的断裂构造和宽缓褶皱；造山带表现为多次俯冲作用产生的一系列构造岩片和对接过程产生的深大断裂及前缘褶皱、逆冲断层和韧性剪切变形带；古亚洲洋消失并与华北板块、西伯利亚板块对接形成泛大陆之后表现为大型逆冲推覆构造与伸展拆离构造，褶皱构造为中小型或与断裂构造配套的从属褶皱，区域性大型褶皱构造不发育。新构造运动表现为差异性升降产生的正断层系，构成深大断裂带及强烈下陷的沉积盆地。

不整合接触△6界面(图5-13)是每次区域性构造运

△6 不整合接触：下伏地层形成以后，由于地壳运动而产生褶皱、断裂、弯曲作用、岩浆侵入等造成地壳上升，遭受风化剥蚀。当地壳再次下沉接受沉积后，形成上覆的新时代地层，上覆新地层和下伏老地层产状完全不同，其间有明显的地层缺失和风化剥蚀现象。这种接触关系叫不整合接触或角度不整合。这种接触关系的特征是上、下两套地层的产状不一致，以一定的角度相交；两套地层的时代不连续，两者之间有代表长期风化剥蚀与沉积间断的剥蚀面存在。如果上、下两套地层的产状在大区域范围内一致则称为平行不整合接触。

动发生后保留的地质构造遗迹，它贯穿在地质发展历史的始终，是具有时代划分意义的构造地质界面。

图 5-13　不整合接触面。左：下部为古元古界千里山岩群与新元古界西勒图组间的角度不整合，上部为新元古界王全口组与中下寒武统馒头组间的平行不整合（张玉清 2022 年摄于鄂托克旗素白音沟）；右：下白垩统李三沟组角度不整合于中元古界长城系书记沟组之上（张玉清 2023 年摄乌拉特后旗巴音宝力格镇东北）

（二）构造形迹的类型

1. 韧性剪切带

韧性剪切带△7是地壳深部较高温度下高应变集中地段的重要变形之一。主要发育在古陆块区，造山带中主要伴随蛇绿混杂岩带和断裂边界出现，逆冲推覆构造、变质核杂岩等大型构造的断面附近也常伴有任性剪切变形，全区已发现韧性剪切带达 32 条之多，各地均有分布，在古老的变质岩发育区分布较多，其次多和断裂构造相伴产出，带内代表性的岩石类型为糜棱岩类△8（图 5-14）。

△7 韧性剪切带：形成于地壳的较深层中，由于定向挤压作用温度较高，岩石发生塑性变形和重结晶作用，形成具有强烈塑性流变特征的线状高应变带，产生糜棱岩、超糜棱岩、构造片岩等。韧性剪切带的变形与围岩关系是渐变的，带内变形是连续的，不存在明显的断裂界面，但又有相对位移。

图 5-14　花岗质糜棱岩（张玉清 2019 年摄于白云鄂博北）

△8 糜棱岩类：形成于地壳中深部—中浅部构造层次，相当于绿片岩相—低角闪岩相的构造环境。是由非均匀变形作用而产生的构造岩，具有典型糜棱结构，常发生晶体内部变形（如拉长、错位、旋转、圆化）、塑性变形，粒度减小，叶理和线理构造等明显，主要变形机制是位错蠕变。岩石种类有糜棱岩化岩（基质含量<10%，下同）、初糜棱岩（10%～50%）、糜棱岩（50%～90%）和超糜棱岩（>90%）。糜棱岩由基质和碎斑构成，基质主要由石英、云母类矿物微粒组成，肉眼无法辨认，石英拔丝定向；碎斑多为长石等硬矿物，发生旋转等。

2. 褶皱△9

本区褶皱构造表现为限制在各个构造单元内小型褶皱群组合和大型断裂的从属褶皱，区域性大型褶皱构造发育。各构造单元内的褶皱构造显示了其独自的变形特点和形成环境。

古陆块区高级变质杂岩是其前古生代基底的主体组成部分，包括中太古代、新太古代和古元古代变质地层以及众多的变质深成侵入体。岩层中见有规模不等的揉流褶皱（图 5-15），为多期变质变形（图 5-16、图 5-17）的反映。由于后期变形的强烈改造和构造平行化，早期的构造变形往往以残余形式出现在后期构造的弱变形域中，如无根钩状褶皱残余（图 5-18）、近水平顺层滑脱构造、穹褶构造等主要的褶皱构造形式。

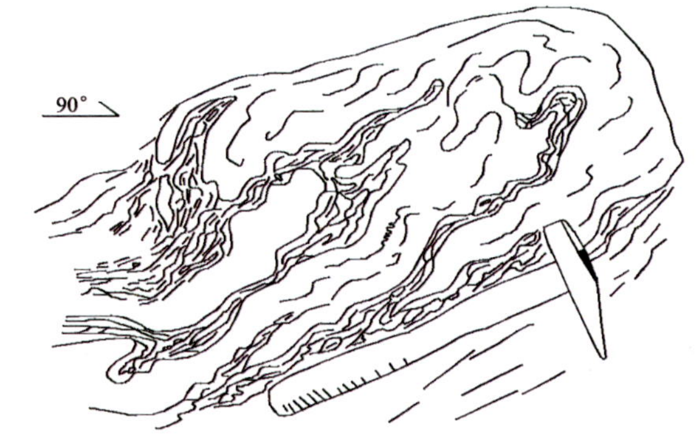

图 5-15　矽线石榴片麻岩中发育揉流褶皱
（1∶25 万呼和浩特市幅区调报告，2013）

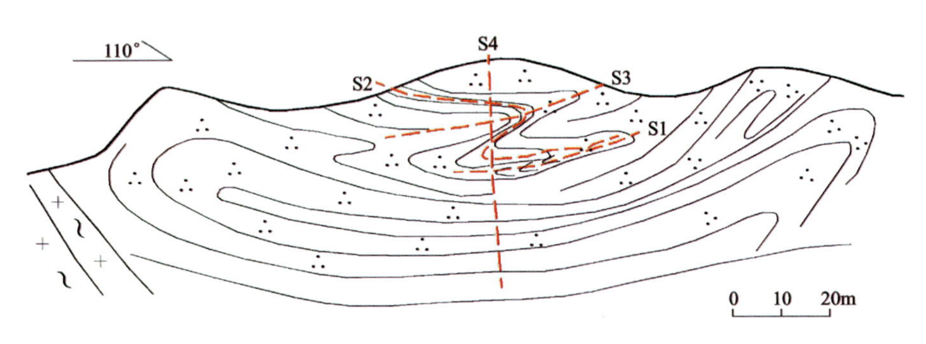

图 5-16　色尔腾山岩群叠加褶皱素描图（1∶25 万四子王旗幅区调报告，2009）

造山带构造褶皱变形是加里东期、海西期、印支期大洋板块俯冲和陆壳增生造山构造变动的产物。尤其以海西晚期构造活动最为强烈，构成主体构造形迹。早古生代褶皱在锡林浩特市石灰窑—养马场一带，

△9 褶皱：岩层形成后，在构造运动的作用下，因受力而发生弯曲，一个弯曲称褶曲，如果发生的是一系列波状弯曲变形就叫褶皱。褶皱虽然改变了岩石的原始产状，但岩石并未失去其连续性和完整性。褶皱面向上弯曲，中心部位岩层老于两侧，称背斜；褶皱面向下弯曲，中心部位岩层新于两侧，称向斜，它们是褶皱的基本形态。褶皱的规模差别很大，小至显微镜下的显微褶皱，大到卫星相片上的宏观褶皱。通常用核（图 5-19）、翼、转折端、枢纽、轴面、拐点、脊线槽线 7 个方面描述褶皱的形态和产状。

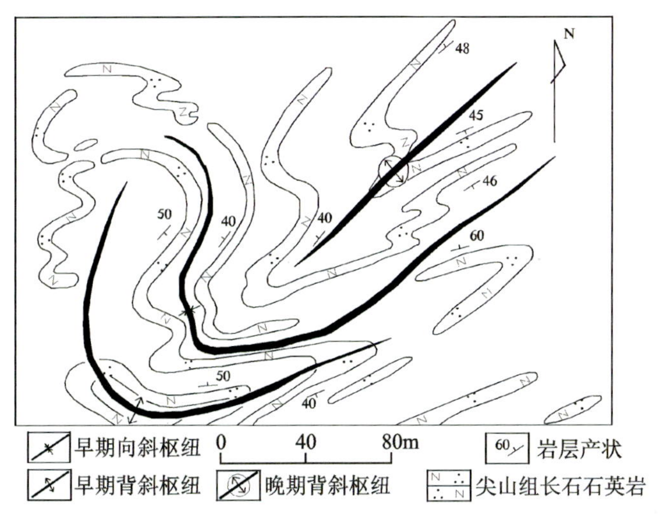

图 5-17 花果山白云鄂博群叠加褶皱构造形迹图

（1∶25 万白云鄂博幅区调报告，2002）

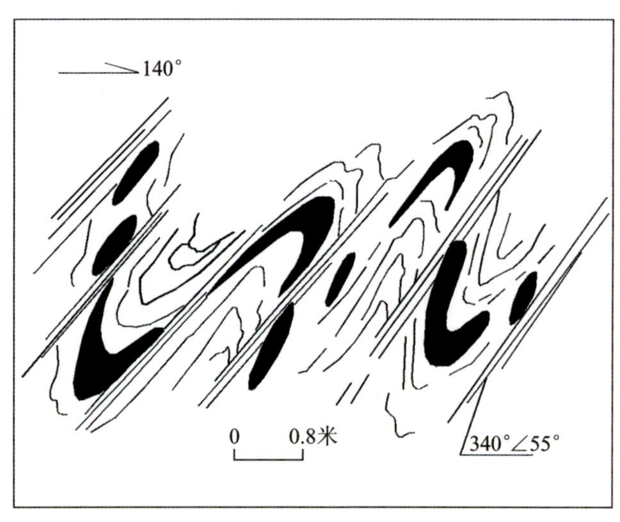

图 5-18 无根钩状褶皱

（1∶25 万呼和浩特市幅区调报告，2013）

轴向北东-南西向展布。由北向南依次为直立向斜、倒转背斜和倒转向斜。直立向斜两翼产状相向倾斜，倒转背斜的倒转翼倾角陡峻，倾角 76 度，并发育逆冲断层，显示向南的运动指向。多期次构造相互叠加，加里东韧性剪切带的靡棱面理和早期褶皱轴面卷入海西期—印支期褶皱变形而弯曲，在倒转背斜的核部形成叠加干扰样式（图 5-20）。

图 5-19 古元古界乌拉山岩群混合片麻岩中的褶皱，两背斜一向斜（张玉清 2017 年摄于包头市哈达门沟）

对接带附近主要表现由一系列叠瓦状逆冲岩片组成，其北侧的前陆褶皱冲断带为脆性—脆韧性冲断推覆及褶皱构造（图 5-21）。

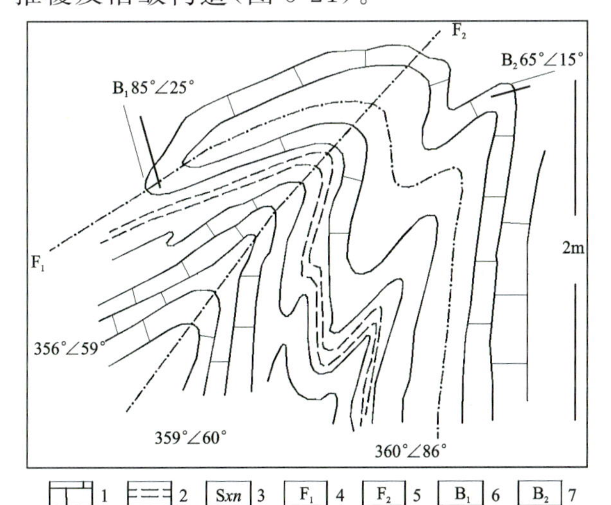

1. 结晶灰岩；2. 砂板岩；3. 徐尼乌苏组；4. 第一期褶皱轴面；5. 第二期褶皱轴面；6. 第一期褶皱枢纽；7. 第二期褶皱枢纽。

图 5-20 锡林浩特养马场一带徐尼乌苏组的叠加变形

（1∶25 万锡林浩特市幅区调报告，2009）

图 5-21 斜卧褶皱，左上（即人的上方）凸出部分为向斜核，左上与右下连线构成垂直照片的面为轴面对面

（据田明中等，2012）

古亚洲洋闭合后形成统一大陆，燕山期褶皱构造绝大部分集中在侏罗纪、白垩纪地层中。其形成与中生代的造山运动关系密切，近南北向的水平挤压和剪切运动是地质体褶皱变形的主要

因素。中生代褶皱构造样式相对简单，以宽缓的为主，也有紧闭的（图 5-22）、倒转的、簸箕状的（包头石拐）等。

图 5-22　上侏罗统大青山组褶皱构造。左：同斜倒转背斜；右：紧闭背斜、向斜、宽缓背背斜

（张玉清 2022 年摄于呼和浩特市察素齐镇北门庆坝）

3. 断裂[△10]构造

自中太古代以来，由于多次强烈的地壳运动，在本区造就了以深、大断裂为构造骨干的断裂系统，平面上交织出一幅以近东西向及北东向、北北东向为主，北西向、北西西向及近南北向为辅的网格状构造格局（图 5-23）。它们与大地构造的发展、演化有着密切的关系，对不同时期的沉积建造、岩浆活动、变质作用及矿产的形成和分布等具有显著的控制作用。根据断裂的切割深部、规模等，将内蒙古的断裂构造划分为深断裂、大断裂和一般断裂三级。另外还存在活动断裂、低角度推覆构造与拆离断层（变质核杂岩）等特殊性断裂。

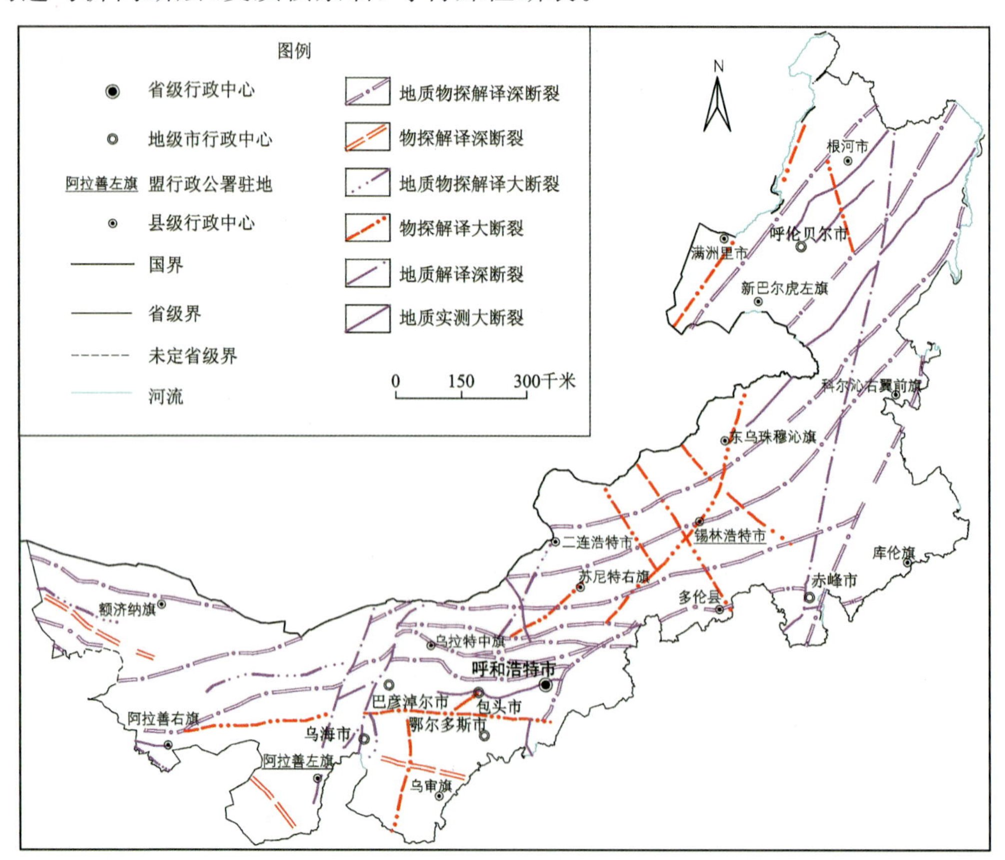

图 5-23　内蒙古深、大断裂分布略图［据内蒙古自治区地质调查院（2018）修编］

△10 断裂是断层的总称，是地壳受力(压力或张力)，超过岩层本身的强度时发生裂解，沿断裂面两侧岩石发生的显著相对位移的构造。断层规模大小不等，大者可沿走向延伸数百千米，常由许多断层组成，可称断裂带；小者只有几厘米。在地貌上，大的断层常形成裂谷和陡崖，如著名的东非大裂谷。断层的特点是破坏了岩层的连续性和完整性，在断层带上往往岩石破碎，易被风化侵蚀，沿断层线常常发育为沟谷，有时出现泉或湖泊。断层的要素包括断层面、断层线、断盘、断距。断层按力学性质分为压性断层、张性断层、扭性断层；按断层两盘相对运动方向分为正断层、逆断层、平移断层、枢纽断层。断层可以单个孤立出现，但多数成群出现，根据组合方式分为阶梯状断层、叠瓦状断层、地垒、地堑、环状断层、放射状断层。断层的识别标志：地质体突然中断或错开(图 5-24)、地层重复或缺失、擦痕、牵引构造、断层角砾、断层泥、山脊错断等。

1)深断裂

深断裂包括超岩石圈断裂、岩石圈断裂、硅镁层断裂和硅铝层断裂。区内深断裂共计 29 条，分属于 3 个断裂区，即华北板块断裂区、塔里木板块断裂区、古生代造山带断裂区。代表性断裂有索伦山-西拉木伦河深断裂带和红石山-甜水井-蓬勃山深大断裂带。

2)大断裂

大断裂系指规模较大、在空间上延伸百千米至几百千米、一般切割基底但不切穿硅铝层的、介于深断裂与一般断裂之间的一级断裂。本区已发现的大断裂共 10 余条。

3)一般断裂

依照它们在空间上的展布特征可分为东西—近东西向、北东—北东东—北北东向、北西—北西西—北北西向和南北—近南北向 4 个断裂组，几乎遍布全区，数量繁多，相互切割，分枝复合，形成多期次、多时代复杂的断裂系统(图 5-25、图 5-26)，构成复杂的构造图案。

图 5-24 微断层，白色长英质细脉被明显错开
(张玉清 2019 年摄于白云鄂博北)

图 5-25 包头石拐古元古界乌拉山岩群片麻岩(左)逆冲到中侏罗统五当沟组砂砾岩(右)之上(内蒙古自治区环境监测院提供)

图 5-26 下白垩统志丹群砂泥层中的陡倾正断层，左侧下滑
(张玉清 2022 年摄于鄂托克旗地质遗迹博物馆南)

4)活动断裂

活动断裂是指目前正在活动着的断层,或是近期曾有过活动而不久的将来可能会重新活动的断层。活动断层一般是由古老的断层多次活动继承下来的,呈带状分布由多条相互平行的断层组成断裂带。地震活动带一般都和活动断裂带重合,深大活动断裂也是现代火山活动的位置。活动断裂的活动方式有突变和蠕变两种,断裂带附近容易引发滑坡等地质灾害,是现代铁路、公路、民用建筑和工程勘察中必须注意的构造现象。内蒙古到目前共发现 8 条活动断裂带。

5)逆冲推覆构造与拆离构造

本区大型推覆构造和拆离构造均发生在中生代,大型推覆构造和伸展构造(如变质核杂岩)的发育是华北及邻区显著的地质特征,在大青山和中蒙边界一带识别出典型的伸展拆离构造和岩浆作用。经研究,一般在伸展之前发育大型推覆构造,而且自晚侏罗世以来,区域上一直处于伸展的构造背景。

(1)逆冲推覆构造。

逆冲推覆构造△11(图 5-27)是由逆冲断层及其上盘推覆体(图 5-28、图 5-29)或逆冲岩层组合而成的地质构造。一般是指断层面倾角等于或小于 45 度或 30 度的逆冲断层,为推覆构造的要素组成和典型特点,常发育有构造窗和飞来峰。内蒙古推覆构造非常发育,主要分布在阴山、满都拉、阿拉善中北部雅干、阿拉善北山、狼山、贺兰山、贺根山、温都尔庙、额尔古纳市恩和哈达等地区,具代表性的推覆构造有 15 条。其中以阴山地区最发育,且分布集中,形态各异。其中呼和浩特北部盘羊山逆冲推覆构造最为典型。

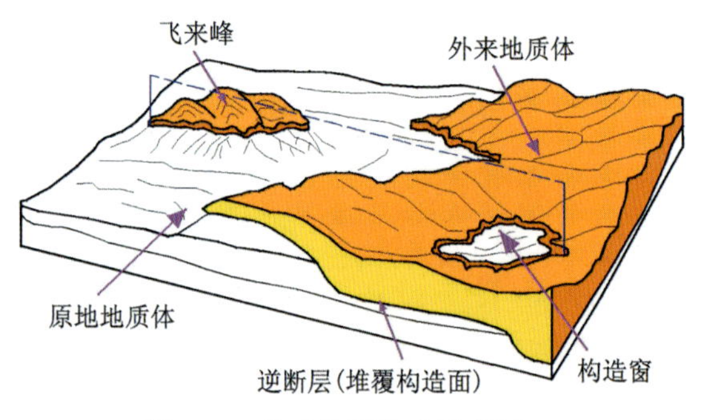

图 5-27 逆冲推覆构造示意图

图 5-28 古元古界乌拉山岩群大理岩(右上)逆冲推覆到混合片麻岩(左下)之上

(张玉清 2022 年摄于呼和浩特市毕克齐镇北喇嘛洞)

图 5-29 古元古界乌拉山岩群大理岩、石英岩(上)逆冲推覆到下白垩统(下)之上

(张玉清 2022 年摄于卓资县黑大山)

△11 逆冲推覆构造:由逆冲断层及其上盘推覆体和下盘组合而成的整体构造。逆冲层总体倾斜平缓,常呈上陡下缓的铲状或下陡上缓的倒铲状,也可呈陡缓相间的台阶状。上盘为由远距离(数千米至上百千米)推移而来的外来岩块,称推覆体。下盘为较少位移的原地岩块。位于上下盘之间的滑移系统由逆冲断层或韧性剪切带组成。逆冲推覆构造多发育于造山带及其有陆地区。

(2)拆离断层与变质核杂岩。

拆离断层指的是大型犁状低角度正断层,它使较浅层次的年轻地层直接覆盖于较深层次的老地层之上,由于岩石圈的伸展、拆离、基底隆升和地表的剥离作用使地壳深部的岩石逐渐上升而出露地表,呈孤立的平缓穹形或拱形强烈变形的变质岩和侵入岩构成的隆起,称为变质核杂岩。变质核内部的侵入岩塑性变形强烈,形成花岗质糜棱岩(图 5-30)等,远离拆离断层,糜棱岩化现象也逐渐减弱。随着地质调查的深入和新理论、新方法的应用,近年来内蒙古已发现典型的变质核杂岩构造有 4 处,其中雅干变质核杂岩最具代表性。

图 5-30 早白垩世花岗质糜棱岩

(张玉清 2022 年摄于呼和浩特圣水梁)

(三)典型构造形迹简述

1. 石板井-小黄山韧性变形带

该变形带发育在旱山古陆块之上,在石板井—小黄山一带发育完整,韧性构造变形样式齐全,识别标志清晰。该带分布于额济纳旗石板井—小黄山一带,沿 320 度方向延伸,长约 200 千米。伴有一系列的北西西向逆冲走滑断层组成。主构造带最宽处达 5 千米以上,最窄处也在 1.5 千米左右。在苏海图高勒一带,发育多条南东向延伸的网节状分支韧性剪切带,宏观上呈箕状组合特征(图 5-31)。遥感影像上,石板井构造带呈北西西向带状展布,色调较深,核心部位发育平行带状影纹,变形带边缘则发育羽状影纹,发育多条次级分支韧性剪切带。

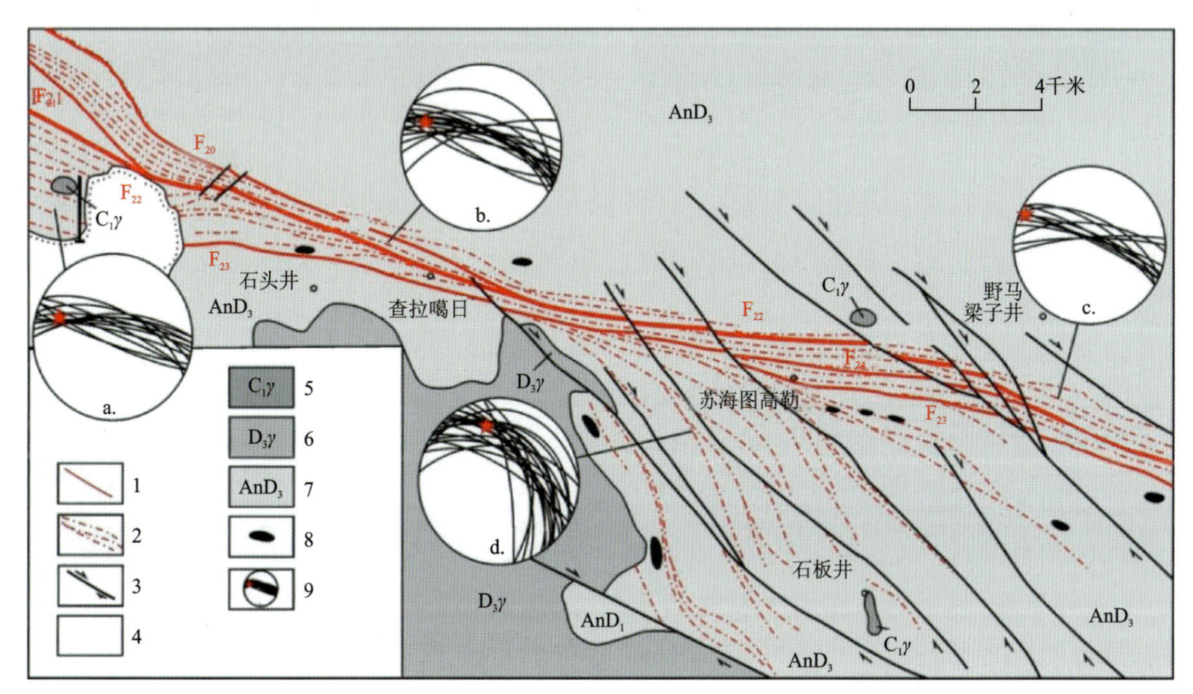

1. 石板井构造带脆性逆冲走滑断层系;2. 韧性剪切带;3. 晚期北西向脆性断层系;4. 早白垩世赤金堡组;5. 早石炭世花岗岩;6. 晚泥盆世花岗岩;7. 前晚泥盆世变形地质体(包括花岗岩及地层);8. 中奥陶世变质辉长岩;9. 糜棱面理下半球赤平投影图(红色五角星为拉伸线理极密点)点。

图 5-31 石板井构造带构造形迹图(据河北省区域地质调查院,2017)

变形带内强、弱分带及强弱渐变特征明显，强变形带呈网节状、带状围绕宽的弱变形域分布。发生韧性变形的地质体主要为晚泥盆世前侵入的岩浆岩和变质地层。构造岩则以糜棱岩为主，超糜岩呈窄带状平行构造带展布。其中花岗质糜棱岩多具似层状构造、眼球状构造；变质地层与强变形的中基性岩石则多具千枚状构造、片状构造。

韧性剪切带内具有运动学指示意义的小型构造极为发育。露头尺度上包括：拉伸线理、鞘褶皱、不对称（肠状）褶皱等；显微尺度上有：旋转碎斑、不对称压力影、云母鱼、书斜构造、剪切破裂及 S-C 组构等。上述小构造均指示石板井剪切带为具逆冲分量的右行走滑剪切带。

花岗质糜棱岩多见旋转碎斑（图 5-32），残斑多为长石，呈眼球状，指示右行剪切。剪切带内鞘褶皱、不对称（肠状）褶皱以及石香肠构造均表现为花岗质岩石在剪应力作用下发生褶皱变形或石香肠化。

显微镜下见残斑两侧伴有不对称压力影发育，长石残斑普遍发育书斜构造和剪切破裂（图 5-33）；在云英质、角闪质糜棱岩、糜棱片岩和千糜岩中还发育有云母鱼、角闪石鱼和显微 S-C 组构等，均指示右行剪切。

图 5-32　旋转碎斑系

图 5-33　斜长石书斜构造（上）及剪切破裂（下）

（据河北省区域地质调查院，2017）

综合糜棱岩中各种旋转碎斑应变标志，确定该变形带主期剪切为右型逆冲剪切，剪切变质变形程度相当于低绿片岩相。早期中温变形及静态重结晶作用应发生于 4.33 亿～4.05 亿年间，晚期低温变形主要发生于 3.98 亿～3.76 亿年间。剪切带中发育铁、铜及金矿化，部分富集成矿，如交叉沟金矿等。

2. 索伦山-西拉木伦深断裂带

该断裂带西起中蒙边境索伦山，向西进入蒙古境内，向东经温都尔庙，沿西拉木伦河河谷克什克腾旗段向东伸展，区内 1100 千米，再向东与西辽河连通，南北波及宽 20 千米，断裂深度穿透地壳，到达壳幔界面（莫霍面），属超岩石圈深断裂带，是华北板块增生带与西伯利亚板块增生带最后对撞接合的位置，二叠纪中期至早三叠世对接形成一统大陆。该断裂带中多处保留了亚洲洋经历了多次俯冲后的洋壳残存体。

断裂带内发育多条蛇绿混杂岩带，韧性剪切变形带也十分发育。温都尔庙地区岩石普遍片理化、碎裂岩化及糜棱岩化，以及由于断层错动产生的摩擦镜面、擦痕及膝折构造等动力痕迹比比皆是。

其中温其根乌兰-索伦敖包发育构造混杂岩带，由不同岩性、不同构造特征的岩块组成的带状杂混杂堆积体，它基本由原地岩块、异地岩块和基质三部分组成。异地岩块来自与混杂带主体无关的其他岩石或地层，因而在时代、岩石组合等方面与原地成分往往有较明显的差异。岩块大小不等，形态各异，岩块差异甚为悬殊，基质和岩块普遍遭受不同级别的剪切、碾滚、拉断，形成菱形体、楔状体、不规则揉皱等，岩块之间为构造接触。区内整个混杂带延伸可达 20 千米以上，它的展布基本代表了板块俯冲消减的位置。它是古亚洲洋洋板块由北向南运移，并伴随着大规模的逆掩推覆作用从混杂体外部推挤而来，亦是华北陆块北侧板块消减俯冲过程中残留下来的古洋壳的一部分（图 5-34）。

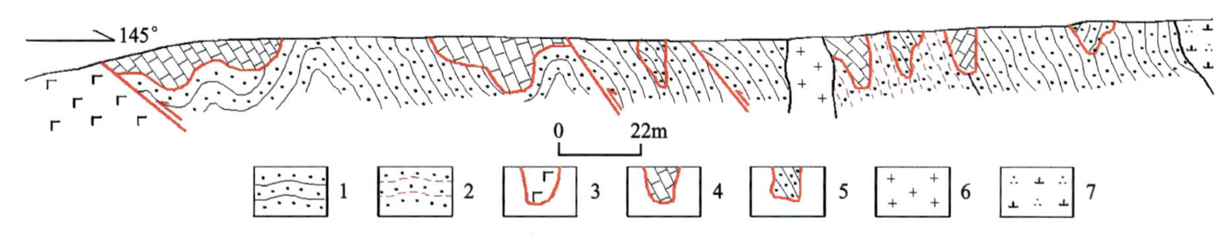

1. 变质砂岩；2. 靡棱细碎屑岩；3. 异地玄武岩块；4. 异地灰岩岩块；5. 原地砂岩岩块；6. 花岗岩脉；7. 石英闪长岩。

图 5-34 温其根乌兰蛇绿混杂岩带剖面图［据内蒙古自治区地质调查院（2018）修编］

区域重力资料显示，温都尔庙与镶黄旗之间有近东西向展布的莫霍面等深线梯级带；北部莫霍面深度为 41 千米，南部为 43 千米，北隆南坳，落差 2 千米。

克什克腾旗以西的航磁资料显示断裂带南侧为一呈近东西向延伸的连续低缓航磁异常带，北侧为平静的负磁异常带。

该深断裂带在其形成和活动过程中成矿作用明显，与其有成生联系的矿床有索伦山铬铁矿。

3. 红石山-甜水井-蓬勃山深大断裂带

该断裂带位于额济纳旗北山造山带最北部，西起甘肃北山红石山地区，经内蒙古甜水井、百合山，向东延伸至额济纳旗以北额勒根乌兰乌拉、蓬勃山一带，再向东被第四系覆盖，断续出露长度大于 150 千米，最大处出露宽度在 7 千米左右，整体上呈北西西—北西向展布，内部被北东向走滑断裂破坏，走滑断层东侧向北位移，西侧向南位移，相对平移距离在 5 千米以上。百合山一带出露蛇绿构造混杂岩带，由岩块（超基性岩、辉长岩、斜长花岗岩、玄武岩、硅质岩）与基质（早石炭世变质碎屑岩）构成，各地质体之间均为断层接触，基质变形较强，岩块较坚硬（图 5-35、图 5-36）。该蛇绿构造混杂岩带是古亚洲洋演化过程中残存的物质记录，是洋陆俯冲碰撞后在海沟处堆叠的物质，该地区古亚洲洋最终闭合于早二叠世。

与该深大断裂带相关的矿产有多处，断裂带北侧有额勒根乌兰乌拉斑岩型钼矿、乌珠尔噶顺铁铜矿和小狐狸山斑岩型钼矿；南侧有小甜水井金矿、甜水井铁矿、百合山铁矿、碧玉山铁矿、流沙山钼矿、黑鹰山铁矿等。

4. 阿拉善右旗-雅布赖-叠布斯格大断裂

阿拉善右旗-雅布赖-叠布斯格大断裂西端由甘肃省延入内蒙古，经阿拉善右旗、雅布赖山南缘，在巴音诺尔公一带向东分为南、北两支。北支向东经叠布斯格山一带与巴音乌拉山-狼山-色尔腾山南缘深断裂汇为一体；南支在德斯特乌拉一带与上述深断裂相接。总体呈北东-南西向延伸，区内长约 500 千米。该大断裂由数条冲断层和断裂破碎带组成。断裂带宽 7～10 千米，带内构造透镜体发育，岩石因受构造应力的挤压多为碎裂或压碎结构，有些甚至为糜棱岩。沿断裂带

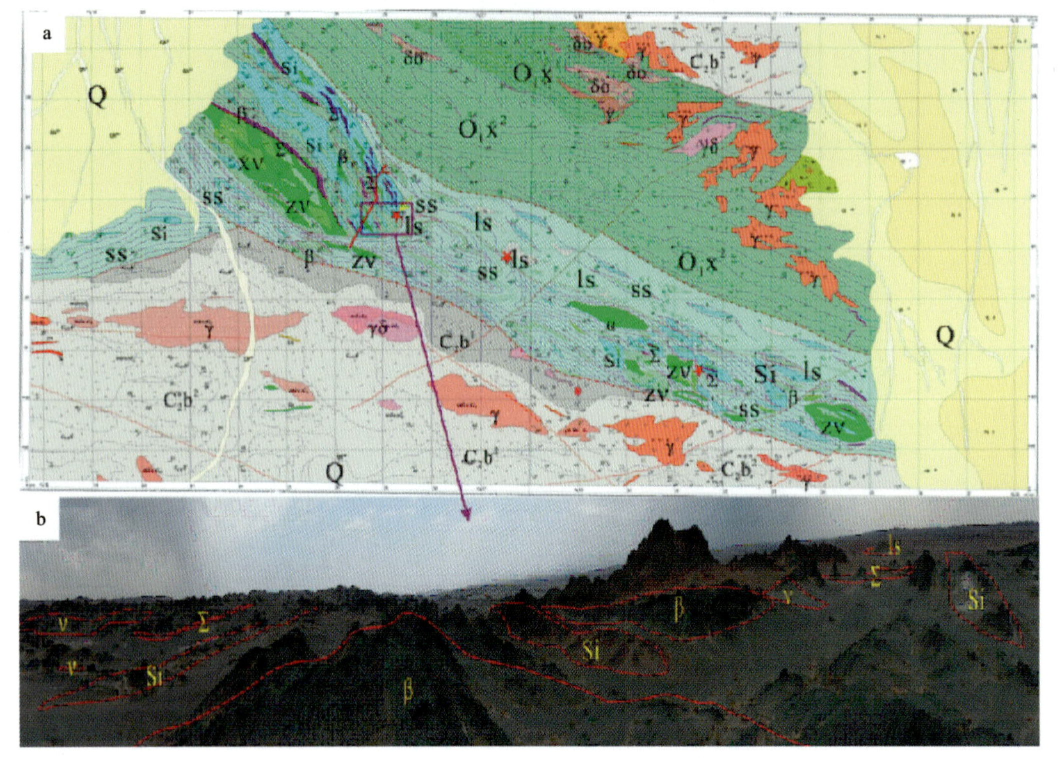

a. 百合山构造带地质图；b. 百合山蛇绿岩套宏观地貌

$C_1\psi\omega$. 蛇纹岩基质；C_1SS. 砂板岩基质；C_1chs. 绿泥片岩基质；$C_1\Sigma$. 超镁铁质岩块；$C_1\nu^X$、$C_1\nu^Z$. 镁铁质岩块；

$C_1\beta$. 玄武质岩块；γo. 斜长花岗岩岩块；C_1Si. 硅质岩岩块；ls. 碳酸盐岩岩块；O_1x^2. 火山岩岩块。

图 5-35　百合山一带构造带地质图（天津地质调查中心，2019）

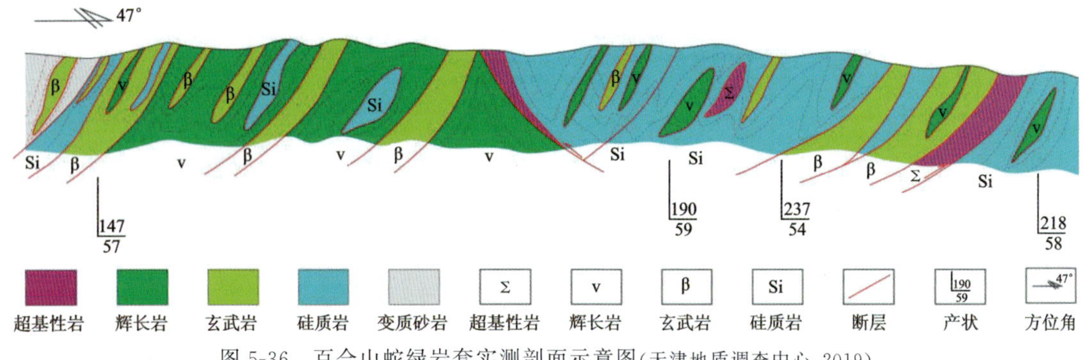

图 5-36　百合山蛇绿岩套实测剖面示意图（天津地质调查中心，2019）

有基性岩小侵入体分布。并控制加里东期、海西期及印支期岩浆活动。在雅布赖山一带，断裂北西侧雅布赖山南麓山势挺拔、地形陡峻；南东侧为断陷盆地或平原，地势较平坦。沿大断裂有克布尔海、哈拉毛滩沼地、巴音诺尔公湖等众多水系呈串珠状分布。卫星照片上线性影像要素反映清晰。在区域磁场中为一磁场分界线，断裂南东侧航磁梯度线基本为负磁场，而北西侧为正磁场，断裂带附近一系列线状异常梯度带的延展方向与大断裂走向相吻合。断裂倾向北西和南东者均有，但主体倾向北西，倾角大于 60 度，显逆冲性质。断裂形成时期为早古生代，海西晚期活动最为强烈。中新生代有继承性活动，表现为北西侧（上盘）抬升和南东侧（下盘）大幅度下落，形成北西高南东低的现代地貌景观。

5. 乌拉特前旗-呼和浩特活动深断裂带

乌拉特前旗-呼和浩特深断裂带西起乌拉特前旗，向东经包头、呼和浩特，沿乌拉山和大青山南麓呈东西向延伸。长度为 370 千米。深断裂北侧是高峻宏伟的乌拉山和大青山脉，南侧是坦荡的河套平原，构成山脉与平原之间的天然分界，最大高差可达 2300 米。物探资料表明，断裂北侧为正磁场区，南侧为低值正、负磁场。乌拉特前旗至呼和浩特一线有一条清晰的磁场分界线；在重力场中形成东西向连续性较好的重力异常梯级带。该深断裂带最初形成于早白垩世，北侧大青山及乌拉山抬升，山体最高峰海拔 2300 米左右，主分水岭紧靠山前断裂一侧分布，山体强烈剥蚀，基岩裸露，山形尖峭，冲沟深切而短促，皆呈"V"形；南侧下沉，显示正断层特征，奠定了呼、包断陷盆地的基础。自始新世开始至全新世，断裂北升南降的垂直运动明显加剧，以渐新世—上新世断裂以南下沉幅度最大，可达 4000 米。早更新世—全新世，断裂南侧仍继续强烈下沉，第四系沉积最大厚度为 2200 米。呼包盆地长期沉降接受巨厚的沉积，新生界最大厚度达 7600 米。此时，断裂具同沉积断层特点。南侧沉积盆地中逆牵引构造发育。该断裂是一条第四纪以来一直活动的正断倾滑断裂，大青山山前常形成山麓台地、侵蚀阶地等，标志着新生代以来地壳的间歇性抬升，一般可见到 3 级(图 5-37)。山前部分地段岩石较疏松，容易引起山体滑坡、石崩等地质灾害，应建立相应的防治机制。

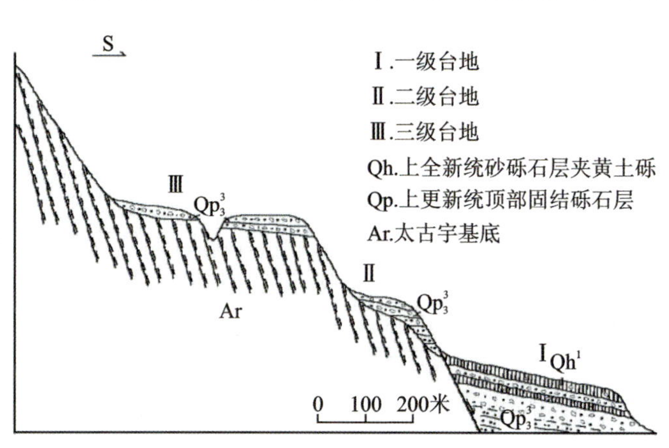

图 5-37 包头东雪海沟实测山麓台地地貌剖面

(据内蒙古自治区第一区域地质研究院，1994)

6. 盘羊山逆冲推覆构造

盘羊山逆冲推覆构造(图 5-38)西起武川县南东，向东至盘羊山，经土堂向南折至油娄沟，然后沿东南方向经下半沟止于西乌兰哈雅(被上侏罗统大青山组红色碎屑岩不整合覆盖)，推覆体下盘的最新地层为上二叠统脑包沟组，在蒙古寺附近该断层被三叠纪二长花岗岩(锆石 U-Pb 年龄 231 百万年)侵入。断层面总体走向北西，北东倾，倾角 20～45 度。出露总长度大于 50 千米。以什那干组结晶灰为标志层，逆冲推覆距离大于 7 千米，发生在晚二叠世末至早三叠世，与板块碰撞对接、古亚洲洋闭产生的巨大挤压应力有关。该逆冲推覆构造主要由原地系统、外来系统及断层结构面三大部分组成。

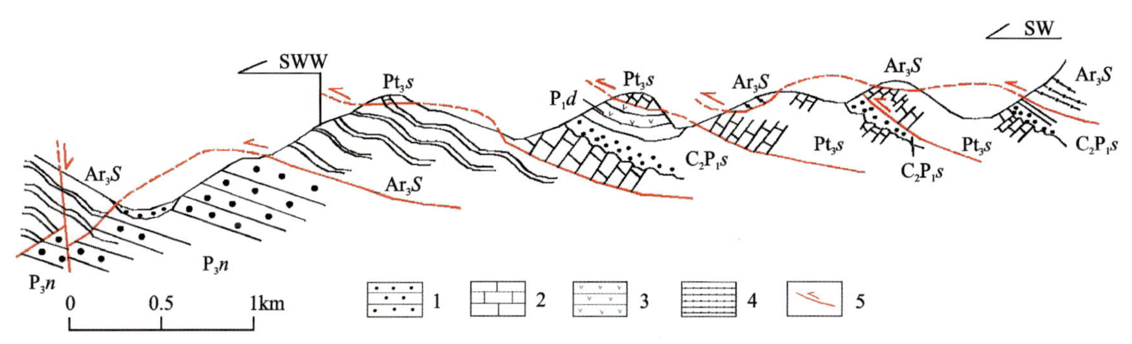

1. 砾岩；2. 结晶灰岩；3. 火山岩；4. 糜棱岩；5. 逆冲断层；

Ar_3s. 色尔腾山岩群；Pt_3s. 什那干组；C_2P_1s. 栓马桩组；P_1d. 大红山组；P_3n. 脑包沟组。

图 5-38 盘羊山推覆构造剖面图(1∶25 万呼和浩特市幅区调报告，2013)

原地系统，即逆冲断层的下盘，根据出露于下半沟、新地沟等地的构造窗和露头剖面观察，该逆冲推覆构造的原地系统由二叠纪地层组成。其变形特征以褶皱为主，靠近主推覆面发育一系列紧闭同斜褶皱，褶皱轴面倒向与主推覆面(断层面)近于一致，远离推覆面褶皱强度越来越弱，且由同斜褶皱过渡到宽缓褶皱或单斜。宽缓褶皱枢纽走向近东西向，褶皱轴面产状倾向一般为30～35度，倾角60度～70度，显示了与主推覆面一致的运动学特征。

外来系统（推覆体），指推覆构造的上盘，表现在由于推覆断面的推移使得断面上方地质体随着断层的发展被推移到很远的距离，离开了原产地。本区推覆构造在主推覆面上部和前峰表现为一系列叠瓦状逆冲断层，冲断层之间由逆冲岩席或岩片组成。逆冲岩席（片）由新太古代色尔腾山岩群绿片岩、大理岩及糜棱岩化石英闪长岩等地质体组成，自根带向南西方向逆冲约1千米后被剥蚀，其前锋见两个逆冲于什那干组之上的飞来峰△12，在山峰的顶部独立产出，构成独特的地貌景观。各叠瓦状分支断层向下相交于一条主底板断层上，在新地沟东上半沟可见构造窗（图5-39），构造窗内主要地质体为上二叠统脑包沟组砂砾岩。

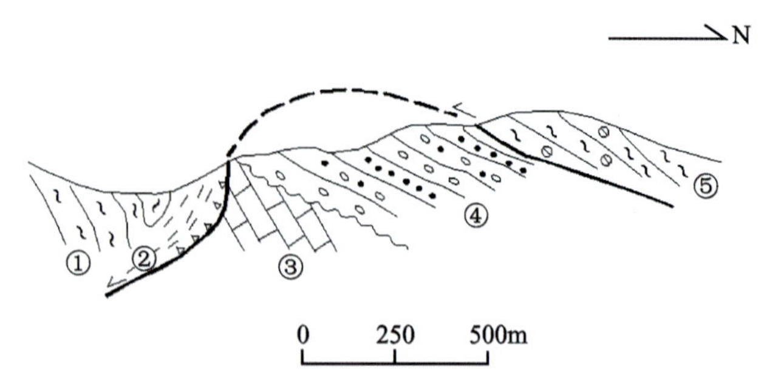

图5-39 上半沟构造窗（中间缺失色尔腾山岩群处）剖面图①、⑤色尔腾山岩群柳树沟岩组绿片岩；②构造角砾岩、糜棱岩带；③什那干组灰岩；④脑包沟组砂砾岩
［据内蒙古自治区地质调查院（2018）修编］

△12 飞来峰与构造窗：为地质术语。逆冲断层和推覆构造发育的地区遭受强烈侵蚀切割，外来岩块被大片剥蚀，只在大片被剥露出来的原地岩体之上残留小片的孤零外来地质体（残山或孤峰），称其为飞来峰。通常表现为周围被断层线圈闭的较老岩块叠在下盘较新岩块之上。如果是将部分外来岩块剥掉而露出下伏原地岩块时，表现为在一片外来岩块中露出一小片由断层圈闭的较年轻地质体，这种现象称为构造窗。

断层带（结构面），主推覆逆冲断层面的主要特征是发育断层泥、以糜棱岩为主，断层角砾岩不发育，可见劈理和挤压片理，糜棱面理产状342度∠50度，与劈理约20度角斜交；分支断层的特点是发育断层泥、碎粉岩带、造角砾岩带等。

7. 雅干拆离断层与变质核杂岩

雅干拆离断层与变质核杂岩位于阿拉善盟西北部中蒙边境雅干一带，向北延入蒙古南部。由变质核、拆离带（拆离断层）及上盘岩系组成。变质核杂岩下盘（核部结晶）的岩系为古元古代变质岩，呈椭圆形穹状隆起（图5-40），主体向北东延入蒙古。该结晶岩系具有复杂的岩石组合，其中条带状片麻岩分布于雅干核杂岩的中部，出露宽度几十米至百余米不等，以发育伸展剪切面理和线理为特征，各类剪切指向指示顶部向南运动；条带状大理岩、

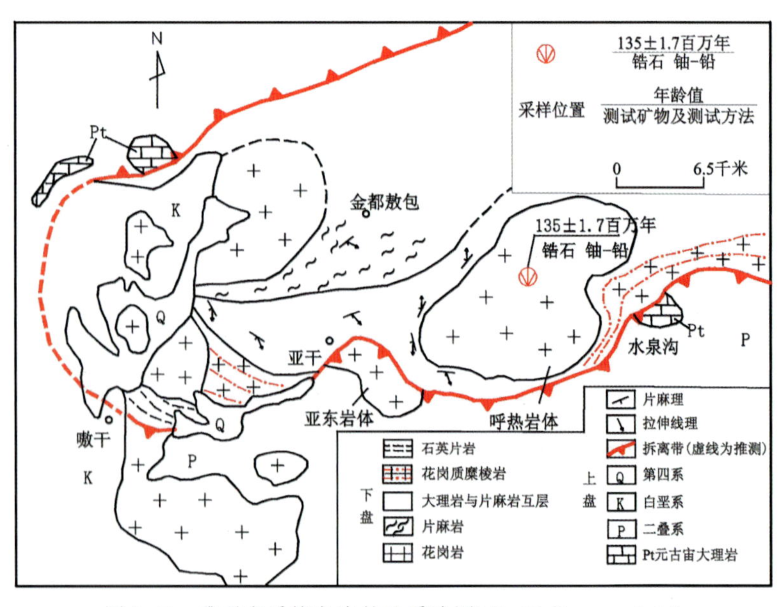

图5-40 雅干变质核杂岩的地质略图［据王涛等（2002）修编］

糜棱片岩位于雅干变质核杂岩中最下部；糜棱岩化花岗岩带在雅干杂岩南部，延伸长度至少 30～40 千米，宽 1～4 千米；石英片岩主要出露于核杂岩边部。拆离带中的绿泥石化带主要叠加于花岗质糜棱岩带之上；微角砾岩、假熔岩带紧贴拆离断层面之下，厚 25～30cm，为一层暗褐色及暗绿色燧石状岩石；拆离断层面发育于假熔岩带顶面，断层面平缓，倾向南东，见摩擦镜面和擦痕，与近水平的南东向伸展有关，拆离断层产状沿走向波状变化，切割不同的岩石单位。上盘岩系中侏罗系和白垩系为同伸展陆相盆地的沉积产物，无强烈挤压变形，说明该时期及以后一直处于伸展构造背景。雅干核杂岩形成分两个阶段：第一阶段 171～135 百万年为于主期韧性伸展拆离变形；第二阶段 135～126 百万年为热隆抬升（共轴剪切）成型阶段，以同构造晚期花岗岩于 135 百万年的侵位为标志。之后 126～90 百万年为脆韧性抬升。

第六篇

宝藏内蒙古——矿产资源

BAOZANG NEIMENGGU——KUANGCHAN ZIYUAN

矿产资源，是指赋存于地壳或地壳表面的，由地质作用形成的呈固态、液态或气态的具有现实和潜在经济意义的天然富集物。当今社会90%以上的一次能源、80%的工业原材料、70%以上的农业生产资料取自矿产资源。

目前世界上已知的矿产资源有170多种，广泛应用的矿产资源有80多种；其中煤、石油、天然气是重要的能源矿产；用途广和产值大的非能源矿产有铁、铜、镍、铅、锌、铝、金、锡、锰、磷10种。世界上矿产资源丰富的国家有俄罗斯、美国、沙特阿拉伯、加拿大、伊朗、中国等。矿产资源开采的集中性明显，70%以上集中在10余个国家，开采量占绝对优势的有美国、俄罗斯、加拿大、澳大利亚和南非5个国家；采矿业发达、开采量规模较大的发展中国家有中国、智利、赞比亚、刚果（金）、秘鲁、墨西哥、巴西和阿根廷。

目前我国已发现矿种173种，《中国矿产地质志·内蒙古卷》（张彤等，2023）中将矿产资源分为4个大类，能源矿产大类含13个矿种、金属矿产大类含59个矿种、非金属矿产大类含95个矿种、水气矿产大类含6个矿种。金属矿产大类分为黑色金属、有色金属、贵金属、稀有金属、稀土金属和分散元素6个矿产种类。非金属矿产大类分为工业矿物、工业岩石、宝玉石和观赏石砚石4类，能源矿产大类、水气矿产大类未进一步细分种类。

中国矿产资源丰富，已探明的矿产资源约占世界总量的12%，居世界第六位。但人均占有量仅为世界人均占有量的一半左右，排名在世界50名之后。我国8种重要矿产资源保有储量在世界占比均低于人口的占比（图6-1），特别是石油、天然气和铝矿占比在3%以下。我国在已发现矿种中查明资源量的有162种，矿产地2万多处；中国已成为世界上矿产资源总量丰富、矿种比较齐全、配套程度较高的少数国家之一。需求量较大的重要矿产中，中国有20多种居世界前三位，其中稀土、钨、钼、锡、锑、钒、锂、锶、萤石、硅灰石、重晶石11种居世界第一（据《世界矿产资源年评2016》，2016）；36种战略性矿产中，煤炭、钨、钼、锡、锑、稀土、晶质石墨、萤石等在世界保有储量占比中具一定优势；石油、天然气、铬、镍、钴、铝、铜等矿产的占比明显偏低。

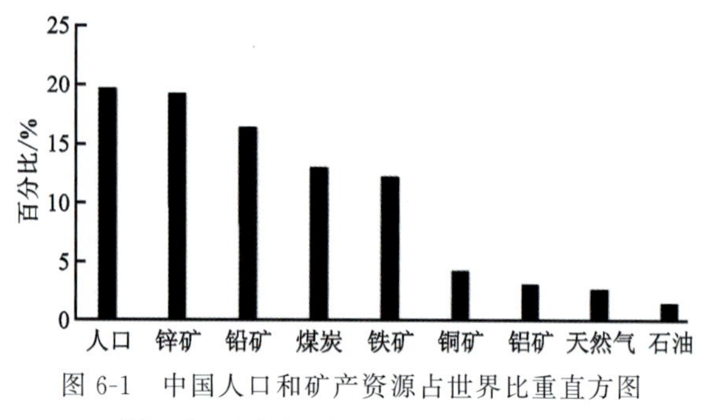

图6-1 中国人口和矿产资源占世界比重直方图

［据《世界矿产资源年评2016》（2016）整理］

我国的石油和天然气主要分布在东北、华北和西北；煤主要分布在华北和西北；铁矿主要分布在东北、华北和西南；铜矿主要分布在西南、西北、华东；铅锌矿遍布全国；钨、锡、钼、锑、稀土矿主要分布在华南、华北；金、银矿全国各地均有分布，台湾也有重要产地；磷矿以华南为主。

我国是矿产资源开采大国，到2021年，一次能源、粗钢、10种有色金属、黄金、水泥等产量和消费量继续居世界首位。

内蒙古矿产资源丰富，矿种类别繁多，各大类齐全，有能源矿产、金属矿产、非金属矿产和水气矿产。据目前资料，全区已发现矿种142个、2735处矿床（及矿点），其中超大型矿床◆[1]99处，大型矿床191处，中型矿床500处，小型矿床1123处。超大型矿床、大型矿床主要集中在煤炭矿产中。全区有煤炭、铅矿、锌矿、银矿、稀土矿、铌矿、萤石、天然碱等20个单矿种保有资源储量◆[2]全国排名第一位（表6-1）；有钼矿、锗矿、晶质石墨、制碱用灰岩、玉石、饰面用花岗岩等16个单矿种保有资源储量全国排名第二位；在全国排名靠前的重要矿产还有铁矿、铜矿、锡矿、金矿、铀矿、天然气等。

◆1 超大型矿床：指资源储量达到大型矿床最小标准的5倍以上的(铁矿是10倍以上)矿床(煤矿区或井田、油气田)，是据《中国矿产地质志·内蒙古卷》(张彤等，2023)划分的；通常矿床规模分为大型、中型和小型。

◆2 资源储量：按现行有关标准，一般指固体矿产"资源量"及"储量"的总和；"资源量"根据工作程度不同分为"探明""控制"和"推断"的3部分；"储量"根据工作程度不同分为"证实储量"和"可信储量"。油气类矿产与"资源储量"相对应的是"探明地质储量"，与"储量"相对应的是"探明技术可采储量"。各种矿产"预测资源(总)量""远景资源量"等一般指通过潜力评价(工作程度低)预测的部分。

结合不同矿产资源在社会经济发展中的贡献度，确定内蒙古24种优势矿产，其总体特点概括为资源储量排名靠前，已形成相当规模的生产能力，或潜在的资源潜力巨大、潜在的生产能力巨大；包括能源矿产类：煤炭、石油、天然气和铀矿；黑色金属矿产：铁矿；有色金属矿产：铜矿、铅矿、锌矿、钼矿、锡矿、钨矿；贵金属矿产：金矿、银矿；三稀金属矿产：稀土矿、锗矿；非金属矿产：萤石矿、石墨矿(晶质)、天然碱矿、芒硝矿、盐矿、石膏矿、高岭土矿和水泥用灰岩矿。关于地下水、矿泉水等水气矿产和能源矿产中的地热能在本书"生命源泉——水资源"篇详述。

内蒙古的矿产资源，量大质优，开采技术条件简单，交通便利；大部分资源得到充分利用，对国家经济建设起到了重要作用。目前全区开发利用的矿产矿种近120种，年生产矿石总量11亿吨以上；完成工业总产值近3000亿元。煤炭、稀土、铅锌等优势矿种，在内蒙古已形成地质调查、勘查、采选、冶炼加工和应用的完整产业链。

矿产开发利用是内蒙古经济发展不可缺少的支柱性产业，能源矿产在矿业生产总值占绝对优势地位。近年来，以生态优先、绿色发展为导向，矿产资源利用向集约化、节约化、综合化和循环化升级；资源产业向高端化、智能化、绿色化转变，已取得初步成效，更可为内蒙古挖掘资源型产业发展新潜能、释放经济增长新动力，保持经济高质量、可持续发展助力。

矿产资源的存在形式是矿床，表现为一个由地质作用形成的、有开发利用价值的综合地质体。根据形成矿床的地质作用而划分出矿床成因类型，分为内生矿床和外生矿床两大类；内生矿床包括岩浆型、伟晶岩型、云英岩型、接触交代型、斑岩型、岩浆热液型、陆相火山岩型、海相火山岩型，以及受变质型、变成型共10个种类；外生矿床包括砂矿型、机械沉积型、化学沉积型、蒸发沉积型、生物化学沉积型、风化型6个种类。另外，有些矿床成因为叠加(复合/改造)型。

在全区范围内，共划分出44个V级矿集区◆3。图6-2是19个重要矿集区及内蒙古代表性矿床的分布图，可以看出明显的不均衡性。鄂尔多斯市、锡林郭勒盟和呼伦贝尔市集中了以煤炭、石油、天然气和铀等能源类矿产的3个重要矿集区，同时锡林郭勒盟和呼伦贝尔市金属类矿床及矿集区也较多；赤峰市面积虽小，但有色金属、贵金属类矿床及矿集区分布更具优势；包头市和巴彦淖尔市各类金属矿产的矿集区具一定优势，其中有几处具重要影响力的矿床，如白云鄂博铁铌稀土矿床、东升庙锌硫铁多金属矿床、浩尧尔忽洞金矿床。

◆3 V级矿集区：据《中国矿产地质志·内蒙古卷》(张彤等，2023)研究成果，在全国统一Ⅲ级成矿区带划分的基础上，划分出35个Ⅳ级成矿亚带(覆盖全区范围)；进而划分的V级矿集区，是已知矿床密集分布区，结合成矿类型特征、构造线及含矿地质体的分布，认为仍有较大的找矿潜力的地段。

表 6-1 内蒙古重要矿产保有资源储量情况表

序号	矿产名称	保有资源储量		优势矿产	序号	矿产名称	保有资源储量		优势矿产
		全国位次	在全国占比(%)				全国位次	在全国占比(%)	
1	煤炭	1	29.45	√	28	玉石	2	29.45	
2	铅矿	1	18.29	√	29	制碱用灰岩	2	19.09	
3	锌矿	1	19.27	√	30	麦饭石	2	23.17	
4	银矿	1	26.95	√	31	水泥用大理岩	2	13.11	
5	铌矿(Na_2O_5)	1	63.09		32	火山渣	2	43.68	
6	锆矿	1	82.46		33	饰面用花岗岩	2	15.11	
7	稀土矿	1	89.42	√	34	玛瑙	2	23.63	
8	铒矿	1	100		35	蓝晶石	2	22.88	
9	普通萤石(矿石)	1	68.48	√	36	冶金用砂岩	2	22.65	
10	天然碱	1	72.14	√	37	锂矿(Li_2O)	4	7.39	
11	砷矿	1	33.33		38	天然气	4	15.6	√
12	铈矿	1	74.37		39	石油	9	2.71	√
13	钇矿	1	88.38		40	铀矿	居全国前列		√
14	建筑用橄榄岩	1	100		41	煤层气	预测资源量，占全国的25%		
15	制灰用石灰岩	1	19.34		42	金矿	4	5.36	√
16	陶粒用黏土	1	43.15		43	高岭土	10	2.18	√
17	电气石	1	38.07		44	钨矿	8	2.96	√
18	饰面用辉长岩	1	41.57		45	硫铁矿(伴生硫)	4	9.07	√
19	水泥配料用板岩	1	58.96		46	锡矿(原生矿)	3	17.29	√
20	珍珠岩	1	70.86		47	铜矿	6	5.08	√
21	钼矿	2	14.68	√	48	铁矿	6	5.22	√
22	铋矿	2	16.74		49	石膏	5	5.09	√
23	锗矿	2	24.73	√	50	水泥用灰岩	3	6.38	√
24	铌钽矿(铌钽铁矿)	2	18.48		51	盐矿	15	0.01	√
25	钽矿(Ta_2O_5)	2	25.07		52	膨润土	3	9.92	
26	晶质石墨	2	21.83	√	53	铬铁矿	4	11.11	
27	芒硝(矿石)	2	16.20	√	54	锰矿	11	1.39	

注：据《截至2021年底内蒙古自治区矿产资源储量通报》(2022)及《2021年全国矿产资源储量统计表》(2022)等资料整理。

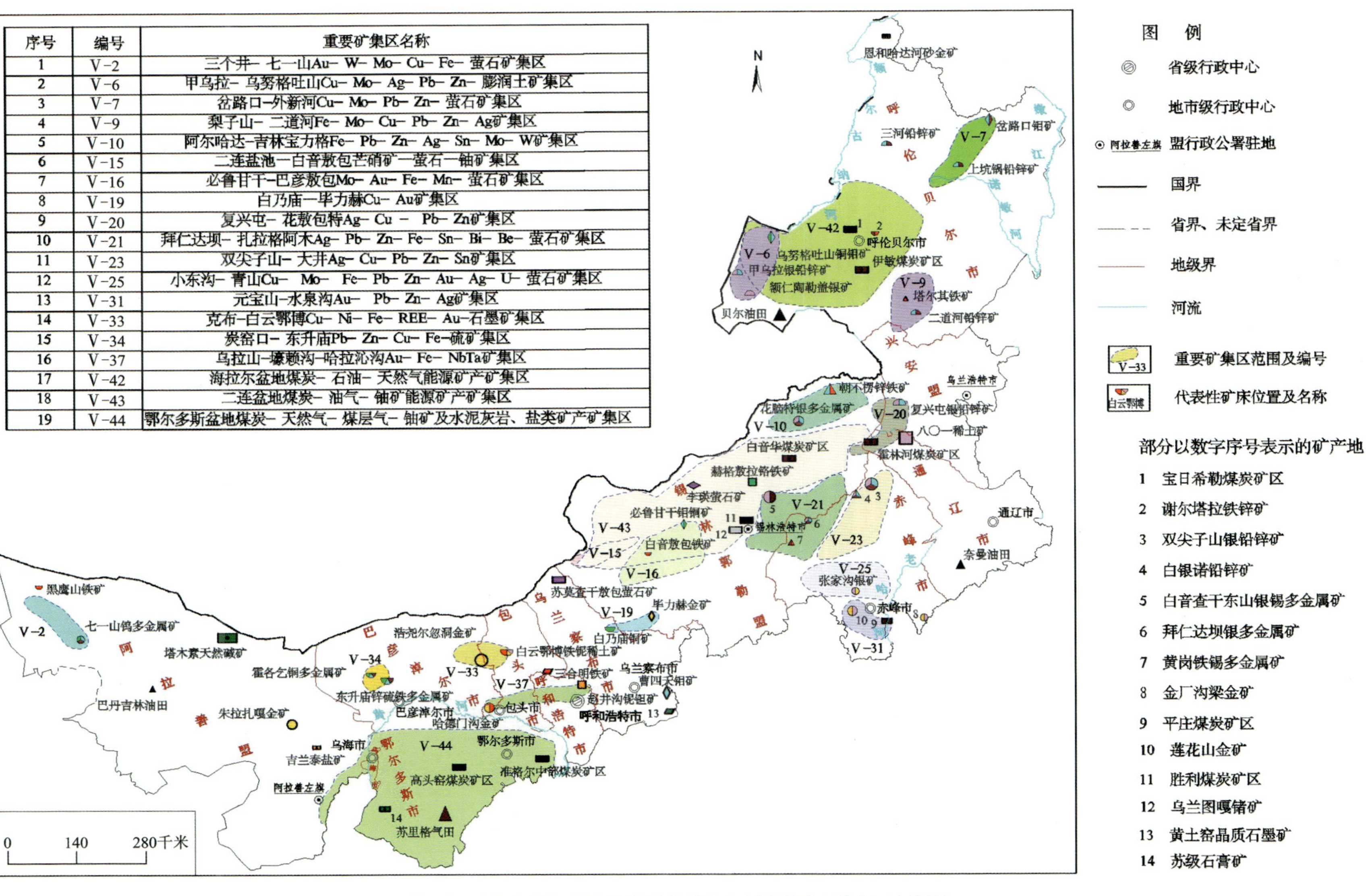

序号	编号	重要矿集区名称
1	V-2	三个井－七一山Au－W－Mo－Cu－Fe－萤石矿集区
2	V-6	甲乌拉－乌努格吐山Cu－Mo－Ag－Pb－Zn－膨润土矿集区
3	V-7	岔路口–外新河Cu－Mo－Pb－Zn－萤石矿集区
4	V-9	梨子山－二道河Fe－Mo－Cu－Pb－Zn－Ag矿集区
5	V-10	阿尔哈达–吉林宝力格Fe－Pb－Zn－Ag－Sn－Mo－W矿集区
6	V-15	二连盐池–白音敖包芒硝矿–萤石–铀矿集区
7	V-16	必鲁甘干–巴彦敖包Mo－Au－Fe－Mn－萤石矿集区
8	V-19	白乃庙–毕力赫Cu－Au矿集区
9	V-20	复兴屯－花敖包特Ag－Cu－Pb－Zn矿集区
10	V-21	拜仁达坝－扎拉格阿木Ag－Pb－Zn－Fe－Sn－Bi－Be－萤石矿集区
11	V-23	双尖子山－大井Ag－Cu－Pb－Zn－Sn矿集区
12	V-25	小东沟－青山Cu－Mo－Fe－Pb－Zn－Au－Ag－U－萤石矿集区
13	V-31	元宝山–水泉沟Au－Pb－Zn－Ag矿集区
14	V-33	克布–白云鄂博Cu－Ni－Fe－REE－Au–石墨矿集区
15	V-34	炭窑口－东升庙Pb－Zn－Cu－Fe–硫矿集区
16	V-37	乌拉山–壕赖沟–哈拉沁沟Au－Fe－NbTa矿集区
17	V-42	海拉尔盆地煤炭－石油－天然气能源矿产矿集区
18	V-43	二连盆地煤炭－油气－铀矿能源矿产矿集区
19	V-44	鄂尔多斯盆地煤炭－天然气－煤层气－铀矿及水泥灰岩、盐类矿产矿集区

图 6-2 内蒙古重要矿集区及代表性矿床分布图[据张彤等(2023)修编]

一、能源基地的保障——能源矿产

能源矿产是矿产资源的重要组成部分，是国民经济的命脉。中国是能源矿产储量大国，能源矿产种类齐全，已发现的能源矿产有煤、石油、天然气、天然气水合物(可燃冰)、页岩气、煤层气、油页岩、油砂、石煤、天然沥青、铀、钍12种。据《中国矿产资源报告2022》，我国主要能源矿产，煤炭保有储量2079亿吨；石油、天然气剩余探明技术可采储量分别为36.9亿吨和6.34万亿立方米。我国现已是能源生产和消耗大国；2021年全国一次能源生产总量为43.3亿吨标准煤，消耗总量为52.4亿吨标准煤；能源自给率为82.6%；生产量、消费量均居世界第一位。能源消费结构中，煤炭占56%，石油占18.5%，天然气占8.9%，水电、核电、风电等其他能源占比16.6%。近10年来能源结构不断优化的趋势很明显，如煤炭的占比已下降13个百分点，"一煤独大"局面有所改善；但与欧盟、美国等发达经济体相比仍有较大的差距。

内蒙古是我国重要的能源矿产基地，主要能源矿产有煤炭、石油、天然气、铀矿，已形成相当规模的产能；另有煤层气、油页岩、钍和地热能，具一定勘查和开发潜力。煤炭是内蒙古重要的能源矿产，资源优势和产业优势明显，战略地位重要；天然气的保有储量和产量均具一定优势；石油保有储量、产量规模不算大，具有进一步提升潜力；铀矿资源量在全国名列前茅；煤层气勘查工作起步较晚，尚未形成规模产业，但预测资源量在全国占比较大，极具潜在优势。

改革开放特别是西部大开发战略实施以来，内蒙古抢抓先机、顺势而上，国民经济迅猛发展，能源矿产的开发利用成为内蒙古经济腾飞的重要引擎。内蒙古已成为国家能源战略规划的重要组成部分，是我国21世纪重要的能源矿产接续基地，在我国现代化建设进程中，将发挥越来越重要的作用。

(一)煤炭——能源矿产的龙头

1. 煤炭资源概述

煤炭，简称煤，是一种呈固态的有机可燃矿产。煤炭被称作"工业的粮食"，俗称"乌金"，是人类最早开发利用的能源矿产。18世纪60年代开始，煤炭工业迅速兴起，成为世界工业革命的动力基础。到20世纪，煤炭仍然是人类生产、生活不可或缺的重要能源矿产。传统利用主要是直接、间接地用于燃料，动力方面有火力发电、蒸汽机以及各种窑炉燃料，如水泥、玻璃、陶瓷及轻工业窑炉等；一小部分用于化学工业方面。近些年兴起的新型煤化工，是以煤为基本原料，采用高科技手段，以国家经济发展和市场急需的清洁能源产品与化工原料为方向的煤炭深加工战略举措，它既符合我国资源条件，又能保证我国的能源安全。目前，煤制甲醇、二甲醚、煤制烯烃等项目，已在我国取得重大突破，各类新型煤化工企业如雨后春笋在全国各地开花结果，这对于我国生态优先、绿色高质量发展具有重要意义。

煤炭矿产的成因类型，归为外生矿床—沉积作用矿床—生物化学沉积型矿床。根据煤炭的物理、化学等多种指标，将煤炭分为无烟煤、烟煤和褐煤3个大类，其用途也有所不同。

在漫长的地质历史时期，全球范围内适宜于形成煤的地质时期共有3次，人们称之为三大成煤期：第一成煤期是古生代石炭纪—二叠纪，成煤的主要植物是孢子植物，主要煤种为烟煤和无烟煤；第二成煤期是中生代侏罗纪和白垩纪，成煤的主要植物是裸子植物，主要煤种为褐煤和烟煤；第三成煤期是新生代古近纪，成煤的主要植物是被子植物，主要煤种为褐煤。

世界上煤炭探明储量排名靠前的国家有美国、中国、印度、俄罗斯、澳大利亚等国；中国煤炭保有储量居世界第二。21世纪以来，我国已经是煤炭生产量、消费量第一大国。

2. 内蒙古煤炭资源

内蒙古以煤为主的能源矿产资源优势明显，战略地位重要。到2021年底，煤炭保有储量327亿吨，另保有资源量数千亿吨，总体排名全国第一；近年来煤炭年产量在10亿吨左右，稳居全国前两位。

煤炭资源是内蒙古能源矿产的龙头，具有发育广泛、储量巨大、煤种齐全、易于开采等优势，在全区一次能源生产总量构成中占比90%以上，在国民经济中占据着十分重要的地位。到目前全区查明煤田（煤产地）97个，且绝大部分为大中型煤田。

从区域分布看，由西至东划分为阿拉善盟、鄂尔多斯市、阴山等七大煤炭聚集区◆4，其中鄂尔多斯盆地、二连盆地、海拉尔盆地煤炭资源集中连片分布，资源储量十分富集，在全区占比90%以上，奠定了内蒙古煤炭资源大省（区）的基础。

◆4 七大煤炭聚集区（特征概况）

煤炭聚集区名称	煤田（个）	资源储量	成煤时代	主要煤类
阿拉善盟	5	几十亿吨	石炭纪—二叠纪，早中侏罗世	无烟煤、炼焦用煤、不黏煤
鄂尔多斯盆地	3	几千亿吨	石炭纪—二叠纪，早中侏罗世	长焰煤、炼焦用煤、不黏煤
阴山	3	几亿吨	石炭纪—二叠纪，早侏罗世	无烟煤、炼焦用煤
二连盆地	47	几千亿吨	早中侏罗世，早白垩世	褐煤、长焰煤、炼焦用煤
松辽-赤峰盆地	7	几十亿吨	早白垩世	褐煤、长焰煤
大兴安岭	11	几亿吨	早白垩世，早中侏罗世	不黏煤、炼焦用煤
海拉尔盆地	21	几千亿吨	早白垩世	褐煤、长焰煤

从行政区划看，全区12个盟市均有煤炭资源分布，全区含煤面积最大、煤炭资源储量最多的是鄂尔多斯市，含煤面积最小的是兴安盟，含煤盆地数量最多的是锡林郭勒盟，煤炭资源勘查、开发程度最高的是鄂尔多斯市和呼伦贝尔市。查明煤炭资源储量排名前三位的盟市为鄂尔多斯市、呼伦贝尔市和锡林郭勒盟。

从成煤时代看，全球三大成煤时代，内蒙古都有煤炭形成，但古生代石炭纪—二叠纪（距今3.2亿～2.5亿年）、中生代侏罗纪（距今2.05亿～1.37亿年）和白垩纪（距今1.37亿～0.65亿年）是内蒙古的主要成煤时代。

1）石炭纪—二叠纪形成的煤田

石炭纪—二叠纪是内蒙古重要的成煤时代之一，含煤地层主要分布在鄂尔多斯市和阴山、阿拉善盟等地区，其范围东起清水河、准格尔，北至阴山北麓，经东胜以北的乌兰格尔向西到桌子山、贺兰山麓及巴彦浩特盆地，形成了规模巨大的准格尔、桌子山、贺兰山、大青山、黑山等煤田。到目前已查明煤炭资源储量数百亿吨，且大部分为保有量；煤类从长焰煤到无烟煤均有赋存，以中变质炼焦用煤为主，可作动力用煤和炼焦配煤，部分也可作气化、液化用煤。其中桌子山、贺兰山、大青山和黑山煤田是内蒙古最重要的炼焦用煤产地。

位于鄂尔多斯盆地东北缘的准格尔煤田规模最大；到目前准格尔煤田 50 个勘查区累计查明煤炭资源储量数百亿吨（目前保有量在 90%以上），煤类以长焰煤为主。准格尔煤田含煤地层主要为太原组和山西组，为一套海陆交互相含煤沉积。共含主要可采煤层 5 层，平均可采厚度 28 米。

典型矿山有国能准能集团有限公司黑岱沟露天煤矿，开采区包括黑岱沟（图 6-3）、哈尔乌素两个井田，累计查明资源储量数十亿吨（目前保有量占 70%）。自 1999 年投产以来，生产能力不断扩大，目前年产能 6900 万吨，是目前中国最大的露天煤矿。采用定向抛掷爆破，加之 100 米半径吊斗铲倒运开采技术及设备，煤炭资源回采率达到 98%，同时极大地提高了生产效率，最大限度地减少了排土场土地占用面积，减少了粉尘污染和植被破坏；96 万千瓦的煤矸石发电厂已投产，加之 30 万吨高铝粉煤灰提取氧化铝项目的启动，将极大地提高资源综合利用效率。

图 6-3　黑岱沟露头煤矿（张玉清 2021 年摄）

2）侏罗纪形成的煤田

该煤田主要分布在内蒙古西南部鄂尔多斯市、阴山和阿拉善盟，主要煤田有东胜、大青山、古拉本煤田等，在大兴安岭东麓和二连盆地群亦有零星分布。煤类以低变质烟煤为主，有少量炼焦用煤和无烟煤，是良好的动力、液化和气化用煤。

其中最主要的东胜煤田，位于鄂尔多斯盆地北部，行政区划隶属鄂尔多斯市；含煤总面积约为 6 万平方千米。东胜煤田系统的勘查工作始于 20 世纪 50 年代，至今已有 60 多年的历史。东胜煤田目前有纳林河、纳林希里、呼吉尔特、新街、国家规划矿区（塔然高勒、高头窑、万利川、四道柳、勃牛川、神东煤产地）、东胜煤田深部及通史—红镜滩勘查区；累计查明资源储量超过 2000 亿吨，大部分为保有量。

东胜煤田主要含煤地层为下侏罗统延安组；地层厚度 133～279 米，一般厚度 200 米左右；为一套河流—湖泊相的含煤碎屑岩建造。目前含煤地层最大勘查深度达到 1500 米以上。5 个煤组 24 个可采煤层，可采煤层累计总厚度 18.62～132.61 米，平均厚度 39.30 米。煤质均属特低—中灰煤，特低—中硫、特低磷、高挥发分、高热量不黏煤，可作动力和化工用煤。

位于伊金霍洛旗的神东布尔台煤矿，开采对象是东胜煤田神东煤产地布尔台详查区，累计查明资源储量数十亿吨（大部分为目前保有量）；目前年产原煤 2000 万吨，是我国产能最大的井工煤矿。采取了主斜井副平硐综合开拓、井下超大面积整体沉降、综合机械化采煤、井下煤矸置换等一系列绿色开采技术，大幅降低地表破碎度，使开采对地面生态环境扰动影响最小化。同时开建于 2018 年的该矿采矿沉陷区光伏发电厂（图 6-4），占地 4 万余亩，设计发电能力 600 万千瓦，再次成为矿山生态治理光伏发电规模的中国之最；项目建成后年发电量可达 108 亿度，实现产值 31 亿元，真正实现资源的“永续利用”。

3）白垩纪形成的煤田

白垩纪煤田主要分布在内蒙古中东部，东起大兴安岭西坡，西至狼山，南至阴山，北至中蒙、中俄边界，该时期煤炭资源丰富，主要煤田有胜利、伊敏、陈巴尔虎旗、白音华、霍林河、五间房、那仁宝力格、扎赉诺尔、大雁、元宝山和平庄等煤田；到目前白垩纪地层中累计查明煤炭资源储量超过 2000 亿吨，大部分为保有量；煤类以褐煤为主，有少量长焰煤，主要作为动力燃料、化工和民用煤。主要的含矿地层有下白垩统白彦花组、大磨拐河组、伊敏组。

图 6-4 布尔台煤矿生态恢复治理光伏发电厂
（张玉清 2021 年摄）

图 6-5 霍林河南露天矿采场
（张玉清 2021 年摄）

霍林河煤田，位于二连盆地群的东部，大兴安岭南段西坡，为一山间断陷盆地，行政区划隶属于霍林郭勒市管辖。该区包括沙尔呼热、霍林河煤田二区等 8 个矿产地，累计查明资源储量百亿吨以上；煤类以褐煤为主。含煤地层为下白垩统白彦花组，厚度 520～2300 米，自下而上划分为 6 个岩段，共含可采煤层 23 层（图 6-5），可采煤层平均总厚度 76.9 米。

目前煤炭企业霍林河露天煤业股份有限公司主要有南、北两个露天矿，开采对象主要是沙尔呼热煤矿区；该区累计查明资源储量数十亿吨，可采煤层 9 层，可采厚度达 80 米，平均发热量 13 394 千焦/千克，煤质具有低硫低磷、高挥发分、高灰熔点、发热量稳定的特点。矿山年生产能力 2800 万吨；取得了良好的经济效益和社会效益。

4）古近纪形成的煤田

古近纪煤田分布于乌兰察布市，主要煤田为玫瑰营煤田，另在察右中旗、察右后旗及凉城县一带也有规模较小的煤产地。含煤地层为古近系渐新统呼尔井组，含 5 个煤组，16 个煤层含可采煤层 2 个，平均厚度 8.26 米。累计查明煤炭资源储量数亿吨，煤类均为褐煤，可作为动力、民用及地下气化用煤。总体而言，古近纪含煤地层分布比较零散、范围较小、煤质较差。

（二）石油——不能缺席的工业血液

1. 石油资源概述

石油是天然存在的、呈液相或固相产出的、以碳氢化合物（烃类）为主，并含有少量杂质的混合物。石油是国民经济建设和人类生活中不可缺少的一种能源矿产，在当代社会和国民经济中占有极其重要的地位，是关系国家经济安全的战略物资，被称为“工业血液”。

石油矿产的成因类型，归为外生矿床—沉积作用矿床—生物化学沉积型矿床。

全球石油保有探明储量 2415 亿吨（2015 年）；分布极不均衡，中东地区是世界最大的石油储藏、生产和出口区。中国的石油资源总体来说比较丰富，储量世界排名第十三，年产量排名第四。主要分布在渤海湾、松辽、塔里木、鄂尔多斯、准噶尔、珠江口、柴达木和东海南海陆架等盆地。到 2021 年底我国石油保有探明技术可采储量 36.9 亿吨；石油年产量 2 亿吨左右，石油进口依存度达到 70%以上。

2. 内蒙古的石油资源

内蒙古具有含油盆地多、烃源岩◆5层数多、生储盖组合条件好等特点。到 2021 年,石油保有探明技术可采储量 1 亿吨,全国排名第九位;另有保有探明地质储量数亿吨。目前内蒙古境内原油年产量 200 万吨左右,不具产业优势。据有关研究资料,内蒙古石油远景资源量达 40 亿吨以上,勘查和开发潜力巨大;随着新的油田不断发现和开发,内蒙古将成为全国石油生产的重要接续基地。

◆5 烃源岩:也称生油岩,是富含有机质、大量产生油气与排出油气的岩石;它是石油及天然气矿产形成的必要条件。一般以海相、湖相的细粒碎屑沉积和化学、生物化学沉积物质为主,如泥岩、页岩、粉砂岩、灰岩、生物灰岩等。

内蒙古境内分布着 6 个大型含油盆地:自东向西分别为位于呼伦贝尔市的海拉尔盆地和大杨树盆地;位于通辽市、赤峰市、兴安盟西部的松辽盆地;位于锡林郭勒盟、乌兰察布市的二连盆地;位于巴彦淖尔市、阿拉善盟的河套盆地和银额盆地;含油盆地范围占全区土地面积的 50%以上。其中海拉尔盆地、松辽盆地、二连盆地为主要三大含油盆地,已查明的有海拉尔盆地的贝尔油田 1 处大型、二连盆地的阿尔善油田等 13 处中型油田,这 14 处油田地质储量约占总量的 85%。

三大含油盆地烃源岩层都是形成于早白垩世(距今 1.45 亿~1 亿年),以湖相沉积的暗色泥岩、油页岩等细碎屑岩为主;烃源岩层总体特征是层数多、厚度大,属于生油伴少气阶段,硫含量低,以稀油为主,少量稠油。

内蒙古石油勘探程度总体较低,位于西部的银额盆地是我国陆域石油勘探程度最低的地区;二连、松辽和海拉尔等盆地,近几年随着勘探力度加大,新发现了大量的石油矿点,说明内蒙古石油勘探开发潜力还是很大的。

图 6-6　贝尔油田 16 采区采油井(王剑民 2022 年摄)

代表性的贝尔油田(图 6-6)位于呼伦贝尔市新巴尔虎右旗,它的发现是海拉尔盆地石油找矿的重大突破,石油探明地质储量达亿吨以上,共生天然气探明地质储量数十亿立方米;分别达到大型油田和小型气田规模。累计石油产量达 600 多万吨。烃源岩层为下白垩统下部层位,分布面积 880 平方千米,厚度 30~70 米。储层为上侏罗统、下白垩统砂砾岩和砂岩。盖层为下白垩统上部层位的泥岩。

(三)天然气——突飞猛进的清洁能源

1. 话说天然气

天然气是地下天然储层中以气态存在、在地表压力与温度下仍为气态的烃类,是一种含碳氢物质的可燃气体。天然气与石油关系密切,在石油储层上部往往有天然气赋存。天然气是继煤和石油之后的第三大能源矿产,与其他矿物能源比较,具有干净清洁、使用方便、燃烧效率高、价格低等优点。

天然气目前主要用作民用和工业用的动力燃料,也是重要的有机化学工业原料,如天然气中甲烷是生产合成氨、甲醇的主要原料。天然气凝析油是裂解乙烯的优质原料(回收率高、成本低、投资少),同时还可制造橡胶工业所需的炭黑。天然气发电在世界上发达国家中发展很快。

世界天然气资源丰富,资源总量达数百万亿立方米;储量丰富的国家有伊朗、俄罗斯、卡塔尔等;世界天然气年产量约 3.5 万亿立方米,主要产气的国家有美国、俄罗斯、伊朗、卡塔尔、加拿大和中国。

至 2021 年底,中国天然气保有探明技术可采储量 6.34 万亿立方米,处于世界排名前十。气田主要分布在塔里木、四川、鄂尔多斯、东海陆架、柴达木、松辽、莺歌湾、琼东南和渤海湾九大盆地。当年我国天然气产量 2000 亿立方米左右;进口依存度约 40%。

2. 内蒙古天然气资源

内蒙古是中国天然气资源的主产区之一,天然气资源开发利用在中国能源战略格局中占有重要的地位,目前已查明的天然气田 30 处,主要集中在鄂尔多斯市。2021 年全区保有探明技术可采储量 9888 亿立方米,全国排名第四。目前内蒙古天然气年产量在 300 亿立方米左右,保有储量、产量在全国占比均在 15%左右。

内蒙古天然气的勘查始于 1907 年,在鄂尔多斯盆地我国大陆第一口油井开钻并获得油气流;系统的勘探工作始于 20 世纪 50 年代,主战场还是鄂尔多斯盆地。经过几十年的艰难探索,到 80 年代中期才渐渐地嗅到了“气”味,并首先探明了杨柳堡气田。80 年代末期到 21 世纪初,陆续发现和探明超大型气田 3 处、大型气田 1 处、中型气田 1 处和小型气田 2 处,其中苏里格超大型气田是我国最大的天然气田之一。除鄂尔多斯盆地外,海拉尔盆地、二连盆地、银额盆地共发现小型天然气田 23 处。

乌审旗苏里格天然气田(图 6-7)是内蒙古最大的天然气田,其储量达到超大型规模。投产 20 年已累计产气近 3000 亿立方米。苏里格气田属上古生界含气系统,上古生界自下而上发育有 5 套地层,包括本溪组、太原组、山西组、石盒子组及孙家沟组,总沉积厚度达到 700 米左右。主要烃源岩层为上石炭统—下二叠统太原组和下二叠统山西组,其次为下奥陶统马家沟组。储气层主要为太原组、山西组、石盒子组及孙家沟组,这些地层为河流—三角洲相沉积体。盖层为山西组、石盒子组泥岩。

图 6-7 苏里格气田天然气集气站(张玉清 2021 年摄)

(四)铀矿——清洁又经济的新能源

1. 铀矿概述

如前所述,煤、石油等能源矿产(俗称石化能源),均属于生物化学沉积型矿产,可利用的是化学能;铀矿(还有钍矿在内蒙古范围内有少量)作为能源矿产,可利用的是其原子裂变时释放的核能。铀,不仅可以制造人们谈核色变的核武器,更有它温柔的一面,核能是人类最具希望的未来重要能源之一,它是一种清洁、经济的新能源。

世界铀矿资源较为可观,可靠资源量达 500 百万吨;主要集中在澳大利亚、加拿大、哈萨克斯坦、南非等国家。铀矿消费方面,全世界每年铀矿开采量 6 万余吨,核能在一次能源中占比 5%左右；抛开核武器大国不说，铀矿消费数量大国有美国、法国、中国、韩国、俄罗斯等；核能发电量占比大于40%的国家有法国、斯洛伐克、匈牙利、乌克兰。

中国铀矿资源不太丰富，铀矿主要类型为砂岩型（陆相沉积型），矿床成因为化学沉积型，储量占比80%以上；主要集中在北方的鄂尔多斯盆地、松辽盆地、二连盆地、柴达木盆地；砂岩型铀矿所处地层层位整体较新，大多为侏罗纪和白垩纪地层。其他类型有海相沉积型、陆相火山岩型。

2. 内蒙古铀矿资源

铀矿是内蒙古优势矿产之一，查明铀资源储量位居全国前列，全国最大的地浸砂岩型铀矿田就在内蒙古自治区境内。

内蒙古铀矿床主要产于鄂尔多斯、二连、通辽、巴丹吉林-巴音戈壁四大沉积盆地之中，其次产于大兴安岭南西段。其中在鄂尔多斯盆地发现了多处大型及以上铀矿床，称为东胜铀矿田；在二连盆地发现了多处大、中型铀矿，称为努和廷铀矿田和巴彦乌拉铀矿田；在巴丹吉林-巴音戈壁盆地发现塔木素大型砂岩型铀矿床，称为塔木素铀矿田；在松辽盆地发现了钱家店大型、宝龙山中型砂岩型铀矿床，称为钱家店铀矿田。

目前内蒙古已探明铀矿产地25处，其中超大型铀矿床2处，大型铀矿床8处。现有通辽市钱家店"绿色"环保型的地浸铀矿山在生产，东胜铀矿田的部分矿区也进入筹建和试采阶段。

其中东胜铀矿田位于鄂尔多斯盆地北东部，由4个大型铀矿床和大营超大型铀矿床组成。含矿层位为中侏罗统直罗组下段砂岩。矿石中铀主要以吸附态存在；矿床类型为层间氧化带砂岩型铀矿。成矿时代为白垩纪至新近纪。

（五）煤层气——从"夺命瓦斯"到洁净能源

1. 煤层气概况

煤层气是由煤层自生自储的非常规天然气，是一种赋存在煤层中的烃类气体，煤层气主要吸附在煤基质颗粒表面，部分游离于煤孔隙中或溶解于煤层水中。煤层气的化学组分由烃类气体（甲烷及同系物）和非烃类气体（二氧化碳、氮气、氢气、一氧化碳、硫化氢以及稀有气体氦、氩等）组成，煤层气的主要成分是甲烷。

近20年的实践证明，煤层气这种煤的伴生矿产资源，作为一种非常规天然气，它的开发利用具有多重价值，不但可以大幅度降低煤矿瓦斯事故率、减少矿排温室气体（甲烷属强温室气体），还可作为洁净能源产生巨大的经济效益，对优化能源结构、保障能源安全和降低天然气对外依存度具有十分重要意义。燃烧同样热值的煤层气，释放的二氧化碳比石油少一半，比煤炭少3/4；煤层气燃烧产生的其他污染物也远低于石油和煤炭，是一种优质洁净能源。煤层气利用形式有瓦斯发电、工业用气、集中供热、机械动力、汽车动力、家庭炊事等。

全世界煤层气资源丰富，预测资源量达263万亿立方米（国际能源署，2016）；主要分布在俄罗斯、加拿大、中国、美国和澳大利亚等12个国家（图6-8）。长期以来，煤层气曾经是恐怖的"夺命瓦斯"，是威胁井下开采煤矿安全的重大危险源，作为煤矿开采中的有害气体，大多进行井下抽放。据最新资料，全世界每年因采煤向大气释放的煤层气达400亿立方米左右，既是能源的极大浪费，也对全球环境造成严重破坏。

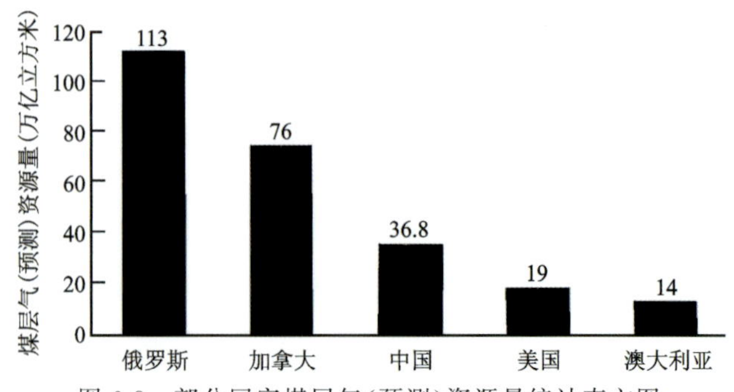

图6-8 部分国家煤层气（预测）资源量统计直方图

20 世纪 70 年代，美国首先取得煤层气地面开采的成功；到 2008 年，美国、加拿大、澳大利亚、俄罗斯等国，已经形成煤层气地面抽采、井下抽采的商业化生产能力，产量最多的美国达 500 亿立方米。

我国煤层气预测总资源量 36.8 万亿立方米，仅次于俄罗斯、加拿大，居世界第三，约占世界总资源量的 14%。从地域分布来看，主要分为华北、东北、西北和南方四大煤层气聚集区，分布于全国 42 个主要含煤盆地中，资源量最集中的有鄂尔多斯、沁水、准噶尔、滇东黔西、二连、海拉尔等 9 个含煤盆地；山西、内蒙古、新疆、贵州和云南等五省(区)煤层气资源丰富、开发潜力最大。近年来我国煤层气勘查工作取得较大进展，到 2021 年，保有探明技术可采储量 5441 亿立方米。

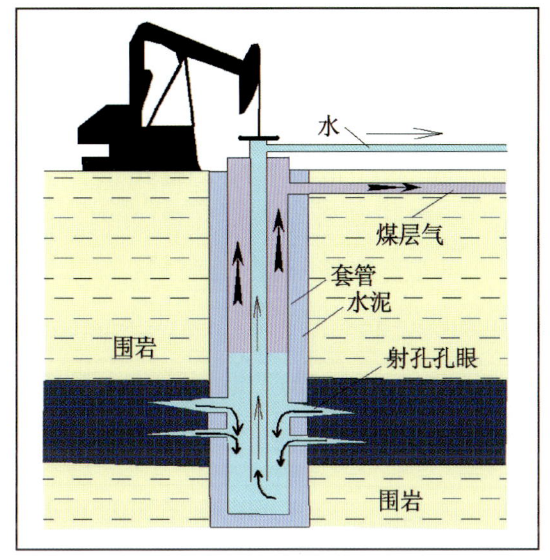

图 6-9　煤层气地面开采示意图

我国煤层气的利用，最早始于 20 世纪 50 年代进行的井下瓦斯抽采试验，到 80 年代以后逐步形成规模化抽采、利用能力。煤层气地面勘查、开发工作，起步于 90 年代，到 2006 年几处井组已形成小规模商业化生产能力(图 6-9)；到 2021 年，全国煤层气开发利用量达 100 亿立方米以上。

2. 内蒙古煤层气资源

内蒙古煤层气研究工作起步于 1996 年；2006 年至今工作进展较快，通过对海拉尔、二连、鄂尔多斯、阴山等盆地的研究，总结了煤层气成藏富集规律。据《内蒙古自治区煤层气资源调查评价项目成果》(2016)，全区煤层气预测资源总量达 9.2 万亿立方米，包括鄂尔多斯盆地(内蒙古部分)及周边、二连盆地群、海拉尔盆地群、黑山煤田。

到目前，内蒙古的煤层气尚未提交探明技术可采储量，也没有开展商业性煤层气地面开采工作。内蒙古现有确定煤层气矿产地 13 处，规模均为矿点，包括鄂尔多斯盆地及周边的桌子山煤田煤层气勘查区等 5 处，锡林郭勒盟、通辽市的二连盆地群的霍林河煤炭矿区煤层气勘查区等 4 处，位于呼伦贝尔市的海拉尔盆地群的大西山煤层气勘查区等 4 处。总体来说，内蒙古的煤层气资源潜力巨大，目前勘探程度和资源的探明程度均很低，仍处在勘探开发的起步阶段。

近些年，乌海市乌达煤矿区、阿拉善盟呼鲁斯太煤矿区、包头市石拐煤矿区等多地建成了煤层气井下抽采系统；有资料显示，全区矿井瓦斯年抽采量近 4000 万立方米，利用量近 2000 万立方米。

二、传统工业的基础原料——黑色金属矿产

黑色金属包括铁、锰、钛、铬、钒 5 种金属元素，对国民经济和社会发展具有极为重要的意义。我国黑色金属矿产相对不足；铬铁矿最为匮乏，且矿石质量较差；铁矿、锰矿的储量和产量世界排名相对靠前；钛矿、钒矿相对来说最为丰富。随着我国经济快速发展，钢铁产量猛增，除钒以外的黑色金属矿产大量依赖进口。

人类最早认识铁，是从陨石开始的，人们曾用这种天然铁制作过刀刃和饰物；但由于数量很少，陨铁的使用对生产和生活没有明显的影响。大约在3000多年前，世界上一些民族开始掌握了冶铁技术；在中国，最早使用铁制工具的记载出于《左传》中的晋国铸铁鼎；在春秋时期，已经在农业、手工业生产上使用铁器。到目前铁是世界上利用最广、用量最多的金属，其消耗量约占金属总消耗量的95%。它广泛应用于国民经济的各个部门和人们日常生活的各个方面；世界上99%的铁矿石用于冶炼生铁，进而用于冶炼熟铁、铁合金、碳素钢、特种钢等。

当前钢铁工业具有利用价值的铁矿物原料主要是铁的氧化物和碳酸盐，主要有磁铁矿、赤铁矿、镜铁矿、菱铁矿等，其中最常见和经济价值最大的铁矿物是磁铁矿。世界上铁矿资源非常丰富；2015年世界铁矿石储量为1900亿吨，资源总量估计超过8000亿吨；主要分布于澳大利亚、俄罗斯、巴西、中国、美国、印度等国家；其中以受变质型（沉积变质型）铁矿最为重要。相比世界其他矿业大国，我国铁矿并不算缺乏，但富铁矿较少，矿石品质较差，国际竞争能力弱。到2021年，我国铁矿石保有储量161亿吨，主要分布于辽宁、四川、河北、山东、安徽、内蒙古等省（区）；同年铁矿石国内产量9.8亿吨，进口量超过10亿吨，足以支撑我国居世界第一的钢铁工业生产。

（一）内蒙古的铁矿资源

全区累计查明铁矿资源储量数十亿吨；2021年铁矿石保有储量12.72亿吨，加之保有资源量，总体居全国第六位，占全国保有资源储量的5.22%。铁矿床在全区12个盟市均有分布，但主要分布在包头市、锡林郭勒盟、赤峰市和巴彦淖尔市，4个盟市的铁矿保有资源储量占全区保有资源储量的80%以上；包头市位居第一。内蒙古的铁矿多数为需选的贫磁铁矿床，矿石品质比较差；特别是包括了“超贫磁铁矿”，此类矿床磁性铁的品位多在10%以下，因不符合环保要求及铁矿价格等原因，近年来该类型矿山均停产。

全区查明资源储量的铁矿产地共有500余处，其中超大型矿床1处（包头市白云鄂博铁铌稀土矿床），大型矿床3处（达茂旗三合明铁矿床、克什克腾旗黄岗锡铁多金属矿床、苏尼特右旗白云敖包铁矿床）。铁矿石资源储量大于3000万吨的矿床有14处。

从矿床成因角度看，内蒙古铁矿床类型主要有海相火山岩型、受变质型、接触交代型、岩浆型。海相火山岩型铁矿，细分为火山-沉积型，典型的有白云鄂博铁铌稀土矿床、霍各乞铜多金属矿床；火山-热液型，典型的有黑鹰山、白云敖包铁矿床。受变质型铁矿，典型的有三合明、书记沟铁矿床等。接触交代型铁矿，典型的有朝不楞、黄岗铁矿床等。岩浆型铁矿，多为超贫铁矿，典型的有固阳县文圪乞、电报村超贫磁铁矿床。

内蒙古的铁矿结合分布区域、成因类型、矿石特征、开发利用情况等分为以下7个聚集区。

1. 白云鄂博地区

白云鄂博地区，以白云鄂博铁铌稀土矿床为代表，累计查明铁矿石资源储量超过十亿吨，铁矿（图6-10）加之共、伴生氧化铌、稀土矿（稀土氧化物）均达到超大型规模。该床是世界罕见的多金属共、伴生矿，具有极为复杂的独特性，即矿床物质成分复杂，可利用的元素十分多样，潜在的经济价值极为可观。

图6-10 白云鄂博铁铌稀土矿区铁矿石

（王剑民2021年摄）

2. 三合明地区

三合明地区，以达茂旗三合明（图 6-11）大型铁矿床为代表，成因类型为受变质型，另有包头市东河区壕赖沟、达茂旗高腰海及黑脑包等百余处中、小型矿床，均分布于乌拉山—大青山及其以北一带；矿石成分简单，矿石矿物为磁铁矿（图 6-12），有害成分少，可选性较好；大部分为在开采矿区。

图 6-11 三合明铁矿采场（贾林柱 2016 年摄）

图 6-12 三合明铁矿矿石（贾林柱 2016 年摄）

3. 额济纳旗黑鹰山地区

额济纳旗黑鹰山地区，以额济纳旗黑鹰山中型铁矿为代表，周边另有碧玉山铁矿床等 3 处小型矿床，成矿地质背景相同，统称为“黑鹰山式铁矿”，成因类型为海相火山-热液型；矿石成分较简单，矿石矿物以磁铁矿、赤铁矿（图 6-13）为主，有害组分硫、磷总体不超标。

4. 乌拉特后旗霍各乞地区

乌拉特后旗霍各乞地区，以乌拉特后旗霍各乞铜多金属矿床为代表，周边另有乌拉特后旗欧布乞、炭窑口硫铁矿多金属矿床，铁矿（图 6-14）为中、小型规模，成因类型为海相火山-沉积型；产于渣尔泰山群中，矿床中有用元素复杂，主要有铜、铁、铅、锌，可综合利用镓、锗、银、钴、等；铁矿石自然类型主要为磁黄铁矿-磁铁矿型、磁铁矿型。

图 6-13 黑鹰山铁矿、磁铁矿、赤铁矿矿石（王剑民 2022 年摄）

图 6-14 霍各乞矿区 2 号铁矿（白立兵 2022 年摄）

5. 黄岗—朝不楞地区

黄岗—朝不楞地区以克什克腾旗黄岗大型锡铁多金属矿为代表(图 6-15),另有东乌珠穆沁旗朝不楞、查干敖包等大中型矿床,成因类型为接触交代型;矿石成分较复杂,除铁矿外,共、伴生矿有锌、锡、铋等。

图 6-15　黄岗铁锡矿区(据张彤等,2023)

6. 苏尼特右旗白云敖包地区

苏尼特右旗白云敖包地区以苏尼特右旗白云敖包大型铁矿为代表(图 6-16),周边有阿巴嘎旗红格尔庙铁矿床、苏尼特左旗白音敖包铁矿床等 10 余处中、小型矿床,成因类型为海相火山-热液型;矿石矿物以赤铁矿、磁铁矿为主,有害成分硫、磷含量总体偏高,导致选冶性能差。

图 6-16　白云敖包铁矿采场(古艳春提供)

7. 梨子山地区

梨子山地区以陈巴尔虎旗谢尔塔拉铁矿床为代表,周边另有梨子山铁钼矿床,成因类型为接触交代型;矿石成分以铁矿为主,共、伴生矿种锌、钼等。

(二)全国及内蒙古铬、锰矿

在内蒙古,锰、铬、钒、钛矿均属贫乏矿种,矿产地不足 20 处;其中铬矿全国排名第四(资源储量占比 11%),锰矿排名第九(资源储量占比 1.39%),具有工业价值的矿床目前也没有开发。

1. 铬矿

我国的铬铁矿类型属于典型的与超基性岩有关的岩浆型矿床,矿床赋存于蛇绿混杂岩带中。内蒙古已查明的 5 处铬矿床均为与基性—超基性岩有关的岩浆型矿床,矿床形成于晚泥盆世、晚石炭世、中晚二叠世。全区保有储量 12.9 万吨,加之保有资源量,总体居全国第四位。其中锡林浩特市赫格敖拉铬铁矿床(图6-17)为中型规模,其余4处为小型,另有10处矿点。矿产地主要分布在乌拉特中旗、达茂旗境内的索伦山地区,东乌珠穆沁旗贺根山地区以及克什克腾旗、额济纳旗等地。

图6-17 赫格敖拉铬铁矿矿石(王剑民2022年摄)

2. 锰矿

我国的锰矿资源相对丰富,到2021年底锰矿石保有储量2.8亿吨;锰矿主要分布在贵州、广西、湖南、甘肃等省(区)。内蒙古锰矿产地较少,以小型矿床和伴生矿床为主;全区锰的共、伴生矿产地共有9处,锰矿石保有储量38万吨,另有资源量数千万吨;其中约半数为额仁陶勒盖银矿伴生的锰矿。

2006年发现的乌拉特前旗乔二沟锰矿床是唯一的中型矿床,位于乌拉特前旗小佘太镇东南15千米。锰矿体赋存于渣尔泰山群书记沟组粉砂质板岩中,工业类型为需选的低贫硬锰矿矿石(图6-18)。锰矿石资源量千万吨以上,占全区共生锰矿资源的80%。锰矿体受地层控制,呈似层状产出,受后期的构造及岩浆活动的影响,矿体在局部地段进一步富集。该矿目前尚未开采。

图6-18 乔二沟锰矿矿石(贾林柱2016年摄)

三、又一个优势资源——有色金属矿产

有色金属矿产包括铜、铅、锌、铝、镁、镍、钴、钨、锡、铋、钼、锑、汞共13种。有色金属是国民经济、人民日常生活及国防工业、科学技术发展必不可少的基础材料和重要的战略物资。截至2021年底,内蒙古有色金属矿产除铝、汞外,其他均已列入《截至二〇二一年底内蒙古自治区矿产资源储量表》(2022)。

以铅、锌、钼、铜为代表,有色金属是内蒙古优势矿产类之一;全区共探明主要、共生、伴生有色金属矿床400余处,其中超大型7处、大型27处、中型114处。截至2021年底保有资源储量居全国位次为:铅、锌第一,钼、铋第二,锡第三,镁第五,铜第六,锑第七,钨、钴第八,镍第九。其中镍矿主要为伴生的硅酸镍,钴矿主要为伴生于镍矿中的低品位矿,与其他矿种相比其经济意义较小。

铅、锌主要分布在赤峰市、巴彦淖尔市、锡林郭勒盟和呼伦贝尔市;铜、钼主要分布在呼伦贝尔市、赤峰市、锡林郭勒盟、巴彦淖尔市和乌兰察布市;钨、锡主要分布在赤峰市、锡林郭勒盟和呼伦贝尔市;镍、钴主要分布在巴彦淖尔市、锡林郭勒盟和包头市;铋、锑主要分布在锡林郭勒盟;镁矿主要分布在阿拉善盟。

矿床类型主要有斑岩型、岩浆热液型、陆相火山岩型、海相火山岩型和接触交代型5种。铜矿床类型以斑岩型、海相火山岩型和陆相火山岩型为主；铅锌矿床主要为陆相火山岩型、岩浆热液型和海相火山岩型；钼矿则以斑岩型占绝对优势；锡矿主要类型是陆相火山岩型和接触交代型；钨矿以岩浆热液型占优势；镍矿主要为岩浆型。

(一)铅矿、锌矿——内蒙古的全国第一

1. 铅矿、锌矿概述

铅(Pb)和锌(Zn)是两种被广泛应用的有色金属元素，是现代工业体系中重要的大宗金属原材料；铅广泛应用于汽车工业、化学工业、冶金工业领域，制造铅酸蓄电池的用量最大；锌广泛用于制造各种合金，如黄铜、白铜、青铜等，另有防止金属腐蚀的镀锌工艺、高纯锌制造银-锌电池等用途。

铅和锌的物理、化学性质以及用途并不相近；但自然界最常见的含铅、锌矿物是方铅矿、闪锌矿，而这两种矿物又往往相伴存在，乃至铅矿、锌矿更多见的是共(伴)生的铅锌矿，很少为单一铅矿床或单一锌矿床。

世界上铅、锌资源丰富；据《世界矿产资源年评2016》，2015年世界已查明的铅资源量超过20亿吨，锌资源量19亿吨。主要分布在澳大利亚、中国、俄罗斯、秘鲁、墨西哥、美国、印度等国家。我国的铅锌矿主要分布于内蒙古、云南、新疆、广西、甘肃等省(区)。2021年底，全国铅、锌保有储量分别为2041万吨、4423万吨。

2019年全球精炼铅、锌产量分别为1 178.6万吨、1352万吨，主要生产国有中国、美国、韩国、墨西哥、加拿大等；我国是世界第一精炼铅、锌生产国，产量占世界总量的40%以上。

2. 内蒙古的铅矿、锌矿

截至2021年底，查明资源储量的铅锌矿(图6-19)产地约290处，其中超大型矿床1处、大型18处；保有储量铅453万吨、锌882万吨；加之保有资源量，总体保有资源储量均居全国第一位。

图6-19　方铅矿矿石

(郝俊峰2015年摄于赤峰白音诺尔)

铅锌资源主要分布在巴彦淖尔市乌拉特后旗、赤峰市巴林左旗—克什克腾旗及翁牛特旗、锡林郭勒盟东乌珠穆沁旗和西乌珠穆沁旗、兴安盟科尔沁右翼前旗、呼伦贝尔市新巴尔虎右旗和根河市等地，这9个旗县的铅锌资源储量占全区铅锌资源总量的75%。

内蒙古铅锌矿矿床类型主要有陆相火山岩型、海相火山岩型、岩浆热液型、接触交代型。

1)陆相火山岩型铅锌矿床

该类矿床集中分布在锡林郭勒盟、赤峰市、呼伦贝尔市，典型矿床有新巴尔虎右旗甲乌拉铅锌银矿床(图6-20、图6-21)、西乌珠穆沁旗白音查干东山银锡多金属矿床、西乌珠穆沁旗花敖包特银多金属矿床等大型矿床，其特点是铅、锌的品位较高，普遍与银矿共生，另有铜、自然硫等伴生矿种。

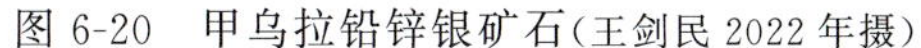
图 6-20 甲乌拉铅锌银矿石(王剑民 2022 年摄)

图 6-21 甲乌拉铅锌银矿区(王剑民 2022 年摄)

其中新巴尔虎右旗甲乌拉铅锌银矿床位于呼伦贝尔市新巴尔虎右旗政府驻地阿拉坦额莫勒镇北西 48 千米。发现于 1978 年,后经几十年多家单位勘查,到 2018 年累计查明主矿种铅、锌金属资源储量均达百万吨左右,共生银数千吨,均达到大型规模;另有伴生铜、银、镉等矿种。

矿区共圈出 21 个主矿体,矿体多呈脉状产于北北西向、北西—北西西向张扭性断裂构造带中,赋矿围岩无选择性。燕山期的石英二长斑岩、石英斑岩与成矿关系最为密切,为陆相火山热液充填型矿床,为多阶段多期次叠加成矿。矿床成矿物质具多来源特征,成矿元素 Ag、Pb、Zn、Cu 等及矿化剂主要来自早白垩世岩浆。

目前矿山属新巴尔虎右旗荣达矿业有限责任公司,自 2003 年投产至 2011 年以来,采选能力达到 80 万吨/年;实际采选量在 50 万吨/年以上。主回收矿种为铅、锌,伴生矿种主要为银。矿山采用先进的浅孔留矿法采矿技术,采矿回收率达到 90%以上;选矿采用“铜铅混选—铜铅再选—尾矿选锌”的工艺流程,率先使用了 RD-1、RD-2 清洁生产新型药剂,替代了常规的重铬酸钾,最终实现无毒无污染排放,主矿种回收率达到 90%以上。矿山经济效益和社会效益良好。

2)海相火山岩型铅锌矿床

该类矿床集中分布在巴彦淖尔市乌拉特后旗一带,代表性的有乌拉特后旗东升庙硫铁矿锌多金属矿床、乌拉特中旗甲生盘锌硫铁矿矿床等大型、超大型矿床,铅、锌、铜、硫铁矿(图 6-22)等多种矿种共、伴生,铅、锌品位一般,锌的资源储量较大。

图 6-22 东升庙矿区铅锌硫铁矿矿石(张玉清 2023 年摄)

乌拉特后旗东升庙硫铁矿锌多金属矿床,位于巴彦淖尔市乌拉特后旗旗政府巴音宝力格镇北东 3 千米处。发现于 1957 年,经 1960—1978 年的地质勘查工作,探求的硫铁矿、锌储量达大型规模,铅接近大型规模。2007—2017 年矿山企业对矿山外围及深部进行了勘探及资源储量核实等工作,累计查明资源储量硫铁矿 1 亿吨以上、锌数百万吨,均达到超大型规模,另有共生铅、铜、铁矿石达到大、中型规模。

该矿床明显受地层控制,矿体顺层产出,多层性好。渣尔泰山群阿古鲁沟组中段灰黑色白云岩与碳质板岩互层的黑色岩层是最主要的含矿层。矿床成因类型为海底火山喷气喷流沉积-后期改造(区域变质、海西-印支期岩浆热液)矿床。主成矿时代为中元古代(距今 18 亿～16 亿年)。

1974 年地方企业在此建厂采矿，2017 年矿区有 3 家公司在 5 个采矿权内采矿，分别为东升庙矿业有限责任公司(1 处采矿权)、万城商务有限责任公司(1 处采矿权)、乌拉特后旗紫金矿业有限公司(3 处采矿权)。该矿区总设计采矿能力达 580 万吨/年，设计选矿能力 530 万吨/年，矿山实际采矿和选矿能力均在 400 万吨/年以上；该矿区已成为地方经济发展的重要增长点。

图 6-23 内蒙古东升庙矿业有限公司厂区(张玉清 2023 年摄)

内蒙古东升庙矿业有限责任公司(图 6-23)，其采矿权位于东升庙多金属矿区的核心部位，开采矿种有锌矿、铅矿、铜矿、硫铁矿、铁矿，矿区面积 1.39 平方千米，硫铁矿和锌的保有储量在全国名列前茅。于 2015 年 3 月建成了国内铅锌行业首家使用半自磨碎磨工艺及 100 立方米大型浮选机的铅锌选矿项目。目前生产规模为采选矿石 130 万吨/年，主要产品有铅精矿、锌精矿、硫精矿、铜精矿和硫铁精矿等。公司成立以来，始终坚持"以人为本""诚信为本"的经营理念，开拓创新，求真务实，取得了骄人的经营业绩。截至 2022 年底，累计实现利税 94 亿元，为地方经济社会的发展做出了突出贡献。先后荣获"全国诚信单位""内蒙古民营企业 50 强""全国矿产资源合理开发利用先进矿山企业""全国五一劳动奖状""中国有色金属工业科学技术奖""全国绿色矿山"等诸多荣誉，于 2020 年被评为"高新技术企业"。

3)岩浆热液型铅锌矿床

该类矿床为以铅锌为主的岩浆热液型多金属矿床，集中分布在锡林郭勒盟、赤峰市，矿种组合多样，有银铅锌、银锌、钼铅锌、锡锌铜等，成矿时代早白垩世。代表性矿床有拜仁达坝超大型银锌多金属矿、双尖子山超大型银铅锌矿、阿尔哈达大型铅锌银矿。

拜仁达坝超大型银锌多金属矿床(图 6-24、图 6-25)位于赤峰市克什克腾旗旗政府经棚镇北 95 千米处。1999—2004 年，从发现化探异常，到地质普查、详查工作，证实为一处铅、锌、银均达到或接近大型规模的多金属矿床；2008—2011 年，进行储量核实及生产详查工作，增加了一部分资源储量。按拜仁达坝矿区累计查明资源储量，银达到超大型规模，锌、铅为大型；另有部分伴生的铜、硫资源。

该矿区矿体赋存于近东西向压扭性断裂构造中，赋矿岩石为石炭纪石英闪长岩，共圈定工业矿体 66 个。成矿作用主要与花岗岩的侵入有关，成矿时代为早白垩世(1.35 亿年)。

图 6-24 拜仁达坝矿区银铅锌矿石(王剑民 2022 年摄)

图 6-25 银都矿业公司拜仁达坝矿区(银都矿业公司提供)

内蒙古银都矿业有限责任公司(图 6-25)于 2005 年投产,开采主矿种银矿、铅矿、锌矿,采用地下开采方式,年生产规模采、选 50 万吨;企业经济效益较好。近年来,企业经过采、选矿工艺技术改造,银、铅、锌综合回收率显著提高,同时综合回收硫铁矿;深部和外围找矿也取得了一定成效。

4)接触交代型铅锌矿床

该类矿床主要分布于大兴安岭中生代火山岩带中,以锡林郭勒盟、赤峰市矿床分布最为集中;矿床多产于中生代侵入岩与古生代地层接触带。该类矿床以铅锌矿最为突出,资源储量一般锌远大于铅;矿种组合有铅锌、锌铁、铅锌银、铅锌铜、银铅锌、铁锡、铁铜等,代表性的有白音诺大型铅锌矿床、浩布高锌多金属矿床、二道河铅锌银矿床等。该类矿床不同规模均有,但资源储量大多为大中型规模者拥有,占比在 90%以上。成矿时代主要为燕山晚期,其次为印支期。

图 6-26　巴林左旗白音诺铅锌矿石

(张玉清 2021 年摄)

巴林左旗白音诺铅锌矿床(图 6-26),位于赤峰市巴林左旗政府驻地林东镇北西 87 千米。发现于 1970 年,经普查工作初步查明该矿为一矽卡岩型铅锌多金属矿床。之后经过 40 多年的详查、勘探工作,矿区累计查明资源储量锌超过 200 万吨、铅数十万吨,另有伴生银、镉。

矿床分为北矿带和南矿带,共圈出工业矿体 202 条,矿体形态呈脉状、板状及透镜状;区内矿体受地层岩性界面、断裂构造和侵入岩诸因素控制,铅锌矿体绝大多数赋存于印支期闪长玢岩与中二叠统哲斯组大理岩-结晶灰岩接触外带中。金属矿物以闪锌矿、方铅矿为主,印支早期为主成矿期。

白音诺铅锌矿矿山建于 1979 年,现在的矿山企业为赤峰中色白音诺尔矿业有限公司(图 6-27),现有1300 名职工,分一、二采矿事业部,和一、二选矿厂,年开采矿石 100 万吨,选矿厂日处理矿石 3000 吨;平硐与竖井(图 6-28,罐笼井、箕斗井)联合开拓,开采方式为露天和地下两种,企业年产值 6 亿元。

图 6-27　巴林左旗白音诺铅锌矿厂部

(张玉清 2021 年摄)

图 6-28　巴林左旗白音诺铅锌矿区平硐与竖井

(张玉清 2021 年摄)

(二)铜矿——也是优势矿种

1. 铜矿概述

铜(Cu)是我们熟悉的金属元素，具有良好的导电性、导热性、耐腐蚀性、耐磨性和延展性等物理化学特性。人类认识和利用铜的历史始于三四千年前的青铜器时代；现代生产生活中铜的用途很广泛，在电气工业中用量最大，另外在国防、机械制造、有机化工及工艺美术、农业中均有应用。在金属材料的消费中仅次于钢铁和铝。自然界含铜的矿物很多，最常见铜的硫化物有黄铜矿、斑铜矿、辉铜矿、黝铜矿，常见的铜氧化矿有孔雀石、蓝铜矿、硅孔雀石。中国生产的铜主要取自黄铜矿，其次是辉铜矿、斑铜矿、孔雀石等。

全球铜矿资源非常丰富，但分布极不均匀，主要集中在南美洲和澳大利亚。据《世界矿产资源年评2016》，世界陆地已发现铜资源量21亿吨，其中储量7.2亿吨；储量排名靠前的有智利、澳大利亚、秘鲁、墨西哥等国家。到2021年底，中国的铜矿保有储量3495万吨；主要集中在西藏、云南、江西、新疆、内蒙古、甘肃等省(区)。随着中国经济快速发展，中国的精铜产量和消费量已跃居世界首位，同时也是世界最大的铜矿进口国。

2. 内蒙古的铜矿

截至2021年底，内蒙古铜金属保有储量169万吨；保有资源储量总体居全国第六位。已发现共伴生铜矿产地300余处，其中大型矿床3处(霍各乞、乌努格吐山、白乃庙)；中型矿床17处，中型矿床中只有炭窑口、沙布楞山的铜资源储量(共生)大于20万吨。

内蒙古铜矿主要成因类型有斑岩型、海相火山岩型、陆相火山岩型、岩浆热液型、接触交代型和岩浆型6种。其中以斑岩型、海相火山岩型、陆相火山岩型及岩浆热液型为主。

1)斑岩型铜矿床

该类矿床集中分布在锡林郭勒盟、赤峰市、呼伦贝尔市，典型矿床有新巴尔虎右旗乌努格吐山铜钼矿床、赤峰市松山区车户沟(双山子)钼铜矿床；特点是矿床数量并不多，但资源储量占比达37%，普遍与钼矿共生，铜、钼品位较低，其他共伴生矿种少。

新巴尔虎右旗乌努格吐山铜钼矿床(图6-29)位于呼伦贝尔市满洲里市南西约22千米处。1960年首次发现铜矿化线索，后经综合普查、钻探验证等工作，2006年提交勘探报告，将矿区矿体划分为工业铜矿体、低品位铜矿体、工业钼矿体和低品位钼矿体4个部分；铜、钼矿相互共伴生，铜矿体中伴生银、硫；估算资源储量共、伴生铜金属量超过200万吨，共、伴生钼金属量数十万吨；铜、钼平均品位总体较低。

图6-29 乌努格吐山铜钼矿矿石(王剑民2022年摄)

矿区主要矿体是一个以次斜长花岗斑岩体为中心的环状铜钼矿体，长轴2600米，短轴1350米，走向50度左右，总体倾向北西，倾角80度左右；但由于后期断层破坏，造成环形矿体的不连续，将矿体分为南、北两个矿段。铜钼矿石主要为细脉浸染型低品位贫矿石。成矿时代为早侏罗世。

该矿山属中国黄金集团内蒙古矿业有限公司，2007年开发，目前生产能力2400万吨/年。从投产至2022年上半年，累计生产铜81.19万吨，生产钼5.1万吨，实现产值389.7亿元，实现利润总额

95.52亿元，上缴地方税费84.31亿元。为地方经济蓬勃发展作出了积极贡献。矿山采用大型露天开采模式(图6-30)，使用先进的大型电铲、大型自卸车、汽车+胶带运输等采矿设备，采用矿岩分离爆破技术、组合台阶陡帮剥离和缓帮采矿工艺，可以有效地均衡生产剥采比，连续多年实现开采回采率在98%以上。在选矿方面采用的SAB破磨工艺、7.9米直径球磨机、320立方浮选机都是国内领先的技术和设备；特别是2014年铜钼分离技术的突破和应用，大幅度提高了钼的回收率，使企业利润成倍增长。该技术被国土资源部列入矿产资源节约与综合利用先进适用技术目录进行推广，项目于2015年获中国黄金协会科学技术奖特等奖。

图6-30 乌努格吐山铜钼矿区露天采场(王剑民2022年摄)

2)海相火山岩型铜矿床

西部集中分布区包括乌拉特后旗霍各乞铜多金属矿床、东升庙硫铁矿锌多金属矿床等，铜、铅、锌、硫铁矿等多种矿种共、伴生，成因属于海相火山岩型中的海相喷流沉积矿床(SEDEX)。

中部区集中分布区包括白乃庙铜多金属矿床、别鲁乌图-北柳图庙铜多金属矿床、谷那乌苏铜矿床等，铜为主矿种，其他共伴生矿中有钼、铅、锌、硫铁矿等，成因属于海相火山岩型中的海相火山-沉积型矿床(VMS)。

乌拉特后旗霍各乞铜多金属矿床位于巴彦淖尔市乌拉特后旗巴音宝力格镇西北约30千米处。1958年群众报矿，经原冶金工业部地质局华北分局五四二队实地检查后证实；之后的50多年经多阶段工作，3个矿段累计查明铜、铅、锌资源储量(金属量)均达百万吨以上，铁矿石量数千万吨；另有伴生银、硫铁矿等。为一处以铜为主的大型多金属矿床。矿区赋矿地层为渣尔泰山群阿古鲁沟组，矿体受层位和岩相控制，呈层状、似层状产出，成矿时代为中元古代。一号矿段以铜、铅、锌为主，均达大型规模，也有铁矿赋存；二号矿段以铁、铅为主，均为中型规模；三号矿段以铁为主，其他矿产极少量。铁矿体及与其共生的铅矿体多赋存于透闪石岩中，铜矿体赋存于含铜石英岩中，铅锌矿体多赋存于碳质板岩、千枚岩中。

1988年乌拉特后旗对一号矿段1920米标高以上的5～11线进行露天采矿，建日处理150吨小选厂。1992年二期扩建，采选矿石1500吨/天规模，开采方式为露天开采。1996年三期扩建，达到采选矿石1650吨/天。现在的矿山生产企业巴彦淖尔西部铜业有限公司(图6-31)，成立于2006年；经过10多年的发展，矿山总采选能力为地下开采矿石250万吨/年，开采矿种有铜矿、锌矿、铅矿和铁矿，主要产品有铜精矿、铅精矿、锌精矿等；年产值10亿元以上，为地方经济发展作出了积极贡献。企业曾获“全国有色金属行业先进集体”“中国有色金属工业科学技术奖”等50多项荣誉。近年来企业在“智能化”“绿色化”矿山建设方面不断进步，2009年率先采用充填采矿法，使采矿回采率达到92%以上，同时极大地减少了尾矿对自然环境的破坏；通过技术改造使主要矿种铜的选矿回收率达到94%；在重金属防治、尾矿治理、废水治理、粉尘治理等方面投入了大量资金和技术，取得了可观的效果。

3)陆相火山岩型铜矿床

矿床数量60余处，以铜为主及共生矿床40处，其余为伴生铜矿；在赤峰市、锡林郭勒盟较为集中分布，代表性矿床有西乌珠穆沁旗沙布楞山铜锌钼矿床、科尔沁右翼中旗布敦花铜矿床、林西县大井子锌多金属矿床等7处中型铜矿床，均为在开采矿床。该类矿床成矿时代主要为早白垩世。

图 6-31　巴彦淖尔西部铜业有限公司乌拉特后旗获各琦铜多金属矿，左—矿区办公大楼，右—层状铜矿石，赋存于中元古界长城系书记沟组石英岩中(张玉清 2023 年摄)

4)岩浆热液型铜矿床

矿床数量达 100 处，资源储量占比近 20%，其中 4 处达中型规模，其余为小型矿床和伴生型铜矿。赤峰市、锡林郭勒盟分布较多，代表矿床有敖汉旗白马石沟铜钼矿床、西乌珠穆沁旗大乌兰林场铜矿床、西乌珠穆沁旗道伦达坝铜钨矿床。成矿时代以燕山晚期为主，其次为海西期、印支期和燕山早期。

(三)钼矿——重要的战略储备资源

1. 钼矿概述

金属元素钼(Mo)，单质为银白色，是一种难熔的金属，是冶金、电气、化工、航空和航天等制造业中不可或缺的原料。钼的消费结构：钢铁工业约占 75%，其中合金钢占 29%、不锈钢占 34%，其他钢(工具、高速、铸钢)占 12%；另外，超级合金、金属、催化剂、化工产品占 25%。自然界中已知的钼矿物及含钼矿物有 30 多种，其中具有工业价值的主要是辉钼矿(MoS_2)。

世界钼矿资源丰富，保有储量 1100 多万吨；主要分布在中国、美国和智利 3 个国家。我国钼矿床的主要特征是大型矿床众多，但品位较低，大部分矿床平均品位小于 0.1%。全球钼资源开发也主要集中在中国、智利和美国，三国产量占全球总产量的 70%～80%。其中，中国在全球钼供应体系中起到“定海神针”的作用。我国的钼矿主要分布于河南、陕西、内蒙古、吉林、黑龙江等省(区)；2021 年底全国保有钼储量 585 万吨。

2. 内蒙古的钼矿资源

钼为内蒙古优势矿种，全区钼矿产地(包括共伴生)近百处，其中超大型矿床 3 处、大型 7 处。到 2021 年底，全区钼金属保有储量 112 万吨，保有资源储量居全国第二位，占全国保有资源储量的约 15%；其潜在经济价值达数万亿元。钼矿主要分布在乌兰察布市、锡林郭勒盟、呼伦贝尔市和巴彦淖尔市，4 个盟市保有钼资源储量占全区的近 90%。

内蒙古以斑岩型钼矿为主，查明钼资源储量占比达 95%，其中以中型以上规模的矿床为主。矿产组合主要有单一钼型、铜钼共生型和钼铅锌异体共生型。代表性矿床有鄂伦春旗岔路口钼矿床、兴和县曹四夭钼矿床、东乌珠穆沁旗迪彦钦阿木钼多金属矿床、阿巴嘎旗必鲁甘干钼铜矿床等超大型、大型矿床。

内蒙古现有钼矿开采矿山20余处，代表性矿山有新巴尔虎右旗乌努格吐山铜钼矿床、阿巴嘎旗必鲁甘干钼铜矿床、乌拉特前旗西沙德盖钼矿床。大型以上钼矿床大部分未开采，中、小型矿床开发利用只是采、选，所有矿山均建有选矿厂，生产钼精矿，无深加工产品，工业附加值低，从产量到产品级别都尚未形成产业优势。内蒙古的钼矿可作为一种战略性储备资源，日后必将发挥其应有的作用。

图 6-32　金地矿业公司（必鲁甘干钼矿）钼矿石
（王剑民 2022 年摄）

阿巴嘎旗必鲁甘干钼铜矿床位于锡林郭勒盟阿巴嘎旗旗政府别力古台镇北西约44千米处。1975年完成的1∶20万区域地质调查工作发现；经过2008—2012年的普查、详查、勘探工作，查明为一处以钼（图6-32）为主兼共、伴生铜的大型矿床。矿体的形成与中三叠世花岗斑岩体有关，矿体形态主要呈透镜状、似层状，矿石构造以细脉浸染状构造为主，由矿体至围岩岩石具绢云母化-绿泥石化的蚀变分带；成因类型为斑岩型。该矿区于2008年由金地矿业公司开发建设（图6-33），目前采选矿石165万吨/年。矿山企业在采、选矿方面不断进行技术改造，挖掘资源潜力，铜、钼回收分离技术已很成熟；尾矿中综合回收长石、石英（硅石矿）的工艺已到生产试验阶段，企业经济效益佳。

图 6-33　金地矿业公司（必鲁甘干钼矿）露天采场
（王剑民 2022 年摄）

四、这个第一名是“银”牌——以银矿为代表的贵金属矿产

贵金属矿产包括金、银、铂族元素（铂、钯、铱、铑、锇、钌）。内蒙古的贵金属矿产主要是银和金，铂族元素矿产很少。

内蒙古的贵金属矿产资源以银矿最为重要；银矿保有资源储量在全国排名第一，金矿排名第四，铂族元素矿产排名第四至第六（资源储量占比1%～3%）。

区内贵金属矿产资源在各盟市的分布状况有以下几个特点：

（1）从地域分布看，金矿主要分布于中部及西南部，银矿在东北部分布较为集中。

（2）银矿分布于除乌海市、鄂尔多斯市外的10个盟市，赤峰市位居第一。银矿与有色金属的铅锌矿密切共伴生，其主要分布区域与铅锌矿重合，均为赤峰市、锡林郭勒盟、呼伦贝尔市、巴彦淖尔市；巴彦淖尔市主要是伴生银矿，故资源储量看起来要少一些。

(3)金矿分布于除乌海市外的11个盟市，主要分布区域为赤峰市、巴彦淖尔市、包头市、阿拉善盟。

(4)铂族元素矿产很少，3处铂族元素矿分布于乌兰察布市、包头市，2处砂铂矿分布于阿拉善盟。其中资源量最大的一个矿床是乌兰察布市四子王旗小南山铜镍多金属矿，其中的铂族元素类矿产资源量也不足2吨。

(一)银矿——全国第一

1. 银矿概述

银(Ag)来源于拉丁语，有“浅色、明亮”的意思；银具有很强的导电性、延展性和热传导性。银的可塑性好，易于抛光、造型，还能与许多金属组成合金，并且具有较强的抗腐蚀性。目前发现的银矿物有200种，包括自然金属与金属互化物、硫化物、碲化物等，最常见的工业矿物是辉银矿(Ag_2S)。银是一种应用历史悠久的贵金属，人类使用银的历史可以追溯到公元前2000年；人们曾赋予它货币和装饰双重价值，在制作装饰品方面仅次于金。随着科技的不断发展，银在传统的货币和首饰领域的高额消费逐渐转移到工业领域；在工业上银多用在电子和机械制造业；银还用于能源工业领域，用以聚集太阳光获得热能和电能；银锌、银镉电池比普通电池强20倍以上；卤化银是重要的感光材料，还可以用于人工降雨。

世界银资源主要分布于秘鲁、澳大利亚、波兰、智利、中国等国家。全球约1/3的银资源来自以银为主的独立银矿床，2/3的银资源是与铜、铅、锌等有色金属或金等贵金属矿床伴生的。我国的银矿分布广泛，2021年底全国银金属保有储量7.18万吨，保有资源量达30万吨以上；资源储量较多的省(区)有内蒙古、云南、江西、甘肃、西藏等。

2. 内蒙古的银矿资源

截至2021年底，全区银金属保有储量2.45万吨，保有资源量数万吨；保有资源储量占全国总量的26.95%，居全国第一位。全区银矿资源主要分布在赤峰市、锡林郭勒盟和呼伦贝尔市(图6-34、图6-35)，3个盟市保有资源储量占全区的84%。

全区银矿产地约500处，其中共生银矿约120处，其余为伴生银矿。超大型银矿5处，大型银矿7处，中型银矿24处，余为小型银矿。2019年全区银矿山企业27个，年产矿石量178万吨；开发地主要集中于赤峰市，全市有银矿矿山21个，占全区银矿石年产量的近80%。

图6-34 银矿石(氧化)(王剑民2022年摄于额仁陶勒盖银矿床)

图6-35 银矿石(原生)(王剑民2022年摄于额仁陶勒盖银矿床)

银矿床类型主要有岩浆热液型、陆相火山岩型、接触交代型、海相火山岩型；以岩浆热液型、陆相火山岩型最为重要。

1）岩浆热液型银矿

该类矿床有矿产地67处，约占银矿总数的近一半。典型的有巴林左旗双尖子山银铅矿床、克什克腾旗拜仁达坝银多金属矿床、西乌珠穆沁旗白音查干东山银锡多金属矿床3处超大型矿床。银与铅、锌等共生，成矿与燕山期早期的岩浆活动有关，岩浆活动为成矿提供部分热源，成矿具有多阶段、多期次叠加的特征。

巴林左旗双尖子山银铅锌矿床（图6-36）位于赤峰市巴林左旗政府驻地林东镇西北约110千米；1984年区域地质调查中发现矿化线索，后陆续做过踏查和远景评价；2003年由赤峰宇邦矿业有限公司开展系统的勘查工作。2017年银资源储量超万吨（银平均品位总体较低），共生铅资源储量数十万吨、共生锌资源储量超百万吨；银达超大型规模，锌达大型规模；是内蒙古乃至中国资源储量最大的银矿。该矿床的勘查成果获得中国地质学会2018年度十大地质找矿成果奖。目前已建成5000吨/天的井工开采和选矿能力，投产后年产白银可达100吨以上。

图6-36 巴林左旗双尖子山银铅锌矿区

（张玉清2021年摄）

矿区内共圈定280条工业矿体，矿体呈似层状、脉状及透镜状产出。矿体主要赋存于中下二叠统大石寨组上段板岩、变质粉砂岩中。矿体总体呈北西走向、向南西陡倾斜，矿体与围岩界线不清，呈渐变过渡关系。全部为隐伏矿体，矿体头部平均埋深21～600米。大型矿体一般控制走向延长500～1000米，倾向延伸400～600米，厚度3米左右。根据矿石中主要有用组分分为银铅锌矿石、银锌矿石、银矿石、银铅矿石等工业类型。与成矿有关斑状花岗岩年龄在1.32亿～1.59亿年间，确定成矿时代为晚侏罗世（1.5亿年左右）。

2）陆相火山岩型银矿床

该类矿床有矿产地61处，约占银矿总数的44%。代表性矿床有科尔沁右翼前旗复兴屯银铅锌矿床、西乌珠穆沁旗花敖包特银多金属矿床2处超大型矿床。银与铅、锌共生，成矿多与燕山期火山热液有关。

图6-37 勘查中的复兴屯银矿矿区（梁新强提供）

复兴屯银铅锌矿床位于兴安盟科尔沁右翼前旗旗政府所在地科尔沁镇东120千米处。依据2008年1∶5万化探调查工作圈定综合异常，2011—2017年内蒙古国土资源勘查开发院陆续对矿区进行预查、普查工作。据2019年普查报告资料，本矿区（一区）提交银金属资源量数千吨（达超大型规模），平均品位一般，异体共生锌资源量数百万吨，共生铅资源量数万吨。目前本矿区（一区）及外围勘查工作还在进行中（图6-37），矿区资源潜力巨大，开发前景广阔。该矿床的勘查成果曾获得中国地质学会2019年度十大地质找矿成果奖。

矿体主要赋存于上侏罗统满克头鄂博组酸性火山岩中，矿体形态为似层状、透镜状，矿体与围岩呈渐变过渡关系，界线不明显。矿区共圈定了575条矿体，主要矿体埋深在400～500米；矿体以独立银矿体、银铅锌共生矿体、银锌共生矿体为主。矿床类型属于陆相火山岩型中的火山-次火山热液充填矿床。成矿时代为早白垩世。

(二)金矿——全国第四

1. 金矿概述

金(Au)呈黄色，具强金属光泽，化学性质十分稳定，具很好的延展性和良好的导电性。目前发现的金矿物有几十种，工业矿物有20余种，自然金是其中最重要的一种，也是自然界为数不多的以元素单质组成的矿物。

人类认识和利用金的历史，可以追溯到公元前3000年的古埃及，在人类的意念中，没有什么东西比黄金更能体现纯洁与神圣，从古埃及的金权杖到中国的三星堆金面罩，从皇帝的宝冠到普通人的首饰，从可医治百病的“万能之药”到科技领域的大量应用，黄金用它特有的尊贵传达着人类对财富和权势的至高追求。目前，黄金仍是国际货币结算手段和货币信用基础。金还广泛应用于珠宝业以及陶瓷、镶牙、制笔等方面。随着科学技术的发展，黄金及其合金在电子、电气、医疗、化工设备、宇航和国防尖端工业中具有更广泛的用途。

据《世界矿产资源年评2016》(2016)，世界黄金储量约5.6万吨，资源总量估计达10万吨；主要分布于澳大利亚、南非、俄罗斯、印度尼西亚、美国等国家。我国的金矿分布广泛，以山东最为丰富，金资源量占全国总量的近1/3。2021年底，全国保有金金属储量2964吨，主要集中在山东、甘肃、内蒙古、云南、西藏、河南等省(区)。

2. 内蒙古的金矿资源

全区共有金矿产地近300处，其中以金为主及共生金的矿产地210多处，包括岩金189处(其中超大型1处、大型8处)，砂金矿29处(大型1处)。全区有24处重要金矿床(岩金矿资源储量大于10吨、砂金矿资源储量大于5吨)。

截至2021年底，全区金保有储量160吨，保有资源量数百吨，总体居全国第四位。全区金矿资源主要分布在赤峰市、巴彦淖尔市、包头市和阿拉善盟，4个盟市保有资源储量占全区的86%。

矿床类型主要有岩浆热液型、叠加(复合/改造)型、砂矿型最为重要，其他类型有斑岩型、陆相火山岩型、海相火山岩型、受变质型和风化型。

1)岩浆热液型金矿床

该类矿床矿产地170处，约占金矿总数的90%；该类型金矿与侵入岩体有着密切的关系。该类型金矿床分布较为普遍，成矿时期集中在中生代、晚古生代。

中生代三叠纪、侏罗纪、白垩纪形成的矿床数共100余处，其中大型矿床6处，中型矿床16处；代表性的有敖汉旗金厂沟梁金矿床(图6-38)、包头市九原区乌拉山-哈达门金矿床、敖汉旗撰山子金矿床、乌拉特前旗白云常合金矿床等。

图6-38 金矿石，产于金厂沟梁金矿(王剑民2022年摄)

晚古生代石炭纪、二叠纪形成的矿床数共60余处，其中大型矿床5处，中型矿床10处；表现为矿体赋存在距岩体一定距离的围岩地层中或直接赋存在岩体内。侵入岩岩石类型多为花岗闪长岩、石英闪长岩等，近矿围岩具有较强烈的热液蚀变现象和较复杂的矿石矿物共生组合。代表性的有乌拉特中旗巴音杭盖金矿床、敖汉旗七家金矿床、达茂旗赛乌素金矿床、固阳县老羊壕金矿床等。

敖汉旗金厂沟梁金矿床位于赤峰市敖汉旗金厂沟梁镇境内，由金厂沟梁、二道沟、对面沟3个矿区组成。金厂沟梁金矿具有悠久采金历史，清道光十六年、十七年(1836—1837年)民间采金就已经十分兴盛，光绪十八年(1892年)清政府派员组建起第一个官办的金厂沟梁金矿山。矿区全面系统的地质勘查工作始于1957年，累计查明金资源储量数十吨，现保有量约占其中的30%。

主矿区金厂沟梁矿区共查明71条矿脉，产于新太古界建平岩群变质岩中，矿体形态严格受断裂控制。矿体呈单脉或脉群产出，矿石以充填在断裂中的硫化物石英脉为主(图6-39)，次为硫化物蚀变岩。金厂沟梁金矿床的主成矿期为早白垩世。

1958年建立地方国营金厂沟梁金矿，1997年转制为内蒙古金陶股份有限公司(图6-40)。目前矿山为地下开采，采用明竖井+盲竖井联合开拓方式，以削壁充填采矿法为主，开采矿体属于极倾斜极薄矿脉；总出矿能力为1500吨/天。选矿工艺为尼尔森重选+混合浮选，总处理量1700吨/天，年产黄金1.5吨左右，年产值5亿元左右。

图6-39 金厂沟梁金矿硫化物石英脉型金矿石
(王剑民2022年摄)

图6-40 内蒙古金陶股份有限公司厂区
(内蒙古金陶股份有限公司提供)

2)叠加(复合/改造)型金矿床

该类矿床指不是单一成矿作用形成的金矿床，这里所指为受变质-岩浆热液型，有乌拉特中旗浩尧尔忽洞金矿床、阿拉善左旗朱拉扎嘎金矿床2处，资源储量占全区总量的近20%。

乌拉特中旗浩尧尔忽洞金矿床(图6-41)位于巴彦淖尔市乌拉特中旗旗政府所在地东约70千米处。发现于1976年，后经多家地勘单位历时30年多个阶段的工作，最终提交一处超大型金矿床，金金属资源储量超过100吨，矿石量超过1.5亿吨，但平均品位较低。该矿床为产于白云鄂博群黑色岩系中的层控型大型矿床，具有规模大，品位低的特点。含矿岩石主要为千枚岩、片岩、千枚状板岩等，地层中金属硫化物及金的原生富集是成矿的重要基础，金矿体形态多以层状、似层状为主(图6-42)，与地层产状一致；后期叠加成矿作用与二叠纪构造岩浆活动有关，以硫化物-石英细脉形式出现。

图 6-41 浩尧尔忽洞金矿露天采场(张玉清 2021 年摄)

图 6-42 浩尧尔忽洞金矿矿石(张玉清 2021 年摄)

2007 年以来,该矿区陆续进入开发阶段。目前矿山属内蒙古太平矿业有限公司,年处理矿石量 1300 万吨,年产黄金 4.3 吨以上。作为国内最大的单体黄金堆浸矿山,开创了国内低品位金矿床大规模开发利用的先例。采用了国内首创的埋管滴淋技术,保证了寒冷、干旱地区连续生产;采用粉状活性炭回收技术,提高了金的回收率;采用絮凝沉降与浓缩机相结合,实现了废水的循环利用;为世界严寒低品位黄金矿山大规模开发利用贡献了中国新方案。

3)砂金矿床

该类矿床分布较广,已发现矿床 29 处,资源储量占比约 5%;主要分布在乌拉特中旗、达茂旗、武川县、察哈尔右翼中旗、呼伦贝尔市等地。代表性的有恩和哈达河砂金矿床、金盆地区砂金矿床、石哈河砂金矿床。

恩和哈达河砂金矿床位于额尔古纳市奇乾乡,是该地区 5 处砂金矿床的总称,早在 19 世纪 60 年代初就已开采,主要以俄国人越界盗金为主。20 世纪 80 年代以来,由中国人民武装警察部队黄金第三支队等单位陆续完成勘查工作,提交砂金资源量 20 吨。砂金赋存在第四纪冲积形成的含黏土砂砾层和砂砾层中。含金层呈层状、似层状,分布连续稳定。

4)伴生金矿床

伴生于不同成因的其他主矿种的金矿有 60 处,累计查明资源储量占比 8%。如四子王旗白乃庙铜多金属矿床、乌拉特后旗东升庙硫铁矿锌多金属矿床,其伴生金资源储量达中型规模。

五、“三稀矿产”——在这里并不“稀”

稀土元素、稀有元素和分散元素矿产统称为“三稀矿产”。

稀土元素包括元素周期表中 57 号~71 号镧系元素(镧、铈、镨、钕、钷、钐、铕 7 个为轻稀土元素 ,钆、铽、镝、钬、铒、铥、镱、镥 8 个为重稀土元素)以及化学性质与其类似的钇(属重稀土)和钪,共 17 种元素。稀土是发展新材料工业、高新技术产业和国防工业不可或缺的重要矿产,在国计民生、国防军工和高新科技领域中占有重要的战略地位,是十分重要的战略资源。自然界含稀土元素的矿物有250多种，具工业价值的有独居石、氟碳石矿、磷钇矿等十几种。世界稀土资源丰富，但分布不均匀；主要分布于中国、巴西、俄罗斯、印度和澳大利亚。稀土矿是中国的优势矿种，目前在世界上储量占比约35%，最近5年年产量占比约64%。中国是世界第一稀土出口大国，也是高纯度、高附加值稀土产品出口大国。我国的稀土资源主要分布于内蒙古、四川、山东、江西等地。其中内蒙古是我国最重要的稀土矿产富集地和生产地；内蒙古的稀土矿产以轻稀土为主。

稀有元素包括锂、铍、铌、钽、锆、铪、铷、锶、铯9种金属元素，自然界中这些元素虽然分布稀少，但均可以形成独立的矿床，也常组合在一起形成多矿种的稀有金属矿床。稀有金属是战略性新兴产业的关键性矿产资源，无论是在高端装备制造业还是在新能源汽车领域均发挥着不可替代的作用，而且其重要性越来越突显。这9种稀有元素矿床在内蒙古都已发现，其中铌、钽、锂、铍矿较为重要；代表性矿床有扎鲁特旗八〇一稀土矿床（铌、钽、铍、锆达大型），包头市白云鄂博铁铌稀土矿床（铌达超大型），克什克腾旗维拉斯托锂锡多金属矿床（锂、铷达大型），武川县赵井沟铌钽矿床（铌、钽、铷达大型），镶黄旗加不斯钽铌锂矿床（钽、锂、铷达中型）。其中内蒙古的铌矿（Na_2O_5）最为丰富，保有资源储量占全国的63%。

分散元素包括锗、镓、铟、铊、铼、镉、硒和碲8种元素；这些元素中仅锗和碲有独立矿床。锗矿是内蒙古的特色优势矿种，到2021年底保有储量1525吨，占比居全国第一；主要集中在锡林浩特市乌兰图嘎超大型锗矿床。稀散元素以伴生矿种赋存的矿床有东乌珠穆沁旗朝不楞锌铁矿床（镓、镉、铟达中型）和西乌珠穆沁旗白音查干东山银锡多金属矿床（铟达大型、镉达中型）。

(一)稀土矿产——不止是中国第一

到目前内蒙古累计查明和保有的稀土氧化物资源储量均居全国第一位；保有量在全国占比达89%以上；其中全区绝大部分稀土资源集中于包头市白云鄂博矿区，该矿区同时也是内蒙古唯一在开采的稀土矿产地。另外有通辽市扎鲁特旗八〇一大型稀土矿床，乌兰察布市、阿拉善盟和兴安盟也有4处小型伴生矿床，这些均已闭坑或因难以利用而未开发。

白云鄂博铁铌稀土矿床作为铁矿发现于1927年，1935年在其矿石样品中发现氟碳铈矿、独居石等稀土矿物，并做了局部小范围的研究。1955年提交了《主、东矿地质勘探报告》，获得铁矿石储量达大型，同时指出了稀土的成矿远景。1958年提交了部分矿段铁矿稀土矿床地质普查报告。后经多年勘查工作，最终确定白云鄂博为超大型铁、铌-稀土矿床。白云鄂博铁、铌-稀土矿经储量核实后，累计查明氧化铌资源储量、稀土氧化物资源储量均达到超大型规模；且到目前大部分为保有量。白云鄂博铁铌稀土矿床，是一个谜一样的存在；其独特性体现在：铁、铌、稀土均达到超大型规模，特别是稀土资源量在世界范围内都占绝对优势；白云鄂博被誉为世界“稀土之乡”。

白云鄂博矿床是一个多元素共、伴生综合性矿床，铁、铌、稀土矿为异体/同体共伴生。根据地质成矿条件及铁、铌、稀土矿化作用的不同，划分为主矿段、东矿段、西矿段和都拉哈拉4个矿段，共有大小矿体70余个。矿体主要产于白云岩中（图6-43），根据主要成分划分为铁矿体、稀土矿体和铌矿体，矿体呈层状、透镜状。主要矿石类型有块状铌稀土铁矿石、条带状铌稀土铁矿石、白云石型铌稀土铁矿石、钠辉石型铌稀土矿石、透辉石型铌矿石等9种。

图6-43 白云鄂博铁铌稀土矿区主矿采坑（古艳春提供）

矿床物质成分复杂，可利用的元素十分多，潜在的经济价值极为可观，已发现 182 种矿物、73 种元素，具有综合利用价值的元素有 26 种。更为独特的是世界上再没有发现过与其类似的矿床。该矿床形成过程极为复杂，矿床成因仍在争论之中。主要成因观点有沉积成因、变质成因、热液成因、热卤水成因、岩浆成因、海底喷流成因、多种地质因素的复合成因等。笔者更认同岩浆成因，含矿白云岩属碳酸盐岩体。

据《中国矿产地质志·内蒙古卷》(张彤等，2023)，该矿床形成经历了中元古代喷流沉积阶段、加里东期区域变质阶段和晚加里东期—海西期的热液交代作用阶段。中元古代喷流沉积阶段(14 亿～10 亿年)，白云鄂博地区形成东西向延伸的陆缘裂谷带，此阶段岩浆喷溢、热水喷流形成铁质碳酸盐矿层及铌稀土矿初步富集。具体表现为矿区不同规模的铁矿体均控制在白云向斜南、北两翼白云岩与泥质岩的交替过渡带中，近东西向，产状与围岩一致；研究者从一批白云岩型稀土矿石中测得同位素年龄集中在 12.96 亿～10.08 亿年。加里东期区域变质阶段(4.8 亿～4.2 亿年)，铁矿层及围岩(白云岩)受到后期侵入岩体的热力影响而发生热变质，使岩石结构构造改变及矿物组成的局部调整富集，菱铁矿等碳酸盐矿物脱气形成磁铁矿。在主矿、东矿一带，因靠近侵入岩体，热变质作用强烈，铁质碳酸盐几乎全部转变磁铁矿(去碳酸作用)保留了原有的细粒条带状构造；在西矿，因距离侵入体较远而保留了较多的原沉积生成的铁质碳酸盐岩，并偶见粗粒菱铁矿中分布有细粒白云石和磁铁矿。晚加里东-海西期的热液交代作用阶段(4.2 亿～2.7 亿年)，是铌、稀土矿体主要形成阶段；受区域大地构造运动影响，在白云鄂博地区富含稀土、铌钽等元素的碱性岩浆和偏酸性的深成岩浆活动强烈，岩浆热液在沿构造带上升过程中混染地壳物质并发生岩浆分异作用，分异出来的富含稀土的热液流体促使该区已有矿层、富矿质地层中铁、氟、稀土、铌进一步活化和迁移，形成高温氧化型铁、氟、稀土、铌的矿液流体，伴随褶皱变形，叠加或交代于铁矿层及围岩，形成含赤铁矿的富铁矿和铌、稀土矿化体，并在东矿段局部形成接触交代型铌、稀土矿体。

包头钢铁公司(图 6-44)作为新中国最早建设的钢铁工业基地之一，开建于 1954 年，从此标志着白云鄂博矿床进入开发利用的历程。1959 年 9 月包钢一号高炉流出了第一炉铁水，当时的国家总理周恩来亲临为之剪彩，同年包头钢铁公司试炼出第一炉稀土硅铁合金，开启了我国稀土产业的艰难发展之路。20 世纪 60 年代包钢生产“以铁为主，综合利用”，以后的 50 年，“以铁为主”乃是主旋律，包钢生产的数千万吨钢铁成为我国建设所需的重要物资来源；随之而来的是白云鄂博大量稀土矿物伴随着铁矿的开采而离开了沉睡数亿年的矿床，大部分暂栖在“尾矿”库中，因为限于当时的技术条件，只有一小部分稀土矿物被提纯利用；据统计这样的“尾矿”以亿吨来计数，这便是白云鄂博“人造稀土矿”的由来。

图 6-44　包钢集团一角(张玉清 2023 年摄)

20 世纪 80 年代，国家层面就部署了包头稀土资源的综合利用工作，调集全国百余个科研单位参与白云鄂博矿的开发利用。到 1992 年，包头稀土高新区建立后，包头的稀土新材料及其应用产业逐步走上快速发展轨道。目前，以包头钢铁(集团)有限责任公司为龙头，加之几十家高新技术稀土企业，在包头已形成“稀土原矿开采—选矿—冶炼—分离—功能材料—终端应用”完整的产业链，以及从采冶、加工到应用、研发、贸易较完整的产业体系，实现了稀土功能材料全覆盖。包头钢铁(集团)有限责任公司已经是世界最大的稀土原材料供应商，中国约 70%的稀土原材料来自白云鄂博矿区。包头已成为全球轻稀土产业中心,稀土金属、磁性材料、催化助剂、稀土合金、储氢材料和抛光材料的产量均居全国第一。2021年包头稀土产业实现产值近400亿元,从近年来增长势头来看,实现千亿元产值指日可待。

包头、白云鄂博,曾经"有鹿的地方""富饶的神山"以其博大和宽厚养育了草原民族;曾经的"草原钢城"为共和国的工业化建立功勋;如今手握"稀土之都"的名片,用蓬勃发展的稀土产业打造战略资源产业基地,再续往日辉煌。

(二)说说锂(矿)——备受重视的"轻金属"

锂(Li)是最轻的碱金属,原子序数3,原子密度0.534克/立方厘米,熔点为180.54摄氏度,沸点1347摄氏度。锂在干燥的空气中呈银白色,延展性好;常以氧化物形式赋存于硅酸盐类矿物中。锂是21世纪能源和轻质合金的理想材料,被称为推动世界前进的重要资源。锂及其化合物是国防尖端工业和民用高新技术领域的重要原料,主要用于锂电池领域,其他还有陶瓷玻璃、润滑剂、锂合金等用途。近10年来,全世界锂资源的年消费量增长率在10%以上,其中用于锂电池的消费占比逐年提高,到2020年达到70%以上。

自然界含锂的矿物超过100种,我们所利用的锂资源来源于锂辉石、锂云母、透锂长石等矿物,以及从盐湖卤水中沉淀提取锂化合物。

锂矿资源作为一种新兴的战略性资源,其勘查和开发的潜力巨大。2020年,全球锂矿储量(按碳酸锂计)约1.2亿吨,主要分布在智利、澳大利亚、阿根廷、美国、中国等9个国家,其中以美洲的"锂三角"分布最为集中。全球来看,锂矿床有盐湖卤水型、伟晶岩型和沉积型三大类型,其中盐湖卤水型的资源量占绝对优势。目前世界锂矿的年产量在45万吨(按碳酸锂计)左右,主要生产国有澳大利亚、智利、中国、阿根廷等。

我国是锂矿资源较为丰富的国家,据《中国矿产资源报告2022》,我国锂矿(氧化锂)保有储量405万吨,锂资源储量在世界占比6%左右。我国的锂矿床以盐湖卤水型为主,资源储量占比80%以上,主要分布在青海、西藏;其次是硬岩型(或称矿物型)锂矿床(伟晶岩型为主),分布于四川、江西、湖北等省。

我国开采的锂矿主要来源于硬岩型锂矿,相比于其他资源优势国家,我国的该类矿床开发难度大、成本高;而我国的盐湖卤水型锂矿开发,又面临高镁锂比盐湖锂提取分离尚未完全成熟的技术难题;致使国内锂的产能相对不足。而强劲增长的工业规模,特别是新能源汽车产业的突飞猛进,2017年我国锂资源消费量已达到全球消费量的50%以上,目前消费的锂资源进口比例在70%左右。

内蒙古有2处锂矿产地,锂矿(氧化锂)保有资源量数十万吨,在全国排名第四,目前没有独立矿床和查明储量,也无锂矿产品生产能力。

克什克腾旗维拉斯托锂锡多金属矿床,矿体围岩以黑云斜长片麻岩、石英闪长岩为主,矿石自上而下有石英脉型、隐爆角砾岩和石英斑岩型。矿床类型为岩浆热液型矿床,锂矿规模为大型,成矿时代为早白垩世。铁锂云母是锂的主要矿石矿物,氧化锂平均品位较高。维拉斯托多金属矿于2008年投产开发,目前主要针对铜、锌矿体进行采、选,锂矿未开发利用。

镶黄旗加不斯铌钽矿床(伴生锂、铷、铯等),伴生锂矿资源量(氧化锂)达到中型规模,氧化锂品位较低。矿体赋存于侏罗纪钠长石化云英岩化花岗岩中,主要矿种铌、钽与伴生矿种锂与钠长石化和云英岩化关系密切;矿石中钽、铌矿物主要为细晶石,其次为铌钽锰矿,锂矿物主要为锂云母和锂白云母,该矿床目前未开发。

六、这里也有亮点——非金属矿产

非金属矿是指自然界除了能源矿产、金属矿产、水气矿产之外，在当前技术经济条件下可供利用的天然非金属矿物和岩石资源。在能源、金属、非金属三大矿产资源中，非金属矿产需求量最大、用途最为广泛，其发展和应用水平是代表一个国家发达程度的重要标志之一。目前世界上非金属矿总产量已超过金属总产量，其总产值与金属矿的总产值之比在发达国家已达到(2～3)∶1。在我国目前矿产资源需求总量的一大半是非金属矿，占国民经济的比重也越来越高。

内蒙古非金属矿产已发现82种，矿产地(含矿点)858余处。已查明有资源储量的矿产57种，矿产地515处。其中资源储量规模达到超大型的有12处、大型105处、中型194处，小型204处。

内蒙古非金属矿产保有资源储量在全国占有重要地位；至2021年底，保有资源储量位列全国各省市区排序前三的矿种有萤石、天然碱、晶质石墨、珍珠岩、芒硝等27种(表6-1)。

内蒙古非金属矿产具有以下几个特点：

(1)非金属矿产具有明显的地域分布不均性，兴安盟和呼伦贝尔市分布偏少。从矿种来看，萤石主要分布于乌兰察布市和锡林郭勒盟，晶质石墨主要分布在巴彦淖尔市、阿拉善盟和包头市，硫铁矿主要分布于巴彦淖尔市，石灰岩主要产于乌海市、呼和浩特市，天然碱、石盐、芒硝主要产于阿拉善盟、鄂尔多斯市和锡林郭勒盟。

(2)非金属矿产多数自给有余，可供区外的矿产有晶质石墨、萤石、硫铁矿、石灰岩、砂岩、膨润土、天然碱、花岗岩等；而钾盐、磷、金刚石、滑石、重晶石、菱镁矿等矿产则明显短缺。

(3)非金属矿床开采总量较大的有硫铁矿、萤石、天然碱、盐矿、水泥用石灰岩等；而极具潜在优势的晶质石墨、芒硝、电气石、膨润土等，尚待有效开发利用。

(4)近年来，一些新兴的非金属矿产业在内蒙古已闪现亮点：石墨高端应用产业已初具规模，发展势头强劲；饰面石材产业，依托内蒙古丰富的饰面用花岗岩、饰面用辉长岩(辉绿岩、玄武岩)矿产，产能逐步扩大；在乌兰察布市、兴安盟等几个地区的玄武岩连续纤维产业项目，已进入项目论证或筹建阶段。

(一)萤石——传统优势矿产

1. 萤石概述

萤石旧称氟石，化学式为CaF_2，是自然界主要的含氟矿物，是唯一一种可以提炼大量氟元素的矿物。萤石主要用于冶金、化学及建材工业。

全球萤石资源较丰富，但极不平衡。据2019年资料，萤石储量排名前四的国家为墨西哥、中国、南非和蒙古，占世界总储量的约50%。萤石矿是我国的优势矿种，萤石资源丰富的省(区)有内蒙古、湖南、浙江、江西、福建等。2021年底，我国萤石(CaF_2矿物量)保有储量6725万吨，富矿少、贫矿多。近几年中国萤石矿年产量500万吨左右，占全球萤石产量的50%以上，为世界萤石生产第一大国。同时，我国也是世界萤石最大的消费国，并逐渐成为萤石资源的净进口国。

2. 内蒙古的萤石矿

已发现的萤石矿床(点)167 处,其中超大型 2 处、大型 3 处、中型 13 处。2021 年底全区萤石(CaF_2矿物量)保有储量 448 万吨,全国排名第五,矿石保有资源储量排名居全国各省(区)第一位,占比 68.48%。区内萤石资源主要分布于乌兰察布市(图 6-45)和锡林郭勒盟,资源储量约占全区的 80%;其余部分分布于赤峰市和阿拉善盟。

图 6-45 萤石矿石(张玉清 2022 年摄于四子王旗)

目前全区萤石矿山 200 余处,以小型矿山居多,其中大型 3 个(年产矿石 10 万吨以上)、中型 5 个(年产矿石 5 万～10 万吨)。

1)岩浆热液型萤石矿床

该类矿床是中国萤石矿的主要矿床类型,大部分矿床描述为热液充填型,其形成受岩浆作用、断裂构造控制,与地层亦有一定关系。

内蒙古的岩浆热液型萤石矿成矿时代主要集中在海西期(距今 3.6 亿～2.5 亿年)和燕山期(距今 2.0 亿～1.0 亿年),海西期形成的萤石矿床数量最多,大、中、小型均有分布,矿床多被海西期花岗岩控制。代表性中型规模以上矿床有锡林浩特市跃进萤石矿床、四子王旗满提萤石矿床、阿拉善右旗阿拉腾敖包萤石矿床等。燕山期形成的矿床同样受到花岗岩类制约,中型及以上矿床有阿巴嘎旗巴彦图嘎李瑛萤石矿床、阿巴嘎旗斯布格音敖包萤石矿床、苏尼特右旗巴彦敖包萤石矿床、乌拉盖哈场大山萤石矿、翁牛特旗疙瘩窝铺萤石矿床、林西县水头萤石矿床等。

图 6-46 李瑛萤石矿矿石(王剑民 2022 年摄)

图 6-47 隆兴矿业公司(李瑛萤石矿)矿区(隆兴矿业公司提供)

阿巴嘎旗巴彦图嘎李瑛萤石矿床位于阿巴嘎旗旗政府所在地别力古台镇西北约 83 千米处。该矿作为小矿点已有多年的探、采历史,2008 年之后,隆兴矿业公司组织大规模的生产详查、勘探工作,到目前该萤石矿(图 6-46)累计查明萤石(矿石)资源储量超千万吨,平均品位处中等水平,为一处超大型萤石矿床,其资源储量规模在全国名列前茅。

矿区共圈定 4 个矿带,圈定工业矿体 66 条;矿体赋存于上石炭统—下二叠统宝力高庙组火山岩的破碎蚀变带内,受北北西向断裂构造控制。矿石矿物为萤石,脉石矿物为石英及石髓,矿石类型为石英-萤石型,成因分类属岩浆热液充填型矿床,成矿时代为晚侏罗世。

本矿区是探、采结合(生产勘探)中取得重大突破的典型范例。最初矿山(图 6-47)生产能力 3000 吨/年,后来随着查明资源量的扩大,产能达到 3 万吨/年。取得重大找矿突破后,2020 年开始筹划 150 万吨/年的采选生产线,目前一期工程 30 万吨/年产能已完成,预计 2025 年全部达产。同时深部探矿工作也在不断取得进展,未来几年可望达到萤石储量、产量的双“中国第一”。

企业在做“大”的同时，在做“精”的方向上也在努力，尾石充填采矿技术、干排尾选矿技术、钾长石和石英综合回收技术等均取得了不断的进展和推广。

2)沉积改造型萤石矿床

沉积改造型萤石矿床也是内蒙古萤石矿的重要类型，或者说是独特类型，矿床分类属叠加型矿床；在内蒙古仅有四子王旗苏莫查干超大型萤石矿床、敖包吐中型萤石矿床和阿德格哈善图大型萤石矿床3处，但资源储量在全区的占比近50%。

以上3处此类型矿床的共同特性是分布局限，见于乌兰察布市四子王旗一带，矿体赋存于中下二叠统大石寨组的结晶灰岩及大理岩层中，矿体呈层状、似层状产出，与地层产状一致，厚度5～25米，矿石类型主要为石英-萤石型，矿体连续性较好，矿床规模为大中型。

此类萤石矿床的形成具多成因叠加的特点，海西晚期强烈的中酸性火山喷溢活动不仅形成火山-沉积岩地层，而且还产出纹层状、条带状萤石集合体以及富萤石块体堆积体；燕山期岩浆热液活动的叠加作用，是萤石矿的再次富集及后期成矿的重要环节。

四子王旗阿德格哈善图萤石矿床，位于乌兰察布市四子王旗北部，南距乌兰花镇210千米。该矿是20世纪80年代区域地质调查时发现的，2005—2008年四子王旗胜鑫矿业有限责任公司进行普查、详查，提交萤石矿矿石资源量26万吨，并依此办理了采矿许可证，进行小规模开采。2019年，该公司提交萤石(矿石)资源储量数百万吨，CaF_2平均品位较低；总体规模达大型。矿石类型为石英-萤石型(图6-48)贫矿，开采方式为地下开采，加工技术性能属易选矿石。该矿床的勘查成果获得中国地质学会2021年度十大地质找矿成果奖。

该矿区共圈定4个萤石矿体，矿体呈层状、似层状，与地层产状一致；赋矿层为大石寨组结晶灰岩，其中主矿体延长1042米，倾向延伸平均266米，平均厚度5.4米，埋深90～283米，集中了矿区绝大部分矿石资源量。

目前矿山企业已建成500吨/天矿石的采、选生产能力，经过2019—2021年试生产，年处理矿石15万吨左右。大规模的层状矿体，采用井工开采方式(图6-49)，成本低、占地少、产能稳定，采用浮选工艺萤石矿物回收率达85%以上，矿山企业经济效益良好。

图6-48 阿德格哈善图萤石矿矿石

(王剑民2022年摄)

图6-49 阿德格哈善图萤石矿斜井

(贾林柱2022年摄)

(二)石墨——潜在的优势资源

1. 石墨概述

石墨是碳元素(C)的结晶矿物之一(另一个是金刚石,两者是同质多象变体),为鳞片状晶体或块状集合体。石墨兼具了非金属材料和金属材料的很多优良性能,因而广泛应用于国民经济各个部门;近年来开发的石墨烯材料,在电子通信、锂离子电池、航天军工、生物医药等领域具有广泛的应用前景。

石墨分为晶质石墨和隐晶质石墨两种。全球及中国石墨资源丰富,分布广泛。到 2021 年底,全国保有晶质石墨(矿物)保有储量 7826 万吨,主要集中在黑龙江、内蒙古,另外,山东、陕西等省也有分布。近 5 年,中国石墨年产量 70 万吨左右,全球占比 70%左右。

2. 内蒙古的石墨矿资源

晶质石墨矿产地 36 处,其中有乌拉特中旗高勒图石墨矿床、大乌淀石墨矿床等超大型矿床(资源储量大于 500 万吨)4 处,兴和县黄土窑石墨矿床、乌拉特中旗哈日楚鲁石墨矿床等大型矿床 8 处。目前全区晶质石墨(图 6-50)保有储量(矿物)1827 万吨,另有大量保有资源量,总体排名居全国第二位,占全国保有资源储量的 21.83%。巴彦淖尔市、阿拉善盟和包头市晶质石墨保有资源储量占全区总量的 95%。

图 6-50 鳞片状石墨矿石(亮点为石墨)

(张玉清 2021 年摄于兴和县黄土窑石墨矿)

内蒙古晶质石墨矿集中赋存于古元古界集宁岩群、乌拉山岩群和中元古界白云鄂博群。矿床最为集中的区域为乌拉特中旗和达茂旗,该区域分布有 8 处石墨矿床,其中大型、超大型晶质石墨矿 5 处,勘查成果多提交于 2015 年前后。

在集宁岩群中有兴和县黄土窑、土默特左旗什报气、丰镇市南井、土默特左旗灯笼素等大、中型石墨矿床。这些矿床中,石墨晶体粒度相对较大,便于选矿和利用,如黄土窑矿区石墨属粗鳞片状、什报气矿区石墨主要为晶质大鳞片状,多数矿床已开采。

在乌拉山岩群中有阿拉善左旗查汗木胡鲁超大型石墨矿以及乌拉特中旗哈达图、固阳五当召、武川县庙沟等大、中型晶质石墨矿矿床。这些矿床中,石墨晶体粒度普遍较小,查汗木胡鲁矿床石墨粒径大于 50 目(0.287 毫米)的达 90%,哈达图矿区石墨粒径大于 50 目的仅占 5%,多数矿床未开采。

在白云鄂博群中晶质石墨矿,超大型的有乌拉特中旗大乌淀和高勒图 2 处,另有乌拉特中旗哈日楚鲁、达茂旗百灵庙镇东山、查干文都日等多处大、中型矿床。石墨矿体赋存于白云鄂博群尖山组一岩段,石墨矿层呈层状、似层状产出,延伸稳定,与围岩产状一致。这一时期的石墨矿床石墨粒度普遍较小,直接影响到矿石的选矿难度及经济价值,大多数矿床尚未开采。大乌淀矿区石墨粒径小于 100 目(0.147 毫米)的占 96.53%,高勒图矿区石墨粒径小于 100 目的约占 96.58%,百灵庙镇东山矿区石墨矿粒径均小于 100 目。

兴和县黄土窑晶质石墨矿床是内蒙古最大且开采历史最久的晶质石墨产地(图 6-51),曾被誉为全国三大晶质石墨产地之一。黄土窑石墨矿累计查明资源储量(矿物)数百万吨量,目前大部分为保有资源储量;平均品位(固定碳)较低。石墨矿体为石墨片麻岩,矿层产状与围岩一致,矿层长度、厚度规模较大,石墨鳞片一般为 1~1.5 毫米,属粗鳞片状石墨。

近年来兴建的兴和石墨应用产业园区是我国六大石墨产业基地之一,其中以内蒙古瑞新新能源有限公司为代表,开采对象即为黄土窑晶质石墨矿床,是一家集石墨开采及产品研发、生产、销售于一体的综合性新能源新材料高新技术企业。主要产品有高纯石墨(图 6-52)、可膨胀石墨、柔性石墨、锂离子电池负极材料、一次电池导电剂、石墨烯等,年产值近 10 亿元;特别是锂离子电池用石墨、一次电池导电剂、石墨烯的生产技术已达到国内先进水平。

图 6-51 内蒙古瑞新新能源有限公司黄土窑晶质石墨矿露天采场(张玉清 2021 年摄)

图 6-52 内蒙古瑞新新能源有限公司生产的高纯石墨,纯度达 99.995%(张玉清 2021 年摄)

(三)天然碱——这边风景独好

1. 天然碱概述

天然碱是含水的钠质碳酸盐矿物,又称碳酸钠石,化学式为 $Na_3H(CO_3)_2 \cdot 2H_2O$,理论成分 $Na_2CO_3+NaHCO_3$ 占 80.08%,H_2O 占 19.92%。天然碱主要来自碱湖和固体碱矿,是制碱工业的重要原料,主要用于制取纯碱(Na_2CO_3)、烧碱($NaOH$)和小苏打($NaHCO_3$),用于化工、食品和建筑材料工业等。

全世界天然碱的保有储量美国占绝对优势,其余分布在墨西哥、土耳其、中国、南部非洲等少数国家和地区。2021 年我国天然碱保有储量($Na_2CO_3+NaHCO_3$ 矿物量)6714 万吨,集中在河南和内蒙古。2020 年之前,河南省桐柏县安棚碱矿和吴城碱矿,为中国乃至亚洲最大的两个天然碱矿,但埋藏深度均在 1300 米以下,开采难度较大。2020 年,内蒙古阿拉善右旗塔木素超大型天然碱矿的探明,刷新了亚洲最大天然碱矿的纪录。

2. 内蒙古的天然碱资源

内蒙古天然碱矿产地 11 处,其中超大型 1 处,大型 1 处,中型 2 处,小型 7 处。到 2021 年底,天然碱(矿物量)保有储量 236 万吨,保有资源储量占全国的 72.14%。全区天然碱矿产地分布在阿拉善盟、鄂尔多斯市、呼伦贝尔市和锡林郭勒盟。

天然碱矿床成因归类属外生矿床—沉积作用矿床—蒸发沉积型矿床,大部分矿床形成于第四纪,即形成于 260 万年以来。内蒙古的天然碱矿床矿体埋藏浅,甚至出露在地表或湖底,易于发现和开采。典型矿床如苏尼特右旗查干诺尔大型天然碱矿(图 6-53),目前局部成矿作用还在进行中。

图 6-53 查干淖尔天然碱矿(现代碱湖)(古艳春提供)

塔木素天然碱矿床与其他碱矿床不同,成矿时期属早白垩世(在内蒙古属首次发现),资源储量(矿物)占内蒙古天然碱总资源储量的99%以上,排名亚洲第一。该矿床的勘查成果曾获得中国地质学会2020年度十大地质找矿成果奖。

塔木素天然碱矿床范围跨越阿拉善右旗和额济纳旗,北西距额济纳旗政府所在地达来呼布镇230千米。2019年初由内蒙古博源银根矿业有限责任公司在"内蒙古自治区阿拉善右旗塔木素苏木天然碱2区普查"等6个勘查区开展勘查工作;2019年12月,由内蒙古矿业开发有限责任公司完成2个勘查区(2区和5区)的详查工作,提交 $Na_2CO_3+NaHCO_3$ 资源储量数亿吨,平均品位属较高水平。

塔木素天然碱矿区地处内陆干旱的荒漠腹地,地表大多为戈壁滩。赋矿地层为下白垩统巴音戈壁组二段粉砂质泥岩,天然碱矿体呈近于水平层状(倾角2度~5度),矿体规模较大、品位较高,有一定埋藏深度,矿石类型为天然碱和苏打型,属易加工矿石,成因类型为蒸发沉积型。

资源储量占比最大的5区含矿层北东向展布,与古湖盆方向一致,总体形态呈椭圆状,面积约52平方千米,含矿岩系总厚度260米左右。自下而上共划出7个矿组19个矿层,有6个主要矿层。主要矿层平均埋深449~614米,单矿层平均厚度1.7~6.5米。

该矿区开发企业内蒙古博源银根化工有限公司(图 6-54),通过前期溶采试验,证明塔木素天然碱矿采用水溶法开采技术方案可行;采出卤水的浓度和产量支持大规模开发利用。自2020年以来,本着"统一规划、统一设计、分期施工、分期投产"的原则推进建设;按3个建设周期,到2027年全部达产后,将形成780万吨/年纯碱,80万吨/年小苏打的生产能力;届时公司将成为中国天然碱开采及碱化工业界首屈一指的大型企业,为内蒙古新型化工产业基地的西进规划提供坚实的保障。项目总投资230亿元,全部建成投产后可实现年销售收入130亿元以上,每年创造税收20多亿元。

图 6-54 内蒙古博源银根化工有限公司塔木素碱矿,左上为采矿井设备,右下白色部分为地下岩心中的碱矿石(张玉清 2023年摄)

目前已完成管线363千米黄河供水专用工程、22千米铁路专用线,第一期卤水采集装置和碱加工装置已进入试生产阶段。内蒙古博源集团在天然碱开采、加工领域坚持探索和实践了四十余载,取得了天然碱开采、加工工艺及设备、节能环保等专利40余项,科技成果50余项,累计获得国家级、省市级、行业协会奖励20余项。在本项目中,工艺主装置采用了多个拥有自主知识产权的专利/专有技术,开发了大型化生产工艺/设备,运用了多项节能/节水技术,单套纯碱装置年产能达150万吨。项目充分发挥天然碱资源优势,通过工艺路线的优化设计,可实现资源利用的科学化和节能减排的最优化。

(四)宝石、玉石、观赏石——矿产中的“白富美”

宝石、玉石、观赏石类矿产也属于非金属类矿产,缘于这类矿产有其自身的特点,其价值及用途主要体现在“艺术性、观赏性”,甚至是“稀缺性”上,相对于其他矿产,更贴近见于我们的日常生活,受到越来越多的非专业人群的关注。

内蒙古自中太古宙以来各时代地层出露齐全,构造活动频繁,岩浆侵入和火山活动强烈,为各种宝石、玉石和观赏石的形成创造了良好的地质条件,加之区内地形多变,山脉纵横,草原沙漠辽阔,戈壁浩瀚,河流纵横,湖泊如星;气候以干旱多风的大陆性气候为主。这些内、外因素是奇石形成的重要条件,故此内蒙古形成了丰富、珍贵的宝石、玉石、观赏石矿产。

1. 宝石

天然宝石是大自然赐予人类美丽而又坚硬的稀珍矿物,严格的定义为“由自然界产出的,具有美观、耐久、稀少性,可加工成装饰品的矿物单晶体或双晶。”天然宝石按价值和稀缺程度可以划分为高档宝石(如钻石、蓝宝石、红宝石)、中低档宝石(如电气石、绿柱石、石榴石、水晶)、稀少宝石 3 类。

内蒙古共发现 43 处宝石矿点,按宝石种类划分主要有水晶类(图 6-55)14 处、绿柱石类(图 6-56)11 处。从地质成因分类看,伟晶岩型 31 处、变成型 6 处(石榴石矿点)、岩浆热液型 3 处(海蓝宝石矿点)、岩浆型 2 处(橄榄石矿点)。

图 6-55 水晶(据张彤等,2023)

图 6-56 角力格太岩体中的绿柱石(据张彤等,2023)

内蒙古的宝石矿产地在中部地区较为集中,主要分布于巴彦淖尔市、包头市、呼和浩特市、乌兰察布市等地;中东部锡林郭勒盟、赤峰市水晶产地较多;巴彦淖尔市广泛分布的伟晶岩群是内蒙古宝石的主要产区,其次为乌兰察布市、锡林郭勒盟。

内蒙古是中国水晶主要产区之一,成因类型一般为伟晶岩型,代表性矿点有东乌珠穆沁旗古尔班哈达水晶宝石矿点,乌拉特后旗伯气儿水晶宝石矿点,固阳县大宝力图水晶宝石矿点,喀喇沁旗三岔口鸽子洞水晶宝石矿点等。

绿柱石类是一个宝石家族，包括祖母绿、海蓝宝石、摩根石及其他红色、金色、黄色、无色等颜色的绿柱石。内蒙古的绿柱石主要产于巴彦淖尔地区，均为伟晶岩型，代表性矿点有乌拉特后旗宝格太庙绿柱石宝石矿点、乌拉特后旗呼和伊利格绿柱石宝石矿点等。

2. 玉石

玉石是指由自然界产出的，具有美观、耐久、稀少性和工艺价值，可加工成饰品的矿物集合体，少数为非晶质体。常见玉石包括翡翠、软玉、石英质玉石（包括玉髓、玛瑙等）、绿松石、蔷薇辉石、巴林石、蛇纹石玉类、汉白玉、孔雀石、萤石等。

内蒙古玉石产地有37处，优势玉石矿种主要包括巴林石及石英质玉石两大类。巴林石包括鸡血石、福黄石、冻石等；石英质玉石包括玛瑙、玉髓、佘太翠等；此外，蛇纹石玉类、汉白玉、孔雀石、萤石在内蒙古也有少量分布。从成因分类来看，以岩浆热液型为主（27处），有多伦县三道沟玛瑙矿床、阿拉善左旗科伯玛瑙矿床等；另有陆相火山岩型（2处，如巴林右旗雅玛吐巴林石矿床等）、受变质型（3处，如大佘太镇佘太翠玉石矿床）。

从玉石产地看，阿拉善盟以玛瑙为主，巴彦淖尔市和乌兰察布市产佘太翠、汉白玉、岫玉等；赤峰市巴林右旗产巴林石。

巴林石因产于赤峰巴林右旗而得名，是以高岭石、地开石等含水的铝硅酸盐类为主的矿物组成的黏土岩；成因属陆相火山岩型。按巴林石颜色、质地、结构的不同，分为巴林鸡血石（图6-57）、巴林福黄石、巴林冻石、巴林彩石、巴林图案石等五大类几百个品种。主要矿产地有巴林右旗雅玛吐巴林石玉石矿床及提尼格尔图巴林石玉石矿点，目前均已停采。

佘太翠是内蒙古特有的一类石英质玉石，产于乌拉特前旗大佘太镇，已探明储量4万立方米，矿床类型为受变质型，成矿时代为中元古代。视颜色品种不同，矿物组成略有差异，玉石中石英约占80%以上，次要矿物有云母、方解石、长石、赤铁矿等。玉石摩氏硬度6.9～7.2。密度2.65～2.85克/立方厘米。主要类型为绿色的佘太翠（图6-58），石英占80%左右，铬云母占20%左右。目前正在开采，用于雕刻大型工艺品。

图6-57　巴林鸡血石

（张志强、高娃藏品，张玉清2021年摄）

图6-58　喜凯矿业有限责任公司佘太翠玉石矿开采断面，左上为玉石矿，左上、右下为玉石雕件

（张玉清2023年摄于巴彦淖尔市乌拉特前旗）

3. 观赏石

观赏石又称奇石、赏石，是自然形成的，并具有观赏价值、收藏价值、经济价值和科学价值的石质艺术品。

据全国观赏石分类标准，内蒙古的观赏石主要分为造型石类、图纹石类、生物化石类、矿物晶体类四大类，此外还有一些特种观赏石，如陨石、火山弹、冰迹石。内蒙古共有各类观赏石产地 49 处；按矿床成因可分为伟晶岩型、岩浆热液型、机械沉积型、生物化学沉积型等。

造型石类(图 6-59、图 6-60)，阿拉善盟产地较多，其次为巴彦淖尔市、锡林郭勒盟；代表性矿产地有阿拉善右旗巴音呼都格造型石观赏石矿床，乌拉特中旗巴音杭盖造型石观赏石矿点。

图 6-59　造型石。左：和平鸽(筋脉石，地质石英质)，产于阿拉善盟；中：中国电信标志 logo（混合片麻岩)，产于乌拉山；右：鸳鸯(钱币石，地质玉髓)，产于阿拉善盟。(呼和浩特天俪照相馆 2022 年摄)

图 6-60　造型石，产于锡林郭勒盟苏尼特右旗。左：美猴王，质地为碧玉岩；右：醒狮，头部表层为水晶晶芽，下部为玉髓（张玉清 2022 年摄）

图纹石类，主要分布在呼伦贝尔市境内的额尔古纳河流域，其次为黄河流域呼和浩特—包头段；代表性矿产地有固阳县温圪气图纹石观赏石矿床，清水河县图纹石（图 6-61）观赏石矿床，乌拉特中旗德岭山图纹石观赏石矿点。

图 6-61 清水河县侯家梁木纹石，岩性为奥陶系白云岩，褐色纹理为铁质染色（张玉清 2022 年摄）

化石类，在阿拉善盟、锡林郭勒盟、巴彦淖尔市、鄂尔多斯市等地区均有分布。主要矿产地有乌拉特后旗巴音满都呼化石观赏石矿床，额济纳旗马鬃山苏木化石观赏石矿床，宁城县向阳动物化石观赏石矿床，二连浩特市二连盐场周边化石观赏石矿床。

矿物晶体类，主要分布在乌兰察布市、阿拉善盟及赤峰市。代表性矿产地有卓资县花山子矿物晶体观赏石矿点，克什克腾旗黄岗锡铁多金属矿床，阿拉善左旗小松山蔷薇辉石矿物晶体观赏石矿点。

第七篇

生命源泉——水资源

SHENGMING YUANQUAN——SHUI ZIYUAN

额尔古纳 根河 张玉清2022年摄

水是生命之源。众所周知，人体70%的成分是由水组成的，当人体失去6%的水分时，就会出现口渴、发烧等，失去10%～20%的水分就会因脱水出现昏厥甚至死亡。人不吃食物，生命可以维持20多天，但如果不喝水，生命最多只能维持7天左右。因此水被誉为生命之源。

在我们生活的地球上，海洋占了地球表面积的70.8%，但海水是咸水，只有淡水才能维持人类和动物的存活。而地球上可利用的淡水资源却极其有限，在地球全部水资源中，人类真正能够利用的淡水仅占0.26%。在陆地上虽然也有很多的江河、溪流、湖、淖，但大部分地表水是不能直接饮用的，要经过复杂的净化处理，投入成本高，因此人类饮用的水主要还是来自地下水，尤其是在地表水系不发育的干旱、半干旱地区。

当我们每天拧开自来水龙头，水就汩汩流出，貌似司空见惯的事情。但水并不是取之不尽、用之不竭的资源，虽然下雨后雨水能够渗入地下，补给地下水资源，但水资源只能在一定限度内调节，过量开采必然会造成地下水源枯竭、河水及溪流干涸。因此水资源是一种有限的资源。

据统计，全球用水量20世纪比19世纪增加了6倍，其增长速度是人口增速的2倍，淡水在全球范围内已成为一种日益匮乏的资源，许多国家及地区都面临"水荒"的威胁。在非洲大陆的许多国家水资源就极其稀缺，饮水困难是一个非常严重的问题。在埃塞俄比亚的某个流域，河床多数季节都是干涸的，只在下雨后才有少得可怜的泥水渗出。村民们只能用简单的工具在河床中"刮"水解决饮水需求。

在我国西北及内蒙古严重缺水的边远山区，经常见到一队队驮水的牲口和一群群背水的妇女，取水要耗去大量时间和劳动力。甘肃定西地区有一个山村，饮水水源在山下三里路外的一条沟里，只有一口直径不到一米、深不足一尺的小水塘，村民们只能去轮流舀水，在崎岖的山路上靠人背畜驮运回家里。

在内蒙古一些丘陵山区及沙漠区，历史上取水困难曾达到了触目惊心的程度。乌拉特后旗乌布尔嘎查，人畜饮水要到十几里外的沟底去背，要翻过沙坝和几座山梁。夏天沙地上气温可达到40～50摄氏度，烫得骆驼都不敢走，冬天天气冷，背水时溅出来的水在背上都结成了冰。曾经有一个牧民在背水回来的路上，遇上沙尘暴，失足从山梁上摔下，第二天被妻子找到时，已死在了沙漠中。

呼和浩特市南部的清水河县位于黄土高原北端，绝大部分是黄土梁峁地形，沟壑纵横，岩石裸露，蓄水条件差，历史上一直就是严重缺水的贫困地区。村子里家家户户都是在自家窑洞附近或场圃内，打旱井储存雨水、雪水供日常人畜饮用。常是往水窖里撒几把生石灰，以除异味儿并使水澄清。据说当地人家嫁闺女时，还把旱井和水窖的多少作为衡量对方家庭条件好坏的标准。

21世纪以来，随着政府推行的"严重缺水地区找水工程"的全面开展，打了许多深水井，找到了清洁的水源。多数村子接通了自来水，基本告别了饮用雨水和雪水的历史。昔日的旱井（图7-1）、水窖将成为一种历史文化遗存，供游客观光。

图7-1 清水河县曾经的旱井（侯俊琳2009年摄）

内蒙古属于内陆干旱、半干旱气候带，降水集中短暂、蒸发强烈，相对全国而言，无论地表水还是地下水资源都匮乏，尤其是中西部地区。且地表水主要用于农业灌溉，生活用水则主要使用地下水。经统计，全区每年允许开采的地下水量为163.77亿立方米/年，单位面积允许开采的地下水量仅为1.39万立方米/平方千米，而全国平均为3.67万立方米/平方千米，大幅低于全国平均水平。此外内蒙古地表水资源也远少于国内许多省份。内蒙古虽有不少河流，但长年有水的河流多集中在东部地区，中西部地区多是季节性河流，且流量小，因此地表水资源总体贫乏，可供开发利用地表水资源量小。

综上所述，目前水资源短缺已成为内蒙古、中国乃至全世界人口及经济发展面临的重大难题。“如果不节约用水，那么地球上的最后一滴水，就是你的眼泪”。因此如何合理配置、开发地下水资源，确保水资源可持续利用的问题已迫在眉睫。进行水资源科普，使广大人民群众进一步了解水资源，并养成全民节水意识，具有重要的现实意义。

一、地球脉络——地表水

(一)地表水系分布

内蒙古大部分地段为内陆高原，地表水总体不发育，虽有大大小小的河流千余条，但由于地域辽阔，河网密度较小且分布不均。东部四盟市河网密度大，且多为常年有水河流；中部河流较少，多为季节性河流；西部地区河流稀缺，且多为雨洪期的临时泄洪道。中西部的黄河、海河、滦河(海河、滦河仅上游部分在区内)汇入渤海，东北部的西辽河、嫩江、额尔古纳河汇入鄂霍茨克海(俄罗斯境内)，均为外流水系(图 7-2)；中北部和西北部高原的乌拉盖河、昌都河、塔布河、艾不盖河、额济纳河等河流一般是上游河床相对稳定，下游地形平缓、开阔，河床多变，最后以片流形式散失于洼地或排泄于湖、淖中，这些河流为内陆水系。

1. 额尔古纳河水系

额尔古纳河流经呼伦贝尔市北部，为中俄界河。发源于大兴安岭西坡，干流流向为北东-南西向，最终汇入黑龙江。区内流程为 540 千米，流域面积 11.7 万平方千米，多年平均径流量 120 亿立方米/年，流域范围全部在呼伦贝尔市。主要支流有海拉尔河、根河(图 7-3)、激流河、伊敏河、克鲁伦河、乌尔逊河。本水系河谷宽阔且常年有水，河流流量普遍较大。

2. 嫩江水系

嫩江发源于大兴安岭北部分水岭伊勒呼里山东坡，流经大兴安岭东坡南麓，是内蒙古东部最大的河流。嫩江主流近南北向由扎兰屯流出本区后汇入松花江。干流全长 1369 千米，区内流域面积 14.98 万平方千米，多年平均径流量 184 亿立方米/年，流域范围涉及呼伦贝尔市、兴安盟、通辽市。主要支流有多布库尔河、甘河、诺敏河、阿仑河、雅鲁河(图 7-4)、绰尔河、洮儿河、霍林河等。本水系河谷宽阔且常年有水，河流流量普遍很大。

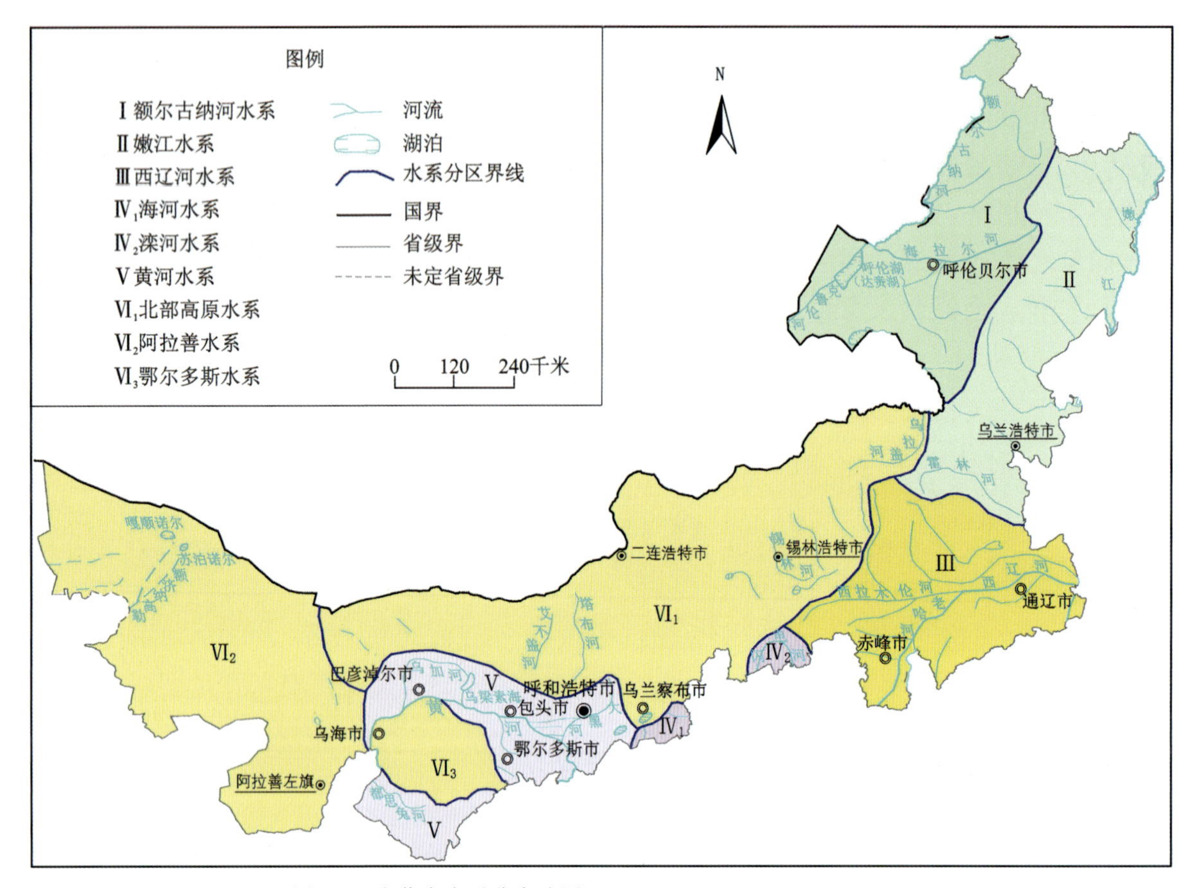

图 7-2 内蒙古水系分布略图[据《内蒙古地下水资源》(2004)修编]

图 7-3 额尔古纳根河湿地(侯建军 2018 年摄)

图 7-4 雅鲁河(侯俊琳 2020 年摄)

3. 西辽河水系

西辽河发源于大兴安岭西南麓赤峰市及河北省境内,上游支流众多,主要有老哈河、西拉木伦河(图 7-5),金英河、教来河、新开河等,汇合之后形成主流进入通辽市的西辽河平原,称作西辽河,至内蒙古与吉林省双辽市交界处流出境内。干流长 827 千米,流域面积 14.66 万平方千米,多年平均径流量 31 亿立方米/年,流域范围涉及通辽市与赤峰市。本水系河谷宽阔且常年有水,河流流量普遍较大。

4. 海河、滦河水系

海河、滦河水系在区内只包括水系的源头及上游部分(流域的大部分在外省),范围很小。海河发源于乌兰察布市兴和县、丰镇市的丘陵山地,主要有二道河、饮马河、银子河、阳河、巴音图河等。流域内沟深河窄,河道坡度大、水土流失严重,河流含沙量大,支流多为季节性有水河流,多年平均径流量 2.17 亿立方米/年。

滦河发源于河北省丰宁县,区内为滦河的上游,称作闪电河,流经锡林郭勒盟正蓝旗、多伦县山地丘陵区,主要支流有羊肠子河、黑风河、蛇皮河、吐里根河等,多为季节性河流,有水时间长短不等。流域面积 5889 平方千米,多年平均径流量 1.76 亿立方米/年。

5. 黄河水系

黄河是流经区内最大的河流,水面最宽处 400 余米,最窄处 200 余米。黄河由乌海市南部入境,至准格尔旗榆树湾出境,干流总长 830 千米,流域面积 14.35 万平方千米。其流域范围最广,涉及阿拉善盟、乌海市、巴彦淖尔市、鄂尔多斯市、包头市、呼和浩特市。区内的左岸支流主要有五当沟、美岱沟、万家沟(图 7-6)、水磨沟、大黑河等。右岸支流主要有毛不浪沟、西柳沟、无定河、都思兔河、纳林河等。大部分支流的特点是流程短、沟深坡陡,流量小、泥沙含量大,且大多是季节性河流,以泄洪为主。

图 7-5 西拉木伦河(内蒙古自治区地质环境监测院,2017)

图 7-6 万家沟(张玉清 2022 年摄)

6. 内陆水系

内陆水系广泛分布在中西部地区的高原地带,包括阴山以北高原区、阿拉善高原、鄂尔多斯高原区部分地段。主要河流有乌拉盖河、锡林河、高日罕河、巴拉格尔河、霸王河、塔布河、艾不盖河、额济纳河、摩林河等。多年平均径流量 9.77 亿立方米/年。

(二)地表水资源量

地表水资源量是指河流(湖泊)等地表水体逐年更新的动态水量,即河流的天然径流量。湖泊是河流的排泄区,因此河流的径流量中已包含了湖泊水量。

地表水资源是否丰富与大气降水密切相关。江湖河川中的水直接接受降水补给,雨洪期河流涨水,水量增大,旱季河流水位消退、水量减小甚至断流。当然有些地下水丰富的地方,地下水水位埋藏浅并高于地表水水位，这种情况下地下水也可以补给地表水，但大气降水是对地表水最普遍、最直接的补给来源。

1. 降水量

全区降水量时空分布极不均匀，年内降水主要集中在6—9月，其他月份降水很少。降水量空间分布总体上是东部降水量大，西部降水量小，区内年降水量多数地区为200～400毫米，大兴安岭地区在某些丰水年份可达到500毫米以上，阿拉善盟局部沙漠地带最干旱年份不足100毫米。

降水量大小可用年降水量与多年平均降水量来衡量，年降水量只反映本年度降水多寡，多年平均降水量能反映一个地区长期以来相对稳定的降水量，并决定该地区的水资源丰富程度。据水利部门统计，全区多年平均降水量为282毫米，各水系多年平均降水量在174.8～410.2毫米之间(图7-7)。其中东北部的额尔古纳、嫩江水系多年平均降水量最大，为410.2毫米，内陆水系多年平均降水量只有174.8毫米。

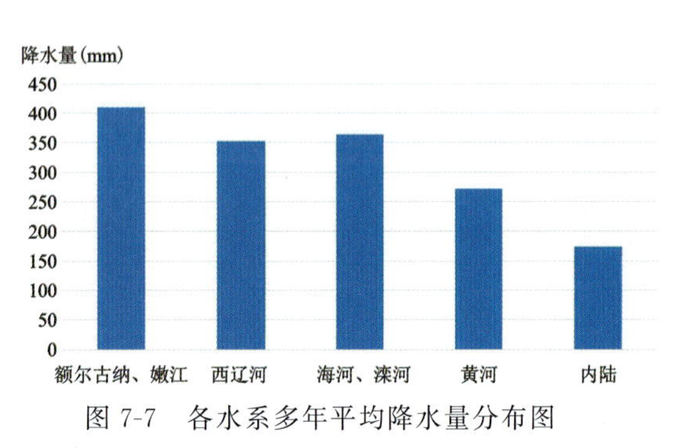

图7-7 各水系多年平均降水量分布图

2. 资源量

地表水资源量是由水利部门获取并提供的，表7-1为2019—2021年3个年度的地表水资源量及多年平均地表水资源量。多年平均地表水资源量，代表某个水系长期以来相对稳定的河川水资源量。根据水利部门的统计成果，全区多年平均地表水资源量为407.77亿立方米。

表7-1 地表水资源量

<table>
<tr><th rowspan="2">水系</th><th colspan="2">2019年</th><th colspan="2">2020年</th><th colspan="2">2021年</th><th colspan="2">多年平均</th></tr>
<tr><th>地表水资源量(亿立方米)</th><th>占比(%)</th><th>地表水资源量(亿立方米)</th><th>占比(%)</th><th>地表水资源量(亿立方米)</th><th>占比(%)</th><th>地表水资源量(亿立方米)</th><th>占比(%)</th></tr>
<tr><td>额尔古纳</td><td>63.29</td><td>20.70</td><td>82.81</td><td>23.38</td><td rowspan="2">736.77</td><td rowspan="2">93.41</td><td rowspan="2">339.95</td><td rowspan="2">83.37</td></tr>
<tr><td>嫩江</td><td>204.49</td><td>66.88</td><td>235.51</td><td>66.49</td></tr>
<tr><td>西辽河</td><td>18.77</td><td>6.14</td><td>18.72</td><td>5.29</td><td>30.73</td><td>3.90</td><td>30.33</td><td>7.44</td></tr>
<tr><td>海河、滦河</td><td>2.47</td><td>0.81</td><td>2.03</td><td>0.57</td><td>2.4</td><td>0.30</td><td>4.00</td><td>0.98</td></tr>
<tr><td>黄河</td><td>10.99</td><td>3.59</td><td>9.51</td><td>2.69</td><td>9.87</td><td>1.25</td><td>18.55</td><td>4.55</td></tr>
<tr><td>内陆</td><td>5.76</td><td>1.88</td><td>5.61</td><td>1.58</td><td>8.99</td><td>1.14</td><td>14.94</td><td>3.66</td></tr>
<tr><td>总量</td><td>305.77</td><td></td><td>354.19</td><td></td><td>788.76</td><td></td><td>407.77</td><td></td></tr>
</table>

注：来自《内蒙古自治区水资源公报》(2019—2021)。

由表7-1可见，嫩江水系地表水资源最为丰富，嫩江水系展布于大兴安岭东坡，降水量为全区最大，且水网密集，河宽水深流量大。其次为额尔古纳水系，展布于大兴安岭西坡及呼伦贝尔高原，河网也很发育(相对于自治区内)，因此其地表水资源丰富。再其次为西辽河水系，其上游老哈河和西拉木伦河支流众多、流量大，其地表水资源也较为丰富。

从地域来讲，嫩江、额尔古纳河水系属于大兴安岭地区及呼伦贝尔草原，行政区划为呼伦贝尔市与兴安盟，2019—2021年(最近3个年度)，这两个水系的地表水资源量之和分别占各年度全区地表水总量的87.58%、89.87%、93.41%，即全区地表水资源量的绝大部分集中在呼伦贝尔市与兴安盟。西辽河水系涉及行政区主要为通辽市，上游为赤峰市，最近3个年度地表水资源量占全区地表水总量的3.9%～6.14%，但其水系范围不大，因此河川水资源也比较丰富。黄河水系为中西部最大的外流水系，最近3年地表水资源量为10亿立方米左右，占全区总量的1.25%～3.59%。黄河水系范围主要涉及巴彦淖尔市、包头市、呼和浩特市及乌海市，是中西部地区中地表水相对丰富的地段。但由于中西部降水量小，且黄河水系只有黄河干流流量大，而大部分支流均是季节性河流或泄洪沟谷，且地表水赋存不稳定，因此其地表水资源量远不及东部盟市丰富。海河、滦河水系处在各自流域的上游及源头，范围很局限，其地表水资源量仅2亿多立方米，占全区总量不足1%。内陆水系范围最广，涵盖了内蒙古北部高原区、阿拉善高原及鄂尔多斯高原的部分地区，但因其降水量小，绝大多数为季节性河流，即使有水期径流量也很小，有许多支沟在干旱年份几乎常年无水，因此其地表水资源量只有数亿立方米，即使2021年为丰水年，其资源量也不足10亿立方米。

多年平均地表水资源量代表长时期内地表水的丰富程度，嫩江、额尔古纳河水系的多年平均资源量为339.95亿立方米，占全区多年平均总量的83.37%，说明长期以来这两个水系所包括的呼伦贝尔市与兴安盟即是全区地表水最丰富的地方。西辽河水系多年平均资源量为30.33亿立方米，占全区多年平均总量的7.44%，结合水系范围，说明西辽河长期以来地表水资源尚属丰富。中西部的黄河、海河、滦河及内陆水系多年平均地表水资源量也具有与近3年同样的规律。

全区多年平均地表水资源量为407.77亿立方米，从最近3年来看，2019年与2020年为平水年，全区年地表水资源量小于多年平均资源量，2021年为丰水年，降水量明显增大，其地表水资源量为788.76亿立方米，明显大于多年平均地表水资源量。

（三）地表水资源开发利用情况

区内水资源开发用途主要有农业、林业、畜牧业、工业、城建、公共事业（城镇绿化等民生公共用水）、自然生态、居民生活用水（表7-2）。其用途及开发利用量是由各个地区的产业结构及经济发展决定的。

表7-2　2020年水资源开发分类用水量表

单位：亿立方米

水系	农、林业	畜牧业	工业	城建及公共事业	生态	居民生活	合计
额尔古纳	0.99	0.72	0.95	0.11	8.91	0.63	12.31
嫩江	14.84	1.31	0.63	0.18	0.54	0.87	18.37
西辽河	38.63	3.78	1.36	0.61	1.44	2.23	48.05
海河、滦河	0.80	0.09	0.28	0.01	0.04	0.20	1.42
黄河	65.77	2.21	9.01	1.10	7.82	4.25	90.16
内陆	7.19	3.64	1.19	0.33	10.66	1.10	24.11
合计	128.22	11.75	13.42	2.34	29.41	9.28	194.42

注：来自《内蒙古自治区水资源公报》（2020）。

水资源用量大的主要为农、林业用水，以农业为主，农灌是各个水系中用水量最大的；畜牧业用水包括维护草场生态与牲畜饮用，西辽河水系内人口密集，饲养牲畜多，畜牧业用水量比较明显。内陆区地域辽阔，载畜总量大，畜牧业用水量也大；工业用水方面，黄河水系涉及呼包鄂城市群，经济发展程度高，工业用水量较为显著，为9.01亿立方米；各个水系中城建及公共事业均较小；中西部高原、山地大力开展植树造林、种草、浇灌，维护生态环境，因此生态保护方面的用水量较为显著。生活用水量基本取决于人口数量，黄河水系内人口最多，其次为西辽河水系，因此这两个水系范围内生活用水量大。

地表水资源开发利用(表 7-3)是与地下水资源开发相结合的，是水资源开发利用的一个整体。开发过程中遵循合理配置、分质供水的原则。对水质要求高的生活饮用水多采用地下水，农田灌溉则多采用地表水。除地表水和地下水外，另有极少量其他水源也被利用，主要为污水重复利用。

表 7-3　水资源开发利用量表

单位：亿立方米

水系	2019 年			2020 年			2021 年		
	地表水	地下水	合计	地表水	地下水	合计	地表水	地下水	合计
额尔古纳	7.26	2.56	9.82	9.94	2.11	12.05	28.87	6.72	35.59
嫩江	11.34	6.32	17.66	12.14	6.02	18.16			
西辽河	6.68	41.19	47.87	7.54	39.60	47.14	6.94	38.53	45.47
海河、滦河	0.23	1.11	1.34	0.22	1.12	1.34	0.18	1.18	1.36
黄河	63.44	22.35	85.79	65.68	21.8	87.48	68.68	23.21	91.89
内陆	11.04	13.1	24.14	10.2	13.4	23.6	0.98	9.73	10.71
合计	99.99	86.63	186.62	105.72	84.05	189.77	105.65	79.37	185.02
所占比例(%)	53.58	46.42		55.71	44.29		57.10	42.90	
另有其他水源	4.25			4.65			6.63		
开发总量	190.87			194.42			191.65		

注：来自《内蒙古自治区水资源公报》(2019，2020，2021)。

表 7-3 为 2019—2021 年各水系地表水与地下水所配置的开发利用量。近 3 年来开发利用水资源总量较为稳定。除去极少量其他水源，地表水与地下水开发利用总量分别为 186.62 亿立方米、189.77 亿立方米、185.02 亿立方米。地表水与地下水配置方面，地表水利用量略多于地下水。从各水系水资源开发利用总量来看，黄河水系开发水资源总量明显大于其他水系，黄河水系内有呼包鄂城市群，是自治区人口最集中、经济发展快的地区，因此对水资源的开发利用程度高，开采量也大。黄河水系的地表水开发量大，主要为巴彦淖尔市的河套灌区所利用(图 7-8)。黄河水系的地表水开发量中不仅限于天然资源量，还包括河套灌渠排入黄河的水量、截潜流转化成的地表水量等。其次西辽河水系水资源开发总量也高于其他地区，是因为该水系所涉及的通辽市、赤峰市也是区内人口集中地区，且西辽河平原又是重要的农业区，农灌用水量大。与黄河水系不同的是，西辽河水系地下水利用量明显多于地表水，因农业灌溉大量抽取地下水，造成西辽河平原地下水出现了严重超采。额尔古纳、嫩江水系所涉及的呼伦贝尔市、兴安盟的主要产业是林业与畜牧业，因此主要为人畜饮用，其他用水量小。虽然这个范围内地表水与地下水都是区内最丰富的，但总的用水需求小，因此其开发量也小。

图 7-8　引黄河水灌溉农田(李艳龙提供)

综上所述，区内地表水开发利用量略大于地下水。地表水水质差，容易污染，主要用于农业灌溉、城镇街区绿化带浇灌、部分工业用水，某些沿黄河地区，生活用水也配置少量的地表水。地下水则因其具有水质优势，首先用于满足居民生活用水。

二、生活给养——地下水

(一)人类对地下水的基本认识

1. 地下水的来源

大家都知道地壳是由岩石圈、水圈、大气圈组成的,其中水圈中储存有几种类型的水,包括地下水。首先地下水总的来源都来自大气降水(包括雨、雪),江、河、湖、海中的水蒸发后进入大气层,然后在特定的气象条件下冷凝后又形成降雨、降雪,重新回到地球表层的水圈。水圈是由不同类型的岩石与土层组成的,比如在一些平原区、河谷区,地表以下常常是一些砂、土层、碎石、砾石等。这些砂土层中有孔隙,雨、雪会渗入地下,储存在这些砂石孔隙中,我们把这些储存有水的岩层称为含水层,含水层中的水就是我们可以开采利用的地下水。地下还有一些坚硬的岩石,在地质历史时期中曾经暴露于地表,从而在岩石表面形成了一些风化裂隙以及地球内营力作用下产生的裂隙,水进入裂隙带后也形成了含水层。此外在一些石灰岩地区,由于石灰岩成分是碳酸盐,遇到雨水或地表水时会被溶解侵蚀,从而形成一些溶孔、溶隙及溶洞,也能储存水,形成了石灰岩地区的地下水。在一些南方地区,降水量大、气候温湿、溶蚀作用强烈,还可以形成石钟乳、石笋、地下暗河等多姿多彩的岩溶地貌景观。

2. 地下水主要分类及特征

我们日常看到的地下水多是从井中抽出来的,其实水在地下的储存介质、埋藏形式是不同的,因此形成了不同类型的地下水。地下水按储水介质类型可分为孔隙水◎1、裂隙水◎2、岩溶水◎3;按地下水的埋藏结构又可分为潜水◎4和承压水◎5。

◎1 孔隙水:储存在松散地层中的地下水。在一些平原、盆地及河谷地段,地表以下沉积了一些松散的砂层、砾石、碎石及卵石层,有的也夹杂薄层的黏性土。这些松散的土石层中具有很多孔隙,雨水、雪水渗入孔隙中储存起来就形成了孔隙水,这种带有孔隙且含有水的松散地层就称为孔隙含水层。

◎2 裂隙水:储存在岩石裂隙中的地下水。在山区裸露的岩石中或埋藏在地下的岩石中,往往有许多裂隙,雨水、雪水渗入这些岩石裂隙中储存起来就形成了裂隙水,这种带有裂隙且含有水的岩层就称为裂隙含水层。

◎3 岩溶水:石灰岩地区由于碳酸盐岩遇到水会发生溶蚀,从而形成一些溶孔、溶隙及溶洞。这些孔隙、孔洞也能容纳水而形成含水层,这类石灰岩中储存的地下水就称为岩溶水。岩溶水是具有不均一性、无统一稳定的地下水。

◎4 潜水：水进入含水层中会在重力作用下自由下渗。下渗至一定深度时，如果下面有一层不透水的岩土层，比如有黏土层（无孔隙）或完整岩石（无裂隙），水至此则停止下渗，那么这层不透水的岩土层就称为隔水层。此时在隔水层之上就形成了含水层，含水层顶部是一个自由水面，这个自由水面称为地下水水位，这类地下水称为潜水，潜水是一种仅受重力作用的水。

◎5 承压水：如果砂石层下面与上面都有隔水的黏性土层，雨水或地表水一般不能垂直渗入到砂石层中，多是从较远处无黏性土覆盖的地段获得侧向补给（一般补给来源较远）。由于砂石层上部受到隔水层的限制，因此不能形成自由水面，含水层中的水承受了压力，这类地下水就叫作承压水。

如果地表以下 10 米深度内是透水的砂石层，而 10 米以下是不透水的黏土层，那么上面的砂石层可以接受雨水的入渗补给，入渗深度最多可达 10 米，以下因为黏土层阻隔不再往下渗了，而上面的砂石层在水位以下的部分充满水，就成为了潜水含水层（图 7-9）。含水层厚度视补给水量大小而异，如补给的水量有限则含水层薄，如补给的水量充足则形成的含水层厚，有的自由水面可以直接到达地表。

承压水是被限制在隔水顶板与底板之间的，如果在上面打一眼井，上部隔水层被打穿后，水压力得到释放，井中水位会升到隔水顶板以上，在某些地势低洼处还会喷出地表形成自流水（图 7-10）。

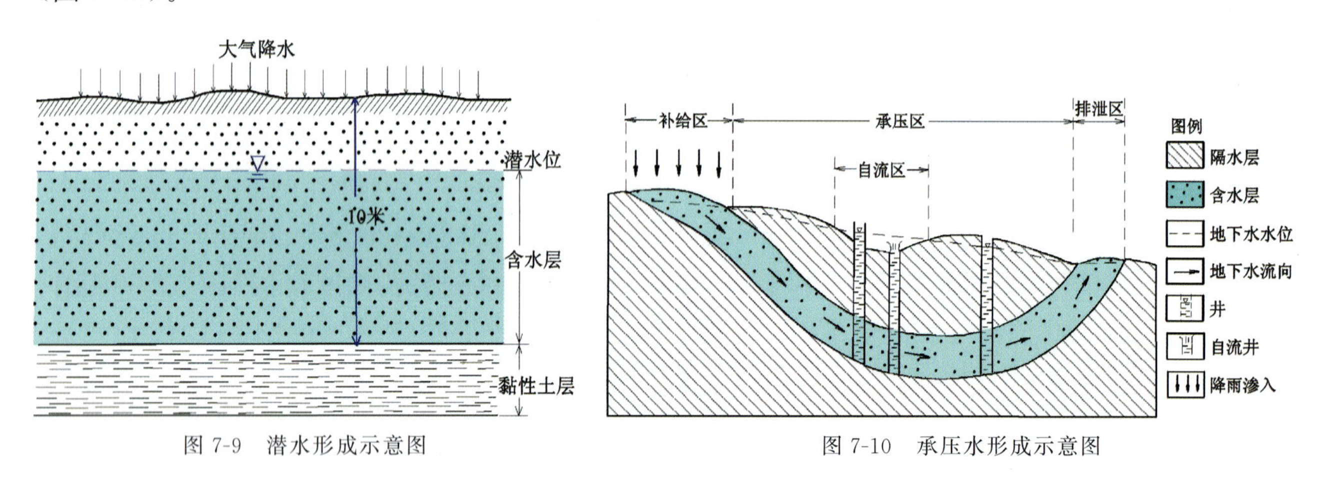

图 7-9 潜水形成示意图

图 7-10 承压水形成示意图

按地下水储水介质、埋藏结构划分的地下水主要类型，其介质特征、埋藏结构特征见表 7-4。

表 7-4 地下水主要类型一览表[据崔可锐和钱家忠(2010)《水文地质学基础》]

按储水介质划分	介质特征	按埋藏结构划分	埋藏结构特征
孔隙水	储水空间为岩土体孔隙，主要为第四纪松散堆积物	潜水	具有自由水面，上部无隔水层限制
裂隙水	储水空间为地质体中的裂隙，主要存在于碎屑岩与岩浆岩中	承压水	含水层上、下都有隔水层限制，因而承受压力
岩溶水	储水空间为石灰岩中溶隙及孔洞		

上面讲了地下水的基本类型，实际中的地下水是兼有储水介质与埋藏结构进行的组合类型：如含水层为松散层且具有自由水面，称为孔隙潜水；含水层为松散层，但上、下都有隔水层限制而

承受压力，称为孔隙承压水；含水层为岩石中的裂隙带且具有自由水面，称为裂隙潜水（一般为基岩裂隙水）；含水层为岩石中的裂隙带，且上下都有隔水层限制而承受压力，这种水就叫作裂隙承压水。此外还有一些中生代碎屑岩既有裂隙也有孔隙，里面储存的水称为裂隙孔隙潜水或裂隙孔隙承压水。

含水层中储水的多少也是动态变化的，随补给与开采情况而变化。如上面讲潜水的例子，如果一段时间内降水量比较大，入渗补给量多，含水层中的自由水面（水位）就会升高，含水层厚度增大。如果一段时间内下雨少或无雨，补给来源少了，水位就降低了，含水层厚度就变小了。如果再有抽水开采，地下水水位还会下降，含水层随之变薄。如果持续过量开采，补给来源又不足，水位会一直降到隔水底板处，这时含水层就不含水了。

承压含水层中水的多少体现在压力的变化上，如果补给不足，或兼有开采，则水压力减小，井中水位降低。若长期过量开采，会一直减至没有压力，承压水就变成无压状态的潜水了。

3. 地下水的运动过程

地下水是一种液体矿产资源。它与固体矿产不同，储存于地下也是处于一种流动的过程中。地下水从接受补给到排泄的过程与地形、地貌、地质、植被等因素有关。在此以大家常见的山前平原地下水运动过程实例加以说明。

下雨后，平原区雨水直接渗入地下，含水层得到了补给。此外山上的岩石裂隙接受雨水入渗后形成裂隙水，并由山体向低处流动，在山脚下与平原区松散堆积物接触，裂隙水就流入了松散层，即补给了平原区孔隙水。由于山前平原一般是倾斜的，因此平原区孔隙水继续由平原上部向前缘流动，随着坡度变缓直至平坦，流速也逐渐减慢。最终汇入平原区的河谷或湖淖中，从而完成了一个完整的循环过程。同时在地下水流动过程中，往往还有人工打井抽水，成为地下水的又一个排泄渠道，如内蒙古河套平原、西辽河平原就有数以万计的农灌井（图 7-11）与生活供水井。此外在水位浅的地带，地下水还能通过蒸发而消耗一部分。

图 7-11　河套平原农灌井（侯俊琳 2018 年摄）

4. 地下水丰富与贫乏程度的判断

我们会发现，有些地方地下水丰富、有些地方地下水贫乏，造成地下水贫富不均的原因是多方面的，与当地降水量大小、地貌条件、含水层结构、埋藏条件、入渗条件都有关系。地下水是埋藏在地下的，水量的多少肉眼是看不到的，但可以通过从井中抽水来量化描述。我们在一口井中开泵抽水，水被抽上来了，井中及附近水位就会下降，同时附近含水层中的水就会流向井中，在水位差的作用下，有时还会激发远程的补给。当我们以一定出水量持续抽水，到一定时间井中抽出的水量与补给的水量达到了平衡，那么水位就会稳定在某一位置、不再下降了，这时抽水就达到了一个稳定状态，其出水量就是稳定出水量。专业部门一般采用 24 小时内稳定出水量（日出水量）来量化地下水的丰富程度。例如，某地下水井出水管为 8 吋口径，每日抽水量是 1000 立方米，在持续抽水的情况下，水位下降 5 米并能保持稳定，即抽出的水量与补给的水量达到了动态平衡。这种情况下就可以用每日能出 1000 立方米的水来表征地下水的丰富程度，即 1000 立方米/日。

地下水每年都有补给，每年也都有开采，枯水年补给少，丰水年补给多，可进行丰枯调节。总之就长期而言，补进来的水与开采出去的水量要维持一个动态平衡，才能实现地下水的长久利用。因此开采量要限定在一个适宜的范围内，不至于因开采过量、补充不足而造成水量逐渐减少直至枯竭，以及因水位下降，引发植被退化等生态环境问题。

5. 地下水质量

地下水有好水也有不好的水，这就体现了地下水质量的高低。有适宜人们饮用的淡水，也有不宜饮用的苦咸水，水质好坏是由地下水中所含物质决定的。地下水中含有多种离子及矿物质，天然形成的水一般有钙、镁、钠、重碳酸、硫酸、氯等常量元素，还有一些对人体有益的微量元素，如硒、锶等。对人体有害的有氟、碘、砷等，受污染的水中还可能有氮、亚硝酸盐，以及铜、铅、锌等重金属。专业部门一般以水中矿化度的高低作为水质好坏的区分依据。矿化度是指一升水中所含各种离子、分子与化合物的总量，以克/升来表示。分级标准为：矿化度＜1 克/升为淡水，1～3 克/升为微咸水，3～10 克/升为咸水，10～50 克/升为盐水，＞50 克/升为卤水。咸水以上级别的为不能饮用的水。当然含有对人体有害物质的水也是质量不好的水。

（二）内蒙古地下水概况

内蒙古地下水类型及分布复杂多样，主要有松散岩类孔隙水、碎屑岩类裂隙孔隙水与基岩类裂隙水。松散岩类孔隙水在区内普遍分布，主要分布于山前平原区、山间盆地、山间沟谷、河谷洼地以及沙漠区等。在大兴安岭甘河河谷（图 7-12）、西辽河平原、河套平原、额济纳平原、岱海、黄旗海盆地，其含水层主要由砂及砂砾石组成，部分地段为砂卵砾石。含水体多呈面状及条带状展布。含水层厚度较大，可达 10 米甚至数十米，多为潜水，局部地段为微承压水。该类地下水水量丰富，水质良好，矿化度多小于 1 克/升。地下水水位埋深多小于 10 米，供水价值大，为地方上的主要水源。在上述盆地及平原的边缘还储存有承压水，某些地段为自流水。在科尔沁沙地、浑善达克、毛乌素、库布其、乌兰布和、巴丹吉林、腾格里沙漠分布有风积沙孔隙水。但其含水层厚度薄，水量很小，矿化度较高、水质较差。仅毛乌素沙漠水量略大于其他沙漠区，水质亦略好，部分地段具有一定的供水价值。

图 7-12　大兴安岭甘河河谷（侯俊琳 2019 年摄）

碎屑岩类裂隙孔隙水主要分布于鄂尔多斯高原、阴山北部高原、阿拉善高原区。含水层多为砂岩、砂砾岩等，既有潜水，又有承压水。鄂尔多斯高原与阿拉善高原裂隙孔隙水主要储存于白垩纪地层中。其中鄂尔多斯高原含水层厚度大，水量较丰富，水质较好，矿化度多小于 1 克/升，具有较大供水意义。阿拉善高原就整个高原区而言，地下水水量小，水质差，不具供水意义。但在高原区的某些盆地中，也有水量相对较大、可供利用的地下水。阴山山地、内蒙古北部高原裂隙孔隙水主要储存于新近纪地层中。其特点为含水体分布零散，水量小，水质差，矿化度 1～3 克/升或更高，仅在高原上的某些古河道中，储存有较丰富的地下水。

基岩类裂隙水广泛分布于山地丘陵区，但分布不连续、富水程度变化也大。在区内由东向西呈现出水量由大变小、水质由好变差的变化趋势。在东部地区该类地下水尚有一定的开采价值，而在阿拉善地区基本无开采意义。在贺兰山区、鄂尔多斯桌子山及准格尔、呼和浩特市清水河、通辽市的库伦、奈曼南部地区，分布有碳酸盐岩类裂隙溶洞水。岩溶地下水水量差异很大，大的地段单井出水量可达数千立方米或上万立方米，小的地段仅几十立方米。岩溶水水质普遍较好，矿化度小于 1 克/升。

(三)内蒙古地下水分布及开发利用

地下水的分布受地貌、地质条件(岩性、构造等)的控制和影响，各个地貌单元的地下水形成了相对独立的循环系统。内蒙古由东至西分为大兴安岭山区、西辽河平原区、北部高原区、阴山山区、河套平原区、鄂尔多斯高原区、阿拉善高原区 7 个地下水分布区，是地下水资源主要储存地区。

1. 大兴安岭山区地下水

大兴安岭山脉从北东向南西方向延伸，山脉中部为南北向分水岭，将大兴安岭分为岭东与岭西。大兴安岭山区地下水主要储存在河谷区，地下水来源于山区基岩类裂隙水顺岩层向下运移，最后进入河谷含水层，此外为大气降水直接补给。

1)岭东河谷群地下水

大兴安岭东坡北部属于嫩江水系，水网最为密集。大的河谷有多布库尔河、甘河、诺敏河、洮儿河、霍林河等，干流流向由北西-南东汇入嫩江，近于平行排列，河谷之间有山脉相隔。岭东的南部属于西辽河流域，主要包括老哈河、西拉木伦河、金英河等。

(1)地下水储存情况。岭东主河谷及大的支谷宽阔，宽度一般在 0.5～5 千米之间，中下游一些河谷平原区宽达 8 千米以上。河谷区松散堆积物厚度最大可达 20 米，岩性为卵石、碎石、砂，其颗粒粗、孔隙大，为良好的含水层(图 7-13)。松散层以下为岩石风化裂隙带，也是含水层。

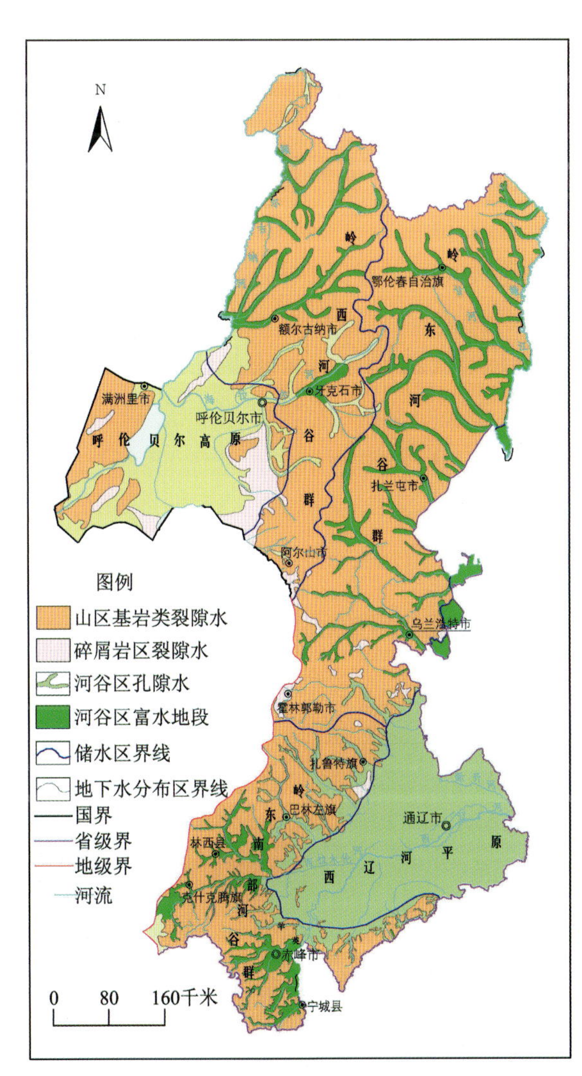

图 7-13 大兴安岭地区地下水分布略图

[据《内蒙古地下水资源》(2004)修编]

岭东河谷区地下水很丰富。水位埋藏一般很浅,多小于 5 米,有些地段打压水井只需两三米甚至几十公分就见到水了。含水层厚度一般小于 20 米,宽阔河谷及嫩江岸边平原地下水量一般为 1000～3000 立方米/日,且大于 2000 立方米/日的地段占河谷区大部分。甘河中游讷尔克气一带、诺敏河中游的托扎敏一带,有 3000～5000 立方米/日的地下水丰富地段,诺敏河下游的温库图林场一带,有大于 5000 立方米/日的极富水地段。岭东南部河谷区含水层厚度多为 20～100 米,水位埋深多小于 10 米,富水性等级为大于 1000 立方米/日。西拉木伦河河谷区水位埋深多为 5～10 米,水量丰富,主河谷水量多为 1000～5000 立方米/日;老哈河、金英河部分地段水量为 1000～2000 立方米/日。河谷下部岩层中储存有裂隙水,但裂隙储水空间小,因此裂隙水不如孔隙水丰富。岭东河谷区地下水水质好,均为低矿化的淡水,适合饮用。

(2)地下水开采状况。岭东地区地广人稀,林业是主导产业,居民大部分是林业人口。区内无重工业及大的工矿业,因此岭东工业用水较少,农田灌溉主要抽取河水,地下水主要用于生活。分散居民点使用压水井或大口井提取河谷区地下水,城镇水源地多以机电井集中供水,有水务部门统一管理。

2)岭西河谷群地下水

大兴安岭西坡属于额尔古纳水系,额尔古纳河为中俄界河。激流河、根河等支流大多由北东向南西方向流出大兴安岭山区,汇入额尔古纳河(图 7-13)。

(1)地下水储存情况。岭西河谷区含水层为含卵砂砾石、砂层,厚度一般为 17～30 米。在较大河谷地段水量大于 1000 立方米/日,小型支谷及一些山间盆地为 500～1000 立方米/日。其中在海拉尔河谷、伊敏河河谷及额尔古纳河南部河谷区,水量大于 1000 立方米/日,为地下水相对丰富地段(图 7-14)。然而岭西降水量比岭东小一些,因此地下水的丰富程度略小于东坡。岭西河谷区地下水水质好,多为低矿化的淡水。

岭西除了河谷区赋存有丰富的地下水外,山区还蕴藏有天然矿泉水,著名的阿尔山矿泉水即产于此处。

(2)地下水开采状况。岭西与岭东相似,产业以林业为主,地下水主要满足生活用水。总体开采量不大。

图 7-14 根河河谷抽出的地下水
(侯俊琳提供)

2. 西辽河平原地下水

图 7-15 西辽河平原(侯俊琳提供)

西辽河从大兴安岭南麓的西拉木伦河与老哈河起源,自西向东流经通辽市,淤积形成了西辽河平原,总面积 4.1 万平方千米。行政区涉及通辽市、赤峰市部分地区。西辽河平原地形平坦,土地肥沃,其地表水与地下水资源都较丰富(图 7-15),是内蒙古东部重要农业区。

1)地下水储存情况

西辽河平原上部普遍赋存有松散层潜水,含水层厚度一般为 20～200 米,水位埋深多数地段小于 8 米。在平原中部的开鲁县大部分地区及奈曼旗西北部，含水层颗粒粗大，以卵砾石为主，厚度 90～200 米，水位埋深 3～5 米，水量可达 3000～5000 立方米/日，为地下水极丰富地段；在平原东北部的科尔沁左翼中旗、东南部的库伦旗、奈曼旗部分地区，含水层为中粗砂，厚度 60～150 米，水量 1000～3000 立方米/日，也是地下水丰富地段；平原区其他地带含水层以中细砂、泥质粉细砂为主，厚度 10～60 米不等，水量 100～1000 立方米/日。平原区潜水被大量开采利用(图 7-16)。

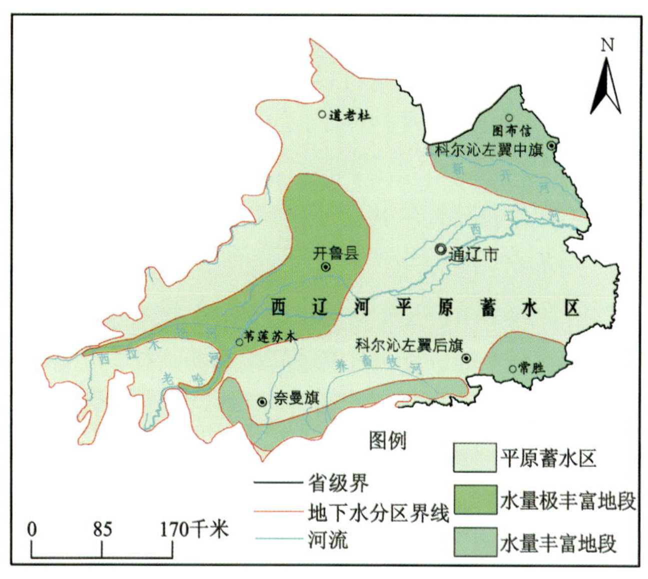

图 7-16 西辽河平原地下水分布略图
[据《内蒙古地下水资源》(2004)修编]

承压水分布在平原东北部，开鲁镇、唐家窝堡乡、保康镇以北一带，这些地段的松散层中分布有隔水的黏性土层，其下部赋存承压。承压含水层主要为粗砂、砂砾石及冰水沉积的碎石夹黏土。埋藏深度多在 100～140 米之间，西南部含水层厚度一般为 40～80 米，向东北部逐渐变薄、变浅。科尔沁区孔家窝堡乡以西至开鲁县一带，承压水水量达 3000～5000 立方米/日或更大，为承压水最富水地段。科尔沁区北部花吐古拉东北地段，水量一般为 1000～2000 立方米/日，也较为丰富。承压水埋藏深，上面有黏性土隔水层，降水不能渗入到含水层中，主要接受西部相邻含水层的侧向补给。

西辽河平原地下水总体水质较好，多数地段是矿化度小于 1 克/升的淡水。仅在保康—图布信一带，为微咸水。局部地区地下水中存在铁超标与低碘水。

2)地下水开发利用状况

西辽河平原主要开采使用地下水，地下水用量远大于地表水。地下水主要用于农灌，其次生活用水中使用的地下水水量也较大，也是缘于西辽河平原属人口密集地区。但由于多年来过量开采，已造成大范围内水位持续下降，并出现了降落漏斗群(漏斗状无水区)，存在水质恶化、地面沉降等潜在生态隐患。

3. 北部高原区地下水

内蒙古北部高原东起呼伦贝尔高原，西至乌拉特后旗一带，南界在阴山以北，北至中蒙边界。地貌主体为波状起伏的高原，地势南高北低。高原上分布有大片的草原、荒漠丘陵、沙地等，以牧业为主。高原上还有许多内陆河谷与断陷盆地，为地下水的主要汇聚区。但就整个内蒙古北部高原来看较为缺水。

1)高原河谷区地下水

内蒙古北部高原分布有多条内陆河谷。发源于大兴安岭西坡的有海拉尔河、乌尔逊河等；发源于锡林郭勒盟丘陵区的有乌拉盖河(图 7-17)、锡林河等；发源于阴山山地的有艾不盖河、塔布河等。河谷里第四纪松散砂石层为孔隙潜水的主要储水层。

图 7-17 乌拉盖河谷(张建军提供)

(1)地下水储存情况。呼伦贝尔高原有海拉尔河、乌尔逊河、伊敏河河谷,水量一般为100～1000立方米/日,海拉尔河谷及盆地(图7-18)水量丰富,大于1000立方米/日。

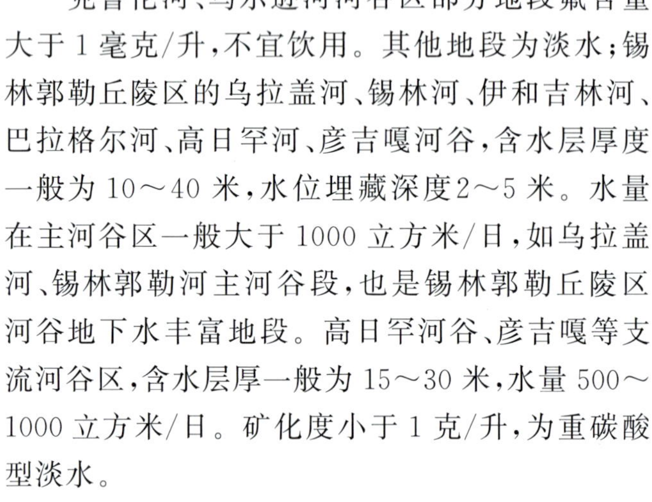

图7-18 呼伦贝尔高原地下水分布略图

[据《内蒙古地下水资源》(2004)修编]

克鲁伦河、乌尔逊河河谷区部分地段氟含量大于1毫克/升,不宜饮用。其他地段为淡水;锡林郭勒丘陵区的乌拉盖河、锡林河、伊和吉林河、巴拉格尔河、高日罕河、彦吉嘎河谷,含水层厚度一般为10～40米,水位埋藏深度2～5米。水量在主河谷区一般大于1000立方米/日,如乌拉盖河、锡林郭勒河主河谷段,也是锡林郭勒丘陵区河谷地下水丰富地段。高日罕河谷、彦吉嘎等支流河谷区,含水层厚一般为15～30米,水量500～1000立方米/日。矿化度小于1克/升,为重碳酸型淡水。

发源于阴山山地的艾不盖河、塔布河、开令河,下游河谷段进入内蒙古北部高原的达茂旗、四子王旗境内。这些河谷流程较长,沟谷宽缓。河谷边缘地带水量较小,一般在100立方米/日以下,向中心部位增大,如塔布河南部河谷中心地带水量可达3000～5000立方米/日,局部大于5000立方米/日,北部江岸镇一带河谷中心区水量为1000～3000立方米/日,为阴山河谷区地下水丰富地段;开令河、格少庙河谷水量较小,下游河谷多小于100立方米/日。绝大部分地段水质多为淡水,塔布河谷局部地段有微咸水。

(2)高原河谷区地下水开采情况。内蒙古北部高原主要为牧业区及半农半牧区,总体地广人稀。河谷区地下水主要供沿河城镇居民生活用水,许多城镇水源地即建在河谷区,打机井抽水,由地方水务局统一管理。分散居住的农牧民则主要是开挖大口井取水。高原区河谷地下水在整个北部高原区属于相对丰富的地段,且开采量总体不大,目前供水有充分的保障。

2)高原区盆地地下水

白垩纪、新近纪内蒙古北部高原形成了许许多多的盆地。主要有东乌珠穆沁旗的乌拉盖盆地、巴彦都兰盆地,西乌珠穆沁旗的柴达木盆地、高力罕盆地等;苏尼特左旗伊勒门盆地、特日格音图盆地;四子王旗北部-苏尼特右旗盆地群,达茂旗-乌拉特中、后旗一带有白彦花盆地、川井盆地(图7-19)。盆地中沉积了厚层碎屑岩,碎屑岩中的裂隙、孔隙储存有较为丰富的地下水,以承压水为主。

(1)盆地地下水储存情况。盆地中主要储存有承压水,含水层为新近纪和白垩纪砂岩、砂砾岩。各盆地含水层厚度不等,薄的10米以下,厚的达40～60米,最厚可达100米。水位埋深一般数十米,浅处不到10米,水量一般在100～1000立方米/日范围内。有些盆地中承压水以上还有一层潜水,如苏尼特右旗坳陷盆地集二线古河道中部齐哈日格图一带,潜水水量大于1000立方米/日,为地下水丰富地段。水质方面,乌拉盖盆地、巴彦都兰盆地、白彦花盆地、川井盆地存在微咸水,矿化度最高为3克/升。其他盆地基本为淡水。

(2)高原区盆地地下水开采状况。内蒙古北部高原以牧为主兼有少量农业,人口居住分散。地下水用途主要解决人畜饮用以及一部分农业灌溉。北部高原区为内蒙古内陆地区,由于其经济发展程度较低,对地下水资源需求不高,目前尚能满足供水需求。

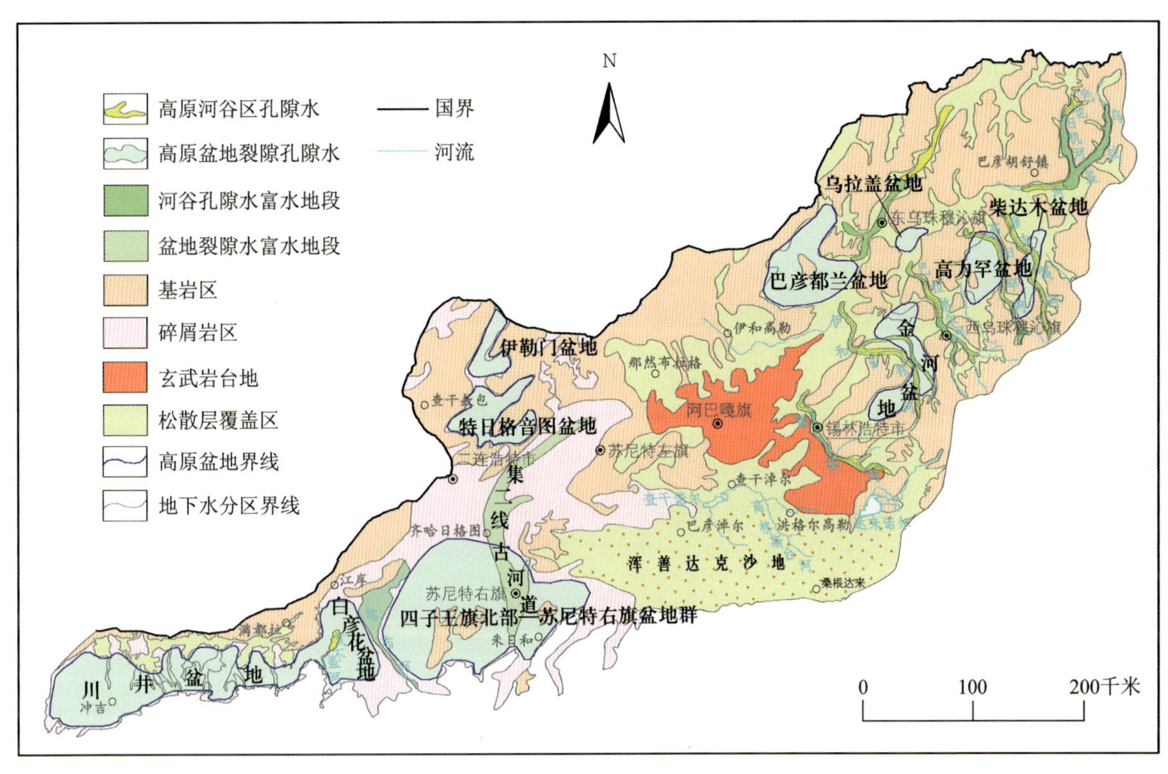

图 7-19 北部高原地下水分布略图[据《内蒙古地下水资源》(2004)修编]

4. 阴山山地地下水

阴山山脉横亘于内蒙古中部，东起化德县、镶黄旗一带，西至乌拉山、狼山一带。山地以北是高原区，以南是河套平原。阴山山地地形地貌复杂，许多地段山势陡峻、沟谷切割深，余脉多为丘陵及低山。山区地下水分布严重不均衡，主要赋存于一些山间沟谷、山间盆地及洼地中。阴山山地总体属于较缺水地区。

1)山间沟谷地下水

阴山山间沟谷地表水分水岭在阴山以北丘陵区，一部分是由南向北流的内陆河，主要有艾不盖河、塔布河等，多为时令河；另一部分是由北向南流入黄河，主要有大黑河、昆独仑河等，有水期较长。河谷区全新世的砂层、卵砾石层赋存孔隙潜水。补给来源，一是降雨直接渗入到地下，二是山区基岩类裂隙水侧向流入河谷含水层中。沟谷地下水是山区居民人畜饮用的主要水源。

(1)地下水储存情况。阴山山区较大的蓄水沟谷主要有艾不盖河、塔布河、巴拉干河、中后河、耗赖河、大黑河、枪盘河、卯独沁河、昆独仑河、浑河等。

这些沟谷流程长的有艾不盖河、塔布河、昆独仑河及大黑河。枪盘河、卯独沁河(图 7-20)河谷较短，沟谷宽度一般数百米或小于 100 米。沟谷中松散含水层为砂砾石、卵砾石及砂层，厚度较薄，一般在 10 米以下，厚的地段可达 20 米。水位埋藏较浅，多小于 5 米，包头昆独仑河谷水位最深处达 30 米。水量大小不一，艾不盖河谷、塔布河谷、浑河河谷水量较大，一般大于 1000 立方米/日。局部地段水量丰富，如塔布河流经四子王旗包力板申一带河谷区水量大于 5000 立方米/日，为水量最丰富地段。大黑河河谷

图 7-20 卯独沁河水库(刘俊廷提供)

区一般为 100～500 立方米/日，昆独仑河、枪盘河及卯独沁河谷大于 100 立方米/日，巴拉干河、中后河、耗赖河河谷水量小于 100 立方米/日，沟谷出口地段可达到 100～500 立方米/日。沟谷区水质一般都较好，为矿化度小于1 克/升的淡水。沟谷地下水是山区居民及农牧业用水的唯一水源（图 7-21）。

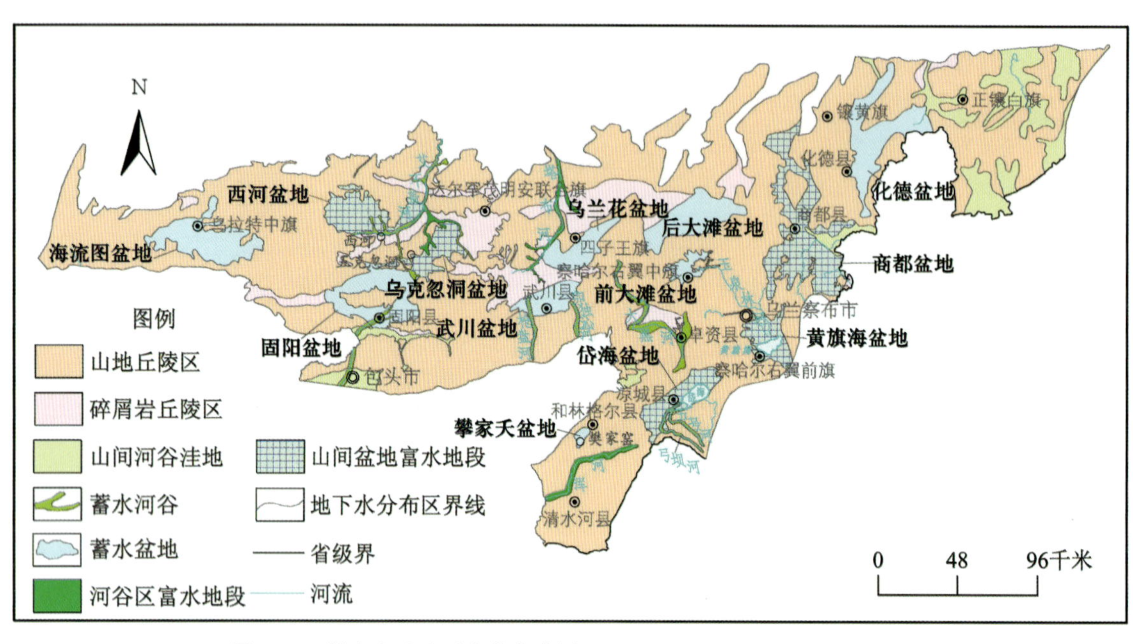

图 7-21 阴山山地地下水分布略图[据《内蒙古地下水资源》(2004)修编]

(2)阴山山间河谷地下水开采情况。阴山山地丘陵区为农业区及半农半牧区，且人口较多，人畜饮用主要靠河谷浅层水。水源井多是几米到几十米深的大口井(图 7-22)，用辘轳井或直接提水。在一些宽缓沟谷，也有一些机电井抽水。此外还有一部分沟谷地下水用于农灌。近些年来大山深处实施生态移民，用水人口在减少。

图 7-22 阴山沟谷大口井(秦冬时 2012 年摄)

2)山间盆地地下水

阴山山间盆地较发育，盆地里沉积有第四纪松散层以及新近纪、白垩纪厚层碎屑岩，为地下水重要储存地段。

(1)地下水储存情况。蓄水较好的山间盆地面积一般为数百至数千平方千米。主要有岱海盆地、黄旗海盆、商都盆地、前大滩-后大滩盆地、乌兰花盆地、武川盆地、西河盆地、乌克忽洞盆地、樊家夭盆地、海流图盆地 10 处(图 7-21)。岱海盆地、黄旗海盆地、前大滩-后大滩盆地、海流图盆地赋存有松散岩类孔隙水，以潜水为主。含水层厚度一般在 15～40 米，水位埋藏多在 10 米以上，水量多数在 100～1000 立方米/日，岱海盆地最丰富的地段可达到 5000 立方米/日。盆地内一般是边缘水量小，向中心水量增大。岱海盆地下部还有孔隙承压水，水量 100～500 立方米/日。黄旗海盆地富水区主要是在海子以北，水量一般大于 1000 立方米/日。孔隙水水质一般较好，为矿化度小于 1 克/升的淡水。商都盆地、乌兰花等其他盆地含水层为新近纪和白垩纪的砂岩、泥质砂岩层等，一般盆地上部储存有潜水、下部为承压水。承压含水层厚度一般 10～50 米，水位埋深一般 10～30 米。水量大小不均，小者小于

100 立方米/日，大者可达 1000 立方米/日以上。其中商都盆地中心一带，上部潜水水量达 1000～3000 立方米/日，下部承压水水量大于 1000 立方米/日，为盆地富水地段；乌兰花盆地大部分地段水量都在 100～500 立方米/日之间，盆地北部最大水量可达 4352 立方米/日（图 7-23）。盆地地下水水质总体较好，仅西河盆地水质较差，上部潜水为微咸水，下部承压水为咸水。

图 7-23 乌兰花盆地北部深水井（赵锁志 2014 年摄）

（2）阴山山间盆地地下水开采情况。盆地内地下水一般用于人畜饮用及农业灌溉，多以机井开采，城镇水源地多利用盆地下部承压水，如武川、固阳县城水源地。阴山山地地下水经长期开采，已有水源地出现轻微的区域水位下降区，主要有凉城县岱海盆地以及卓资县、化德县、商都县水源地分布区。

5. 河套平原地下水

河套平原北依阴山，南至黄河，总面积约 2.3 万平方千米。阴山东段称作大青山，山前为呼包平原，在包头市与呼和浩特市境内；阴山西段称作乌拉山与狼山，山前为后套平原，在巴彦淖尔市境内。河套平原是内蒙古重要的粮食产区。平原上普遍沉积了巨厚的砂层、砂砾石层，储存了丰富的地下水。含水层也是连续、稳定分布，且厚度大，宛若一个巨型地下水水库（图 7-24）。

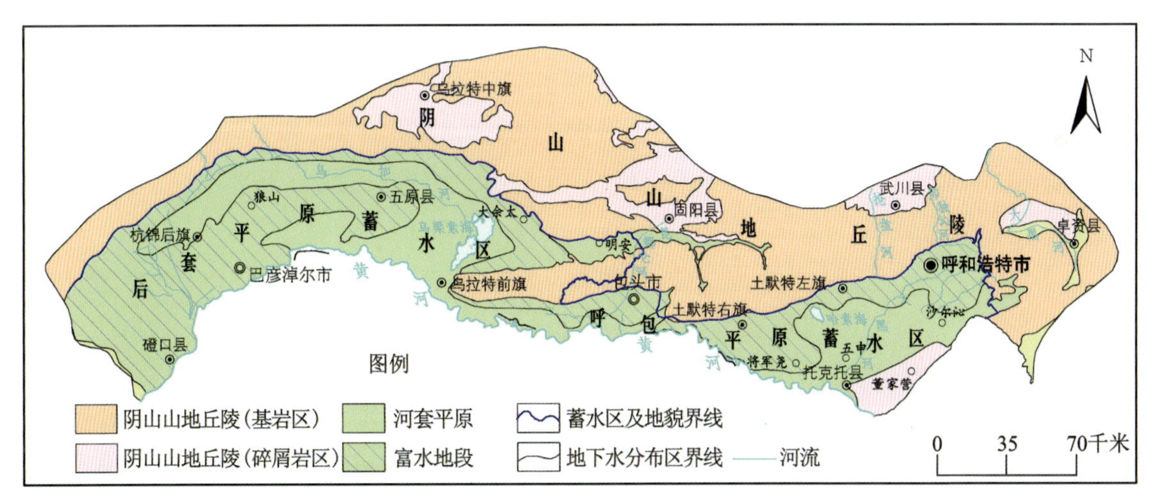

图 7-24 河套平原地下水分布略图[据《内蒙古地下水资源》(2004)修编]

1）呼包平原地下水

呼包平原在大青山近山地带总体向南缓倾斜，大青山上的卵石、砂砾石被洪水冲刷堆积在山前形成倾斜平原。从山前向南渐趋平坦开阔，继而转为黄河水淤积而形成的平原。平原南部有大黑河及其支流小黑河流过，中部有哈素海，为淡水湖。

（1）地下水储存情况。平原上部沉积物颗粒较粗，多为砂砾石、砂，形成孔隙潜水含水层。平原北部山前地带水位较深，一般 20 米以下开始见水，向南水位逐渐变浅，至开阔的平原区水位一般 5～10 米。呼包平原东部含水层较薄，一般不超过 20 米，向西逐渐变厚，至包头市山前地带超过 110 米。上部这一层潜水总体丰富，大黑河平原最为富水，东起赛罕区榆林、八拜，西至土默特左旗陶思浩一带，水量均大于 1000 立方米/日，其中大黑河河谷水量可达到 3000～5000 立方米/日，为地下水最为丰富地段。土默特右旗—包头—乌拉山镇一线的山前平原区水量大于1000立方米/日，南部平原区水量较小，包头市东河区南部为500～1000立方米/日，土默特右旗刘柜乡一带为100～500立方米/日，其余地区都小于100立方米/日。呼包平原上层潜水水质总体较好，大部分地段为淡水或微咸水，仅在黄河近岸地带有咸水氟离子超标现象。

呼包平原下部有古湖泊携带的细颗粒沉积层，主要为中细砂、粉细砂及黏性土，与上部潜水含水层之间存在有稳定的黏性土隔水层，因此在下部为孔隙承压水，在平原大部均有分布，在大黑河平原承压含水层厚度一般为20～100米。承压水在山前地带富水性很好，水量一般在3000～5000立方米/日之间，向南部水量减小。在呼和浩特市郊区讨号板—保全庄—八拜以西一带为自流水区，在20世纪90年代之前，自流喷出地面20米以上。土默特右旗平原区承压含水层厚度一般为30～90米，大部分地段水量为50～500立方米/日。包头市青山区一带水量大于1000立方米/日，为富水地段。包头城区东部平原区水量小于城西。呼包平原承压水水质较好。绝大多数地段为适合饮用的淡水。在土默特左旗、托县近黄河一带为微咸水或咸水。

(2)呼包平原地下水开发利用状况。包头市农灌主要利用黄河水，同时也利用大量地下水，近年来用于农灌的地下水占地下水开采总量61%。呼包平原城镇集中，供水水源地规模较大，均以深机井开采。呼和浩特市大黑河水源地有7个水厂、数百眼供水井，包头阿尔丁水源地也有规模庞大的井群，平原地下水开采量很大。已形成了地下水降落漏斗(水位急速下降来不及补充，导致形成漏斗状无水区)，造成植被、生态退化。目前呼和浩特市漏斗主要出现于城南的大黑河盆地(水源地)及城区孔家营、工人西村一带；包头市主要在青山区、昆区部分地段出现漏斗。

2)后套平原地下水

后套是自乌拉山镇以西、黄河以北的广大平原区，主体在巴彦淖尔市境内，总面积约1.38万平方千米。东南部乌拉山山前平原称为三湖河平原，即巴彦花以南一带。大佘太以南一带称为佘太平原。这两个平原范围都不大，可归入广义的后套平原范围内。乌梁素海以西广大地区为后套平原主体部分。乌拉山、狼山山前平原地形向南倾斜，沉积有砂、卵砾石等。平原中部则地形平坦，沉积物变为砂层。平原区普遍赋存松散层孔隙水，上部为潜水、下部为承压水，中间有黏性土隔水层。

(1)地下水储存情况。三湖河平原大部分地段，上部潜水水量一般为100～500立方米/日，山前较大。仅下部承压水一般埋藏在地下30～150米范围内，水量一般为100～500立方米/日。潜水与承压水水质都较好，主要为淡水，仅在南部沿黄河一带上部潜水为苦咸水。

佘太平原上部潜水含水层主要是粉细砂，含水丰富地段主要在平原中部，水量达1000～5000立方米/日，水质良好，主要为淡水；下部承压含水层为砂砾石及淤泥质砂层，含水层厚度一般在60～120米之间。打井后5～20米处即可见水，在乌梁素海附近可自流。佘太平原承压水丰富，水量在320～4600立方米/日之间，水质也较好。

乌梁素海以西后套地区是大平原。北部为狼山和乌拉山山前倾斜平原。山前地带含水层含卵砂砾石，水位埋藏深，但地下水较丰富，水量大于1000立方米/日。向南水位渐浅，含水层颗粒变细，多为中细砂，水量为500～1000立方米/日。山前地带水质较好，为淡水，山前平原前缘为半咸水。

后套平原南部离山渐远，为黄河冲积平原、冲湖积平原。沉积了细颗粒的中细砂、粉砂并夹黏性土层。其上部为潜水，下部储存有承压水。上部潜水含水层是后套平原分布最广、厚度最大的含水层，含水较丰富，也是本地供水主要的开采层。这层水的水量普遍在100～1000立方米/日范围内，西南部磴口一带最大，水量大于1000立方米/日。向东至乌梁素海西侧一带，水量减小至 100 立方米/日以下。这层水水质以淡水和微咸水为主，杭锦后旗、五原县局部地段为咸水。

后套平原下部承压水，在西南部磴口一带，含水层主要是中细砂，厚度很大，达 250～300 米。含水层顶板埋藏深度 50～70 米，水量大于 1000 立方米/日，为富水地段。水质良好，主要为淡水；向东至狼山以南一带，含水层是含泥质的砂砾石和中细砂，含水丰富，水量 100～1000 立方米/日，局部地段大于 1000 立方米/日。水质以淡水和微咸水为主。

图 7-25　佘太平原地下水喷灌(苏银春提供)

(2)后套平原地下水开发利用状况。后套平原主要是农业区，有着丰富的黄河水资源，其灌溉主要利用黄河水，但地下水也是农田灌溉的一个重要来源(图 7-25)，如巴彦淖尔市用于灌溉的地下水量占地下水开采总量的 63%。除农灌外，地下水还用于工业及生活饮用，以及电井开采。

6. 鄂尔多斯高原地下水

鄂尔多斯在地貌景观属于高原，地质构造上属于盆地。东部有准格尔丘陵区，西部为桌子山隆起带，南、北有毛乌素、库布其两大沙漠，中部是凹陷盆地，各部分都有地下水分布(图 7-26)。

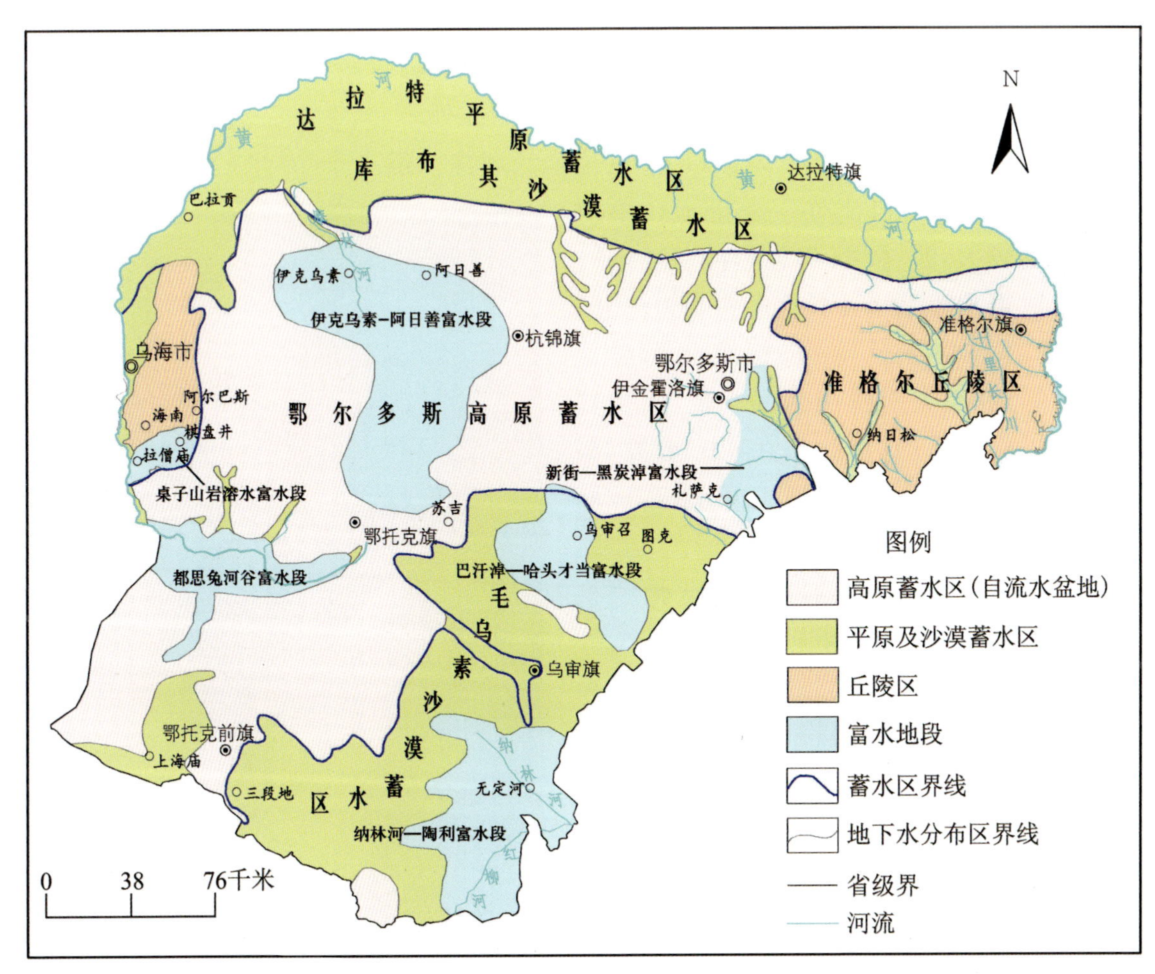

图 7-26　鄂尔多斯高原地下水分布略图[据《内蒙古地下水资源》(2004)修编]

1）中部高原区地下水

（1）地下水储存情况。鄂尔多斯盆地在白垩纪早期沉积了巨厚的砂砾岩，赋存有丰富的碎屑岩裂隙孔隙水。地表一些沟谷中还赋存有第四纪松散层孔隙水。

高原上的沟谷是以东胜梁为界分南北两部分。北有东柳沟、哈什拉川、罕台川、西柳沟、黑赖沟、卜尔色太沟，流程较短。

含水层以砂砾为主，厚度为 3～10 米，水位埋深小于 5 米，多数沟谷段水量 150～650 立方米/日，部分地段为 650～1300 立方米/日。东胜梁以南的沟谷，较大的有十里长川、纳林川、悖牛川、乌兰木伦河等，流程较长，河谷宽缓，第四纪含水层以砂砾石为主。含水层厚度小于 15 米，水位埋深多小于 5 米，乌兰木伦河下游较深，为 12 米左右。河谷孔隙水水量 125～600 立方米/日，总体水质良好，是这些地区供水主要来源。

盆地内在白垩纪早期沉积的碎屑岩层总厚度 600～1000 米，岩性主要为砂岩、砾岩及砂砾岩（图 7-27）并含泥质。因无稳定隔水层，其中赋存的地下水很难截然分出潜水和承压水，因此把这套含水层看作一个大厚度的统一含水岩层，其中以承压水为主。潜水仅存在于少数地段，且分布不均一，含水层厚度一般小于 50 米，洼地潜水一般较丰富，水量多为 100～500 立方米/日，梁地等其他地段水量多小于 100 立方米/日。

图 7-27　白垩纪砂砾岩含水岩层（侯俊琳 2019 年摄）

承压水在高原上普遍分布。高原上大部分地段承压含水层埋藏在 50 米以上，含水层厚度较大，大部分地区厚 80～200 米，承压水位（侧压水头）埋深各处不一，东胜一带承压水位埋深为 10 余米，鄂托克前旗西部埋深 30～70 米或以上，其他地区埋深一般小于 10 米。高原上自流水分布很广泛，许多洼地能打出自流井。承压水在不同地段富水性差别较大，摩林河、都思兔河、盐海子、巴音淖尔等洼地富水性较好，水量多为 250～500 立方米/日。伊金霍洛旗北部、杭锦旗北部桌子山—巴音恩格尔、鄂托克前旗西南部一带，水量贫乏，水量小于 50 立方米/日。此外在同一地段，深层承压水较浅部丰富，且水质一般较好，多数地段为淡水。

高原区地下水最丰富地段（主要是自流水）在杭锦旗伊克乌素—阿日善一带，乌审旗陶利（图 7-28）—纳林河一带，水量多为 1000～3400 立方米/日，最初自流高度达 15～20 米。水质多为淡水，是当地优质的水源，具有良好的开发前景。

高原区地下水补给主要来自大气降水，碎屑岩浅层水直接接受降水入渗补给。深部承压水通过与浅层水连通处断续接受上部水的下渗补给，一部分通过打井开采利用，另一部分汇入下游湖、淖中，从而转化成地表水。

图 7-28　乌审旗自流水井（刘俊廷提供）

(2)中部高原区地下水开发利用状况。鄂尔多斯高原历史上主要为放牧与零星的农业,一般在沟谷、洼地中开挖浅井或截伏流解决用水。深部虽有丰富的承压水,但埋藏深,打深井难度大。有的城镇水源地往往在离城很远处,水源一度短缺。近期以来打了许多深井作为新水源。

2)毛乌素、库布其沙漠地下水

毛乌素沙漠位于高原南部,涉及乌审旗、鄂托克前旗的东部和鄂托克旗南部、伊金霍洛旗部分地区,面积约 2 万平方千米;库布其沙漠位于高原北部,主要分布在杭锦旗和达拉特旗境内,总面积约 1.8 万平方千米。

(1)地下水储存情况。毛乌素沙漠上部普遍分布有潜水,某些地段下部还赋存有承压水。上部潜水含水层主要由中细砂、粉土组成。含水层厚度各地不一,多数地段为 20～100 米。潜水水位埋藏浅,一般不超过 10 米。潜水水量普遍为 50～500 立方米/日,河川近岸地带达 500～1400 立方米/日。沙漠下部赋存碎屑岩承压水,含水层为砂砾岩、砂岩层,水量在 100～1000 立方米/日之间,南部无定河一带多为 500～1000 立方米/日,为毛乌素沙漠富水地段。

库布其沙漠区上部潜水,在罕台川以东水量大于 100 立方米/日,以西变小。沙漠下部赋存承压水,含水层为粉细砂层。含水层厚度一般小于 30 米,水位埋深 15～55 米,水量较大地段达到 200～350 立方米/日,均为淡水。

(2)沙漠区地下水开发利用状况。沙漠区牧民在沙区低洼地带开挖浅井以供人畜饮用,水量很小。近二三十年来,在沙漠边缘开发了一些新水源地,如乌审旗哈头才当水源地、鄂托克前旗三段地水源地等。目前三段地水源地目前已有轻微的超采现象。

3)高原东、西部岩溶水

岩溶水是碳酸盐岩被水溶蚀后形成孔隙、裂隙,从而储存了地下水。仅存在于石灰岩区(图 7-29)。岩溶水分布极不均一,无统一含水层,是一种特殊的基岩类裂隙水,常在一些缺水山区成为良好的水源。

图 7-29 桌子山苏白音沟岩溶景观(侯俊琳 2005 年摄)

本区岩溶水主要分布在两个地方:一是高原西缘的桌子山区;二是鄂尔多斯高原东部的清水河、准格尔黄土丘陵区。本区层状岩溶不发育,有供水价值的岩溶水一般赋存于深处一些断裂破碎带中。

(1)岩溶地下水储存情况。乌海市东部桌子山区是鄂尔多斯高原西缘隆起带。在寒武纪、奥陶纪时期,沉积了巨厚的石灰岩。山区岩溶水主要沿老石旦东山-公乌素山前断裂带、桌子山东南端的棋盘井断裂带分布,含水层主要是石灰岩断层破碎带,水量较丰富,都超过 1000 立方米/日,水质好,为淡水;沿这些断裂带分布有乌海市海南区和鄂尔多斯棋盘井镇水源地,棋盘井镇西南部工业园区水源地一供水井水量达到 3 596.9 立方米/日(图 7-30),为桌子山区岩溶水最丰富地段。

图 7-30 棋盘井岩溶水井成功出水(王兵提供)

鄂尔多斯高原东部的准格尔旗、清水河县是黄土丘陵区，沟谷浅层水极其贫乏。在黄土下部埋藏有寒武纪、奥陶纪石灰岩，赋存有岩溶水。岩溶水丰富程度极不均一，水量小的地段只有10立方米/日左右，大的地段可达2900立方米/日。其中的准格尔旗魏家峁镇一带，2001年打了一眼岩溶水井，岩溶水埋藏在地下400米深处，水量达到432立方米/日，且水质良好，为魏家峁新村的供水水源。准格尔煤田陈家沟门水源地有的水井水量达到1000立方米/日以上，是这个地区岩溶水相对丰富的地方。

(2)岩溶地下水开发利用状况。准格尔旗苏计沟水源地、陈家沟门水源地、鄂托克旗棋盘井水源地等开发岩溶水，为附近的城镇生活及工业供水，其中棋盘井水源地目前已出现轻微的超采状况。

7. 阿拉善高原地下水

阿拉善高原位于内蒙古西北部，包括阿拉善盟全境与巴彦淖尔市的乌拉特后旗大部。中南部为巴丹吉林、腾格里、乌兰布和三大沙漠，西南部边缘为隆起的山地。辽阔的阿拉善高原总体上是区内最严重的缺水地区。但在某些地段也有较为可观的地下水。主要有额济纳平原、高原上大大小小的盆地及三大沙漠区(图7-31)。

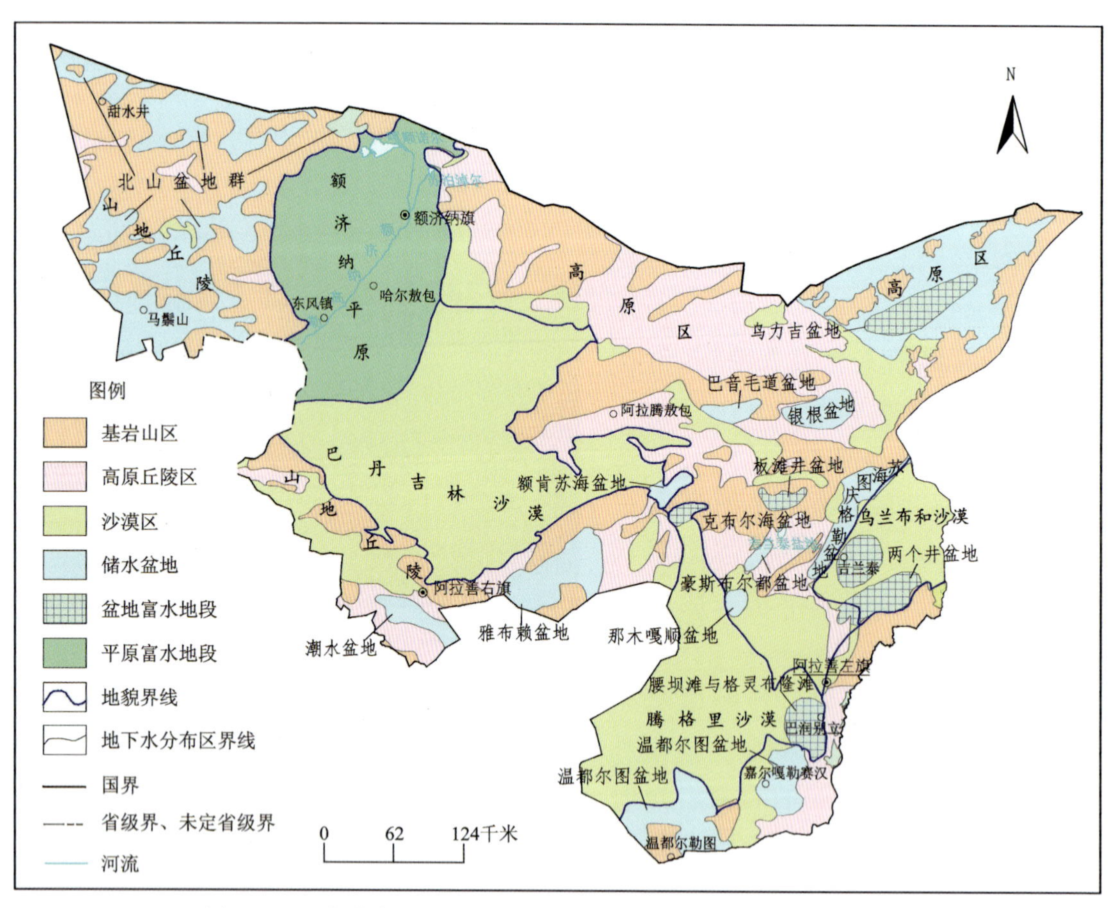

图7-31 阿拉善高原地下水分布略图[据《内蒙古地下水资源》(2004)修编]

1)额济纳平原地下水

额济纳平原位于阿拉善盟西北部额济纳旗，北山山地与巴丹吉林沙漠之间，面积约2.7万平方千米。属于黑河(额济纳河)水系冲淤形成的平原。

(1)地下水储存情况。额济纳平原普遍有古河湖沉积的砂砾层、中细砂、粉细砂层，接受降水补给后形成了厚60～150米的含水层，储存有孔隙潜水，地下水水位埋深一般在10～30米之间。

哈尔敖包以南是单层水，水量达 3000 立方米/日以上，且水质好，多数地段为淡水。哈尔敖包以北一般有两层水，上层水量一般小于 1000 立方米/日，但在老西庙—木吉湖一带大于 1000 立方米/日。下层水量在 1000～3000 立方米/日之间，水质也好，都为淡水。额济纳平原是阿拉善高原上地下水最丰富的地段，是高原上宝贵的水资源区。

(2)额济纳平原地下水开采情况。额济纳平原是阿拉善盟重要农业区，地下水开采主要用于农灌，其次为人畜饮用。地下水埋藏较浅，开采方式主要以机井开采为主。额济纳平原地下水可开采资源量为 1.35 亿立方米，水资源较丰富，目前尚有开采潜力。

2)高原区盆地地下水

(1)地下水储存情况。在阿拉善高原以及周边山地中分布有众多大小不一的盆地。盆地中往往储存有较丰富的松散岩类孔隙水与碎屑岩类裂隙孔隙水。

孔隙水主要的蓄水盆地有潮水盆地、雅布赖盆地、那木嘎盆地、额肯苏海盆地、板滩井盆地、克布尔海盆地、两个井盆地等。这些盆地中孔隙含水层多为中细砂、粉细砂层，主要承压水较丰富，含水层厚度一般为 80～150 米，水量大小不一，多数盆地为 150～500 立方米/日，丰富地段大于 1000 立方米/日，其中板滩井盆地承压水水量最大地段可达 3000～5000 立方米/日，为高原上最富水的孔隙水盆地。水质多是微咸水，但在严重缺水地区可作为水源。

碎屑岩类裂隙孔隙水以承压水为主，主要的蓄水盆地有苏海图-庆格尔盆地、豪斯布尔都盆地、李井滩盆地、温都尔勒图盆地、银根-巴音毛道盆地、乌力吉盆地、北山盆地群等。上述盆地承压含水层厚度较薄，一般 10～50 米。这些盆地水量多在几十立方米/日至几百立方米/日，且多数小于 500 立方米/日，苏海图-庆格尔盆地水量最为丰富，达 250～1500 立方米/日，水质多为微咸水。温都尔勒图盆地水量也较丰富，为 50～600 立方米/日(图 7-32)。

图 7-32 温都尔勒图找水成功纪念

(李艳龙摄于 2018 年)

(2)高原区盆地地下水开采情况。高原上盆地地下水水位较深，一般采用机井开采，主要用于农灌，如李井滩盆地、庆格尔盆地、温都尔勒图盆地等都有一定规模的农业种植。此外还作为一些乡镇生活用水。分散牧点则靠冲沟中浅层水井供水。

3)沙漠区地下水

阿拉善高原有巴丹吉林沙漠、腾格里沙漠、乌兰布和沙漠。沙漠区地表植被稀疏，沙漠腹地更是大面积的不毛之地。但下部却埋藏着较丰富的地下水。

(1)地下水储存情况。巴丹吉林沙漠在阿拉善右旗境内，面积约 4.5 万平方千米。地表下厚层的风积沙层储存有孔隙潜水。该层水水量一般在 50～350 立方米/日之间，为淡水或微咸水。松散沙层以下有一些古湖泊淤积形成的粉细砂含水层，储存有孔隙承压水。该层水埋藏深度一般不超过 170 米，水量较为丰富，水量在 700～1800 立方米/日之间，为淡水。

图 7-33 腾格里沙漠(张玉清 2023 年摄)

腾格里沙漠(图 7-33)在阿拉善左旗南部,贺兰山与雅布赖山之间,面积 2.7 万平方千米。沙漠区主要储存有两层水,上部风沙层储存孔隙潜水,水量不大,但水质好。下部承压水水量丰富,沙漠东部的腰坝滩—格灵布隆滩、水量 500～1000 立方米/日,沙漠南缘腾格里工业园区有一眼供水井出水量高达 5902 立方米/日。

乌兰布和沙漠位于阿拉善左旗东部至黄河以西,面积 7003 平方千米,有两层水。上层为风沙层潜水,水量为 50～500 立方米/日,水位埋深在洼地处一般小于 10 米,为微咸水;下层为湖积层承压水,厚 50～100 米,水位埋深一般在 10 米以上(某些洼地处有自流水),多数地段水量为 100～500 立方米/日。吉兰泰盐湖一带承压水最丰富,可达 3000 立方米/日,为乌兰布和沙漠的富水区。

(2)沙漠地下水开发情况。沙漠边缘分散的牧点以大口井开采冲沟中浅层孔隙水,仅能供人畜饮用。少数集镇也有机井作为水源。腾格里沙漠东缘、贺兰山前有几个农业区,灌溉期间开采量大。阿拉善高原地下水开发利用程度低,引发的环境问题较轻微,仅在沙漠边缘几个集中农灌区,出现了超采情况。

(四)天然矿泉水◎6

对人体有益的成分主要有锶、锂、偏硅酸、游离二氧化碳、氡等。矿泉水既可作为优质饮品,又可以进行洗浴、理疗。矿泉水按用途分为饮用矿泉水和医疗矿泉水,两种矿泉水在内蒙古都有发现。

◎6 天然矿泉水:地下水或泉水中某些对人体有益的矿物质含量达到一定标准时,就成了矿泉水。矿泉水是地下水的一种特例。

1. 饮用矿泉水

区内饮用矿泉水多数为含锶或偏硅酸一种有益成分,以及锶与偏硅酸两种有益成分,少数矿泉水除锶与偏硅酸外,还含有氡及游离二氧化碳多种矿物质,其口感、水温都适宜饮用,长期饮用有益于身体健康。区内矿泉水分布广,目前共有 99 处矿泉水被认定为饮用矿泉水,其中出自大兴安岭山区、阴山山地丘陵区的较多。区内较为优质的矿泉水主要有阿尔山蓝海矿泉水、巴林右旗罕露矿泉水、和林格尔水神庙矿泉水等。

阿尔山蓝海矿泉水取自阿尔山城区北郊五里泉、白狼镇望远山泉水,水中富含锶与偏硅酸,其中偏硅酸达到 60 毫克/升。由蓝海矿泉水公司开发,销售市场良好,曾获“2010 年上海世博会联合国馆指定饮用水”;罕露矿泉水取自巴林右旗索博日嘎镇天然泉水,水中含锂、锶、偏硅酸、游离二氧化碳等矿物质,其中偏硅酸含量高达 75.4～88.13 毫克/升,为复合型优质矿泉水;和林格尔水神庙矿泉水出自和林格尔县水神庙村天然泉水,水中富含有锶、偏硅酸、氡,水温 11 摄氏度,非常适合饮用,同时达到医疗矿泉水标准,由水神矿泉水饮料公司开发。

2. 医疗矿泉水

医疗矿泉水是指水中某些矿物质或微量元素含量达到一定标准，或水温达到一定要求，可以用来理疗洗浴，能起到祛病、保健作用，对人体有益的矿泉水。区内医疗矿泉水来自温泉及地热井，目前发现的 18 处。其中阿尔山海神圣泉在全国享有盛誉，水温最高达 48 摄氏度，水中富含锶与偏硅酸，偏硅酸含量达 26.43～29.17 毫克/升。矿权人阿尔山海神圣泉水有限责任公司建有国家温泉博物馆(图 7-34)及旅游度假村，每年来此疗养、洗浴的国内外游客络绎不绝。此外敖汉旗热水汤温泉、克什克腾旗热水塘温泉、宁城热水村温泉、凉城中水塘温泉也达到了医疗矿泉水标准。

图 7-34 阿尔山温泉(侯俊琳 2013 年摄)

三、清洁能源——地下热水

(一)地热的来源

在我们日常生活中，见到有温泉与热水井可以洗浴、疗养，地下热水还能给居民供暖，给种植蔬菜的温室大棚供暖。那么地热是从哪里来的？下面作一个介绍。

人们一般都知道，地表以下分为变温带、恒温带、地热增温带。变温带一般只有数米深，其年内气温是随季节变化的。恒温带一般几十米深，其年内气温基本没有明显变化。恒温带以下就是地热增温带，随着深度的增加，其岩层温度也在不断升高。就全球范围而言，深度每增加 100 米，地温增加约 3 摄氏度。但在某些地热异常区其增温幅度更大。那么产生地温的热源来自何处呢？一般认为是来自地球内部放射性元素(^{238}U、^{235}U、^{232}Th、^{40}K 等)衰变产生的热量，以及岩浆上侵释放的大量热能。

地热资源有蒸气型、热水型、干热岩型。按温度分为高温地热资源(温度≥150 摄氏度)、中温地热资源(90 摄氏度≤温度<150 摄氏度)、低温地热资源(温度<90 摄氏度)，区内地热资源均是中低温地下热水，其中达到中温的为少数。

地下热水是一种低碳、经济、绿色环保能源，可用于采暖、养殖、种植、洗浴、疗养等产业，并可节省大量的燃煤、天然气等不可再生资源。

区内地下热水有两种：一种是埋藏在盆地中，有孔隙或裂隙的地层作为储热层，上面有密实地层作为盖层以防止热量散失，这类盆地主要有河套盆地、鄂尔多斯盆地等。另一种是与构造活动有关，由于构造活动，岩层产生断裂，上部含水层中的冷水会沿着断裂破碎带进入深处热层，并与之混合，成为热水，然后热水在压力作用下上升到某个位置被储存起来，成为热水层。这类热水多形成于隆起的山地中，如著名的阿尔山温泉、克什克腾热水塘温泉等(图 7-35)。

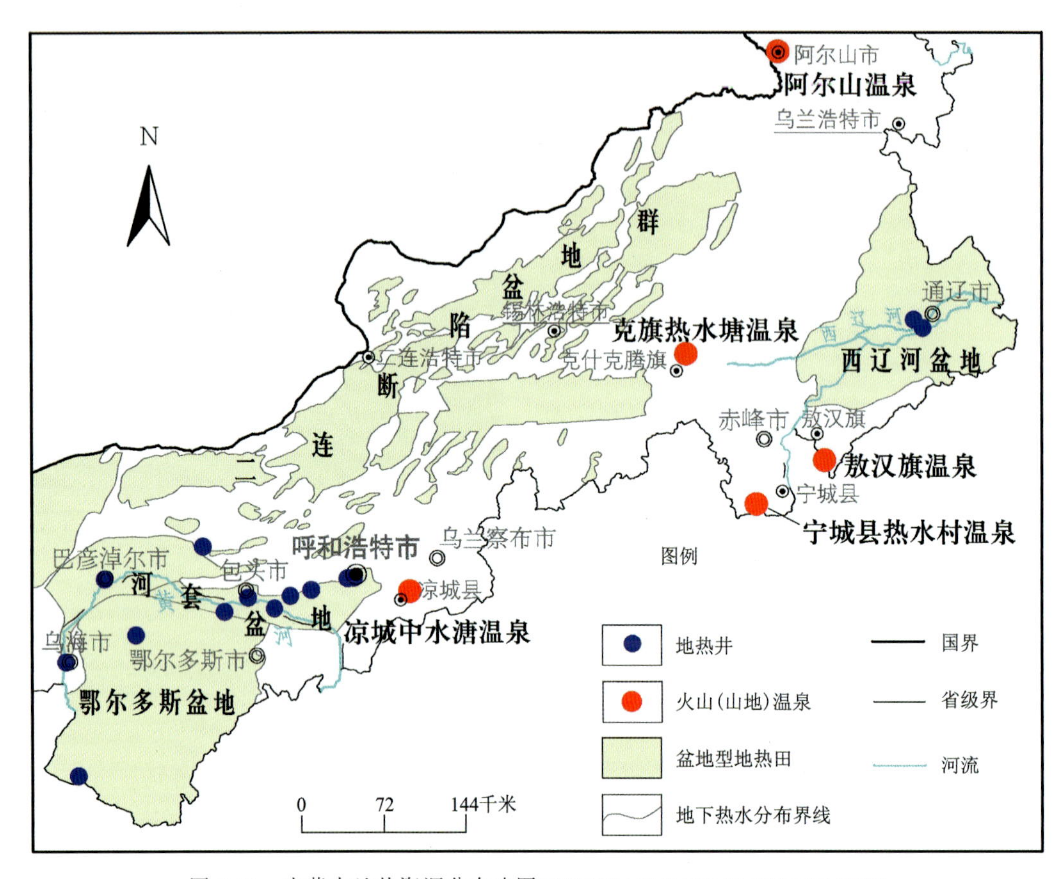

图 7-35　内蒙古地热资源分布略图[据《内蒙古自治区地热志》(2015)修编]

(二)地下热水类型及分布

1. 祛病消疲的火山(山地)温泉

区内的火山温泉主要分布在大兴安岭山地与阴山东段，断裂破碎带是导热通道。

1)阿尔山温泉

阿尔山温泉由阿尔山温泉群、金江沟温泉群、银江沟温泉群 3 个温泉群组成。泉水富含多种矿物质，水温各异，对风湿类、心脑血管类、皮肤病有显著疗效，现已建成温泉旅游、疗养一条龙的旅游度假村。

阿尔山温泉群位于阿尔山市城区，地下水沿断裂破碎带进行深部与热层循环后上升至近地表形成了温泉，温泉水为承压水。含水层为侏罗纪火山岩，泉水中偏硅酸含量较高，是对人体有益的矿物质。温泉群共有泉眼 48 眼，泉水温度冷热各异，冷泉最低水温 1.5 摄氏度，热泉最高为 48 摄氏度，实属罕见的泉群。泉群中单泉涌水量多为 10～20 立方米/日，总涌水量达 720 立方米/日，且多年来基本保持稳定。

金江沟温泉群位于阿尔山市东北 60 千米处，有泉 17 眼，最高水温可高达 47 摄氏度。

银江沟温泉距阿尔山市东北 8 千米，温泉群出露于沟谷西侧湿地与坡麓接触带，天然出露的泉眼有 5 处，水温 27.7 摄氏度。其中一眼深 288 米的热水井中共发现了 3 层热水，第一层热水水温 45 摄氏度；第二层水温 47 摄氏度；第三层是自流水，水温 49 摄氏度，喷出地表 2.60 米高，自流量为 20 立方米/小时。

2)敖汉旗热水汤温泉

敖汉旗温泉位于赤峰市敖汉旗林家地乡热水汤村,北距离敖汉旗政府所在地新惠镇 45 千米。

温泉位置在两条沟谷交汇处的丘陵山地,温泉范围 0.11 平方千米。热水储存在侏罗纪凝灰岩与花岗岩间的断层破碎带中,上面的盖层是一些泥质岩层及密实的砂砾岩。多年来在这里曾打过一些热水井,水量可达 500～900 立方米/日,水温一般在 60 摄氏度以上,最高达 66 摄氏度。在某些低洼处可自流,自流水可喷出地面 2 米以上。

早在清乾隆三十八年(1773 年),温泉就已被当地发现,那时只是在温泉涌出处挖了一个大坑,人们就在坑里洗浴,名为“坐汤”。因其有祛病之功效,故被誉为“神汤”。后来贝子府王爷主持对温泉露天洗浴大坑进行了修整,在温泉出水处开凿一眼井,用石条砌成八角形,井底出水处盖一块五孔石板,从此,人们又到井下洗浴。1949 年以后,温泉才得以真正开发利用,在此建立了疗养院及度假村(图 7-36)。

敖汉旗温泉同时也属于矿泉水,泉水中含 20 多种化学元素,其中氡含量为 232.47 贝克/升,是目前国内温泉水中含氡最高的温泉。2005 年在此打了 7 眼井,有的还是自流井,其中一眼深 180.48 米,水位埋深 2.19 米,水量 542.42 立方米/日,水温 64 摄氏度。近年来由于温泉过度开发利用,部分热水井已不再自流。

图 7-36 敖汉旗温泉度假村(李虎平提供)

3)克什克腾旗热水塘温泉

该温泉位于赤峰市克什克腾旗热水塘旅游度假区,西距克什克腾旗经棚镇 30 千米。热水塘温泉与黄岗山区岩体断裂有关,地下水沿花岗岩破碎带向下入渗,形成深部循环水,受地温加热后,再沿断裂破碎带上升后储存在花岗岩破碎带中。并经水热蚀变作用后,使地下热水颜色呈现为黄绿色—淡蓝色。温泉水为承压水,某些部位可自流。水温一般在 48.8～72 摄氏度之间,为低温热水,水量 200～500 立方米/日。

2007 年在热水塘打过 4 眼地热井,其中一眼深 65.39 米,含水层主要是燕山期花岗岩破碎带,水温 44.5 摄氏度,热水可喷出地面 4.50 米高,出水量 385.17 立方米/日。

历史上这里是一眼自然出露的温泉,泉水清澈透明,当时水温 46～83 摄氏度。曾有辽太宗耶律德光和清康熙帝、乾隆帝都曾来此沐浴,并留有遗址。康熙帝曾说“此为圣水,宝似金汤”。九世班禅活佛曲吉尼玛于 1930 年来经棚庆宁寺讲经时,也曾到热水塘温泉洗浴。元代应昌鲁王曾封此泉为“神泉”“圣水”(图 7-37)。洗浴后皮肤有润滑感,具有止痛、消炎、去疲劳等多种作用,对呼吸道疾病、心脑血管疾病、胃肠疾病等具有一定疗效。现开发为温泉馆进行理疗和洗浴。

图 7-37 克什克腾热水塘温泉馆(李虎平提供)

4)宁城县热水村温泉

该温泉位于赤峰市宁城县西南热水村,距县城天义镇约 90 千米。温泉区面积约 0.4 平方千米,温泉水储存在断裂破碎带中,含水层主要为古老的片麻岩,为承压水。起初发现 5 处热水点,其中 2 处是直接喷出地表的温泉,东西向相距 160 米,水温 60~85 摄氏度。但随着开采量增加以及近年来降水减少,目前已不自流,要从井中取水。这里打过 7 眼地热井,其中水温最高的一眼达到 94 摄氏度,水量 13.67 立方米/日。后经进一步勘查,发现地热区(温泉区)分布范围呈一椭圆形,中心位置水温达 99 摄氏度,从中心向外围水温由高变低。

该温泉开发利用已有千余年的历史,据记载,辽太宗及后继皇帝先后来此沐浴。清康熙帝巡视塞外时也曾在此沐浴,留有康熙沐井遗址。现已在其遗址上建起了"圣泉亭",成为度假村一景。目前度假区内已建成 20 多家疗养院、度假宾馆、商务会展中心等,开发利用以医疗保健和洗浴为主(图 7-38)。

图 7-38 宁城县热水温泉(李虎平提供)

5)凉城县中水塘温泉

该温泉位于乌兰察布市凉城县岱海镇中水塘村。西距凉城县政府岱海镇 13 千米。中水塘温泉处在岱海盆地与丘陵接触处。

起初发现时有数十个泉眼,泉水及气泡不断冒出,为承压水。1972 年曾爆破扩泉,并挖至 9 米深,水温 31 摄氏度,流量 10 立方米/日。后来又在附近打井,发现温泉水来自深部断裂破碎带中,含水层是古老的变质岩及花岗岩,其中一眼井水温为 38 摄氏度,为自流井,当时自流量2 732.4立方米/日。经多年开采,热水井水量逐渐减小,21 世纪初已不再自流,水量已不足 1500 立方米/日。2013 年在这里又打了 2 眼井,其中一眼自流,深 150 米,自流量 3500 立方米/日,出水温度 33 摄氏度。

岱海温泉热水储量丰富,含有锶、锂、硅、硒等 17 种对人体有益的微量元素,对治疗各种皮肤病以及风湿性腰腿疼病症具有良好疗效。如今岱海周围已被开发成旅游区,由岱海及周边滩涂、湿地、草原、山林地、温泉、电厂、古人类文化遗址等组成,其中温泉度假村用于理疗、保健和洗浴,兼营种植与养殖业。

2. 盆地深部热水

盆地地热表现为储存在各大盆地深部的热水。如河套盆地、鄂尔多斯盆地等,都是中生代、新生代由于地壳运动形成的断陷盆地,且由多个小盆地组合而成的盆地群。地热水埋藏深度大,上面有厚层覆盖层,以阻止水中热量流失。

盆地中地热水是承压水,地热的导热通道是断裂破碎带,热源主要来自地球正常增温,盆地地下 3000 米深处均在 90~100 摄氏度之间,属正常地热增温。所不同的是内蒙古盆地由于受构造及盖层的影响,1000 米左右地热增温梯度大于 3 摄氏度/100 米,而 1000 米以下增温梯度又低于 3 摄氏度/100 米,但在 3000 米处又达到 3 摄氏度/100 米的增温梯度。

1)河套盆地地热

河套盆地热水储存在新近纪地层中 1000~2000 米深处,岩性主要为粉砂岩、细砂岩。热水储层一般厚 200~300 米,其中临河盆地热水储层较厚。河套盆地地热井出水温度一般为 50~60 摄氏度,涌水量在 2000 立方米/日左右。盖层主要是第四纪黏性土层和新近纪晚期的泥岩。仅在盆地东部呼和浩特市一带，热水储存在2000～2800米处的大理岩中，厚度在300米以上。出水温度60～90摄氏度，水量在500～1500立方米/日之间。

2)鄂尔多斯盆地地热

鄂尔多斯盆地东缓西陡，为一不对称的盆地。受盆地构造影响，地热储存形式在不同地方不尽相同。在盆地南部，寒武纪、奥陶纪石灰岩埋藏较深，一般埋深在2800～3500米处，热水主要储存在深部石灰岩中。而在盆地北部杭锦旗一带，热水则储存在侏罗纪砂岩中。据杭锦旗地热井勘探，其出水温度40～60摄氏度，涌水量在1000～1500立方米/日。盖层主要为白垩纪泥岩层，厚度可达1000米以上，其次为第四纪黏性土层、新近纪泥质岩。

3)西辽河盆地地热

西辽河盆地底部最深可达3000米，热水主要储存在白垩纪砂岩中，厚度较小，水量不大，热水层温度在40～50摄氏度之间。盖层主要为第四纪、新近纪泥质岩及黏性土层。

4)海拉尔盆地地热

热水储存在白垩纪砂岩中，热水温度为60～90摄氏度。盖层主要为白垩纪的泥岩层，其次为第四纪黏性土层、新近纪泥质岩。

5)二连盆地地热

二连盆地面积约18万平方千米，由113个小盆地组成。热水储存在白垩纪砂岩、砂砾岩层中，储层厚度一般为1000～3000米，温度为60～90摄氏度。盖层主要为白垩纪的泥岩层，以及新近纪、第四纪泥质岩。

6)银根-额济纳盆地地热

地热储层主要为白垩纪砂岩，埋藏在2000～3000米深处，储层厚度大于300米，出水温度60～90摄氏度。盖层主要为白垩纪的泥岩层，以及新近纪、第四纪泥质岩。

3. 地下热水井

1)呼和浩特市地热井

该地热井位于呼和浩特市赛罕区呼伦南路原地质矿产勘查开发局后院，于1999年成井。井深3005米。出水温度55摄氏度。地下热水储存在古元古界的大理岩中，储存深度为2700～3000米，总厚度大于250米，地下热源有充足的补给来源。盖层为中生代—新生代泥岩层、粉砂岩层。后利用该热水井建成了呼和浩特市首个采用地热井洗浴的水月城宾馆，经过10多年的开发利用，水温基本保持在55摄氏度，出水量为200立方米/日。

2)呼和浩特市哈素海地热井

该地热井位于呼和浩特市西70千米处的土默特左旗哈素海旅游区，西距包头市80千米。地热井深3 368.95米，出水温度53摄氏度，成井时出水量为641.76立方米/日。热水储存在新近纪砂砾岩层中，埋藏在1277～2 162.8米深处，热水储层总厚度40.7米，储层温度44～58摄氏度，该井为地热增温型(随深度增加地层温度升高而形成热水)。热水矿化度3.952克/升，偏硅酸的含量达到医疗热矿水标准，溴、碘、硼含量也较高。同时，热水中还检测出F、Sr、Li、Ba、Fe、Zn等多种对人体有益的微量元素，现地热井已被哈素海旅游区开发利用，建成了天鹅堡温泉酒店，用于理疗、洗浴(图7-39)。

图7-39　哈素海天鹅堡温泉养生馆(哈素海旅游区，2016)

3)呼和浩特市乌素图地热井

该地热井井深2503米,出水温度62摄氏度,地热井水量为668.16立方米/日,较为丰富。热源来自地热增温,热水主要储存在深部的古元古界大理岩中,埋藏深度在2 198.8~2 389.0米处,总厚度23.2米。盖层为泥岩及黏性土。导热通道主要为破碎带,热水中偏硅酸、偏硼酸、溴的含量以及水温均达到医疗热矿水标准,还检测出Sr、Li、Ba、Fe、Zn、Se等多种对人体有益的微量元素,可用于洗浴、疗养、康乐等保健性商业活动,现正在开发筹备中。

4)包头市滨海新区地热井

该地热井位于包头市滨海新区西部,紧邻麻池镇。井深2 604.34米,为自流井,自流量为2 963.21立方米/日,出水温度70.8摄氏度。地热井为盆地地热增温型,热水储存在新近纪的细砂岩、粉砂岩层中,埋藏深度在1 577.69~2 604.34米之间。盖层为上部的粉细砂岩、泥质岩层。地热主要是通过断裂带传导。热水矿化度3.73克/升。水中锶、偏硅酸、碘、硼含量达到热矿水标准,为温热医疗矿水。现地热井已完成了开发论证,有待近期开发利用。

5)临河地热井

该地热井位于巴彦淖尔市临河新区。热水井深2012米,出水温度57摄氏度。水量为2 258.72立方米/日。地热田为盆地型地热增温型,热水储存在新近纪的细砂岩、粉细砂岩层中,埋藏在1180~1981米处,为承压水。盖层为第四纪黏性土层,累积厚度约900米。地热通道为断裂带,导热性和透水性好,热水储层温度59~78.65摄氏度。热水矿化度47.27克/升,为高矿化水。水中锶、偏硅酸、溴、碘、硼含量达到医疗价值浓度,为含锶、溴、碘、硼的温热医疗矿水。同时高矿化水也是盐化工的重要原料,地热井有待于下一步开发利用。

6)鄂尔多斯市树林召地热井

该地热井位于达拉特旗树林召镇,热水井深2 601.88米,出水温度64.6摄氏度。该井为自流井,井水可喷出地表11米高,自流量2472立方米/日。地热井为盆地地热增温型,热储层主要为新近纪的细砂岩、粉砂岩层,埋藏在1 073.86~2 601.88米处。盖层为第四纪黏性土层及含泥质的砂层,地热主要靠深部断裂进行传导。热水矿化度1.76克/升,水中氟、偏硅酸的含量达到医疗热矿水的标准,为氟-偏硅酸型温热医疗矿水。水中还检测出Ba、Fe、Zn等对人体有益的微量元素,可用于医疗、洗浴等,现开发利用正在进行中。

7)杭锦旗伊克乌素地热井

该地热井井位距离杭绵旗政府所在地锡尼镇约80千米,井深3 447.8米,出水量600立方米/日,井口温度55摄氏度。热水储层为白垩纪的砂岩层,厚度多在100~300米之间。盖层为白垩纪砂砾岩层,厚度500~700米。热源主要来自盆地深部的热量,地热通道为地层及断裂带传导热流。富含多种微量元素,对风湿病、皮肤病等有很好的疗效,现已建成小规模的温泉度假村(图7-40)。

图7-40 伊克乌素温泉度假村(伊克乌素度假村提供)

8)乌海市地热井

该地热井位于乌海市滨河街道、市政府西 100 米处。地热井深 2 094.45 米，出水量 507.8 立方米/日，井口温度 44 摄氏度。热储层共计 12 层，主要为新近纪砂岩、砂砾岩层，埋藏在 774～2000 米深处。盖层为第四纪黏性土层。地热通道为深大断裂带，热水矿化度 6.31 克/升，水中测出多种对人体有益的微量元素，可供医疗洗浴等，现暂未开发。

9)呼和浩特市和林格尔新区地热井

该地热井井位在和林格尔新区北部的小阿哥村西，地热井深 2310 米，热水储存在 1345～1640 米之间的新近纪砂岩层、1960～2298 米之间的白垩纪砂岩层中，累计热水储层厚度 241.9 米。该井为自流井，热水喷出地面 110 米高处，自流量达 4030 立方米/日，孔底温度 68.64 摄氏度，出水温度 62 摄氏度，属于含多种有益成分的锶矿水。

10)科尔沁左翼中旗保康新城区地热井

该地热井位于科尔沁左翼中旗新城区，热水储存在 1 050.40～1 232.70 米深处的白垩纪砂岩层中。水量为 2 148.34 立方米/日，出水温度 45 摄氏度。可用于疗养、洗浴及大棚种植，目前暂未开发利用。

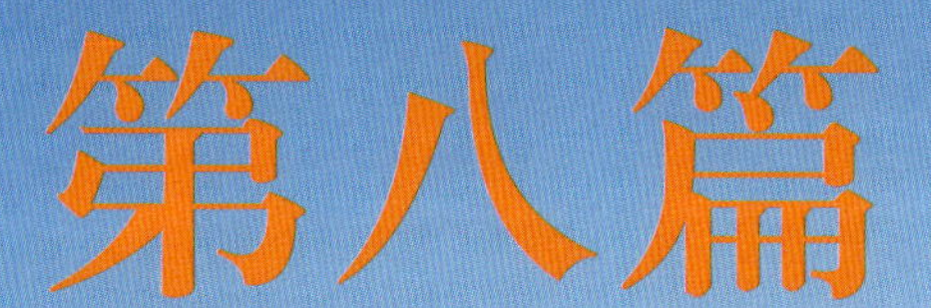

问诊地球——地球物理、地球化学、遥感地质

WENZHEN DIQIU——DIQIU WULI、DIQIU HUAXUE、YAOGAN DIZHI

阿拉善物探工作现场 张永旺2021年摄

地球物理勘查、地球化学勘查和遥感地质勘查等手段都是地质调查、矿产勘查、环境监测等地质领域中重要的工作方法。

地球物理勘查(简称物探),就像医院使用专业仪器给人体做检查,通过采集各种有效信息,判断人体的健康状况。地球物理勘查是用不同的物探仪器、应用不同的工作方法采集某一区域(或地质体)的各类有用信息,来推断某些地质现象、找寻矿产资源。随着地质找矿工作的深入,露头矿和近地表矿已基本被查清殆尽,应用物探仪器寻找隐伏矿床成为今后矿产勘查的发展趋势。物探仪器随着现代科学技术的进步而发展得更加先进和多样,探测深度不断加大,探测精度不断提高,在现代地质勘查工作中得到广泛应用。现代地球物理学已成为地球科学中最具活力的学科之一,不仅与地质学科联系密切,同时在保护与监测地球生态环境方面(预测地震、滑坡、火山喷发及岩爆、磁暴等自然灾害领域)、城市地质调查及工程勘查领域得到广泛应用。

地球化学勘查(简称化探),形象地说如同医院采集我们身体各项样本(如皮肤、血液、尿液、骨髓等),通过化验来检查判断我们的身体健康状况。地球化学勘查是根据工作性质的不同,针对性地系统采集自然界天然物质(岩石、土壤、水、水系沉积物、风成沙、植物或气体等)的样本,通过测试各类样本元素含量的变化来发现地球化学异常的一种调查方法,并通过地球化学异常判断各类矿产资源空间位置、资源潜力等,实现找矿突破。近年来,通过对地球物质特殊存在形式和迁移运动机制的深入研究,提出了隐伏矿床地球化学勘查的新理论和新方法技术(如深穿透地球化学等),并随着化学分析仪器灵敏度、精度的提高,地球化学勘查在深部找矿及地质构造的解释与推断等方面成绩显著。

地球化学勘查在生态地球化学评价(农业和生态建设)方面应用广泛,调查和判断农业用地土壤质量、企业用地土壤环境污染状况等,为后期土壤及环境治理工作奠定了基础。

遥感地质是综合应用现代遥感技术,利用仪器从太空探测地球等各种事物及变化情况,通过不直接接触而获取地表及覆盖层下一定深度目标体信息的一种技术方法。利用遥感数据的处理与分析、卫星图像的解译等手段,用来提取各种地质信息、识别地质体。该方法多应用于地质矿产勘查及地质环境、灾害地质调查等。在基础地质调查中是以各种地质体对电磁辐射的反应作为基本依据,从宏观的角度分析、判断一定区域内岩石、地层、岩脉的出露以及破碎带、断裂、褶皱等构造的展布等。遥感地质具有大面积同步观测的优势(视域宽广,不受地形阻隔等限制),而且信息量丰富,短的时间内可获取大量的地质信息,具有准确性、时效性等特点。目前,地质工作者利用计算机技术,将遥感地质解译成果与地球物理勘查、地球化学勘查、地质调查(实地观测)等成果进行叠加处理与分析,最终实现地质体的圈定、地质构造线的连接和预测地下矿产资源。

一、透视地球——地球物理勘查

地球物理勘查有许多分支学科,如重力勘探、磁法勘探、电法勘探、人工地震、放射性勘探、测井、地热法等。各种学科都有严格的应用条件和使用范围,其主要原理是以岩(矿)石与围岩的物理性质(如密度变化、磁化性质、导电性、弹性、放射性等)差异为基础,用不同的物理方法,探测天然或人工地球物理场的变化。通过对大量测量的数据计算与分析,了解不同地区地球物理场的变化特征,进而推断该地区岩石地层、地质构造、矿产分布等,为进一步地质工作提供依据。地球物理勘查按测量工作开展的空间不同,分航空物探、地面物探、地下物探。航空物探是在飞机上装备专用物探仪器◆1,在飞机航行过程中,从空中探测地表及地下一定深度地质体的物性参数,通过数据处理与分析,了解飞行区域的地球物理场变化等特征。目前,该方法广泛用于金属矿、非金属矿、能源矿产(石油、煤炭)等勘探工作。根据工作性质不同,分为航空磁测、航空电磁测量、航空放射性测量、航空重力法等。地面物探是在地表用不同物探仪器、不同方法完成地球物理勘探信息采集工作;地下物探在地表以下应用不同物探仪器、不同工作方法完成空间地球物理勘探信息采集,如在钻孔中的物探测量称为地球物理测井,主要是分析判断井壁岩层状态和性质。地球物理勘查以内蒙古自治区矿产资源潜力评价成果为基础资料,概述了全区重力、磁法区域异常特征。阐述了地球物理勘查在地质工作中的应用效果,并通过列举典型实例,展现了地球物理勘查在内蒙古基础地质调查、矿产勘查、城市地质调查等领域中的重要作用。

◆1 物探仪器:包括重力仪、磁力仪、地震仪、电法仪器等。

(一)重力勘探

重力勘探是以地壳中岩(矿)石的密度◆2差异为基础,利用重力仪器测量地下不同岩(矿)石密度差异引起的局部重力场发生的变化值(重力异常)。通过研究重力异常的分布特征,结合基础地质资料,推断覆盖层下隐伏的地质构造和深部断裂位置,圈定沉积盆地范围等。重力勘探在区域地质、海洋地质及环境地质调查等领域应用广泛,用于寻找金属矿产、油气田及煤田地质构造等。

◆2 密度:特定体积内质量的度量,等于物体质量除以体积。

1. 内蒙古重力场特征

内蒙古重力场显示出东西方向上的多块特征,南北方向上的分带特征。区内有两条巨大的北东向重力梯度带◆3,第一条是纵贯全国东部地区的大兴安岭-太行山-武陵山北北东向巨型重力梯度带,其北段大兴安岭梯级带位于内蒙古境内东部区。其重力反映的是大兴安岭巨型宽条带重力梯度带,推断是一条深大断裂带。第二条是内蒙古西部的狼山-贺兰山呈北东向展布的巨型重力梯度带。这两条巨型梯度带是内蒙古中—新生代以来最主要的两条构造活动带,两条重力梯级带之间及其两侧区域重力场特征明显不同。两条重力梯度带将内蒙古区域重力场分为3个重力场大区。

◆3 重力梯度带:是由一组彼此大致平行,且沿一定方向延伸的密集分布的异常等值线。

1)阿拉善重力场

该重力场位于内蒙古贺兰山以西的西部地区,区域重力异常自额济纳旗向阿拉善右旗递减(图 8-1),反映了地壳厚度自北向南逐渐增厚的变化特征。其中额济纳旗一带的区域重力高有莫霍面相对高的因素,还有高密度基底呈隆起也是主要原因。

2)中部重力场

中部重力异常主要位于两条重力梯度带之间,重力场近东西向展布,南北向分带的特征较明显。异常主要呈东西向展布。重力异常场值南、北两侧向中间呈波浪式下降(图 8-2)。

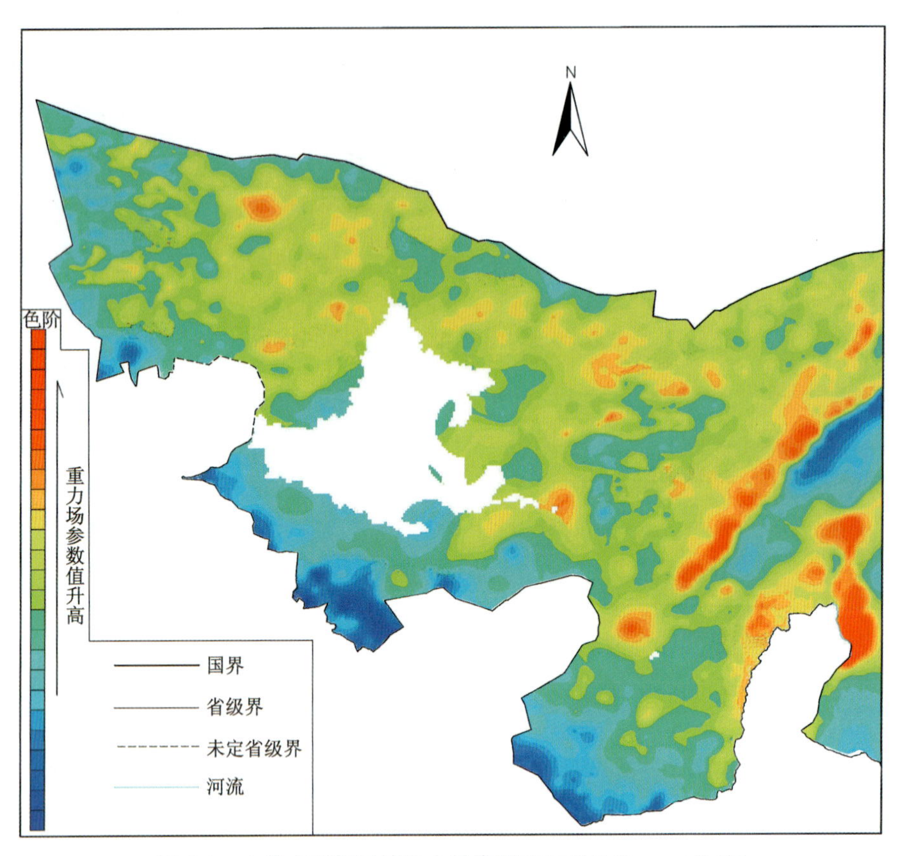

图 8-1　内蒙古西部区域重力异常图[据苏美霞等(2017)修编]

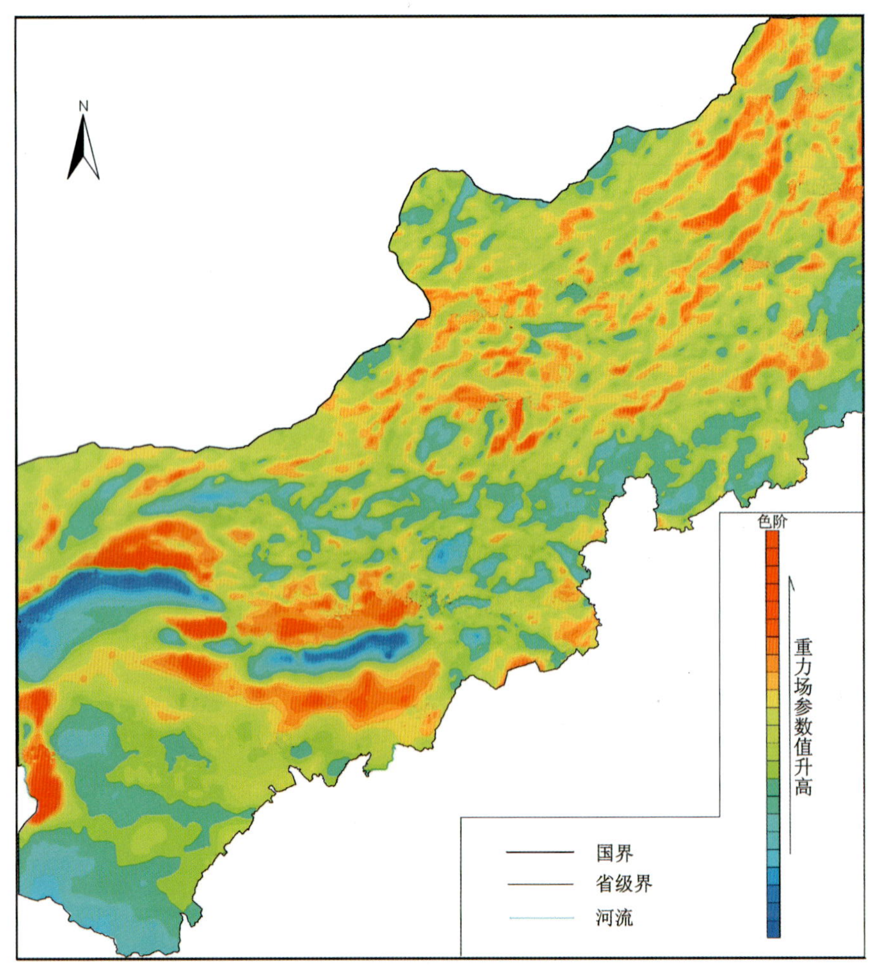

图 8-2　内蒙古中部区域重力异常图[据苏美霞等(2017)修编]

3)东部重力场

内蒙古东部重力场(大兴安岭以东地区)异常总体为相对重力高,呈北东向展布(图8-3)。大兴安岭以东地区—松辽盆地呈多变的重力正异常,场值由盆地中央向西逐渐降低。松辽盆地中央为重力相对高值区,向西重力异常值总体呈波浪式下降趋势,到大兴安岭岭脊部位为重力相对低值区;大兴安岭西侧海拉尔盆地所在区域为相对重力相对高值区,额尔古纳地区为重力相对低值区。布格重力异常高、低的变化趋势与地幔深度由浅变深有关,局部重力异常的高低变化与地壳内部物质密度不均匀性有关。

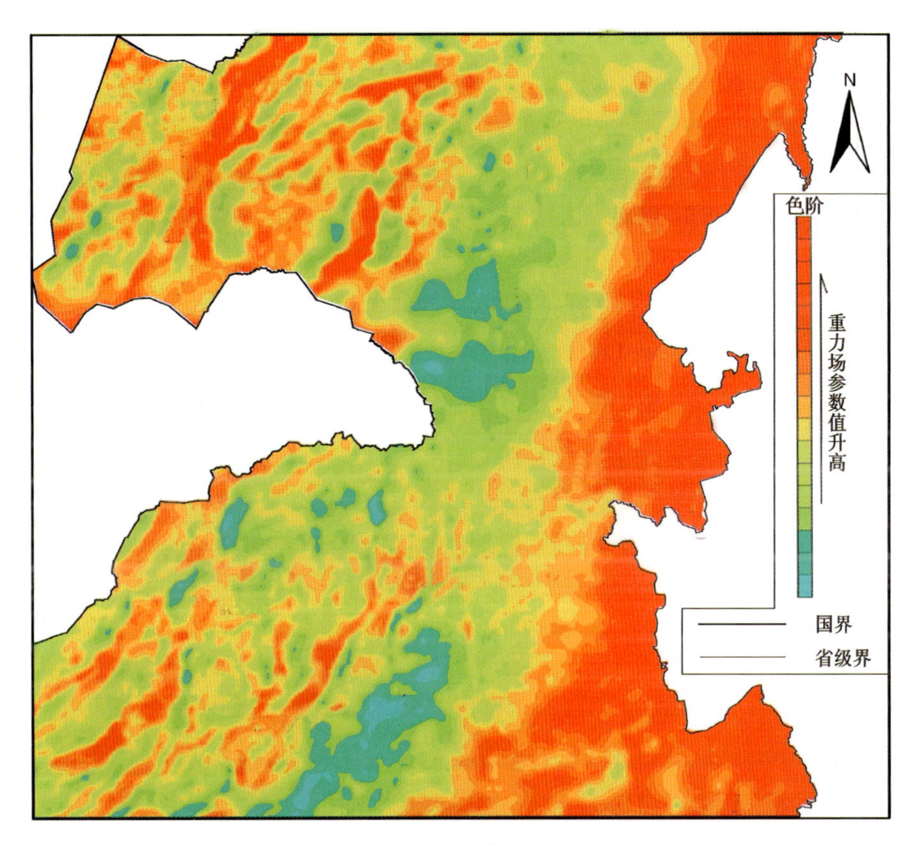

图8-3 内蒙古东部区域重力异常图[据苏美霞等(2017)修编]

2. 重力勘探在内蒙古基础地质构造推断及成矿规律研究方面的应用

内蒙古绝大多数金属矿床(点)处在重力异常的边部梯级带处及剩余重力异常[4]正负交替带上或正异常的边部。矿床的赋存部位一般受断裂控制,或位于地层与岩体的接触带等部位,这些地段因地质体密度差异明显,地质环境必然是发生了明显物理和化学条件的改变,形成成矿物质的富集。重力异常特征形成的异常梯级带正是这种差异性的客观反映。由此可见,矿床(点)所在区域重力异常特征在某种程度上反映了矿床的成矿地质环境。

◆4 剩余重力异常:是指从布格重力异常中去掉区域重力异常后的部分异常。

1)推断古隆起

重力推断太古宙—古元古代隆起区的显著特点是区域重力高。内蒙古具代表性区段是沿乌拉山、大青山呈东西向展布的重力高值区和赤峰市—哈拉沁旗高值区(图8-4)。该地区属华北陆块区太古宙—古元古代古陆核,隆起区已知的多金属矿床、矿(化)点较多,是受变质型铁矿、金矿的集中分布区。所以重力推断的隐伏、半隐伏的太古宙—古元古代底隆起区是寻找同类型隐伏矿产的重点区域。

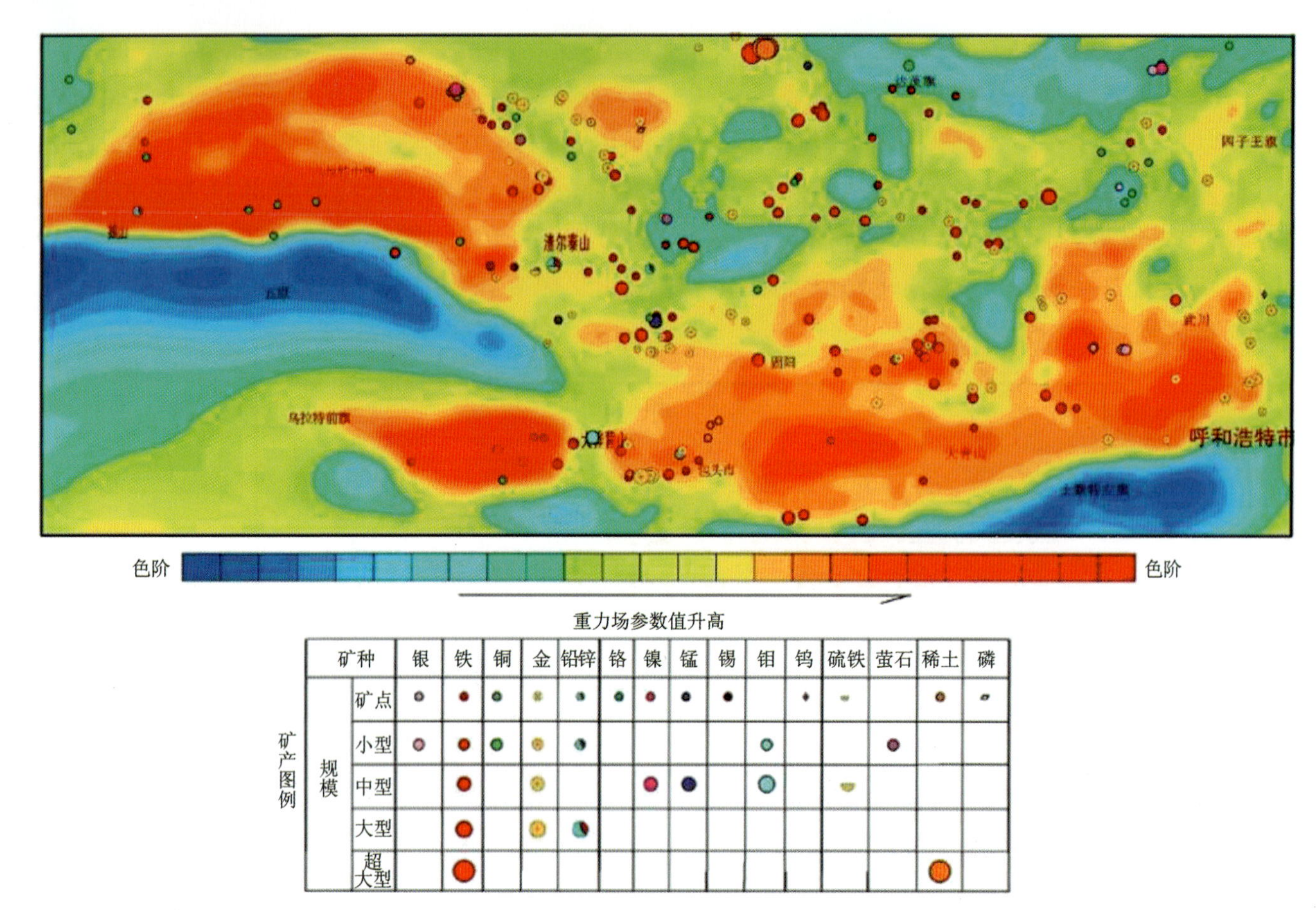

图 8-4　乌拉山-大青山太古宙—古元古代隆起重力异常与矿产分布关系图(据苏美霞等,2017)

2)推断构造岩浆岩带

重力推断的构造岩浆岩带一般表现为区域重力低,比如内蒙古中东部西拉木伦河一线、大兴安岭中南段、大兴安岭中段其重力特征均为重力低,地表广泛出露密度较低的古生代、中生代中酸性侵入岩及火山岩,是幔源岩浆沿深部构造上侵或喷出形成的巨型岩浆岩带,分布众多不同类型的金属和非金属矿床。重力异常图上反映的岩浆岩活动区(带)特别是重力异常边部凸凹变异带上是成矿最有利地段,如白音诺铅锌矿、拜仁达坝银铅矿、黄岗铁锡矿、维拉斯托铜锂锡矿等。

3)推断基性—超基性岩体

沿索伦山—二连—贺根山一带为重力相对高值区,剩余重力异常多为正异常,特别是贺根山、小坝梁一带局部重力异常边缘多为陡变的等值线密集带。根据基性—超基性岩体密度大的特点,结合地质资料,推断该带为基性—超基性岩带。该区域是铜、镍、铬等矿床的集中分布区,已发现巴彦、白音宝力道、索伦山、小坝梁等铜、金、钴、镍、铬、铂、钯等矿床和矿点。推断矿床的形成与基性—超基性岩及热液活动有关。

4)推断断裂构造

通过对全区重力场进行分析研究,划分出深大断裂(Ⅰ级)15 条,大断裂(Ⅱ级)20 条。深大断裂构造是深源岩浆岩的通道,断裂产状变化或交会处是矿产形成和富集有利部位。由重力资料推断的深大断裂,对地区矿产的形成和分布起着一定的控制作用。

(1)大兴安岭一带北北东向深大断裂—得耳布尔断裂(编号 F-02002-①),北自黑龙江省塔河一带进入内蒙古,向南西经八大关牧场至嵯岗镇沿贝尔湖东岸延入蒙古国境内。内蒙古区内长600 多千米。重力异常明显呈北北东向延伸的等值线异常密集带。根据断裂带两侧地层时代的差别(西北侧主要为早古生代地层,东南侧为中、新生界),推测断裂形成于加里东早期,海西期沿断裂带有大规模的花岗岩侵入，中生代有大量的中基性火山岩溢出，是一条长期活动的断裂（图 8-5）。得耳布尔断裂是大兴安岭岭脊断裂，对该地区岩浆岩分布、矿产的形成和分布特征起着重要的控制作用。

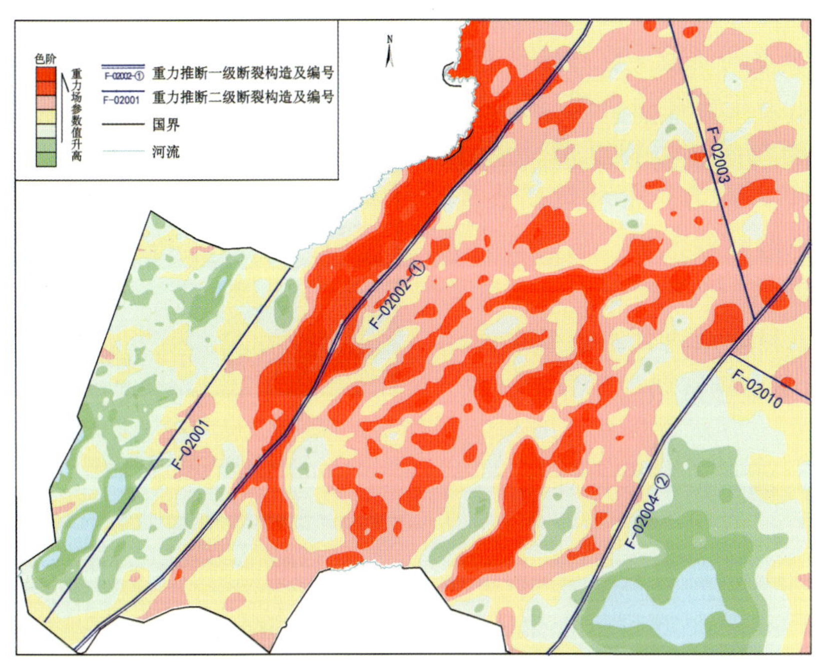

图 8-5　内蒙古得耳布尔深大断裂区域重力异常图[据苏美霞等(2017)修编]

（2）二连-东乌旗断裂、西拉木伦河断裂等近东西向深大断裂，控制着内蒙古中部深源侵入岩和矿产的形成与分布。

（3）额济纳旗断裂、横蛮山-乌兰套海断裂等近北西向深大断裂，控制着内蒙古西部侵入岩和矿产的分布。

3. 重力勘探在内蒙古矿产勘查中的应用

矿床的赋存部位一般受断裂控制，或是位于地层与岩体接触带等部位，地质环境的改变，从而引起重力场值明显变化，这些地段表现为地质体密度明显的差异，形成重力异常梯度带。而多金属矿床（点）基本处在重力异常梯度带的边部，或者剩余重力异常正负异常交界处附近及正异常边部。

1）西拉木伦构造带的研究应用

以深部构造研究为重点，以重力异常为依据，以最新的数据处理技术为手段，研究发现在西拉木伦中、上地壳有近东西向分布的低密度带，在乌拉山和大青山一带中、上地壳有呈近东西向分布的高密度带（图 8-6），进而构建了内蒙古中部区岩石圈三维密度模型，建立了内蒙古中部区岩石圈结构框架，为后期在该地区部署深部找矿工作奠定了重要的基础。

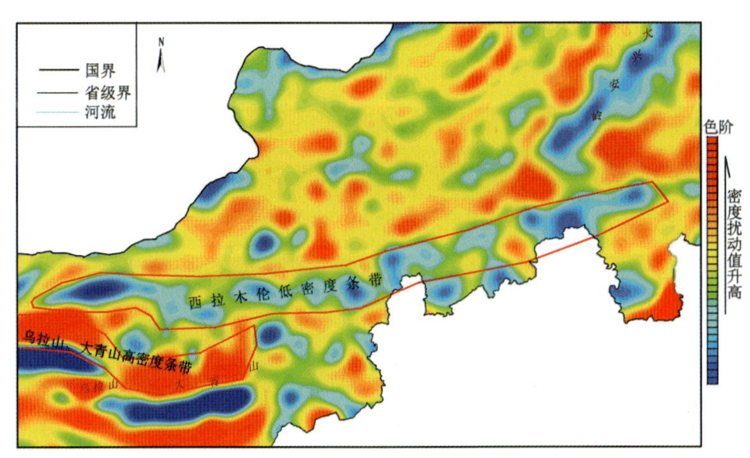

图 8-6　内蒙古中部区中、上地壳重力异常示意图

（据内蒙古自治区地质调查院，2020a）

2)云鄂博地区

白云鄂博地区结晶基底为新太古界色尔腾山岩群,黑云斜长片麻岩、变粒岩等,准盖层是新中元古界白云鄂博群。白云鄂博矿床位于新太古界和古元古界基底分布区,重力异常相对高。矿床处在剩余重力正异常的南侧(图 8-7),其北部是呈北西向展布的重力梯度带,为北西向断裂。梯度带以东为重力异常相对低值区,地表分布有大面积中酸性侵入岩。剩余重力异常图上,白云鄂博铁矿床位于剩余重力正异常异常带的转弯处。该异常从西到东由近东西向转为北西向展布,由多个椭圆状的单异常组成。

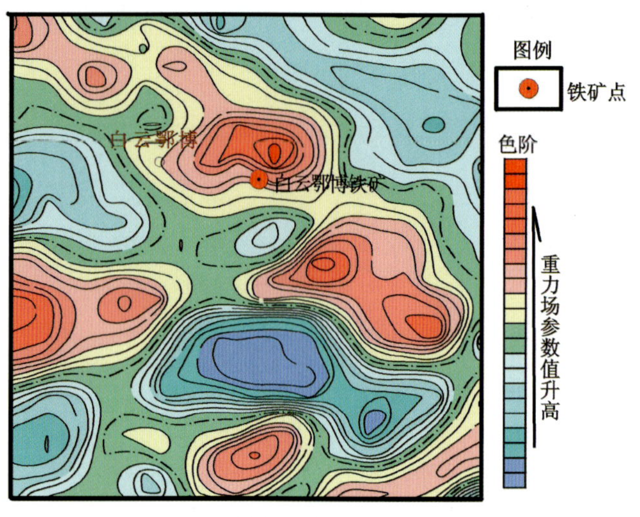

图 8-7　白云鄂博铁所在区域剩余重力异常
[据内蒙古自治区地质调查院(2013)修编]

3)霍各乞地区

霍各乞铜矿床区域重力异常相对高值,重力等值线多处同向扭曲,异常走向发生变化,是不同走向的构造相互叠加的客观反映;剩余重力异常呈北东向条带状展布的相对平稳区,矿床以北的剩余重力高异常由两个异常中心构成(图 8-8)。根据地质资料分析,推断铜矿床以北的剩余重力高异常由中新元古代地层及基性岩体共同引起,重力低异常带是沿较大的断裂破碎带中充填的中性—酸性岩体所致。铜矿床处等值线分布稀疏且宽缓地带,南、北两侧分布有北东向带状展布的剩余重力正、负异常带。结合地质资料推断正异常是古元古代基底隆起的反映,负异常由酸性侵入岩引起。

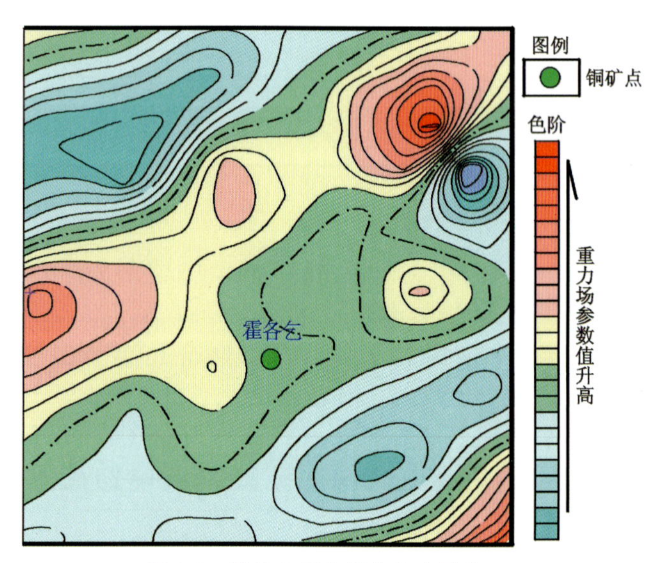

图 8-8　霍各乞所在剩余重力异常
[据内蒙古自治区地质调查院(2013)修编]

(二)磁法勘探

磁法勘探是以岩(矿)石间的磁性差异为基础,通过观测不同岩石的磁性变化,了解地下岩石情况的方法。应用磁法仪器测定各类岩(矿)石磁性强度◆5,研究不同磁性体在区域或局部地区磁场变化形成的磁异常。磁法勘探是寻找磁性矿体最有效的方法,可以直接指示磁性矿体的分布范围,寻找具磁性地质体(如磁铁矿)。同时,利用区域磁异常变化及特征能够推断深部断裂构造;结合其他地质资料,能够预测成矿远景区。磁法勘探按磁异常的空间地域不同,分为地面磁法、航空磁法、海洋磁法、井中磁法。

> ◆5 磁性强度:岩石所含铁磁性矿物产生的磁性的强弱。

1. 内蒙古区域磁异常特征

内蒙古东西跨度大,区域磁异常特征分布特点不尽相同。按区域磁场特征划分为各具特色的西部区、中部区、东部区(分为东南部和东北部)。

西部区为阿拉善左旗—巴音诺尔公以西地区，磁异常总体特征为宽缓区域性低磁异常，磁场主要表现为零值偏负和零值偏正的背景场(图 8-9)。北部磁异常呈北西西向或近东西向分布，正负磁异常相间排列，异常幅值接近对称，北侧伴有负异常，梯度变化也较大，磁异常带较明显；中部磁异常总体特征为负磁异常场；南部喇嘛井—雅布赖—巴音诺尔公以南地区，磁场为北东向或近东西向分布的低缓、稳定的正磁异常。

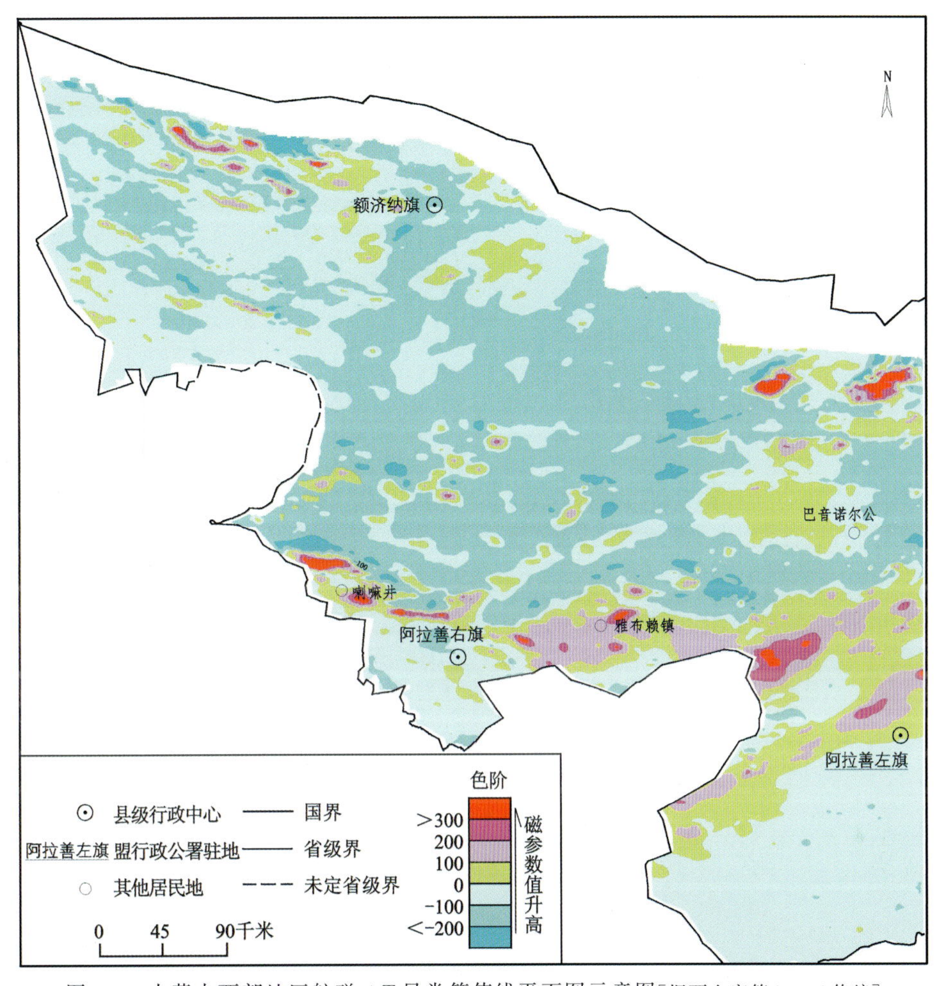

图 8-9 内蒙古西部地区航磁 ΔT 异常等值线平面图示意图[据贾金富等(2017)修编]

中部区包括阿拉善左旗—巴音诺尔公以东、太仆寺旗—正镶白旗以西地区。磁场变化范围大，北侧伴生负异常。磁异常总体呈近东西向带状分布，正异常带和负异常带相间排列(图 8-10)。杭锦后旗-包头-呼和浩特磁场区，为正磁异常带，推测主要为磁性基底乌拉山岩群引起，卓资县-集宁东正负相伴串珠状磁异常为新生代玄武岩所致；磴口-达拉特旗-凉城南负磁场区呈近东西向展布，异常带中新生界盖层较厚，磁性基底埋藏深度较大，形成低缓磁异常；临河—集宁一带正磁场区总体走向呈东西向，局部走向呈北东向，为乌拉山群磁性基底相对隆升所致；五原-固阳-四子王旗负磁场区，负磁异常带为中新生界盖层影响所致，其余零值偏负的负磁异常主要为元古宇弱磁性基底构造层引起，负磁异常带呈近东西向展布，局部正负相伴的椭圆或似椭圆状磁异常为基性—超基性岩和铁矿(黑脑包、三合明等)引起。

东部区分为东南部和东北部地区。东南部地区包括太仆寺旗—阿巴嘎旗以东地区。磁异常多处在正负磁场互现的磁场背景上(图 8-11)。在多伦地区正负相伴的磁异常为火山岩和火山机构所致、赤峰南磁场为一大型环形磁场区，喀喇沁—大城子—旺业甸为岩浆环，周边被正负相伴的串珠状磁异常环绕，为一系列环形构造、火山机构和隐爆角砾岩筒所引起。背景场为零值偏负和零值偏正两种特征，其中零值偏正的背景场为前寒武纪基底岩系所致，零值偏负的背景场推测由弱磁性花岗岩体引起。

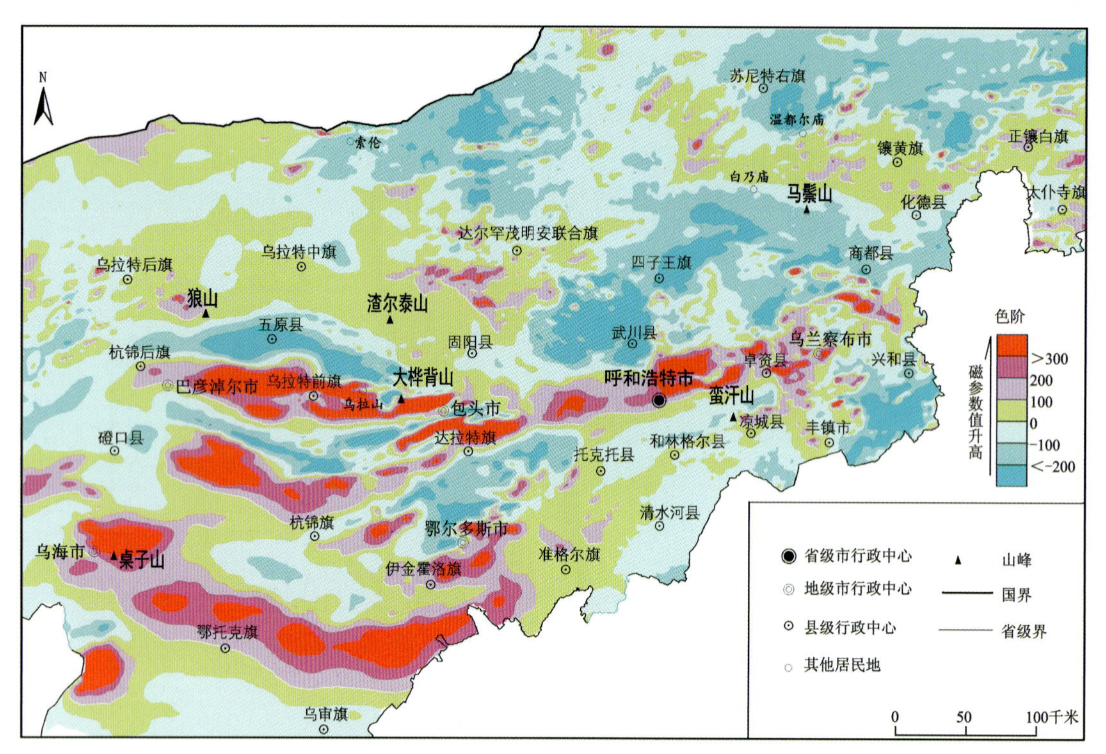

图 8-10 内蒙古中部地区航磁 ΔT 异常等值线平面图示意图[据贾金富等(2017)修编]

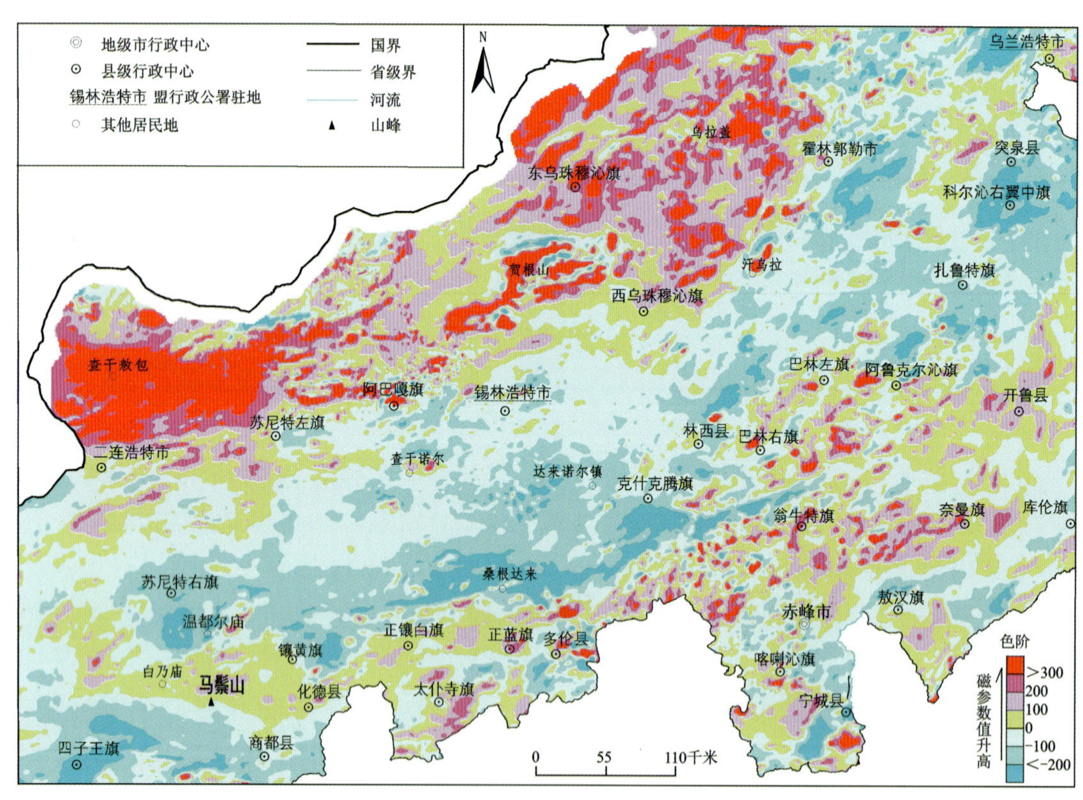

图 8-11 内蒙古东南部地区航磁 ΔT 异常等值线平面图示意图[据贾金富等(2017)修编]

东北部地区得耳布尔磁场区，包括新巴尔虎右旗—得耳布尔一带。磁异常沿东向呈带状相间排列，正负异常相伴(图 8-12)。与相间排列的正负磁异常相对应的有花岗岩类和中基性火山岩带广泛分布；海拉尔-牙克石磁场区，磁异常以平静的负磁异常为背景分布有北北东向延伸的狭长带状异常，分布有较杂乱的正负相伴磁异常。大兴安岭磁场区以强磁背景场上出现剧烈变化的杂乱正负相伴的磁异常为主，正负磁异常多呈环状或串珠状展布，正负磁异常峰值跳跃变化，频繁交替，总体呈北北东向展布，场值有北高南低、东高西低的趋势；嫩江-阿荣旗-开鲁磁场区为弱磁异常带，呈北东向延伸。其中开鲁盆地主要为平静的负磁异常区，推断该磁力低值异常带主要为弱磁性基底所致，局部环状和带状低磁异常，为花岗岩岩体引起。

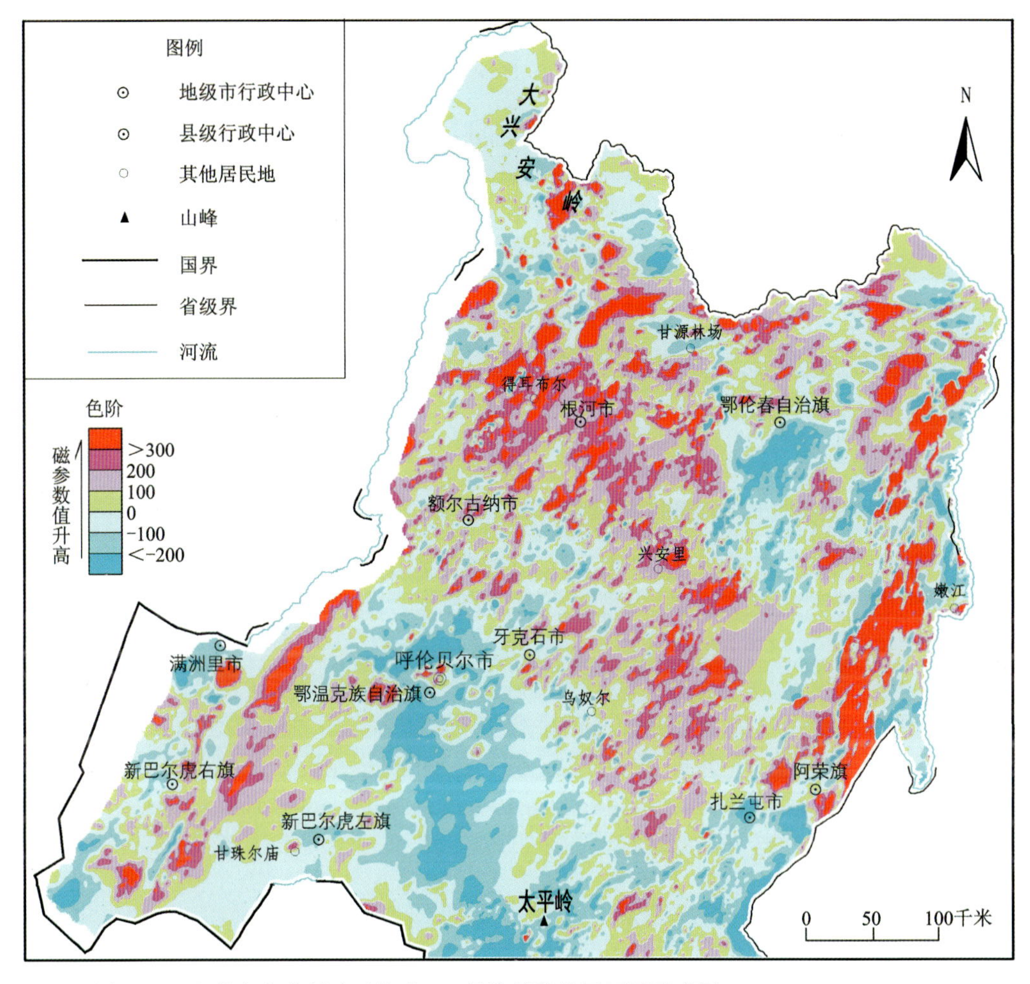

图 8-12 内蒙古东北部地区航磁 ΔT 异常等值线平面图示意图［据贾金富等(2017)修编］

2. 磁法勘探在内蒙古地质构造及成矿规律研究中的应用

1)断裂的主要特征

不同磁场区的分界线，是规模较大断裂带的主要特征。如蒙 F-000027-013 断裂(图 8-13)，两侧磁场明显不同，北侧为大面积正高值异常区，南侧为较为平缓的负值异常区。另外，断裂两侧物性差异明显。串珠状磁异常带往往反映断裂带岩浆活动不均匀，其磁性物质的分布也不均匀，这就会引起呈串珠状的、断断续续分布的线性磁异常(图 8-14)，异常轴线反映的断裂便是岩浆岩的通道。线性磁异常带是指具有明显方向的异常带，它可以是正异常带、负异常带或正负交替出现的异常带，当局部磁场降低，往往形成磁场的间断或明显的窄长负磁异常带。磁异常突变带是指并行的多条带状磁异常

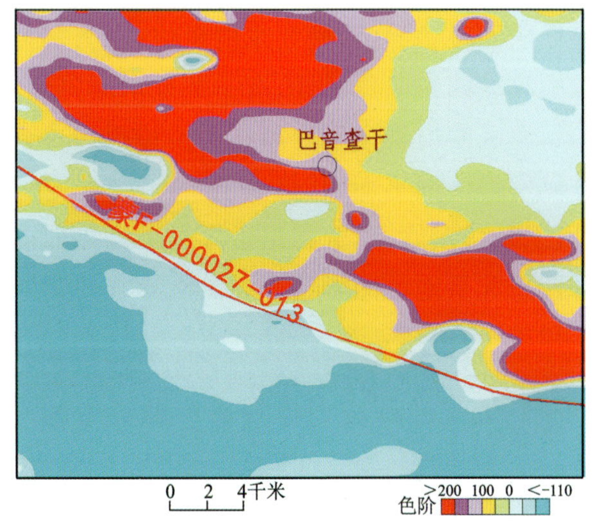

图 8-13 内蒙古中部蒙 F-000027-013 断裂构造示意图

(据贾金富等，2017 修编)

同时在某一界线处异常强度突然降低甚至终止、异常形态同向扭曲等，预示磁异常反映的地质体可能被断裂断开、截止，或者平移了。除上述判定断裂的磁异常特征外，还有异常错动带、雁行状异常带、放射状的异常带在磁场图上，一条或几条比较容易对比的、线性排列的磁异常带发生明显错动时，表明磁性标志层或脉岩体发生了错动，这通常是断裂作用的结果。有些断裂破碎带的范围较大，构造应力比较复杂，既有垂直变位也有水平变位和扭转现象，在这种情况下会造成雁行排列的岩浆活动通道，磁异常就表现为雁行状异常带。

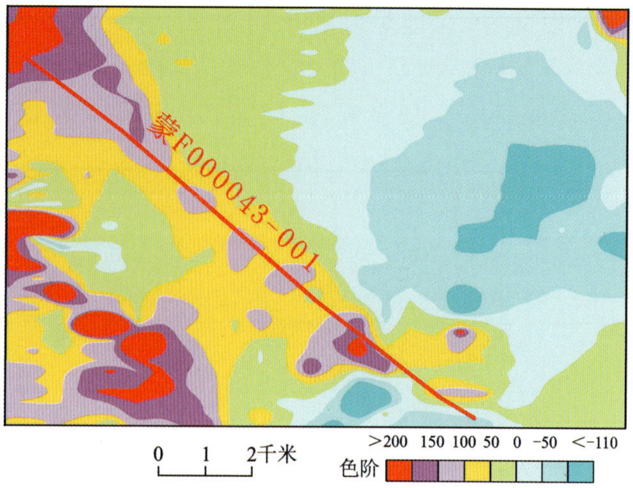

图 8-14 内蒙古蒙 F-000043-001 断裂构造示意图

（据贾金富等，2017 修编）

2）主要岩浆岩、变质岩分布区磁异常特征

全区侵入岩磁性总体特征是由酸性—基性—超基性岩逐渐增强的趋势。酸性花岗岩类为无磁和弱磁性，常形成宽缓低磁异常。中基性岩类具中等强度磁性，形成较强的局部磁异常。基性和超基性岩具强磁性特征，形成局部磁性变化较大的异常。基性火山熔岩磁性很强，形成强磁异常；酸性火山岩，为无磁或弱磁，形成低缓的负磁异常。其中查干敖包庙-东乌珠穆沁旗花岗岩体的区域磁场以负磁场为背景，分布有不规则块状或带状局部正异常，为强度和梯度变化较小，正负异常相间排列的正磁异常带，呈北东向带状延伸；艾里格庙-锡林浩特花岗岩体以负磁场为背景，镶嵌着不规则块状正异常带，总体呈东西向断续延伸；西乌珠穆沁旗以东磁异常多呈北北东向或北东向狭长带状或串珠状排列，规模较小，强度不大；阿拉善右旗-乌拉特中旗-翁牛特旗花岗岩体磁异常为平缓开阔的低缓正磁异常带，呈近东西向断续分布；巴丹吉林—宝音图段，磁场特征为在平静的负磁场背景上出现不规则块状正异常，呈北东向断续延伸，强度一般，局部较高，北侧伴有微弱负值；桑根达来—至镶黄旗段，磁场特征为一低缓开阔的正磁异常带，呈近东西向断续延伸，北侧伴有微弱负值；正镶白旗—翁牛特旗段，磁场特征为低缓开阔负磁异常为背景，正磁异常为形态和轴向各异的局部异常，呈无规律地杂乱分布；上丹-乌拉特中旗-商都花岗岩带磁场特征以负磁场为主，其中上丹-乌拉特后旗段，磁异常呈北东东向展布，分布有狭长带状或串珠状低弱的正磁异常，呈北东向延伸；白云鄂博—商都段，以负磁场为主，呈近东西向展布；在乌拉特中旗至四子王旗一线，有一条近东西向延伸的不规则正磁异常带。

全区变质岩主要分布在乌拉特前旗—兴和、阿拉善南部、锡盟南部、赤峰南部等地区。根据磁异常等值线平面图，其中土默特左旗—兴和县一带变质岩磁场分布带特征明显。由图 8-15 可见，土默特左旗-卓资县正磁异常带呈北东东向展布，主要由古元古界乌拉山岩群地层引起；卓资县—兴和县地区磁场特征为负磁异常的背景区，岩性以无磁性的大理岩为主，是中太古界兴和岩群和古元古界集宁（岩）群分布区。

3. 磁法勘探在内蒙古矿产勘查中的应用

1）达茂旗三合明铁矿

由图 8-16 可知，三合明铁矿为负磁或低缓磁场背景中的圆团状正磁异常，局部磁异常较高，由西、中、东 3 个沿东西向分布正磁异常组成，异常总体呈东西向分布，与矿体分布基本相吻合。

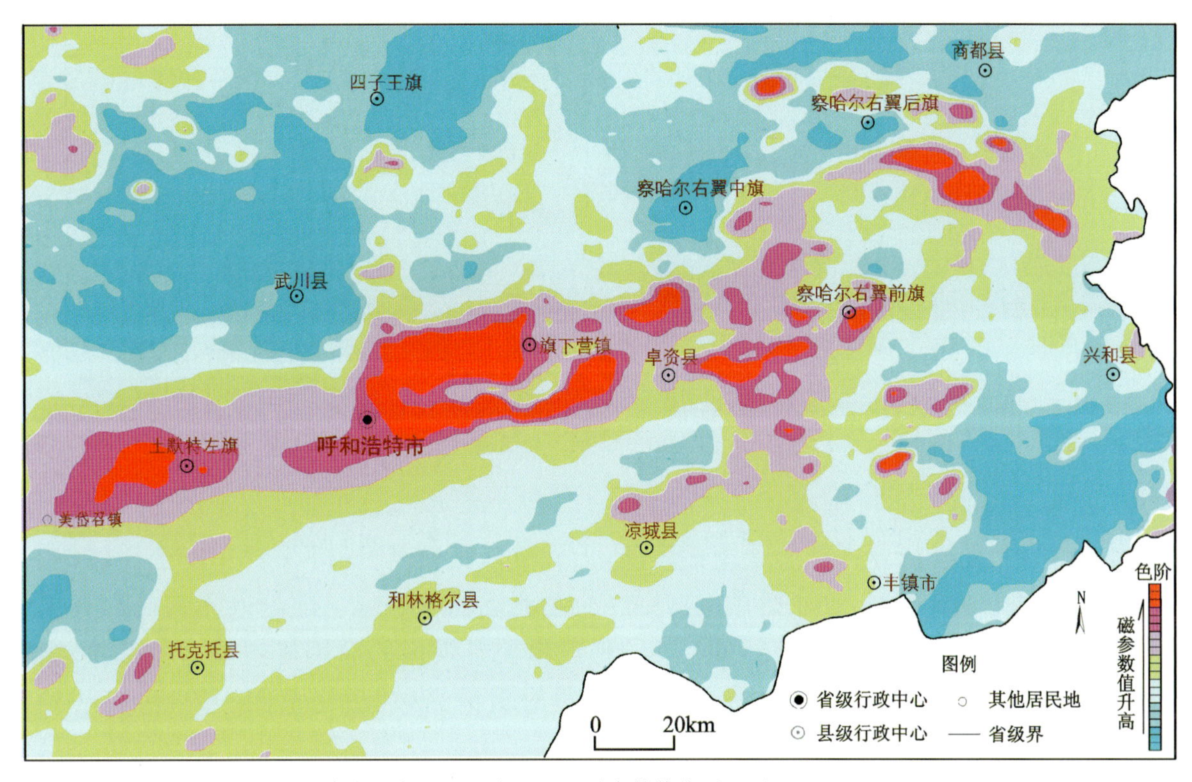

图 8-15 土默特左旗-兴和县航磁 ΔT 异常等值线平面图[据贾金富等(2017)修编]

中部主矿区磁异常强度、梯度都较大，对应的铁矿体东西长约 1.5 千米，最宽约 200 米，东、西部磁异常推断是隐伏磁性矿体，经后期验证磁铁矿埋藏深度在 60 米以下。

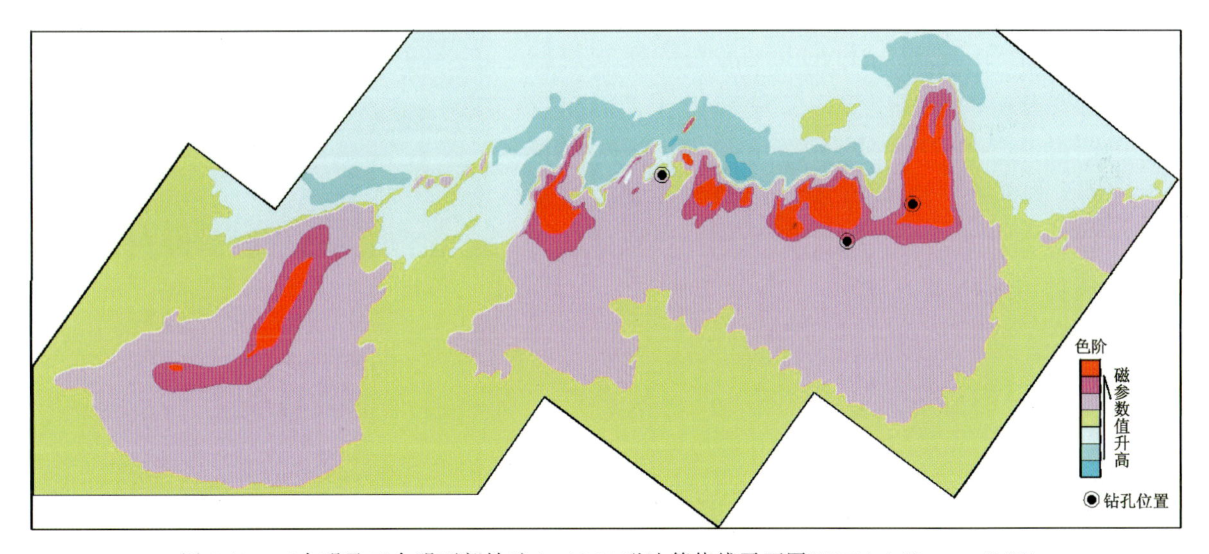

图 8-16 三合明及三合明西部铁矿 1∶5000 磁法等值线平面图[据贾金富等(2017)修编]

2)白云鄂博铁矿

白云鄂博铁矿 1∶5 万航磁异常特征显著，呈东西向走向，磁异常极大值高达 5400 纳特(nT)◆6。1∶1 万磁异常特征明显，磁性强度大，走向呈东西向(图 8-17)，与规模巨大的矿床相对应。磁异常主要由 4 个极强的局部异常组成(Ⅰ、Ⅱ、Ⅲ、Ⅳ)，其峰值均大于 5000 纳特，两翼不对称，南翼较缓，北翼甚陡。

◆6 纳特：是国际单位制中的磁感应强度分数单位，符号为 nT。

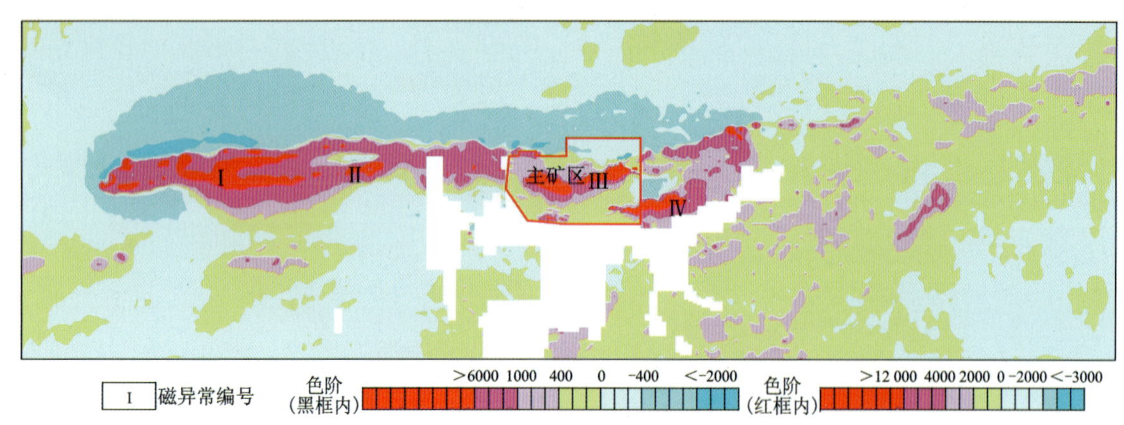

图 8-17　白云鄂博 1∶1 万磁法等值线平面图[据贾金富等(2017)修编]

3)无人机航磁测量

近年来,我国无人机行业得到了快速的发展,无人机以其便携性、环保性和安全性的特点,广泛应用于矿产调查、环境监测、农业播撒、应急救灾、物流运输等领域。随着以无人机为载体的航磁测量技术的不断研发,无人机航磁测量在不同地质地貌景观区的应用得到了逐步完善,能够完成远距离或复杂地形地貌条件下的磁法测量工作,具有灵活高效、适用范围广的特点,已成为航空物探领域的重要发展方向。

内蒙古西部荒漠戈壁地区的无人机航磁测量应用(图 8-18),总结在无人机戈壁荒漠地貌景观区的应用效果,评价了无人机航磁在戈壁荒漠地区的实用性与可靠性。通过对无人机航磁测量成果与已有地面高精度磁法测量成果进行定性、定量分析对比,无人机航磁反映的磁场特征与地磁特征基本一致,完全满足在戈壁荒漠地区进行矿产勘查工作需求,具有高精度、高效率、低成本的优势,能够满足矿产勘查等需求。局部的无人机航磁测量工作有效地拓展了航空物探的应用空间,进一步推广了地球物理勘查方法技术。

图 8-18　内蒙古戈壁荒漠无人机航磁测量

(张永旺 2022 年提供)

(三)电法勘探

电法勘探是根据岩(矿)石等介质的电性差异,通过专业的仪器设备观测和研究地球物理场的变化及分布规律来找矿和研究地质结构的一种地球物理勘探方法。电法勘探是应用地球物理学中方法种类最多、应用面最广的一种方法。根据不同的工作需要及工作环境要求,采用工作方法不同,具有多样性。其基本原理是利用地壳中不同岩层之间、岩石和矿石之间存在的电磁学性质(导电性、导磁性、介电性)和电化学特性的差异,通过不同的供电模式,利用不同仪器测试、采集的数据,获得地下不同深度介质的电性变化规律,对人工或天然电场、电化学场的空间分布规律和对时间特征的观测与研究,经过相关数据处理和分析来获得地下不同埋深的电性变化结构,从而推断出地下地质构造环境的变化规律。

1. 电法勘探分类

电法勘探具有利用物性参数多、场源和装置多、观测要素多及应用范围广等特点,对不同的地质任务，在不同的地质条件下，电法勘探形成了许多分支。电法勘探按场源分为人工场源（主动源法）、天然场源（被动源法）；按空间分布分为航空电法、地面电法、地下电法；按电磁场时间分布特征分为直流电法（时间域电法）、交流电法（频率域电法）、过渡过程法（脉冲瞬变场法）；按产生异常原因分为传导类电法、感应类电法等。常用的电法勘探方法有电阻率法、激发极化法、瞬变电磁法、音频大地电磁法、大地电磁测深法、充电法、自然电场法。

（1）电阻率法是以岩土介质的导电差异性为基础，通过观测与研究人工建立的地下稳定电流场的分布规律，来探测地下地质结构，了解地下地质结构特征，解决水文、工程和环境地质问题的目的，在内蒙古寻找矿产资源和地下水资源应用较多的方法。电阻率法一般包括电测深法、电剖面法、高密度电法。

（2）瞬变电磁法是利用不接地或接地线源向地下发送一次场，在一次场的间歇期间，测量由地质体产生的感应电磁场随时间的变化。根据二次场的衰减曲线特征，判断地下不同埋深地质体的电性特征及规模大小。该方法具受干扰程度小、探测深度深、对低阻反应灵敏的特点，主要用于追溯断裂破碎带，探测基底起伏，寻找古河道，追溯各种高低阻陡倾斜地电体及接触面，查明岩溶发育带。找水方面用于探测含水岩层埋深、厚度及分布。

（3）可控源音频大地电磁法是通过人工可控制的激励场源，向大地发送不同频率的交变电磁场，在距场源较远地段位置观测不同频率的正交电、磁场分量及其阻抗相位差，计算出不同频率的视电阻率。该方法具分辨率较强、抗干扰能力强、低阻敏感等特点，是研究深部构造的有效手段，主要用于追溯断裂破碎带，探测基底起伏。找水方面主要用于探测含水岩层埋深、厚度及分布，查明岩溶发育带，是寻找地热资源有效方法之一。该方法在内蒙古寻找地热资源及城市地质调查工作中应用广泛。

（4）大地电磁测深法是根据平面电磁波场在导电介质中的传播理论，当地下介质的电导率一定时，平面电磁波场的穿透深度与频率成反比，即随着信号频率降低，其穿透深度增大。由于电磁感应作用，在地面上的电磁场将包含有地下介质电性分布的信息。因此，通过在地面上观测天然交变电磁场，研究大地对天然交变电磁场的频率响应，即可获得地下不同深度介质电导率的成像规律，经过相关的数据处理和分析来获得大地由浅至深的电性结构，从而推断地下地质构造环境。

（5）激发极化法是根据岩（矿）石的激发极化效应来寻找金属矿和解决水文地质、工程地质的一种电法勘探方法，它是通过专业仪器来测量电极之间观测到随时间缓慢变化的附加电场变化规律，获取实测电性参数（视极化率、视电阻率）数据，在地质找矿工作中划分具有电性差异的地质界线，在水文地质方面可以有效地划分含水岩层分布范围、含水层的埋深及厚度。激发极化法在内蒙古找寻金属矿方面效果明显。

2. 电法勘探在内蒙古地质工作中的应用

1）水文地质勘查中的应用

电法勘探在水文地质勘查中应用效果显著，有诸多成功案例。例如在腾格里沙漠南缘阿拉善左旗温都尔勒图镇应用电阻率测深法找水的效果就非常突出（图 8-19）。该地区属于沙漠、半沙漠地区，严重缺水。电法勘探利用专业仪器采集大量的数据，通过定性、定量分析研究，查明了含水性较好的砂岩、砂砾岩及泥岩互层（或薄层泥岩）层位（图 8-20），推断了含水层的深度，提出在 500 点施以 200 米深的验

图 8-19　温都尔勒图镇水井

（贾大为提供）

证孔。后经水文地质钻探的验证，WK3 水文地质钻孔深 163.6 米，单井涌水量达 670 立方米/天，矿化度为 0.81 毫克/升。很好地解决了当地的严重缺水问题，取得了良好的社会效益和经济效益。

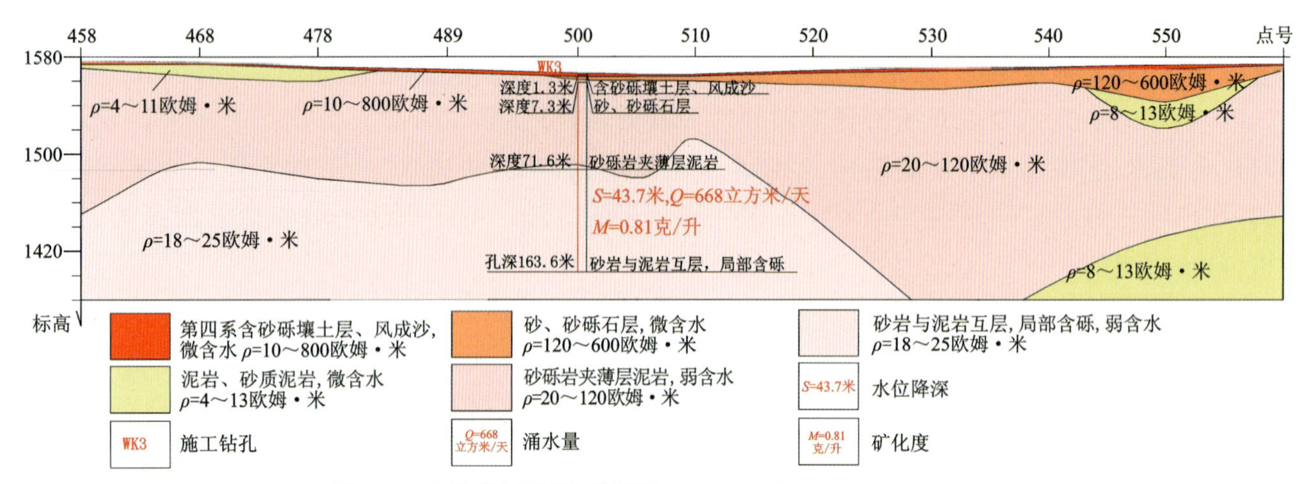

图 8-20 电阻率剖面反演推断图(据内蒙古自治区地质调查院，2017)

2)城市地质稳定性评价中的应用

在呼和浩特市、包头市、鄂尔多斯市地质稳定性评价工作中，利用现代地质调查手段，开展城市规划建设区综合地质调查评价工作。地球物理勘查是现代地质调查手段之一，本次工作是应用音频大地电磁测深法，查明呼和浩特市、包头市、鄂尔多斯市城市规划建设区地质构造特征，为呼包鄂城市规划建设提供地质科学的基础资料和信息服务。

工作区位于包头北部乌拉山山前。由于包头地区断裂发育，以大青山、乌拉山山前张性活动断裂最为明显，为了查验乌拉山山前断裂的性质及分布特征，在工作区布置音频大地电磁测深剖面测量工作(图 8-21)，通过其中两条剖面的成果资料，推断划定了 F_7 断裂(图 8-22)，并定量解译了断裂性质、规模等特征。F_7 断裂与已确定的乌拉山山前断裂(F_2)近地表投影距离约为 4 千米。推测该断裂错断第四系及新近系，未出露地表，为隐伏断层。F_2 与 F_7 断裂间形成了次一级凹陷，与呼和浩特市和包头市断陷盆地整体的左阶斜列展布形态一致。本次工作应用地球物理勘查方法初步查明主干隐伏断裂位置及其空间展布特征，为呼包鄂城市规划与建设、地下空间开发、资源利用与地质灾害防治等提供基础性地质数据。

图 8-21 地质稳定性评价现场

(段吉学 2022 年摄)

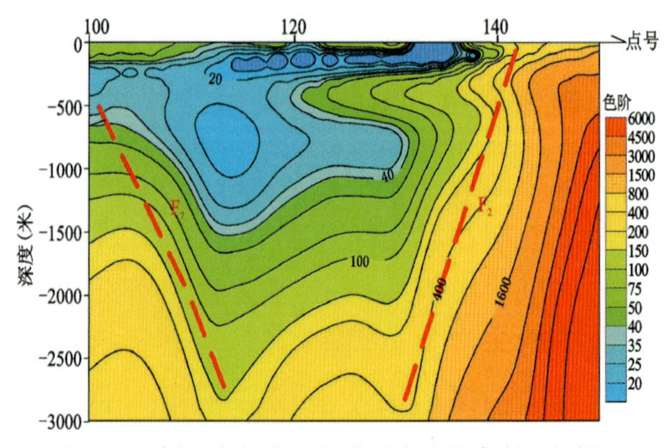

图 8-22 剖面音频大地电磁反演电阻率断面解译

(王志利提供)

3)煤炭资源边界划分中的应用

西乌珠穆沁旗煤矿非法开采煤炭资源损失鉴定工作中，电法勘探在划分煤炭资源边界工作中显著效果。煤田采空区的边部布设电阻率测深剖面，以控制采坑边界(平面及深度)位置(图 8-23)。根据回填土电阻率较高，原生地层电阻率低的特

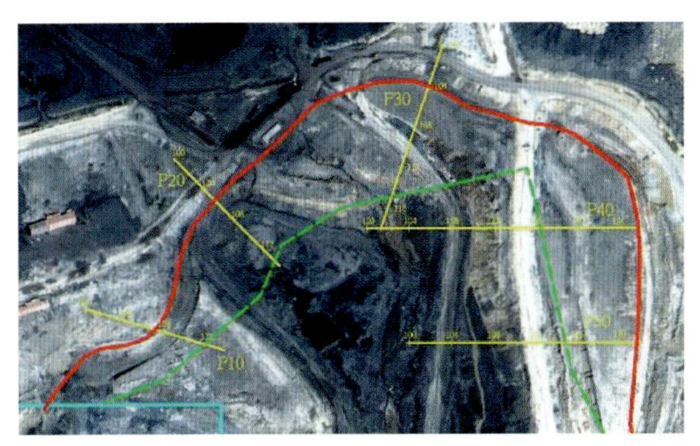

注:1.绿色线为施工方指认边界线;2.红色线为本次圈定边帮线;3.浅蓝色线为矿权线;4.黄色为电阻率测深剖面线及注记

图 8-23　越界采坑不同年度边帮变化图(据内蒙古自治区地质调查院,2020c)

左:2010 年边帮位置;右:2020 年边帮位置。

点,在剖面上开展了对称四极电阻率测深工作。由图 8-24 可见,道坑帮位置附近明显电性差异确定了采坑的边界位置,并计算判断高阻体(回填土)埋深情况,进一步推断回填土埋深增减变化情况及采坑深度,判断不同块段煤开采的标高。经钻探工程验证,电法勘探推断边界位置及采坑深度与实际开采位置基本相吻合。

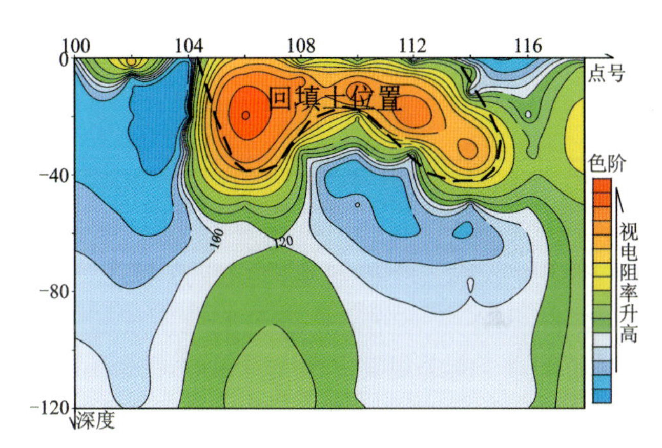

图 8-24　P30 剖面电阻率断面图

(据内蒙古自治区地质调查院,2020c)

4)地热井勘查的应用

可控源音频大地电磁测深法在和林格尔新区的地热井勘查工作中取得了很好的经济和社会效益,成果突出。根据可控源音频大地电磁测深采集的数据整理分析,热储层顶板埋深约 1000 米,底板埋深约 2500 米,地热井为宽带状构造型地热储层(图 8-25)。该热储层由东北向西南呈宽带状分布,东宽西南窄,由南北向中部厚度逐渐增大,地层较破碎,电阻值较低,其地热条件较好,是提供热源的优选目的层。该地热井孔深 1 835.7 米,最大出水量 1596 立方米/天,出水温度为 62 摄氏度,孔底测井温度为 68.64 摄氏度,对热储优质地热资源具有很好的康养理疗作用。

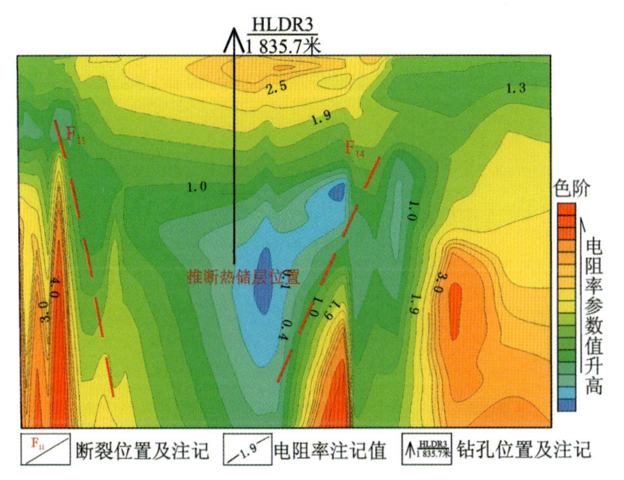

图 8-25　物探可控源剖面示意图

(据内蒙古自治区地质调查院,2018)

(四)地震勘探

地震勘探在石油、天然气及煤炭勘查领域应用广泛。主要是利用地层间的弹性差异,分析地震波在岩石层中的传播规律,查明地质构造的分布特征。用地震仪器按时间序列记录返回地面接收点的地震波,通过计算弹性波在地层中的传播速度判断岩层埋深,推断地质结构(图 8-26),划分基岩中断层位置、破碎带等。另外,地震勘探在矿产勘查、水文地质调查、城市断层探测、重大基础建设工程选址勘查(避开断层分布区),地质灾害防治工程勘查等场地稳定性评价勘查工作中发挥越来越重要的作用。

在内蒙古煤田地质工作中,根据煤层与顶底板围岩波阻抗差异形成的反射波组,对同一煤层进行追踪，推断煤层的具体位置(图 8-27)及埋深情况。

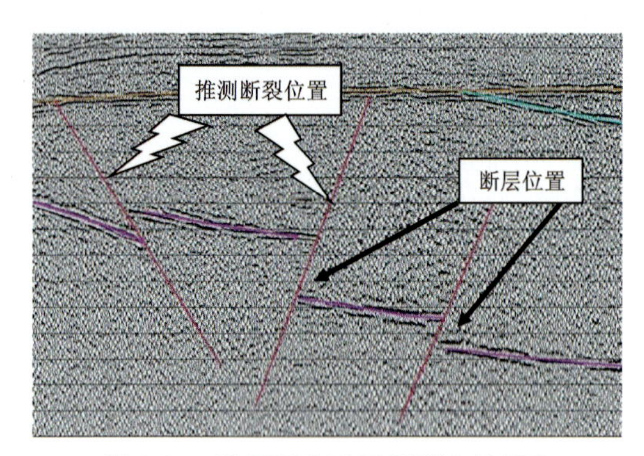

图 8-26　逆断层在时间剖面上的反映
（据内蒙古自治区地质调查院，2010）

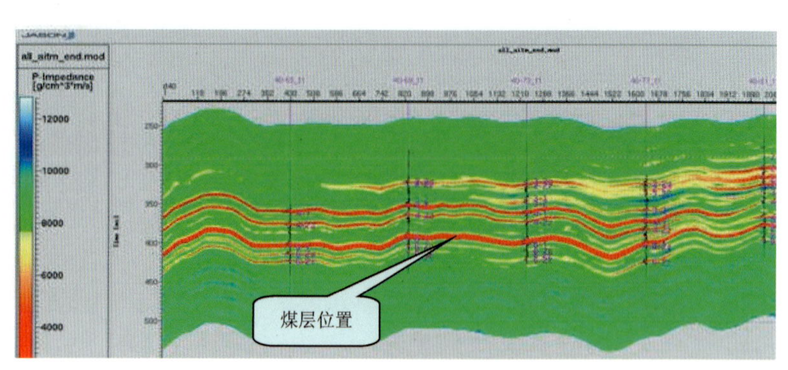

图 8-27　煤层波阻抗反演剖面图
（据内蒙古自治区地质调查院，2009b）

(五)测井

测井是利用岩层的电化学特性、导电特性、放射性等地球物理特性，测量地球物理参数的方法。该方法在石油、煤层及水文地质工程地质钻孔中应用广泛，特别是在油气田、煤田及水文地质勘探中，已成为不可缺少的勘探方法之一。

煤田测井是划分钻孔垂直地质剖面分层，提供煤、岩层的物性参数；根据物理特征曲线进行岩煤层对比；确定煤层的深度、厚度及结构；提供钻孔测斜资料及井径资料。煤田测井一般选择反映较明显的侧向电阻率、长源距伽马、短源距伽马、自然伽马、声波时差或自然电位 4 种有效参数作为必测参数；其中侧向电阻率、长源距伽马、短源距伽马和自然伽马曲线作为勘查区煤层的定性、定厚解释的主要曲线。煤层在三测向电阻率和散射伽马曲线上均为明显的高异常反映，煤层在自然伽马曲线上为明显的低异常反映。煤层定厚解释主要采用侧向电阻率和长源距伽马、短源距伽马及自然伽马确定煤层的深度、厚度和结构。通过各类参数曲线特征变化，相互参照，对煤层作出定性解释，对岩层作出较可靠的定性解释(图 8-28)。

(六)放射性勘探

放射性勘探是利用专门的仪器，通过测量岩(矿)石的天然和人工放射线强度或浓度来寻找放射性矿产的一种物探方法。放射性勘探有地面伽马测量、地面(航空)γ 能谱测量、氡及子体测量、X 射线荧光测量。放射性勘探可以直接寻找放射性矿产，主要直接寻找铀矿、钍矿、钾盐，以及稀有、稀土金属、金刚石等。利用航空 γ 能谱测量能勘探大型金矿、铀矿等资源；利用放射性勘探勘查天然气与石油资源；寻找磷钙土等非金属矿床；在环境监测与评价方面，进行区域环境辐射监测、矿山氡的危害测量、核辐射污染应急监测及环境样品的放射性监测等。

(七)地热法

地热法以岩石热传导性质的差异为基础，通过测量天然地热场的分布规律来推断地质构造和解决水文地质问题，是研究地球温度场的一种基本地球物理方法。地热法通过在地表以下一定深度的温度测量和天然热流量测定，圈定出地热异常区，推断出地下水的分布范围和高温地下热水的分布地段。

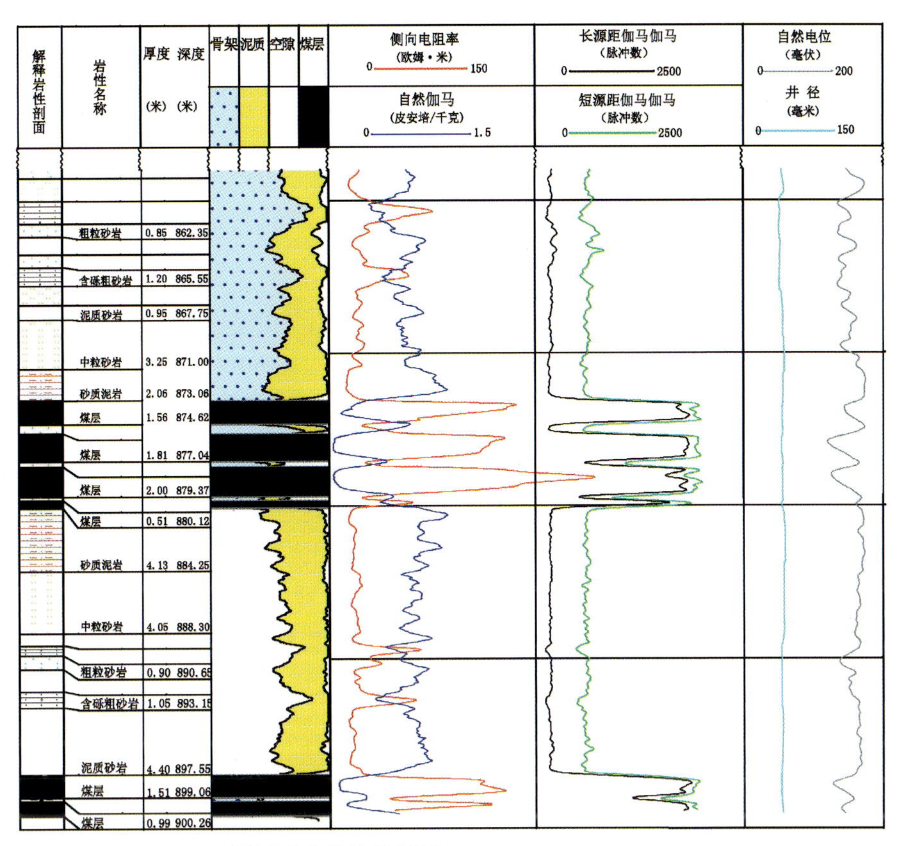

图 8-28 煤层测井曲线特征图(据内蒙古自治区地质调查院,2020d)

二、采样化验——地球化学勘查

地球化学勘查(简称化探)是研究地壳中各种化学元素(同位素)在地质作用过程中的变化情况,运用现代实验设备对采集的化探样品进行测试分析,通过对成矿元素的分布、分配、共生组合、集中分散和迁移循环规律的综合研究,寻找出有效的地球化学找矿标志,达到找矿目的。地球化学勘查是直接、有效、快速地寻找金属矿方法之一。另外,地球化学勘查在生态地球化学评价(农业、环保等)领域也得到了广泛应用,取得了较好的社会效益和经济效益。

(一)地球化学勘查方法分类

1. 按服务对象分类

该分类有金属矿化探、非金属矿化探、石油化探、农业化探、工程化探、环境地球化学测量、城市化探、多目标地球化学测量、深穿透地球化学测量等。

2. 按测量方式分类

该分类有航空化探、海洋化探、地表化探、地下(井中)化探。

3. 按采样介质分类

该分类有土壤地球化学测量、水系沉积物地球化学测量、岩石地球化学测量、覆盖物地球化学测量、水地球化学测量、气体地球化学测量、生物地球化学测量等。

4. 按勘查工作程度及精度分类

该分类有区域化探(比例尺为1∶20万、1∶25万、1∶50万)、普查化探(比例尺为1∶2.5万、1∶5万)、详查化探(比例尺为1∶2000—1∶1万)及大比例尺地球化学剖面测量。

(二)内蒙古区域地球化学特征

以《内蒙古自治区矿产资源潜力评价成果》为基础资料,总结了全区地球化学勘查的区域异常特征、地质应用研究成果及矿产勘查中的应用效果,通过列举的典型实例,展现了地球化学勘查在基础地质调查、矿产勘查、生态地球化学评价等领域中的重要作用。

1. 内蒙古地球化学景观

内蒙古地球化学景观在全国二级景观分区图、内蒙古自治区地貌分区略图及已完成1∶20万区化扫面成果景观划分的基础上,并参考区域地球化学、地质、植被等特征进行了详细划分。全区景观共分为森林沼泽区、中低山丘陵区、戈壁残山区、残山丘陵区、残山丘陵草原区、冲积平原区和沙漠区7类。

2. 内蒙古主要成矿元素地球化学特征

内蒙古主要成矿元素化探特征反映明显,元素异常与矿产分布对应性好,具有明显的成矿规律。Cu、Pb、Zn元素地球化学分布特征如下。

1)Cu元素地球化学分布特征

全区Cu高值区规模很大,高值区主要分布于北山—阿拉善、巴彦查干—索伦山、乌拉山—大青山、红格尔—锡林浩特—西乌旗—大石寨、宝昌—多伦—赤峰和莫尔道嘎—根河—鄂伦春等,低值区分布在北山—阿拉善的东南部、龙首山—雅布赖山和狼山—色尔腾山的西北部。

据全区出露地层、岩浆岩和变质岩分布情况,结合构造单元特征,统计全区各地质子区Cu元素的地球化学特征值,研究不同子区Cu元素的富集贫化特征,同时将Cu元素平均值与地壳平均值和中国干旱荒漠区水系背景值作比较,主要研究内蒙古全区Cu元素相对于全国的富集与贫化特征。由图8-29可知,全区Cu及其主要共伴生元素平均值与中国干旱荒漠区水系沉积物背景值的比值称为二级浓集系数(C2)。

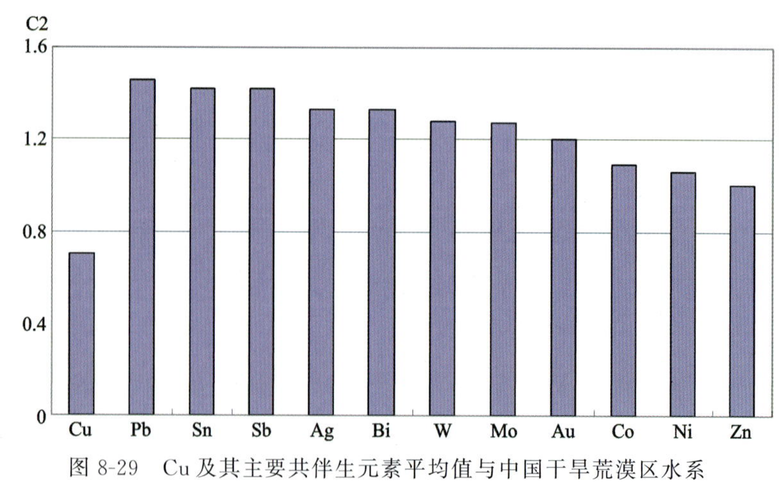

图8-29 Cu及其主要共伴生元素平均值与中国干旱荒漠区水系沉积物背景值比值图(据张青等,2018)

(1)C2≥1.2 的元素为 Pb、Sn、Sb、Ag、Bi、W、Mo 等，这些元素在全区的含量相对中国地区呈富集状态。

(2)0.8≤C2<1.2 之间的元素为 Au、Co、Ni、Zn，这 4 种元素含量与中国水系平均含量相当。

(3)C2<0.8 的元素为 Cu，该元素相对中国地区呈贫化状态。

2)Pb、Zn 元素地球化学分布特征

全区 Pb、Zn 高值区主要分布于东部红格尔—锡林浩特—西乌旗—大石寨、宝昌—多伦—赤峰和莫尔道嘎—根河—鄂伦春 3 个地球化学分区内，高值区规模很大，低值区分布于中部和西部。

据全区出露地层、岩浆岩和变质岩分布情况，结合全区构造单元特征，统计全区地质子区 Pb、Zn 元素的地球化学特征值，研究不同子区 Pb、Zn 元素的富集贫化特征，同时将 Pb、Zn 元素平均值与全国干旱荒漠区水系背景值作比较，研究内蒙古 Pb、Zn 元素相对于全球和全中国的富集与贫化特征。见图 8-30，全区 Pb、Zn 及其主要共伴生元素平均值与中国干旱荒漠区水系沉积物背景值的比值称为二级浓集系数(C2)。

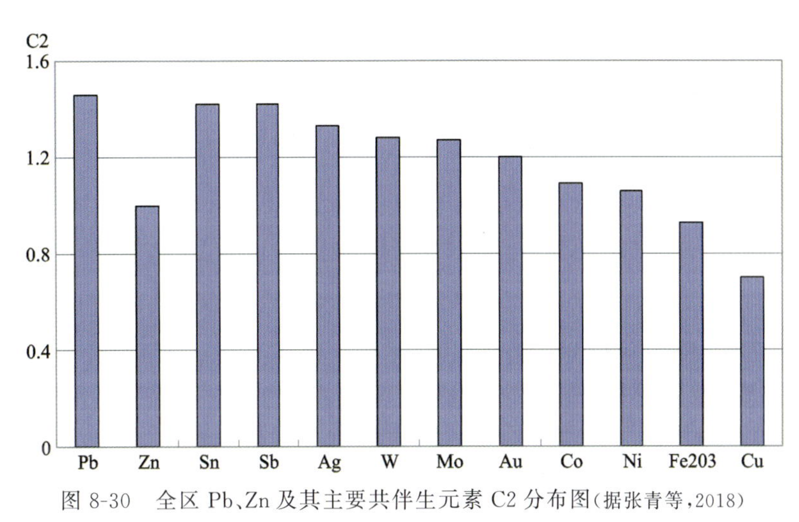

图 8-30 全区 Pb、Zn 及其主要共伴生元素 C2 分布图(据张青等，2018)

(1)C2≥1.2 的元素为 Pb、Sn、Sb、Ag、W、Mo、Au，这些元素在全区的含量相对中国地区呈富集状态。

(2)0.8≤C2<1.2 之间的元素为 Zn、Co、Ni、Fe_2O_3，这些元素含量与中国水系平均含量相当。

(3)C2<0.8 的元素为 Cu，该元素相对中国地区呈贫化状态。

3. 内蒙古区域地球化学异常分布特征

内蒙古东部与西部地区跨度较大，异常特征类型不尽相同。以鄂尔多斯市—包头市—达茂旗一线为界划分为西部区和东部区，分别叙述其区域地球化学异常特征。

1)西部区域地球化学异常特征

西部区主要指北山成矿带、阿拉善成矿带、狼山-色尔腾山成矿带和内蒙古北部高原残山丘陵区。

(1)北山成矿带区域地球化学异常特征。区域地球化学异常分布受区域地质因素控制，大致分为 3 个北西走向的区域地球化学异常带。北山北部以 Cu、Zn、Mo、Au、Bi 等元素异常为主，主要寻找铜金矿和铜钼金矿等矿产资源。北山中部以金、钍异常为主，北西走向，称为北山中部金钍异常带，主要寻找金矿资源。北山南部分布铜、钨、锑、金异常带，是寻找金矿、铜金矿、钨钼矿、锑砷矿的重要依据。

(2)阿拉善成矿带区域地球化学异常特征。区域地球化学异常分布受大地构造环境控制，分为 3 个区域地球化学异常带。阿拉善北部异常带以铜、金、钼异常为主，伴有铁族元素，主要寻找金矿和铜、金、钼矿资源，分布有呼伦西伯金矿点和珠斯楞铜矿。阿拉善中部异常带以金、铜、锑、铀异常为主，主要寻找金矿、金铜矿和铀矿资源。阿拉善南部异常带位于阿拉善隆起区。以金、铜、铋异常为主，北东向分布，主要寻找金矿及铜金矿资源。

(3)狼山-色尔腾山成矿带区域地球化学异常特征。区域地球化学异常分为4个区域，其北部为金、铅异常带，主要寻找金、铅矿资源；西部为铜、铅、锌、金、铋异常带，主要寻找层控型铜、铅、锌、金矿资源；中部为铜、金、银、锌异常，主要寻找层控型铅、锌、金、铜矿；东部的金、铜异常带，位于色尔腾山和乌拉山，以金、铜异常分布为主，主要寻找受变质型和含铁建造型金矿资源。

2)东部区域地球化学异常特征

东部区主要指包括包头市、呼和浩特市、乌兰察布市、锡林郭勒盟、赤峰市、通辽市、兴安盟和呼伦贝尔市在内的区域。

(1)黄岗至大石寨成矿带区域地球化学异常特征。成矿带位于大兴安岭中南端，二叠纪地层既是主要容矿岩层，又是矿源层。该带矿床种类多，区域地球化学异常特征主要为，中—下二叠统大石寨组富集 W、Au、Sn、Bi、U、Ag、Zn、Cu 等元素，上侏罗统富集 Bi、Sn、Ag、U、W、Mo、Pb、Zn 等元素，燕山期花岗岩类富集 Ag、As、Sb、Cu、Pb、Zn、Sn、W、Bi、U 等元素。

(2)得耳布尔成矿带区域地球化学异常特征。以得耳布尔深断裂与大兴安岭为界，其基底为新元古代绿片岩系，中泥盆统至中二叠统为浅变质火山岩碎屑岩，有大片花岗岩出露，已知有三河热液型铅锌矿床。印支期—燕山期，构造岩浆活动强烈，构成北东向延伸的侏罗纪至白垩纪火山-侵入岩带，伴有乌努格吐山斑岩型铜钼矿，甲乌拉热液型银铅锌矿。区域地球化学异常特征主要表现为：古元古界兴华渡口岩群和中泥盆统至中二叠统等富集了 Cu、Sn、W、Bi、Ag、Au 等元素，上侏罗统富集了 Ag、Mo、Bi、Pb、U 等元素，为后期成矿提供了元素初始富集层。

(3)内蒙古陆块及其北缘成矿带区域地球化学异常特征。成矿带包括武川至集宁及凉城至丰镇一带山区，主要分布太古宙及元古宙深变质岩系，北缘为海西期造山带，海西期花岗岩带在42度带分布，印支期—燕山期花岗岩沿北东向断裂带分布，以东西向断裂构造为主。区域岩石地球化学特征为：乌拉山岩群富集 Au、Cu、Mo、W、铁族元素、稀土元素，色尔腾山岩群以 Au 均值和叠加强度系数均高为特征，二道凹群以 Au、Cu、Cr、Ni 元素组合和 Au 丰度值高为特征，海西期花岗岩类相对富集 Cu、Pb、Ag，而印支期—燕山期花岗岩以 Au、Ag、Pb、Zn、Sn、Mo、Bi 相对富集为主要特征。

(三)内蒙古主要成矿区(带)(Ⅲ级)地球化学异常特征

根据全区化探异常空间分布规律，结合化探异常区地质背景、矿产分布特征，分析了主要成矿区(带)的地球化学异常特征。

1. 新巴尔虎右旗—根河成矿带

该成矿区(带)位于内蒙古东北部，地球化学异常主要元素有 Au、Cu、Mo、Ag、Pb、Zn 等。其中以 Au、Cu、Mo 为主的地球化学异常主要分布在成矿区(带)北部，异常元素以 Au、Cu 为主，异常范围较大，强度较高，异常元素间呈相互套合的状态，并伴有 Mo、Ag、Pb、Zn 等元素异常；另外以 Cu、Mo、Ag、Pb、Zn 元素异常为主的地球化学异常在成矿区(带)内分布广，是成矿区(带)内主要异常类型。其中以 Cu、Mo、Ag、Pb、Zn 元素为主的地球化学异常位于成矿区(带)东北部，异常范围大小不等，多呈不规则状，异常元素形态相似，相互间套合较好。成矿区(带)分布有岔路口大型钼矿。其次位于成矿区(带)北部得耳布尔断裂带两侧的地球化学异常，异常元素主要以Ag、Pb、Zn为主，异常范围较大，强度较高。元素异常形态相似，相互间套合较好，并伴有异常范围小，呈星散状分布的Au、Cu、Mo等元素异常。成矿区(带)北部分布有比利亚谷、三河、得耳布尔镇二道河子铅锌矿及卡米奴什克铜矿。另外以Mo、Cu、Ag、Pb、Zn、Au元素为主的地球化学异常位于成矿区(带)西南部，所处的区域断裂构造比较发育，有北东向和北西向两组断裂。成矿区(带)西南部的地球化学异常范围较大，形态多为不规则状，异常特征明显。该成矿区(带)典型矿床分布有乌努格吐山大型的铜钼矿床、甲乌拉铅锌矿床，另外区(带)内还分布有多个铅锌、铜、钼矿点。

2. 东乌珠穆沁旗—嫩江成矿带

该成矿区(带)位于内蒙古中东部地区，成矿区(带)范围较大，沿查干敖包—东乌珠穆沁旗—五一林场—加格达奇一带分布。成矿区(带)内共圈定了多个分为以Au、Cu、Pb、Zn元素异常为主和以W、Sn、Mo元素异常为主的地球化学异常。其中Au、Cu、Pb、Zn元素异常在成矿区(带)内分布较多，范围大，形态多为不规则状，且元素间相互套合较好，是成矿区(带)内主要异常。W、Sn、Mo元素异常在成矿区(带)内分布较少，多以伴生元素存在。成矿区(带)内有多个铜、金、铅锌矿床、矿(化)点。典型矿床有罕达盖铜矿、古利库金矿、有朝不楞铅锌矿、阿尔哈达铅锌矿等。

3. 白乃庙—锡林郭勒成矿带

该成矿区(带)位于内蒙古中北部，主要异常元素有Au、Cu、Mo、Pb、Zn、Fe_2O_3、Mn、Cr等，成矿区(带)内圈定的地球化学异常，分为以Au、Cu、Mo、Pb、Zn元素异常为主和以Fe_2O_3、Mn、Cr元素异常为主的地球化学异常。以Au、Cu、Mo元素异常为主的地球化学异常，主要分布在成矿区(带)北部、南部及东部，异常较多，异常范围大小不等，形态多为不规则状，异常元素主要有Au、Cu、Mo、Pb、Zn，其中Au、Cu元素异常分布较多，且范围较大，异常间套合较好。以Fe_2O_3、Mn、Cr异常为主的地球化学异常，异常形态多为不规则状，并伴有其他元素异常。其中铬元素异常范围较大，异常强度较高，高值区呈片状连续分布。成矿区(带)内有多个铜、金、钼、铬铁矿床点、矿(化)点，典型矿床分布有查干花斑岩型钼钨矿、比鲁甘干斑岩型钼矿床、索伦山铬铁矿、乌珠尔三号铬铁矿等。

4. 突泉—翁牛特成矿带

该成矿区(带)位于内蒙古中东部。区(带)内主要组合异常元素有Pb、Zn、Ag、Cu、Sn、Fe_2O_3、稀土元素(La、Th、Y、Nb)等。成矿区(带)内构造比较发育，构造总体为北东向的断裂构造。且构造方向控制岩体方向，侵入岩体也整体呈北东向展布。成矿区(带)内圈定多个地球化学异常。分别以Pb、Zn、Ag、Cu、Sn元素异常为主和Fe_2O_3异常为主及La、Th、Y、Nb元素异常为主的地球化学异常。其中以Pb、Zn、Ag、Cu、Sn元素为主的地球化学异常在成矿区(带)内分布多，范围较大，相互套合较好，形态多为不规则状，是成矿区(带)内主要的综合异常。另外以La、Th、Y、Nb元素异常为主的地球化学异常在成矿区(带)内分布较少，多与侏罗纪花岗斑岩有关。成矿区(带)内有多个铅锌银、铜、铁、锡矿床点、矿(化)点，典型矿床分布有拜仁达坝银铅锌矿、大井子铜锡矿和花岗铁锡矿、布敦花铜矿等，以及成矿区(带)内的巴尔哲稀土矿。

(四)地球化学勘查在内蒙古找矿实例

地球化学勘查方法根据内蒙古地质、地貌特征,主要以土壤地球化学测量、水系沉积物测量为主。区内许多金属矿床首先通过大面积的 1∶20 万化探面积工作的成果资料为找矿线索,经过进一步异常查证等地质工作发现的。

1. 乌兰德勒斑岩型钼矿

◆7 异常剖析图是对复杂的多个元素异常按元素分别编制成单独的异常图件。

乌兰德勒钼矿是根据 1∶20 万区域地球化学勘查资料进行分析和筛选,通过 1∶5 万化探异常查证确定找矿靶区,通过进一步综合地质工作发现的。1∶20 万区域化探异常剖析图[7]显示,主要指示元素为 Mo、Cu、Ag、W、As、Sb、Au、Pb、Zn,除 Au、Pb 异常小面积零星分布外,其余元素均呈北东向条带状展布(图 8-31)。其中 Mo 异常面积大,强度较高,浓集中心部位与地层和岩体的接触带、矿体相吻合;Ag、As、Sb 异常面积较大,Cu、Zn、U、Au 异常面积较小,各元素强度均不高,但套合较好,显示了以 Mo 为主的中心带和以 Ag、As、Sb、Cu、Zn、U、Au 为主的边缘带的水平分带特征;W 异常面积大、强度高,在中心带和边缘带均有显示。经综合研究,优选 1∶20 万地球化学异常开展 1∶5 万化探土壤测量工作,圈定出由 Mo-Cu-W-Bi-Sn-Ag-Zn 组合的综合异常(图 8-32)。成矿元素 Bi、Mo、Cu、W 分布面积约 20 平方千米,各元素异常连续性好、强度高、规模大,异常内、中、外分带特征明显;Ag、Sn 异常呈椭圆形分布,强度高,与上述元素异常浓集中心吻合,但异常规模相对较小;Pb、Zn、Ni、Au 异常分布于 Mo、Cu、W、Bi 异常范围内,元素间套合好,但异常规模小,强度低。通过对异常进行评价,判断 Mo、Cu、W 为主要成矿元素,确定主攻矿种为钼、铜矿,并确定了重点工作区范围。在 1∶5 万化探重点异常区开展 1∶1 万地球化学土壤测量,缩小了找矿靶区。1∶1 万化探异常 Mo 元素形成异常面积较大(图 8-33),约为 0.4 平方千米,呈不规则状分布,浓

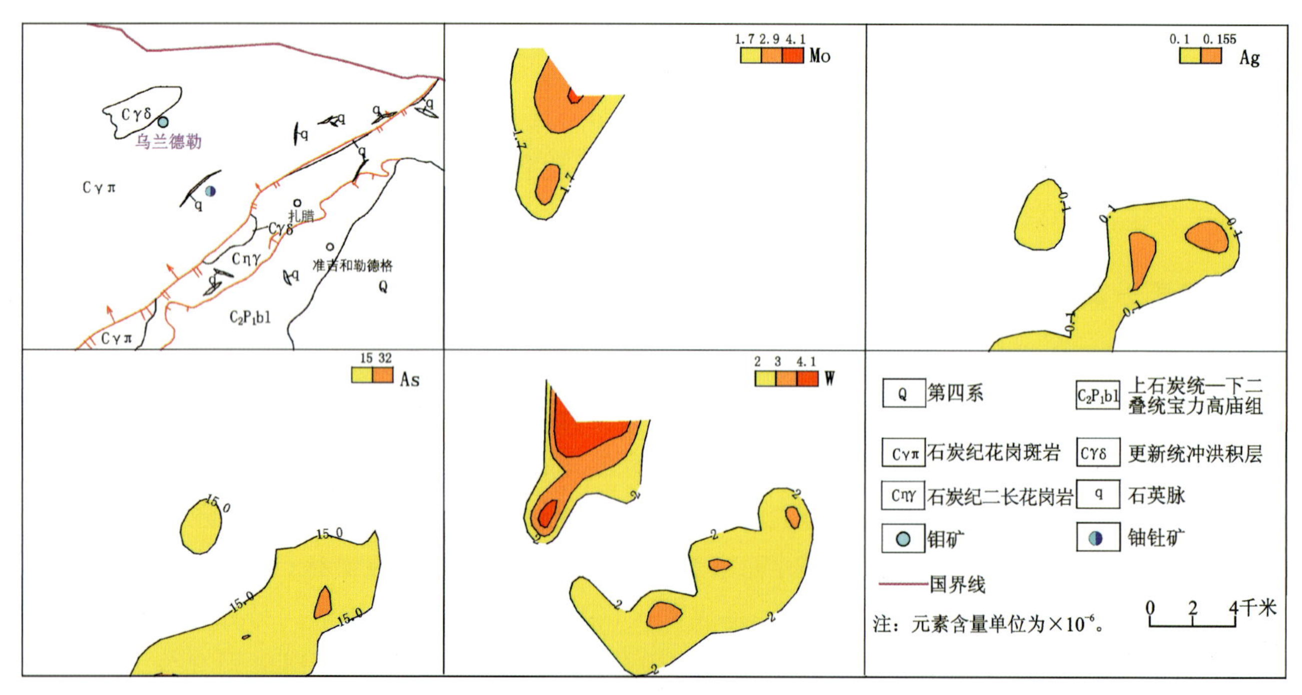

图 8-31 乌兰德勒钼矿 1∶20 万地球化学异常剖析图[据张青等(2018)修编]

集中心明显。Cu、Pb、Zn、Ag、W、Sn、Bi、As、Hg 元素形成两条北西向平行分布的异常带，与 Mo 元素异常相叠合。异常图上中北部异常带各元素分布面积大，强度高，南部异常带 Cu、Mo 元素分布面积大，强度高，而其他元素分布面积小，呈串珠状分布。随着综合地质工作不断深入，发现了钼矿体。后期经地质详查工作，查明为一处中型规模的斑岩型钼(铜)矿床。

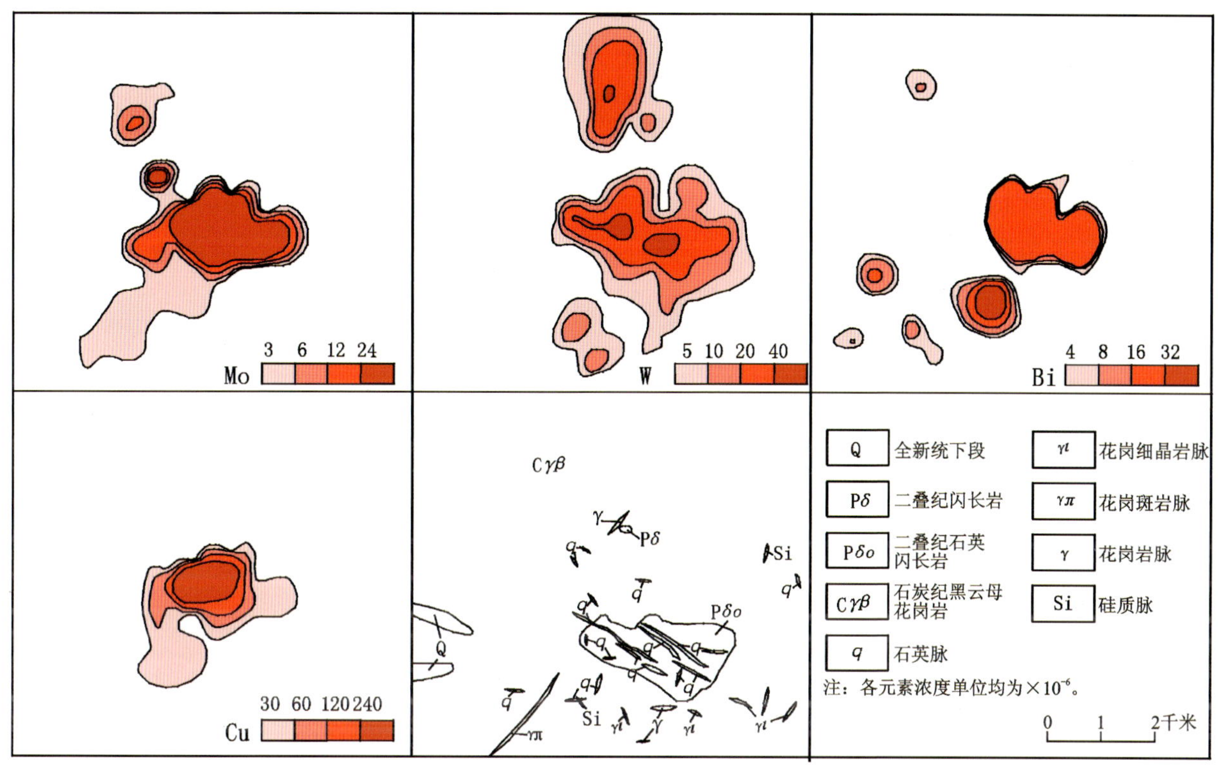

图 8-32 乌兰德勒钼矿矿区 1∶5 万土壤测量异常剖析图[据张青等(2018)修编]

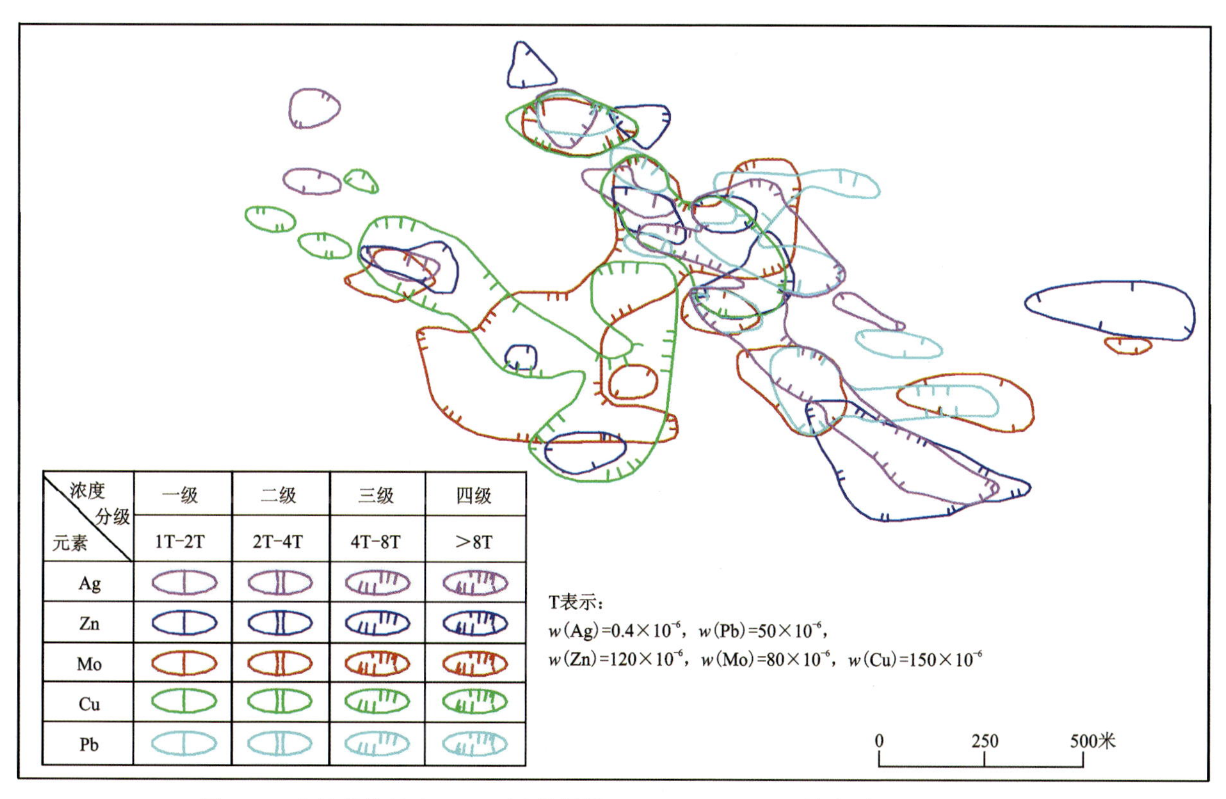

图 8-33 乌兰德勒钼矿 1∶1 万土壤测量 Ag、Zn、Mo、Cu、Pb 异常图(据张青等，2018)

2. 朱拉扎嘎金矿

朱拉扎嘎金矿床是根据1∶20万区域地球化学勘查资料进行分析和筛选，通过异常查证发现的。1∶20万区域地球化学资料显示，化探异常位于巴音诺尔公东北朱拉扎嘎毛道一带，异常总面积为126平方千米，形态呈等轴状，异常元素以Au、Ag、Cu、Pb、Zn、As、Sb、Bi、Hg、W、Mo、Be、Li、Co、Fe_2O_3为主（图8-34），元素异常规模大，强度高。各元素异常浓集中心明显且吻合较好，其中Au峰值17×10^{-9}，面积36平方千米。经综合研究优选1∶20万化探异常，利用1∶5万地球化学土壤测量圈定以Au为主，伴有Ag、Cu、Pb、Zn、As、Sb、Bi、Mo等元素异常的找矿靶区。依据地球化学异常特征，对异常进行评价，判断Au为主要成矿元素，确定主攻矿种为金矿，并确定了重点工作区范围。经综合地质物化探和钻探验证，发现了朱拉扎金矿。后期查明朱拉扎嘎金矿为大型受变质-岩浆热液型（叠加型）矿床，成为内蒙古大型金矿。

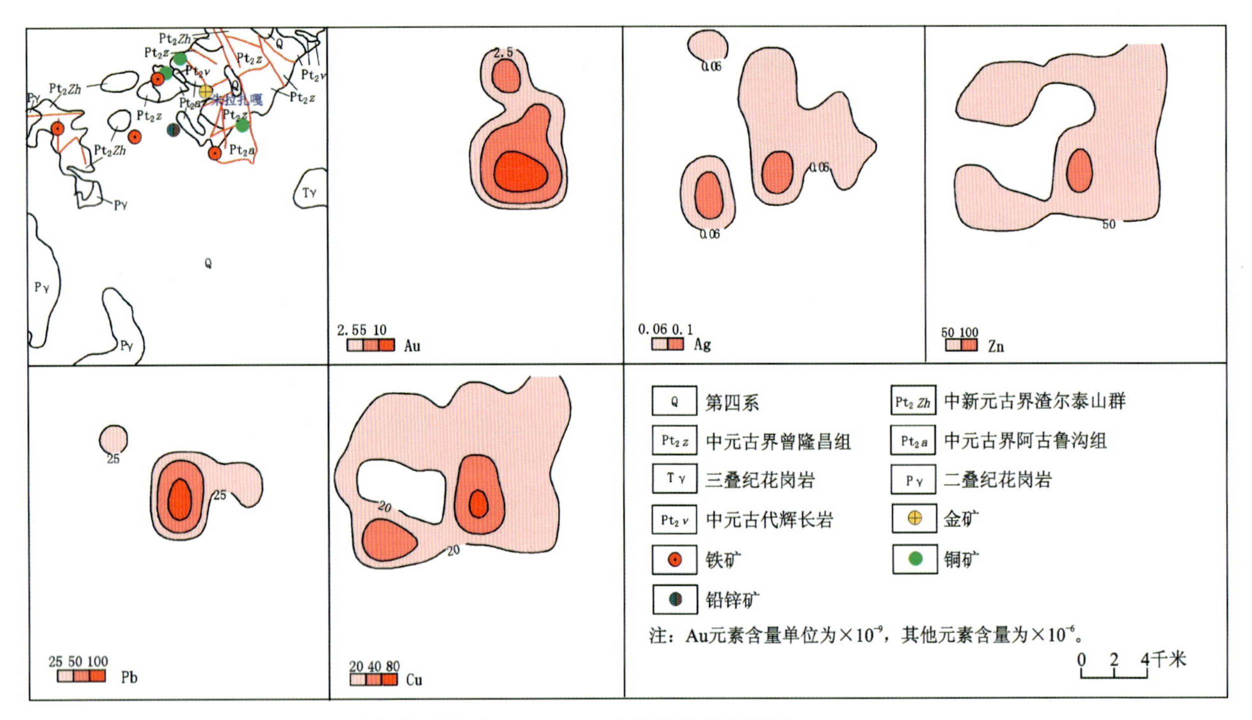

图8-34　朱拉扎嘎金矿1∶20万地球化学异常剖析图[据张青等(2018)修编]

3. 拜仁达坝银铅锌矿

拜仁达坝银铅锌矿位于突泉—翁牛特一带，该矿床主要是通过地球化学勘查方法发现的。拜仁达坝矿床在大兴安岭中南部1∶20万水系沉积物测量工作的基础上进行分析和优选化探异常，在确定的异常范围内开展1∶5万水系沉积物加密测量，圈定找矿靶区，并选择较好的化探综合异常进行Ⅲ级查证，找到化探异常源。

拜仁达坝在区域上分布有Ag、Pb、Zn、Sn、Cd、Hg、W、Mo等元素组成的高背景区（带），地球化学特征表现为Ag、Pb、Zn高值区基本重叠，异常规模较大，异常套合性好，吻合程度高，浓集分带达到二级，空间上呈北东向条带状展布，与区域断裂构造方向一致。由地球化学综合异常剖析图（图8-35），通过对化探异常进行评价，判断Ag、Pb、Zn为主要成矿元素，确定主攻矿种为铅锌银矿，并确定了工作区范围。后期经综合物化探地质和钻探验证，发现了拜仁达坝银铅锌矿床。拜仁达坝银铅锌矿现已成为我国北方地区超大型热液型银铅锌矿床。

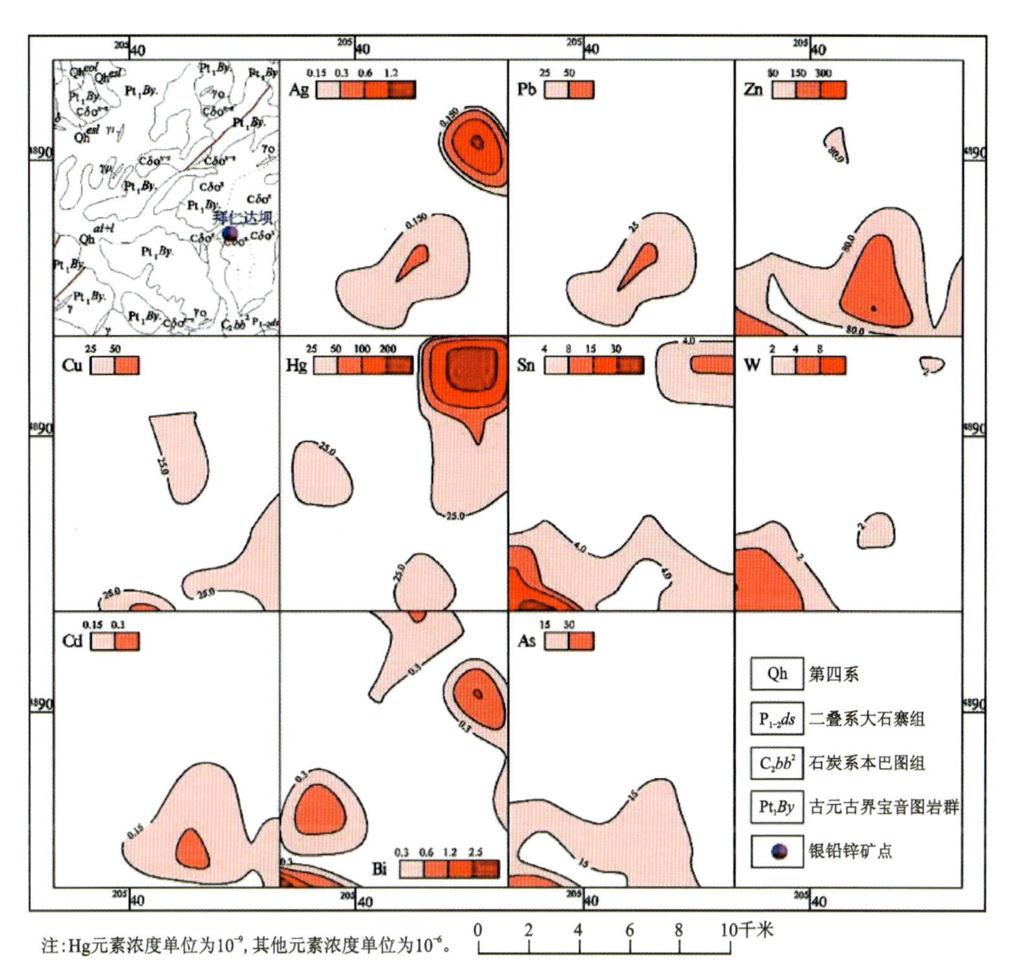

图 8-35 拜仁达坝银铅锌矿地球化学综合异常剖析图[据张青等(2018)修编]

(五)综合物化探方法找矿实例

综合物化探方法在内蒙古高尔旗铅锌银矿勘查中应用效果显著。以区域重力资料为基础，在区域重力场梯度带之扭曲部位、正负剩余重力异常交替带上选取成矿有利部位；利用 1∶5 万地球化学土壤测量圈定找矿靶区，依据地球化学异常特征，结合地质资料，对异常进行评价，判断 Pb、Zn、Ag 为主要成矿元素，确定主攻矿种为铅锌银矿，并确定了重点工作区范围。在 1∶5 万地球化学异常的基础上，开展 1∶1 万地球化学土壤测量，缩小了找矿靶区，确定以 Pb、Zn、Ag、Cu、Au、Sb 为主要元素，W、Sn、Mo、Bi 为伴生元素化探异常。异常主要是以 Pb、Zn、Ag 等元素形成异常中心(图 8-36)，异常元素组合多、套合好、强度高、浓集中心明显。经异常查证发现地表出露矿化带，化探异常浓集中心直接指示矿体位置及地表矿化带范围。

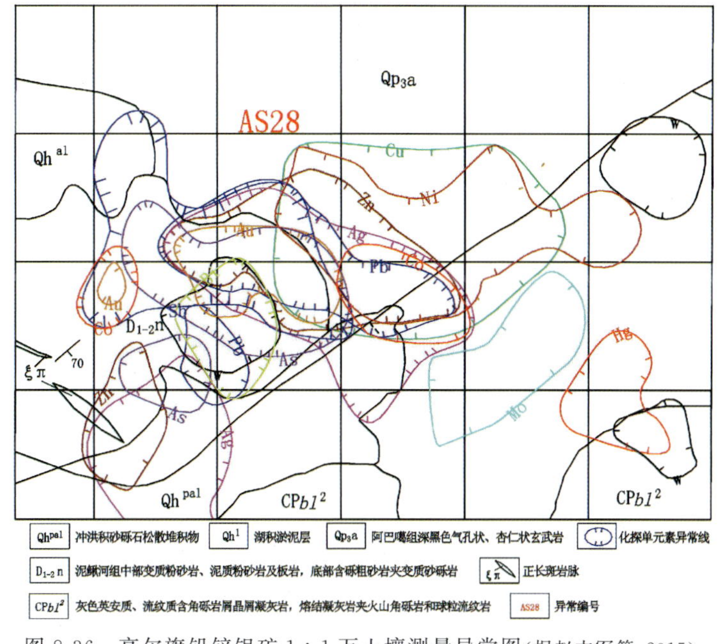

图 8-36 高尔旗铅锌银矿 1∶1 万土壤测量异常图(据赵志军等，2015)

通过1∶1万地球物理勘查的激电中梯面积测量工作，判断了地质体（矿体）的深部分布形态，对东西向的控矿构造有了进一步的认识；地球化学异常与激电异常相吻合，与地表发现的3条（Ⅰ、Ⅱ、Ⅲ）东西走向的矿化蚀变带相对应。

激电异常视极化率等值线平面图（图8-37）显示异常呈带状近东西向展布，视极化率（ηs）异常明显，异常等值线南密北疏，反映极化体为北倾。地表发现的Ⅰ号、Ⅱ号矿化蚀变带均处于视极化率异常范围内。为进一步了解深部矿体结构特征，布置完成的综合剖面图显示矿体所在位置Pb、Zn、Ag元素地球化学异常显著；激电异常推断了矿体所在位置。后期的深部钻探验证发现了铅锌银等工业矿体（图8-38）。

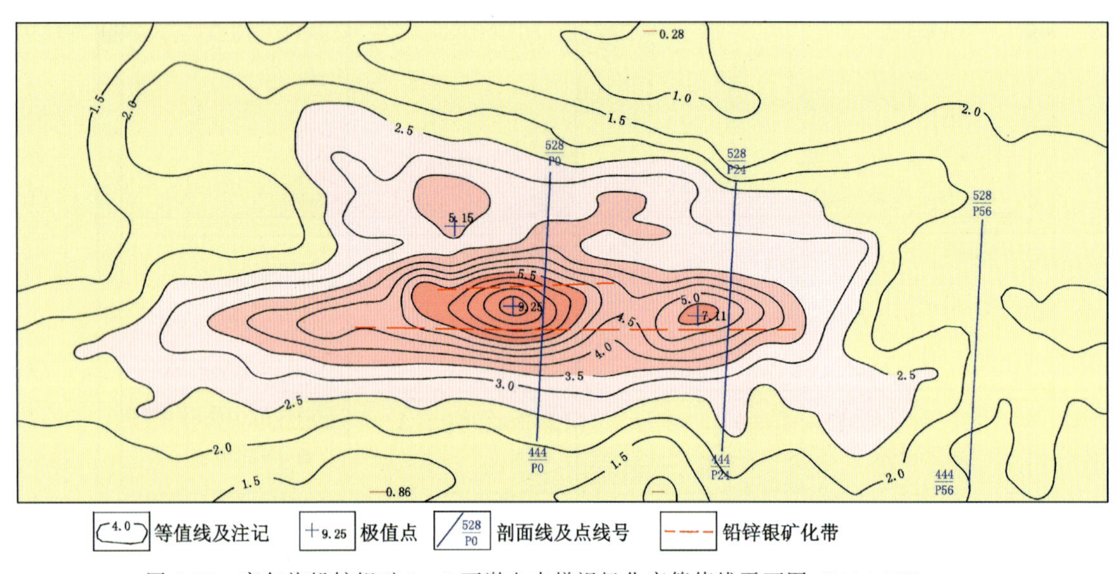

图8-37　高尔旗铅锌银矿1∶1万激电中梯视极化率等值线平面图（据赵志军等，2015）

（六）生态地球化学评价

1. 地球化学勘查在内蒙古农业环境地质调查中的作用

土地质量是土地管理、农业发展和环境保护的基础。对土地质量进行评价，用量化指标确定土地质量等级，实现土地的可持续利用，具有重要的现实意义。农业环境地质调查是通过对元素地球化学场的分布特征、土壤质量地球化学评价、土壤生态环境地球化学评价，结合土地利用现状及土壤类型特征进行综合研究，对土壤环境质量、土壤肥力等环境问题进行评价，为土地质量综合评价提供重要依据。

1）开展农业环境地质调查的必要性

内蒙古农业生态环境比较脆弱，主要表现在土地沙漠化问题、水土流失，土壤肥力和土地资源利用率降低等。加强土壤环境保护尤为重要。

全区生态环境、自然资源、农业等部门相继组织开展完成了全区土壤污染状况调查、多目标区域地球化学调查、农产品产地土壤重金属污染调查等专项调查，初步掌握了全区土壤质量的总体情况和基本特征。

2）地球化学勘查在内蒙古农业环境地质调查中的应用成果

（1）内蒙古河套平原是黄河沿岸的冲积平原，是由狼山、大青山以南的后套平原即巴彦淖尔平原和土默川平原（又称前套平原）组成。该地区地势平坦，土质较好，有黄河灌溉之利，是内蒙古重要经济作物生产区和商品粮基地。“内蒙古河套农业经济区生态地球化学调查”（2004年）

项目的实施,对内蒙古黄河流域的农业经济区生态调查具有深远意义。调查认为黄河流域两岸的平原区是发展绿色农业的最佳地区,同时发现前套平原大黑河流域两岸平原区还是 Se 含量十分丰富的地区,是发展富 Se 农产品的有利地区。

(2)根据生态环境部、财政部、自然资源部、农业农村部、卫生健康委共同印发《全国土壤污染状况详查总体方案》通知精神,内蒙古于 2016 年开展农用地土壤污染状况详查(图 8-39),目的是在已有相关调查的基础上,通过深入系统调查,进一步掌握全区土壤污染状况,有针对性地推进农用地分类管理和建设用地准入管理,强化企业用地环境风险管控,实施土壤污染分类别、分用途、分阶段治理,为逐步提高土壤环境质量提供基础支撑。

详查区包括内蒙古主要的企业及工业园区周边、三部委超标点位分布区、地球化学高背景区、环境问题突出区等潜在污染源区的农用地。调查范围及详查单元以耕地为重点,兼顾园地和牧草地,围绕已发现的土壤污染点位超标区与土壤重点污染源影响区,开展农用地土壤污染状况详查,查明农用地土壤污染的面积、分布和污染程度,综合评价土壤污染环境风险;开展土壤与农产品协同调查,查明了土壤污染对农产品质量的影响。

依据全国第二次土地利用调查结果,并根据内蒙古环境保护、国土资源、农业部门调查发现的点位超标区、土壤重点污染源影响区等,确定农用地详查

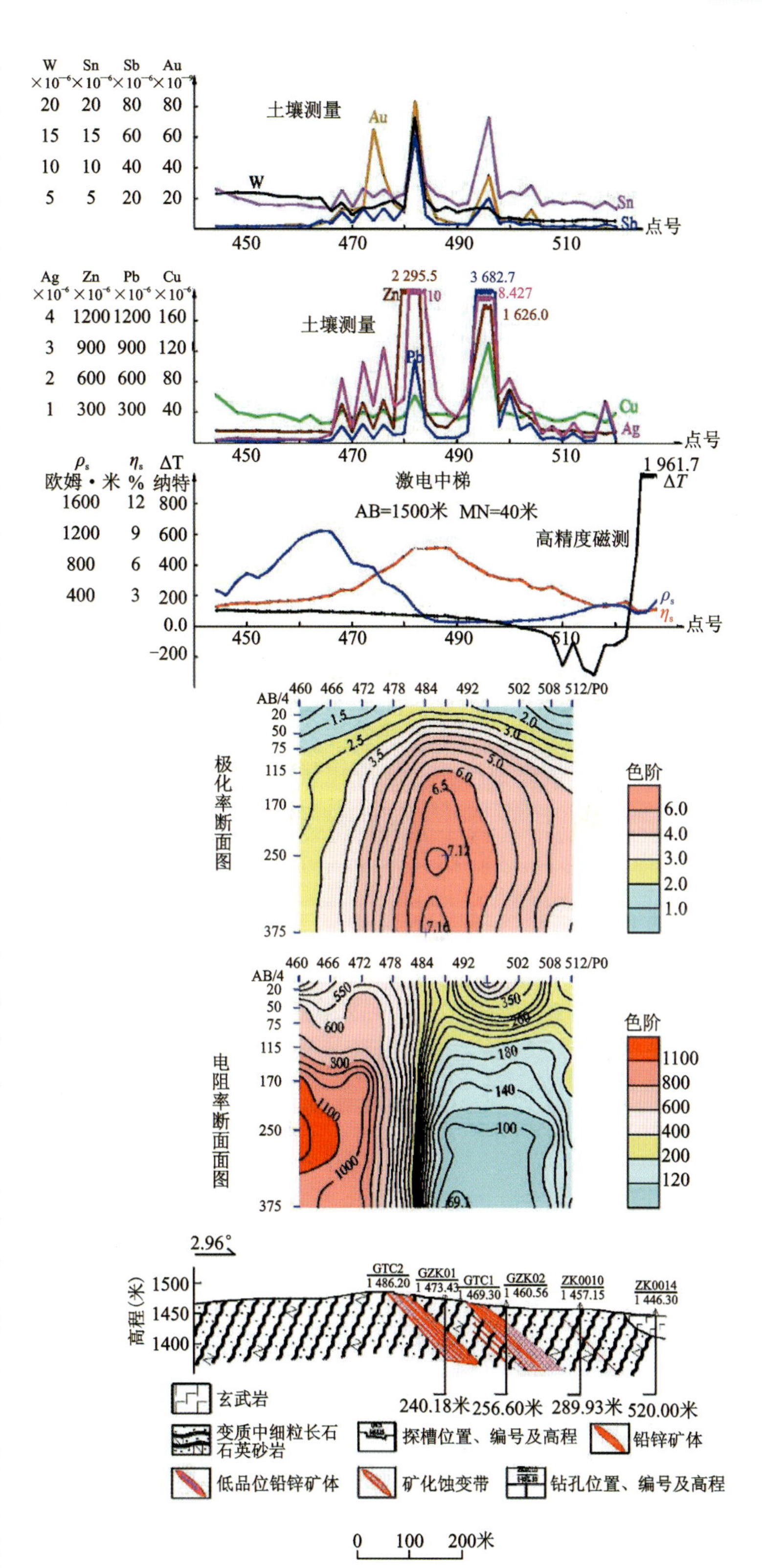

图 8-38 高尔旗 P0 线综合剖面图[据赵志军等(2015)修编]

范围,确定轻度、中度、重度农用地土壤污染点位超标区域,重点关注已发现的土壤点位超标区、土壤重点污染源影响区、土壤污染问题突出区。调查工作在生态环境部统一部署下,采用现代信息技术、遥感技术、分析测试技术等先进的方法技术,按照统一调查方法、统一筛选实验室、统一评价标准、统一质量控制、统一调查时限的五统一完成。调查成果对于内蒙古生态环境保护,农用地污染治理,安全利用与优先保护具有历史性的作用。调查工作土壤样品采集对象为表层土壤样、深层土壤样,农产品样品采集对象是水稻和小麦等。

图 8-39　农用地土壤污染状况详查(袁宏伟 2016 年提供)

根据调查工作数据分析评价，明确了内蒙古农用地土壤污染状况，划分出农用地优先保护区、安全利用区、严格管控区。对内蒙古下一步的农用地土壤污染治理、风险管控及优先保护指明了方向。调查成果有效支撑了农用地分类管理和安全利用，保障了农牧业生产环境安全。

(3)2018—2020 年内蒙古自治区自然资源厅根据中国地质调查局在通辽地区完成的《内蒙古通辽地区 1∶25 万土地质量地球化学调查》成果，组织实施“内蒙古通辽地区富硒富锗优质特色耕地调查及开发利用规划与示范”调查工作。

调查区选择具有开发前景的 Se、Ge 及其他有益元素高含量地区，开展 1:5 万土地质量地球化学调查工作，查明土壤中 Se、Ge 元素及 B、Mo、Mn 等其他有益元素地球化学分布特征，并根据国家或省级相关土壤中元素含量评价标准，结合土壤环境质量特征，有效地划分出绿色耕地农业功能规划区、“足硒、足锗”绿色农业功能规划区及“富硒、富锗”特色农业功能规划区，提出通辽市富硒、富锗土地开发利用规划建议，为进一步推动通辽市农业供给侧改革及农业结构的调整提供科学依据。根据对调查地区内 6 个工作区的 1∶5 万土地质量地球化学评价及所采集的农作物中均达到足硒标准的成果资料，确定调查区符合无公害农产品种植业产地对灌溉水及土壤条件的要求，符合 A 级绿色食品产地对灌溉水及土壤条件的要求，可作为 A 级绿色食品产地，并根据调查区能达到足硒标准的农作物种类，推出了富硒农产品种植的首选。

(4)为内蒙古富硒土地得到有利的保护和利用，推进生态地球化学科技成果转化，内蒙古自治区自然资源厅利用科技创新资金对内蒙古河套平原、通辽地区发现的大面积富硒土壤开展农产品调查及动态监测研究工作，调查工作从 2018 年开始至 2022 年连续进行了 5 年监测研究(图 8-40)，查明调查区有益组分、有害组分的物质来源及地球化学环境，分析主要农作物中 Se、Ge 等有益组分的变化情况，对农作物的适宜性进行评价。调查工作根据河套及通辽地区农耕地分布特点，首次在内蒙古范围内开展了富硒土壤动态监测工作，圈定富硒土壤区动态监测单元，构建了 10 处动态监测网，部署监测点，定期采集监测数据，构建土壤元素含量的动态变化监测数据库，评价耕地中元素变化趋势。动态监测范围涵盖了监测区所有富硒地

图 8-40　农产品调查及动态监测

(段吉学 2022 年摄于包头)

块，包括临河区监测区、乌拉特中旗监测区、五原县监测区、乌拉特前旗监测区及土默特右旗监测区等临河区—土默特右旗一带富硒土壤区，共131处地块；土默特左旗一带富硒土壤区，共72处地块；科尔沁区—科尔沁左翼中旗一带富硒土壤区，共9处地块。根据对同一地点不同时间采集的农作物样品及其根系土样品的分析成果，由土壤养分、土壤环境和土壤质量3个方面地球化学等级对监测区土壤进行评价，通过研究农作物的吸收能力，利用生物富集系数对不同监测区生物富集能力作出评估，进而对监测区土壤养分、农作物种植适宜性和安全性进行评价。

(5)为推进生态地球化学调查成果转化，更好地服务社会经济发展与环境保护工作，内蒙古自治区国土资源厅于2017年在包头地区开展农用地重金属污染修复治理工作。通过对工作区污染源的历史追溯、污染物平面空间分布、污染物垂直空间分布、污染物的存在形式等环境地球化学特征，选择污染农田土壤区进行修复治理。修复后农田土壤符合种植农作物要求，土壤修复完成后，做了布草、增肥、耕地、平地、起垅、灌溉等工作。土壤修复后进行的取样化验数据表明，土壤环境质量均符合土壤污染风险筛选值。修复效果比较显著。包头市自然资源局九原区分局于2020年在包头地区开展农田重金属污染修复治理调查工作。通过实地踏勘，区域污染源已消除，未发现地下水存在污染，具备修复治理的条件。通过对农用地土壤修复治理，取得了良好的修复效果。根据后期对种植物(小白菜，图8-41)的跟踪监测，各项指标均符合要求。通过对污染土地修复治理，为后期植物生长提供了良好的生长环境，提高了农作物产量，取得了良好的经济效益。

图8-41 修复治理后小白菜种植(钟仁2021年提供)

2. 地球化学勘查在环境地质调查中的作用

由于城镇化的快速发展，城市环境污染问题突出，工业废水、生活污水、垃圾、农药、化肥等通过各种渠道造成土壤及水污染，破坏了土壤结构，降低了土壤肥力。2019—2020年，由内蒙古自治区生态环境厅组织实施全区重点行业企业用地土壤污染状况调查工作。项目全面排查阿拉善盟和乌海市金属冶炼、化工、焦化、危险废物综合利用等重点行业企业，摸清上述企业用地土壤污染程度及分布情况。完成涉及金属冶炼、化工、焦化、危险废物综合利用等重点行业企业现场钻探采样工作(图8-42)。采用浅层钻探方

图8-42 重点行业企业用地土壤污染状况调查(袁宏伟2019年摄)

法，采集地下约10米深的土壤介质，按照《土壤环境质量　建设用地土壤污染风险管控标准（试行）》（GB 36600—2018）的分析指标，同时结合金属冶炼、化工、焦化、危险废物综合利用企业实际生产情况进行污染物的分析测试，初步掌握各类企业地块土壤污染风险情况，建立污染地块清单和优先管控名录。

三、俯瞰地球——遥感地质

遥感是“遥感技术”的简称。是利用各种仪器，从远距离探查、测量或侦察地球表面、大气中及其他星球上的各种事物及变化情况，这种与目标不直接接触而获取有关目标信息的技术方法称遥感。遥感地质是综合应用现代遥感技术来研究地质规律，进行地质调查和资源勘查的一种方法。它从宏观的角度，由空中取得的地质信息以各种地质体对电磁辐射的反应作为基本依据，结合其他各种地质资料分析、判断区域内各种地质现象。

（一）遥感地质工作的基本内容

遥感地质通过地面及航空遥感设备，进行图像、数字数据的处理和地质判释。主要有地质制图、矿产资源勘查，及环境、工程、地质灾害等调查。

遥感图像反映了各种地物（包括地质体）的特征及其空间组合关系。由于不同地质体和地质现象有不同的遥感图像特征，遥感图像地质解译从获取目标地物信息中判读出遥感图像中的地物分布位置及特征，用于识别地质体和地质现象。其中岩性和地层遥感解译有色调、地貌、水系、植被与土地利用特点等；构造解译是在遥感图像上识别、勾绘和研究地质构造形迹的形态、产状、分布规律等；矿产解译和成矿远景分析是一项复杂的综合性解译工作。有时在大比例尺图像上可以直接判别原生矿体露头、铁帽和采矿遗迹等，但多数情况下是利用多波段遥感图像（尤其是红外航空遥感图像）解译与成矿相关的岩石、地层、构造以及围岩蚀变带等地质体。成矿远景分析是运用图像处理技术提取矿产信息，是以成矿理论为指导，在矿产解译的基础上，快速、有效地判断地质信息，利用计算机将矿产解译成果与地球物理勘查、地球化学勘查资料进行综合处理，从而圈定成矿远景区，提出预测区和找矿靶区。

（二）遥感在地质灾害领域的应用

遥感地质通过研究各种地质动态，进行地质灾害调查和预测。地质灾害的发生主要受制于地层岩性、构造展布、植被覆盖、地形地貌以及大气降水强度等要素。一般情况下，岩性脆弱、构造发育、植被稀疏、地形陡峻的地段，在强降水过程中容易发生地质灾害。遥感技术有宏观性强、时效性好、信息量丰富等特点，是地质灾害调查的强有力技术支持，能够查明不同地质地貌背景下地质灾害隐患区段，同时对突发性地质灾害能进行实时或准实时的灾情调查、动态监测和损失评估。

(三)遥感在地质测量的应用

遥感地质测量是通过多波(光)谱、多时相、多向成像、多向极化、多级增强处理等技术手段来收集和分析遥感数据资料,获取更多波谱的、空间的、时间的地质信息。

1. 遥感地质测量的特点

遥感地质测量具有视域宽广、大面积同步观测特点,不受地形阻隔等限制,提供了超出人们视觉以外的大量地学信息,信息量远远超过了用常规传统技术方法所获得的信息量,扩大了观测范围和感知领域,加深了对某些地质现象的认识。遥感地质测量能够定时、定位观测,提高总体观测时效性,具有精度高、速度快等特点,它能周期性地监测地面同一目标地质体,有利于对比分析其特点,对某些地质现象(如火山喷发)作动态分析。

2. 遥感地质测量法的应用

1)在地质工作中的应用

遥感图像视域宽阔,能客观真实地反映出各种地质现象及其相互间的关系,能反映出区域地质构造以及区域构造间的空间关系。遥感地质测量技术利用图像上显示与矿化有关的地物如岩石和土壤等的波谱信息、色调异常和热辐射异常等圈定靶区,为找矿指明方向;利用解译获得的资料,分析区域成矿条件,进行区域成矿预测;利用数字图像处理技术,进行多波段、多种类遥感图像的综合处理分析,增强或提取图像上与成矿有关的信息,尤其是矿化蚀变信息,为找矿提供依据,指明找矿方向和有利成矿的远景地段;利用数学地质方法,综合遥感资料、物化探和地质资料,进行成矿统计预测,圈定找矿远景靶区。

2)高光谱遥感的应用

高光谱遥感又称成像光谱遥感,高光谱遥感是在电磁波谱的可见光、近红外、中红外和热红外波段范围内,获取许多非常窄的光谱连续的影像数据的技术。高光谱遥感丰富的信息使得原来不可推测的物质在高光谱遥感中可以进行推测,使具有特殊光谱特征的地物探测成为可能,具有广阔的发展前景。高光谱遥感成像图像信息具有多维性,包含丰富的空间、辐射和光谱 3 个维度的信息。

(四)遥感地质在内蒙古地质勘查工作的应用

内蒙古已编制了 1∶25 万遥感影像图,并对全区地质构造背景、成矿规律及成矿带进行了遥感地质矿产特征解译,完成全区遥感羟基及铁染异常信息提取工作。全区 1∶25 万遥感成果资料为内蒙古基础地质构造研究和区域找矿预测提供了遥感依据。面对内蒙古西部地区基岩裸露、东部地区覆盖严重的情况,在已完成全区 ETM 数据提取遥感羟基、铁染异常信息的基础上,对东部地区和西部地区分别开展了 Aster 数据遥感异常信息的提取及对比研究工作,取得了很好的效果。内蒙古遥感地质解译主要成果及部分区域遥感解译特征如下。

1. 内蒙古遥感地质解译主要成果

(1)制作的内蒙古 ETM◆8 遥感影像镶嵌图,色彩均匀,影像清晰,地面分辨率达 15 米,满足小于或等于 1∶5 万比例尺遥感图像制作要求。遥感地质特征与找矿标志的解译为内蒙古大地构造研究、成矿规律分析提供辅助资料。

◆8 ETM(Enhanced Thematic Mapper 缩写)是增强型专题制图仪。

(2)断裂构造遥感解译。解译出多条巨型断裂带,如华北地台北缘断裂带,为一条重要的铁、金-多金属矿产成矿的导矿构造,与该构造带相伴生的脆韧性变形构造、小型断裂构造多为金-多金属矿产的容矿构造。在遥感断层要素解译中按断裂的规模、切割深度、断裂对地质体的控制程度,结合已知的地质资料,依次划分为巨型、大型、中型和小型 4 类。

(3)脆韧性变形构造遥感解译。解译脆韧变形带按其成因分为节理劈理断裂密集带构造 17 条和区域性规模脆韧性变形构造 192 条。其中区域性规模变形构造分布有明显的规律性,多与大规模断裂带相伴生,形成脆韧性变形构造带。

(4)环形构造遥感解译。内蒙古环形构造比较发育,多在不同方向断裂带交会部位形成多重环或复合环,已知的铁、金-多金属矿产在空间分布上多与环形构造有密切的关系,多分布于隐伏岩体形成的环形构造内部或边部。

(5)色要素遥感解译。解译出遥感色要素多分布于不同方向断裂带的交会部位及环形构造集中区,且大部分异常分布区有矿床(点)的分布,解译出的色调异常区可作为金-多金属矿产找矿预测的依据之一。

(6)遥感异常提取。利用 Landsat 7 ETM 数据,按春、秋、冬、夏顺序选择数据,对全区进行遥感羟基异常和铁染异常提取。

(7)羟基异常分布特征。第四纪玄武岩,羟基异常发育,属地层岩性引起的羟基异常。中新生代二长花岗岩、碱长花岗岩、花岗闪长岩出露区及其内外接触带,羟基异常发育,由地层岩性及接触变质引起,与矿化有关。太古宙英云闪长片麻岩出露区,羟基异常较发育,属地层岩性引起,与矿化关系较密切。多组断裂交汇部位及环形构造集中区,羟基异常相对集中,并且多分布于金-多金属成矿区(带)上,与矿化关系密切。

(8)铁染异常分布特征。古近纪玄武岩、二叠纪—侏罗纪中酸性火山岩、二叠纪灰黑色板岩,中新元古代千枚岩、泥质板岩,铁染异常集中分布,属地层岩性引起,与矿化无关。二叠纪英云闪长岩内部或内外接触带,铁染异常集中分布,部分与矿化有关。太古宙变质表壳岩,铁染异常集中分布,与矿化关系密切。中小型断裂交会部位及环形构造集中区,铁染异常相对集中,异常与矿化关系密切,多分布于金-多金属成矿区(带)上。

2. 遥感在内蒙古生态环境中的应用

内蒙古呈狭长形,东西跨度大,生态环境复杂,地貌类型多样,有高原、丘陵、平原和滩地等;中部、东部水域发育,地表植被主要有草原和森林;西部分布有巴丹吉林沙漠、腾格里沙漠等。通过应用现代遥感技术,对生态环境实施动态监测,进行实时的调查与评估,为生态环境的科学评价工作提供准确依据。

(1)巴丹吉林沙漠(图 8-43、图 8-44)位于阿拉善右旗北部,雅布赖山以西、北大山以北、弱水以东、拐子湖以南。海拔在 1200~1700 米之间,沙山相对高度可达 500 米,堪称"沙漠珠穆朗玛峰”。另外沙漠区分布有数量众多的小湖泊，这些小湖泊的面积一般不大（图 8-45）。根据遥感影像图对沙漠的变化进行实时监测，判断沙漠的动态变化（如沙丘的移动、沙漠化程度），并对沙漠的治理工作进行科学评价。

（2）内蒙古的草原类型可以划分为草甸草原和典型草原两类。草甸草原又称森林草原，大兴安岭东、西两侧的呼伦贝尔大草原便属于此种类型，堪称我国最美丽富饶的草原之一（图 8-46）。内蒙古中部的大片地区属于典型草原，如锡林郭勒大草原。在 TM 数据合成的影像上呈绿色和浅绿色。根据遥感影像图对草原的变化进行实时监测，判断草原的动态变化，对草原的治理进行科学评价。

图 8-43 巴丹吉林沙漠（张玉清 2023 年摄）

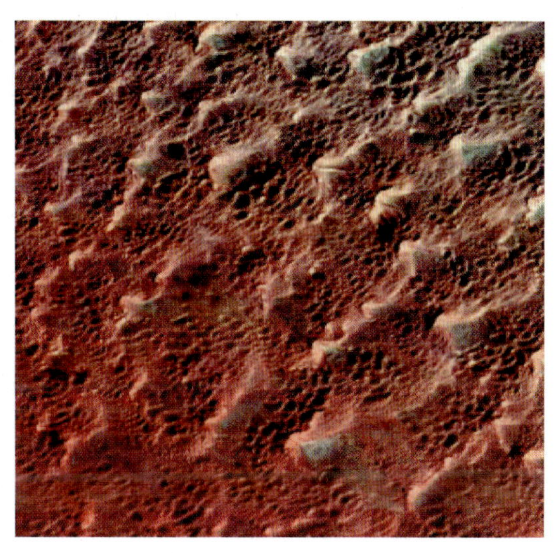

图 8-44 巴丹吉林沙漠遥感影像图（据张浩等，2018）

图 8-45 沙漠区中小湖泊遥感影像图（据张浩等，2018）

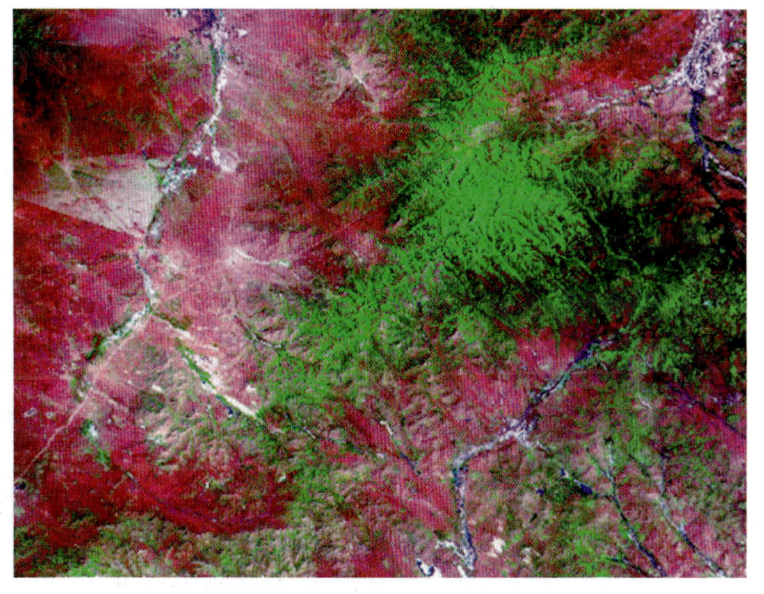

图 8-46 内蒙古呼伦贝尔大草原遥感影像图（据张浩等，2018）

（3）内蒙古中东部河流发育，分布有黄河、西拉木伦河、西辽河、克鲁伦河、海拉尔河、根河等。在 TM 数据合成的影像上河流呈深蓝色—黑色，形态为细线状，与河岸的边界十分清晰。如黄河流域内蒙古段就能看出河面宽窄的变化，目视解译非常容易辨认（图 8-47）。根据遥感影像图对河流的变化进行实时监测（河流的改道、冰凌的变化等），判断河流的动态变化并进行科学评价。

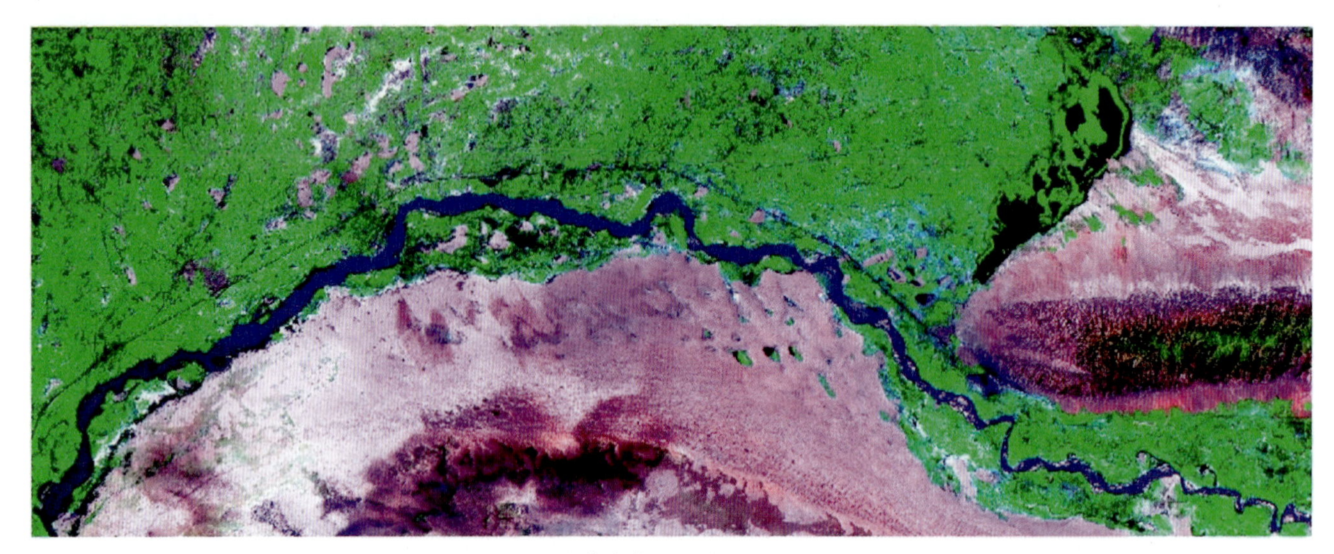

图 8-47 内蒙古黄河流域(张浩等,2018年)

3. 内蒙古地层区域遥感解译

内蒙古地层出露较齐全,太古宇、元古宇、古生界、中生界、新生界均有出露。根据不同地层的颜色、层理、山体特点、水系发育程度特征,不同程度地解译出地层界线,描述了不同岩石地层的遥感解译特征。本书以兴和岩群($Ar_2X.$)和色尔腾山岩群($Ar_3S.$)地层分布特点及遥感解译特征进行概述。

(1)兴和岩群(图 8-48)分布于兴和县南部及包头以东地区。主要为条带状混合质紫苏斜长麻粒岩、二辉麻粒岩夹紫苏花岗岩及斜长角闪岩。在兴和群中赋存沉积变质型铁矿,如包头东壕赖沟铁矿。遥感在 ETM741 影像上,以偏红色调的暗色岩石为主,山高,层理、水系均不发育。相对山前构造断裂比较发育,有明显断层三角面,但与其他地质单元之间地层接触界线不明显。

图 8-48 兴和岩群影像特征图[据张浩等(2018)修编]

(2)色尔腾山岩群(图 8-49)产有受变质型铁矿,主要有书记沟铁矿、东五分子铁矿、三合明铁矿、公益明铁矿、黑敖包铁矿等。本群属绿岩建造,中基性火山岩及其碎屑岩,是金的矿源层,局部形成原生金矿床,如十八顷壕金矿。遥感在 ETM741 影像上,以偏红色调的亮色岩石为主,暗色层理、水系不发育。构造断裂比较发育,有明显断层三角面。

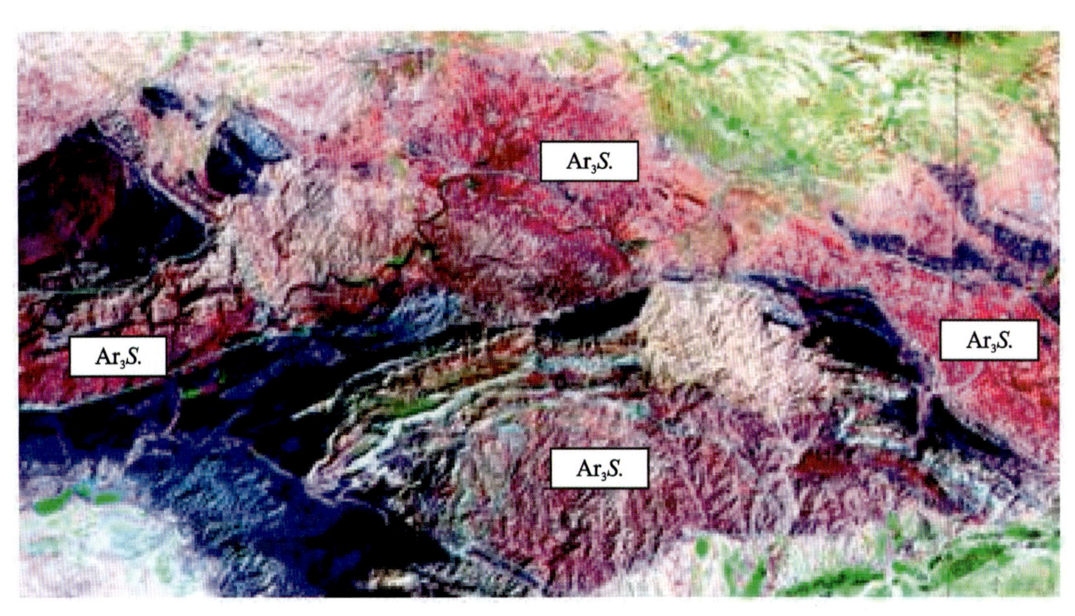

图 8-49　色尔腾山岩群($Ar_3S.$)影像特征图(据张浩等,2018)

4. 内蒙古地质构造遥感解译

根据内蒙古 1∶25 万和 1∶50 万遥感影像资料,结合物化探和地质资料,对全区主要断裂构造分布特征进行了解译。其中内蒙古狼山古生代活动陆缘以西及塔里木板块的断裂构造线主要呈北西向展布,其他地区主要断裂构造线主要以近东西向和北东向为主(图 8-50)。

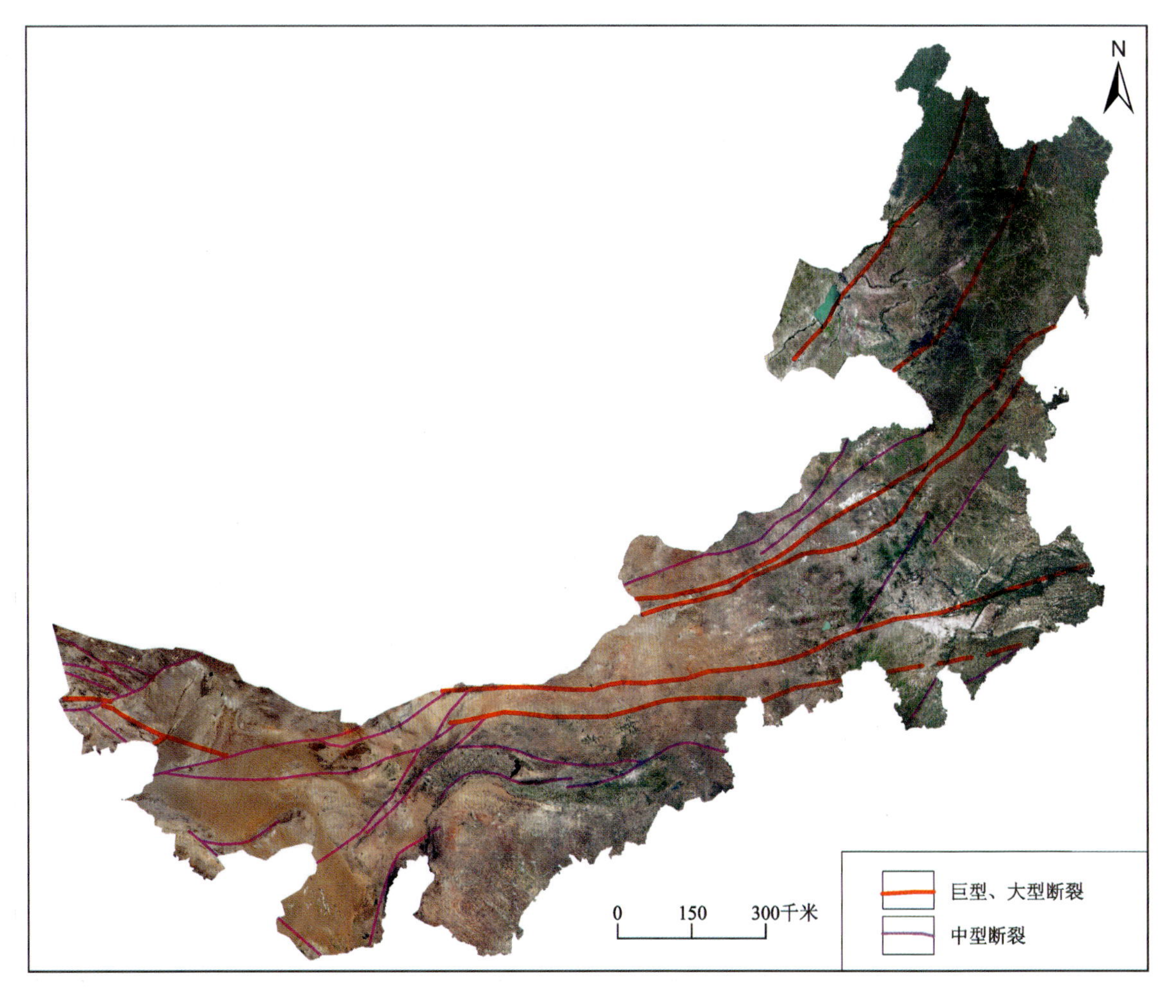

图 8-50　内蒙古遥感构造解译略图(底图由内蒙古自治区测绘地理信息中心 2023 年提供)

断裂构造遥感解译：内蒙古解译出多条巨型断裂带，如华北北缘断裂带。该断裂带为一条重要的铁、金多金属矿产成矿的导矿构造，与该构造带相伴生的脆韧性变形构造、小型断裂构造多为金-多金属矿产的容矿构造。

脆韧性变形构造遥感解译：内蒙古解译出的脆韧变形趋势带按其成因分为节理劈理断裂密集带构造17条和区域性规模脆韧性变形构造192条。其中区域性规模变形构造分布有明显的规律性，多与大规模断裂带相伴生，形成脆韧性变形构造带。大体分为4条规模较大的脆韧性变形构造带。

环形构造遥感解译：内蒙古环形构造比较发育，在全区1∶25万遥感构造解译图上共圈出1310个环形构造。它们在空间分布上有明显的规律，多在不同方向断裂带交会部位形成多重环或复合环，仅265个环形构造呈单环出现。按其成因类型分为11类，与隐伏岩体有关的环形构造685个，中生代花岗岩类引起的环形构造258个，古生代花岗岩类引起的环形构造107个，火山口145个，火山机构或通道15个，闪长岩类引起的环形构造19个，基性岩类引起的环形构造7个，褶皱引起的环形构造11个，与浅层、超浅层次火山岩体引起的环形构造7个，断裂构造圈闭的环形构造1个和成因不明55个。

5. 内蒙古遥感解译与矿产关系

总结了区内遥感找矿要素和遥感矿化蚀变异常特征的关系。陆地卫星ETM图像中反映出的环形构造对金属矿产的空间分布均有一定控制作用，在一定程度上反映出火山机构和侵入岩体的基本特征。内蒙古环形构造与线性构造出现往往伴有重要矿床的产出。如受不同方向的线性构造控制的朱拉扎嘎、白乃庙、拜仁达坝等大型矿床；产出于环形构造的内外侧的额勒根乌兰乌拉、小狐狸山、准苏吉花等矿床。环形构造一般与岩浆活动有关，因此小规模的环形构造影像是重要的遥感找矿标志。

1）拜仁达坝热液型银铅锌矿遥感解译特征

拜仁达坝地区影像特征以灰红色、灰褐色与灰绿色调相间出现，其中灰红色是裸地、灰褐色为基岩出露区，而灰绿色为植被覆盖（图8-51）。部分基岩区地形起伏明显，影像影纹较清晰，地质界线较清楚。遥感解译线性构造比较发育，主线性构造线方向为北东向，主要反映地层单元的展布方向及断裂构造形迹。断裂构造以北东向最为发育，其次为北西向，少量为近东西向。遥感解译环形构造不甚发育，平面形态主要为近圆形。拜仁达坝赋矿地层宝音图群呈灰紫色、淡粉色、绿色调；水系主要为树枝状；山体形态棱角状；石炭系石英闪长岩呈紫灰绿色。北东向线性构造控制赋矿地层及岩体的总体展布方向。

图8-51　拜仁达坝矿区遥感特征

（据内蒙古自治区地质调查院等，2009）

2）朱拉扎嘎地区遥感解译特征

朱拉扎嘎地区遥感解译构造格局及地质体界线色彩丰富、图像清晰，表现以棕色、棕黄色、蓝色、绿色调为主，北西向的坳陷和低山隆起相间排列的影像特征。隆起区基岩裸露广泛，但色调较深，地质构造明显，具有较好的解译效果；坳陷区第四系覆盖严重，基岩露头不清。基岩出露区总体构造线方向为北东向，主要反映断裂构造的形迹和岩层展布方向。断裂构造以北西向和北东向最为发育，其次为近东西向和近南北向。

区内岩浆岩广泛出露，形态大多不规则，较少看到明显的岩浆环，偶尔可见盆地环。区内矿点的分布和线性构造关系密切，与岩浆岩多分布于线性构造的两侧或出露于线性构造的交会部位，反映了岩浆活动沿断裂薄弱带侵入的特点。朱拉扎嘎矿区含矿地层阿古鲁沟组影像上呈灰黄色、砖红色、红褐色，条纹状、条带状影纹（图 8-52）。矿区位于褶皱转折端，北西向、北东向、近南北向线性构造相互切割成块状格局，矿区内有少量环形构造出现。

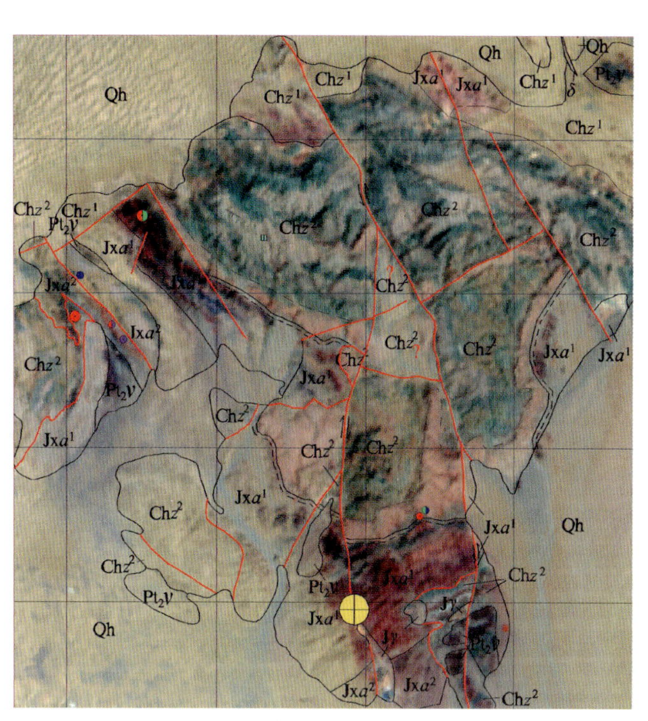

图 8-52 朱拉扎嘎金矿遥感特征

（据内蒙古自治区地质调查院等，2009）

（3）白云鄂博多金属成矿带遥感解译特征

成矿带解译出一条东西横跨整个图幅巨型断裂带即华北陆块北缘断裂带（图 8-53）。成矿带分为东西、南北向两大构造体系。东西向构造包括宽沟背斜及两翼向斜和宽沟大断裂，以及次一级东西向的褶皱断裂。南北向构造包括南北向褶皱、断裂。区内东西向构造与南北向构造的直交重合，控制了不同部位的矿体。成矿带内解译出与断裂构造和环形有关的色调异常 14 处，呈不规则分布。遥感解译出的羟基、铁染异常与白云鄂博铁铌稀土矿相吻合。另外，在新宝力格苏木西北部，遥感解译发现遥感浅色色调异常区，有铁染异常分布。断裂带经过多套地质体，两侧地层较复杂。

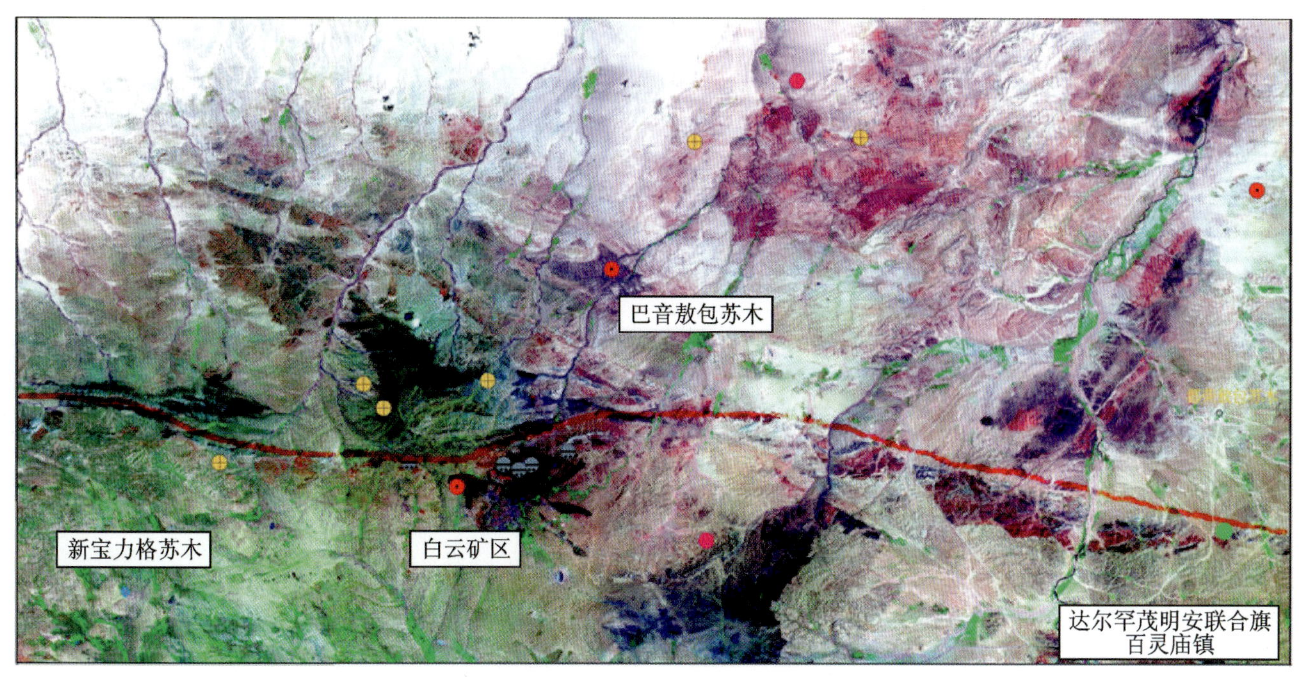

图 8-53 内蒙古白云鄂博多金属成矿带遥感地质解译图（据张浩等，2018）

第九篇

游山玩水——地质景观

YOUSHAN WANSHUI——DIZHI JINGGUAN

呼和浩特 清水河 老牛弯 张玉清2022年摄

内蒙古地域辽阔，在我国自然地理分区与大地构造分区中均跨越了不同的地貌单元和构造单元，地质发展历史漫长而复杂，形成了不同时代的地层，赋存着多种多样的古生物化石；经历了多个阶段的构造演化，伴随而来的是多次构造运动、岩浆活动和变质作用等。在地质演化历史中，岩石圈、生物圈、水圈、大气圈等共同作用，创造了一个又一个神奇的自然遗迹。大自然的鬼斧神工造就了丰富多彩的地质奇观，有复杂奇特的花岗岩景观（图 9-1），有类型齐全的火山景观（图 9-2），有形态独特的碎屑岩景观（图 9-3），有保存完好的第四纪古冰川景观，有无边无际的浩瀚沙漠和风成景观……这些奇特地质景观为开展地球科学研究、发展旅游、振兴地方经济提供了良好的场所，走进内蒙古，就像走进一座巨大的地质旅游资源博物馆，一幅大自然奇妙的山水画卷徐徐展开，让你拍案称奇、流连忘返。

图 9-1 阿尔山玫瑰峰，由三叠纪花岗岩构成，水平节理与垂直节理发育（张玉清 2022 年摄）

图 9-2 锡林浩特市大黑山第四系阿巴嘎组玄武岩柱状节理（韩建刚 2020 年摄）

图 9-3 阿拉善左旗风蚀蘑菇，由紫红色砂砾岩构成（内蒙古自治区地质环境监测院，2017）

一、千姿百态——大美内蒙古地貌特征

内蒙古地貌以高原为主，占全区面积的50%左右，海拔在1000米以上，统称内蒙古高原，是我国第二大高原，属高原型地貌区。其次为山地和平原。在世界自然区划中，属亚洲中部蒙古高原的东南部及其周边地带。

全区地貌分为大兴安岭山地、西辽河平原、内蒙古北部高原、阴山山地、河套平原、鄂尔多斯高原和阿拉善高原7个区(图9-4)。

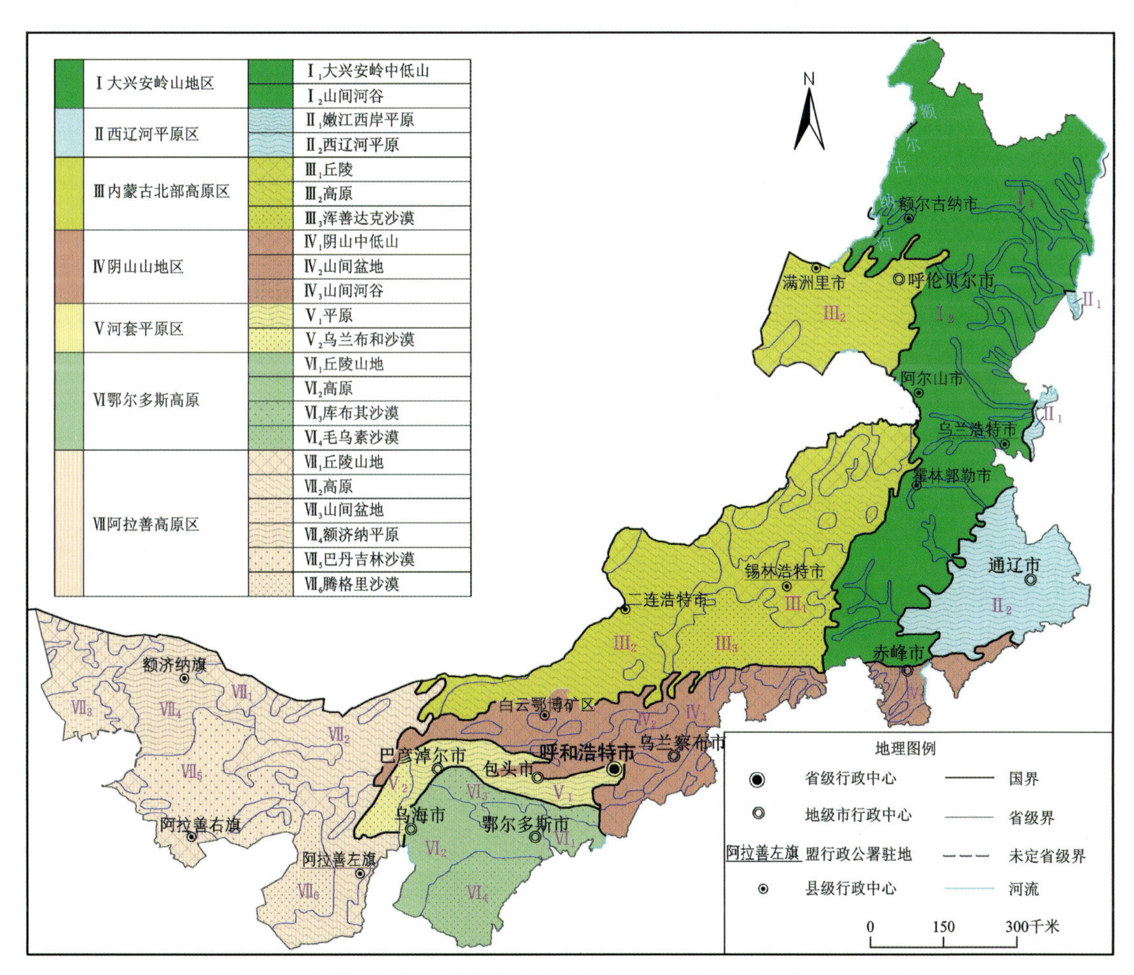

图9-4　内蒙古地貌分区略图[据内蒙古自治区地质环境监测院(2017)修编]

(一)大兴安岭山地

大兴安岭山地呈北北东向斜贯于自治区东部，介于内蒙古高原与松辽平原之间。北起额尔古纳河右岸，南抵燕山山地，长约1350千米，宽150～300千米。山体主要由晚古生代花岗岩和中生代火山岩、碎屑岩组成。地貌形态表现为低山、丘陵、熔岩台地和沟谷。山地总趋势为南高北低、东陡西缓，分水岭偏向西侧。以洮儿河为界，北部山体较低而宽广，山岭连绵，山顶浑圆，海拔1000～1100米，个别山峰可达1700米，多被森林覆盖。南部山体相对高而狭，海拔多在1000～

1300米之间，最高峰为克什克腾旗境内的黄岗梁，高达2034米，为大兴安岭的最高峰。从山的两侧来看，东翼较陡，由中山、低山过渡到丘陵，呈阶梯状向西辽河平原降落；西翼较窄，山坡弛缓，海拔较高，由中山、低山过渡到丘陵、高原。

第四纪火山岩分布区熔岩流覆盖原来的砂砾石或河谷，火山岩塌陷形成凹地，多成湖泊，火山口中也常年积水而成湖，称其为天池(图9-5)或地池。大兴安岭火山熔岩沿沟谷流动，截断了毕拉河和阿木铁苏河水，形成了达拉毕和达尔滨两个火山堰塞湖。阿尔山国家地质公园中的杜鹃湖即为堰塞湖。山地熔岩中也常见面积达10余平方米的假喀斯特洞穴；高耸处见有壮观的岩熔塔，塔、林、洞奇观汇集一处，掩映在原始森林中，十分美丽。

图9-5 阿尔山天池，第四纪火山口构成的湖泊
(于洪志提供)

在大兴安岭南段巴林左旗及克什克腾旗等地的侏罗纪—白垩纪花岗岩中发现冰臼数达千余个，最大直径达4.5m，深1.9m，口小、肚大、底平。其规模大、个体多、类型全举世罕见。

(二)西辽河平原

西辽河平原包括嫩江西岸平原和西辽河平原，北起嫩江支流古里河，南接燕山北麓山地，属东北松辽平原的西缘。南北长约300千米，东西最宽处370千米，为第四纪冲积平原。北部嫩江西岸平原，呈近南北向条带状断续分布，为嫩江及其西岸众多支流冲积而成的冲积平原，海拔200～500米。南部狭义西辽河平原呈一楔形，西窄东宽，东西长达270千米。地势由西向东缓倾，西部海拔400米，东部渐降为200米，最低处120米。南部地区为科尔沁沙地，面积约为3万平方千米。

(三)内蒙古北部高原

内蒙古北部高原地势中间较低，南、北两边较高。东以大兴安岭西缘为界，西至阿拉善高原，北抵国境线与蒙古丘陵相接，南接阴山山地。由高原、盆地、丘陵、火山熔岩台地及沙地构成。盆地及高原均为中生代所形成。高原上分布有多处花岗岩风蚀地貌和玄武岩火山地貌奇观。

(四)阴山山地

阴山山地自西向东由狼山、色尔腾山、乌拉山、大青山、蛮汉山等断续构成，呈东西向横亘于内蒙古中部，南依河套—土默川平原，北接内蒙古高原，东西长1300千米，南北宽50～200千米，海拔1500～2000米。多形成剥蚀中低山和丘陵。地势西高东低、北缓南陡。集宁以西以中低山为主，以东为低山丘陵。

阴山山地岩性以花岗岩和变质岩为主体，沉积岩次之。特别是乌拉特中旗乌布浪口和乌拉特后旗狼山一带，由于受到强烈的风沙侵蚀，风蚀景观发育，形成风蚀洞、风蚀柱、风蚀蘑菇等地质遗迹景观。

(五)河套平原

河套平原呈东西向带状分布于阴山山地和鄂尔多斯高原之间。是在晚白垩世坳陷的基础上于新近纪末至第四纪初进一步发展起来的东西向断陷盆地,后由黄河及其支流沉积物充填、堆积而成的湖积—冲积平原。习惯上将西山咀以西、巴彦高勒镇以东广大地区称为后套平原,西山咀以东、包头以西的三角形地带称为三湖河平原,包头与呼和浩特之间的平原称呼包平原。平原内部主要地貌形态包括山麓阶地,山前冲洪积倾斜平原,黄河、大黑河冲积—湖积平原和乌兰布和沙漠。

(六)鄂尔多斯高原

鄂尔多斯高原西、北、东三面为黄河所环绕,南边与晋陕黄土高原相连,为一剥蚀高平原。地势西北高、东南低,并以东胜—杭锦旗高地为分水岭,向南、北两侧呈波状起伏逐渐下降。本区地貌大致由侵蚀和堆积作用所形成,包括桌子山、贺兰山中低山山地、准格尔黄土丘陵、毛乌素沙漠和库布其沙漠,在库布其沙漠分布有众多沙漠湖泊及响沙等地质遗迹景观。

(七)阿拉善高原

阿拉善高原包括阿拉善盟全区,主要包括北山山地、阿尔腾山、龙首山、雅布赖山和贺兰山中低山地,额济纳冲湖积平原及巴丹吉林沙漠、腾格里沙漠等。由于受干旱气候的影响,大部分地区为荒山、沙漠、岩漠及戈壁,具典型的荒漠景观,其地势为东高西低、南高北低,海拔一般为 1000~1800 米。贺兰山高达 3556 米,额济纳河最低点仅 800 米。

二、星罗棋布——地质景观类型

内蒙古复杂的大地构造位置及地理格局决定了地貌景观的多样性。漫长的地质历史、特殊的构造位置、独特的气候条件,赋予了这片土地神奇美妙、绚丽多彩的地质奇观。有形态类型多样、美轮美奂的花岗岩景观,如克什克腾世界地质公园的花岗岩石林、岩臼(图 9-6)群等;有亚洲最完整、面积最大的火山群地貌,如阿尔山国家森林公园;有梦幻般神奇的阿拉善沙漠世界地质公园,是世界上唯一以沙漠为主题的地质公园,巴丹吉林沙漠起伏优美的金色轮廓,被中国地理杂志誉为“上帝画下的曲线”(图 9-7);有敖伦布拉格的丹霞地貌及大峡

图 9-6 克什克腾世界地质公园侏罗纪花岗岩中的岩臼(王兰云提供)

谷、阿拉善右旗的形状奇特的花岗岩风蚀地貌(图 9-8);有鄂尔多斯恐龙足迹地质公园,等等。这些名扬海内外的旅游地质景观是内蒙古旅游地质资源的典型代表。来到内蒙古,神奇美妙的地质奇观会给你带来更多、更大的震撼。同时,也为地球科学知识普及提供了重要场所。

图 9-7 内蒙古阿拉善沙漠国家地质公园巴丹吉林沙漠
(张玉清 2023 年摄)

图 9-8 阿拉善右旗海森楚鲁早白垩世二长花岗岩风蚀地貌
(张玉清 2023 年摄)

区内不同时期的沉积岩、岩浆岩、变质岩是构成各种地貌景观的物质基础,构造运动等各种地质作用是构成地貌景观的主要动力来源。不同地貌单元具有不同的地质遗迹◇1和景观特色。从空间分布看,地质遗迹景观的区域特色非常明显,东部区以火山岩地貌、侵入岩地貌和冰川地貌为主,中部区主要为火山地貌和花岗岩地貌,西部区以沙漠地貌和碎屑岩地貌为主要特色。

◇1 地质遗迹,是指在地球漫长的演化过程中,由于地质作用形成的、有重大观赏和重要科学研究价值的地貌景观、地质剖面、构造形迹、古生物化石遗迹、独特的矿物和岩石及其典型产地、有特殊意义的水体资源、典型的地质灾害遗迹等。

(一)地质遗迹

地质遗迹是内力地质作用和外力地质作用共同作用的产物,地质作用的复杂性也就决定了地质遗迹的多样性,目前国内外对地质遗迹的分类还没有统一的标准。

《地质遗迹保护管理规定》(1995)中要求对以下 6 个方面的地质遗迹进行保护:

(1)对追溯地质历史具有重大科学研究价值的典型层型剖面、生物化石组合带地层剖面、岩性岩相建造剖面及典型地质构造剖面和构造形迹。

(2)对地球演化和生物进化具有重要科学文化价值的古人类与古脊椎动物、无脊椎动物、微体古生物、古植物等化石与产地以及重要古生物活动遗迹。

(3)具有重大科学研究和观赏价值的岩溶、丹霞、黄土、雅丹、花岗岩奇峰、石英砂岩峰林、火山、冰山、陨石、鸣沙、海岩等奇特地质景观。

(4)具有特殊学科研究和观赏价值的岩石、矿物、宝玉石及其典型产地。

(5)有独特医疗和保健作用或科学研究价值的温泉、矿泉、矿泥、地下水活动痕迹以及有特殊地质意义的瀑布、湖泊、奇泉。

(6)具有科学研究意义的典型地震、地裂、塌陷、沉降、崩塌、滑坡、泥石流等地质灾害遗迹。

中国地质旅游学会也对我国地质景观资源做了较详尽的分类：共分为4个大类（地质构造现象大类、古生物大类、环境地质现象大类、风景地貌大类）、19个类、52个亚类。我区的地质遗迹分类与之不同（表9-1）。

表9-1 内蒙古地质遗迹类型分类表

大类	类	亚类	数量（处）	合计（处）
基础地质	重要化石产地	古人类化石产地	2	33
		古生物群化石产地	21	
		古植物化石产地	6	
		古动物化石产地	2	
		古生物遗迹化石产地	2	
地貌景观	岩土体地貌	碳酸盐岩地貌（岩溶地貌）	1	36
		侵入岩地貌	25	
		碎屑岩地貌	6	
		沙漠地貌	4	
	水体地貌	河流（景观带）	8	31
		湖泊	16	
		泉	7	
	冰川地貌	古冰川地貌	3	3
	火山地貌	火山机构	14	22
		火山岩地貌	8	
	构造地貌	峡谷	5	5
地质灾害	地质灾害遗迹	滑坡	1	1

（二）内蒙古地质遗迹

全区重要地质遗迹点共有三大类，7个类，17个亚类。截至2019年，全区确认的地质遗迹点300余处，具有重要价值地质遗迹点180处。其中基础大类82处，地貌大类97处，地质灾害大类1处。涵盖地层剖面类31处、构造剖面类7处、重要化石产地类33处、重要岩矿石产地6处、岩土体地貌类36处、水体地貌类31处、火山地貌类22处、冰川地貌类3处、构造地貌5处、地质灾害遗迹类1处。180个重要地质遗迹点中有8处为世界级，57处为国家级，115处为省级。内蒙古尚有许多地质遗迹需逐步确认、保护和有序合理开发。

（三）地质—地貌景观类型及分布

区内主要的地质—地貌景观类型有花岗岩地貌景观、沙漠地貌景观、碎屑岩地貌景观、火山岩地貌景观、冰川地貌景观和水体地貌景观6种。

1. 花岗岩地貌景观

花岗岩地貌景观分布主要受物质组成、结构构造和气候条件等方面的制约，从东至西，从南到北表现为明显的差异性。

东部地区降水多，冬季长而干冷，风力大，花岗岩遭受的寒冻风化强烈。主要类型有花岗岩石林[◇2]、峰林[◇3]、花岗岩岩臼、花岗岩石蛋和花岗岩残山地貌景观。其中花岗岩石林以克什克腾旗阿斯哈图地区最为典型，花岗岩峰林地貌主要分布于阿尔山市伊尔施地区、克什克腾旗青山地区和呼伦贝尔市的牙克石市喇嘛山地区，花岗岩石蛋主要分布在呼伦贝尔市的新巴尔虎右旗和赤峰市克什克腾旗曼陀山地区，花岗岩岩臼主要分布于赤峰市克旗青山地区和巴林左旗七锅山地区，花岗岩残山地貌在赤峰市红山区、呼伦贝尔市新巴尔虎右旗及鄂伦春自治旗（图 9-9）、兴安盟扎赉特旗等广大地区均有分布。

◇2 石林，由密集林立的锥柱状、锥状、塔状花岗岩组合成的壮丽景观。

◇3 峰林，峰林多为高耸林立的石峰，峰林的规模比石林大，为高耸林立的山峰。

图 9-9　嘎仙洞，由早白垩世正长花岗岩构成

（张玉清 2022 摄于鄂伦春自治区阿里河镇西）

中部地区花岗岩地貌既有小型的花岗岩石蛋，也有中型的花岗岩残山地貌和残丘地貌，还有高大的花岗岩峰林地貌和花岗岩峰丛地貌。其中花岗岩石蛋地貌主要分布于锡林郭勒盟苏尼特左旗宝德尔地区，花岗岩残山地貌分布于锡林郭勒盟东乌珠穆沁旗，残丘地貌主要分布于锡林郭勒盟苏尼特左旗阿尔善布拉格地区。花岗岩峰林地貌分布于乌兰察布市凉城县，花岗岩峰丛地貌分布于乌兰察布市察右中旗黄花沟地区。

西部地区处于干旱区，降水少，风力极大，干旱的气候不利于寒冻风化，从而形成以风蚀地貌为主的地貌特征。既有因差异风化而成的大规模风蚀坑（图 9-10），也有受流水和球状风化共同作用的小型石蛋地貌，以及受风蚀、水蚀、冻融等共同作用而成的石林景观。风蚀组合地貌景观以阿拉善盟阿拉善右旗海森楚鲁地区为代表，有风蚀壁龛、风蚀穴、风蚀蘑菇等；花岗岩石蛋和石柱地貌主要分布于巴彦淖尔市乌拉特后旗和乌拉特中旗。

图 9-10　早二叠世花岗岩（含大量暗色闪长质包裹体）中形成的风蚀坑（张玉清 2022 摄于阿拉善左旗巴彦诺尔公西南查干敖包）

2. 沙漠地貌景观

该地貌主要分布于西部区，自东向西分别为库布其沙漠、乌兰布和沙漠、腾格里沙漠和巴丹吉林沙漠。沙漠地貌作为一种特殊的地质遗迹，不同类型的沙丘记录了不同时期风向的变化，对研究生态环境演化和古气候变化具有重要的意义。

3. 碎屑岩地貌景观

该地貌主要分布在西部阿拉善盟和巴彦淖尔市境内，中部乌兰察布市四子王旗零星见及。阿拉善地区碎屑岩地貌最为发育，典型代表有敖伦布拉格峡谷景观、人根石柱景观、额日布盖峡谷地貌和石柱。

4. 火山岩地貌景观

该地貌主要由新生代火山岩(包括火山熔岩和火山碎屑岩)构成，受大兴安岭新生代火山活动带的控制，是滨太平洋板块向欧亚大陆俯冲的产物。呈北东向展布于大兴安岭山地及其紧邻地域，构成了内蒙古壮观的北北东向第四纪火山喷发带。火山活动与新构造密切相关，基底断裂构造的延伸控制着火山展布方向。自北向南分为诺敏河火山群(呼伦贝尔市鄂伦春旗)、阿尔山-柴河火山群(兴安盟阿尔山市、扎兰屯市)、阿巴嘎-锡林浩特火山群(锡林郭勒盟)和乌兰哈达火山群(乌兰察布市)。从火山喷发强度来看，从东北向西南火山喷发是逐渐减弱的，东北部区域火山规模大、期次多，地貌以火山锥、熔岩台地、堰塞湖常见，火山口也因常年积水而成为火山口湖。

中部区以火山锥和熔岩台地常见，堰塞湖数量明显减少，未见常年性积水的火山口湖泊。

5. 冰川地貌景观

区内冰川地貌主要集中在赤峰市，最具代表性的是克什克腾旗黄岗梁景区和平顶山景区。主要由冰蚀地貌和冰积地貌等地质景观构成。对第四纪冰期研究具有重要科学研究价值，同时也具一定的观赏价值。

6. 水体地貌景观

内蒙古水体地貌主要有温泉、矿泉、湖泊和河流，从东到西均有分布，且大都与断裂构造有关。内蒙古湖泊从东到西星罗棋布，是我国湖泊的主要聚集地区之一，湖泊成因复杂，成因类型多样，因其地理位置、气候及地形等因素的影响。区内湖泊多为内陆湖泊。区内的重要河流从东到西都有分布，降水量自东南向西北递减，造就了东多西少、南多北少的河网水系分布格局。

(四)内蒙古地质公园与地质(自然)博物馆

内蒙古地质遗迹丰富多彩，种类齐全而享有“中国北方天然自然历史博物馆”的美称。为了保护这些不可再生的珍贵地质遗迹，全区建立了不同级别的地质公园[◇4]、自然保护区和地质(自然)博物馆。地质公园和地质(自然)博物馆的建设，不但使得史前遗存得以保护，更重要的是促进了内蒙古地质历史的研究，同时为地质科学科普及提供了场地和素材，为提高全民科学素养创造了条件。截至 2021 年底，全区共有不同级别的地质公园 23 个，国家级矿山公园 4 个(图 9-11，表 9-2、表 9-3)。呼和浩特市建有自治区级的地质博物馆(内蒙古自然博物馆)、12 盟市相继建设了各具特色的地质博物馆，旗县级的(地质)博物馆建设工作也陆续展开。

◇4 地质公园，是以具有特殊地质科学意义、稀有的自然属性、较高的美学观赏价值，且有一定的规模和分布范围的地质遗迹景观为主体，并融合其他自然景观与人文景观而构成的一种独特的自然区域。

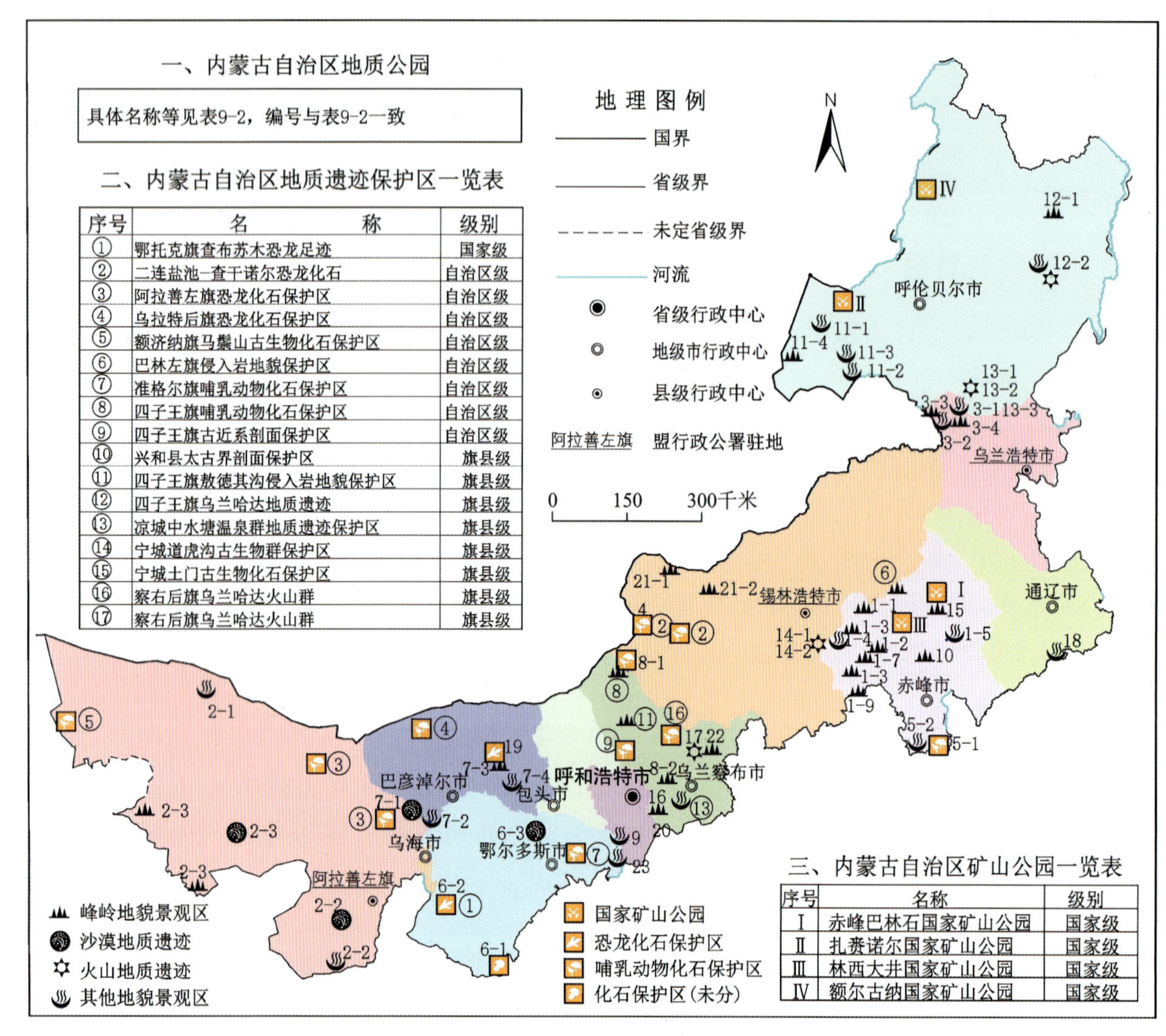

图 9-11 内蒙古重要地质遗迹及地质公园分布略图[据内蒙古自治区地质环境监测院(2017)修编]

表 9-2 内蒙古自治区地质公园一览表

序号及名称(有的公园包括多个园区)	级别	所在行政区	总面积(平方千米)	主要遗迹类型	建设情况
1 中国克什克腾世界地质公园	世界级	赤峰市克什克腾旗	1 343.82	侵入岩地貌石林、岩臼群、火山、地热温泉、湖泊、地质构造	已揭碑开园
1-1 阿斯哈图花岗岩石林园区					
1-2 青山岩臼群园区					
1-3 黄岗梁园区					
1-4 达里诺尔园区					
1-5 西拉木伦园区					
1-6 热水塘园区					
1-7 平顶山园区					
1-8 浑善达克园区					
1-9 乌兰布统园区					

续表 9-2

序号及名称(有的公园包括多个园区)	级别	所在行政区	总面积(平方千米)	主要遗迹类型	建设情况
2 中国阿拉善沙漠地质公园	世界级	阿拉善盟	630.37	沙漠景观、湖泊景观、胡杨林景观	已揭碑开园
2-1 居延海园区					
2-2 腾格里园区					
2-3 巴丹吉林园区					
3 内蒙古阿尔山火山温泉世界地质公园	世界级	兴安盟阿尔山市	802.58	温泉、天池、火山熔岩地貌、火山口湖及火山堰塞湖等	已揭碑开园
3-1 天池园区					
3-2 温泉园区					
3-3 玫瑰峰园区					
3-4 好森沟园区					
3-5 口岸园区					
4 内蒙古二连浩特国家地质公园	国家级	二连浩特市	70.00	恐龙化石	已揭碑开园
5 内蒙古宁城国家地质公园	国家级	赤峰市宁城县	80.17	古生物化石	已揭碑开园
5-1 道虎沟园区					
5-2 热水温泉园区					
6 内蒙古鄂尔多斯市地质公园	国家级	鄂尔多斯市	398.88	恐龙足迹化石、沙漠沙湖、第四系剖面及古人类化石	已揭碑开园
6-1 萨拉乌苏园区					
6-2 鄂托克恐龙足迹园区					
6-3 黄河沙漠湖泊园区					
7 内蒙古巴彦淖尔地质公园	国家级	巴彦淖尔市	314.09	沙漠、沙湖、石林、河流地貌景观	已揭碑开园
7-1 乌兰布和沙漠园区					
7-2 黄河三盛公园区					
7-3 花岗岩石林园区					
7-4 乌梁素海园区					
8 内蒙古四子王地质公园	国家级	乌兰察布市四子王旗	101.94	哺乳动物化石、侵入岩地貌	取得资格
8-1 脑木根园区					
8-2 南梁三趾马园区					
9 内蒙古清水河老牛湾地质公园	国家级	呼和浩特市清水河县	28.54	黄河峡谷地质貌	已揭碑开园
10 内蒙古翁牛特地质公园	自治区级	赤峰市翁牛特旗	123.92	侵入岩地貌、沙湖	取得资格
11 内蒙古呼伦-贝尔湖地质公园	自治区级	呼伦贝尔市新巴尔虎右旗	284.86	湖泊、侵入岩地貌	批准命名
11-1 呼伦湖园区					
11-2 贝尔湖园区					
11-3 乌兰诺尔园区					
11-4 阿墩础鲁园区					
12 内蒙古鄂伦春地质公园	自治区级	呼伦贝尔市鄂伦春自治旗	64.88	火山地质遗迹	批准命名
12-1 阿里河园区					
12-2 诺敏河园区					

续表 9-2

序号及名称(有的公园包括多个园区)	级别	所在行政区	总面积（平方千米）	主要遗迹类型	建设情况
13 内蒙古扎兰屯地质公园 13-1 玛珥式火山玄武岩园区 13-2 柴河天池园区 13-3 九峰山火山地貌园区	自治区级	呼伦贝尔市扎兰屯市	304.51	火山地质遗迹	批准命名
14 内蒙古锡林郭勒草原火山地质公园 14-1 鸽子山园区 14-2 平顶山园区	自治区级	锡林郭勒盟锡林浩特市	139.95	火山地貌	已揭碑开园
15 内蒙古巴林左旗七锅山地质公园	自治区级	赤峰市巴林左旗	25.35	侵入岩地貌	取得资格
16 内蒙古察右中旗黄花沟地质公园	自治区级	乌兰察布市察右后旗	23.50	侵入岩地貌、火山口湖	取得资格
17 内蒙古察右后旗乌兰哈达地质公园	自治区级	乌兰察布市察右中旗	170.00	火山地貌	取得资格
18 内蒙古通辽大青沟地质公园	自治区级	通辽市科左后旗	61.36	峡谷地貌、河流	取得资格
19 内蒙古海流图地质公园	自治区级	巴彦淖尔市乌拉特中旗	19.70	恐龙足迹化石、侵入岩地貌	取得资格
20 内蒙古凉城地质公园	自治区级	乌兰察布市凉城县	7.57	侵入岩地貌	取得资格
21 内蒙古苏尼特左旗地质公园 21-1 宝德尔楚鲁园区 21-2 阿尔善布拉格园区	自治区级	锡林郭勒盟苏尼特左旗	62.32	草原侵入岩地貌	取得资格
22 内蒙古商都县大石架地质公园	自治区级	乌兰察布市商都县	10.00	侵入岩地貌	取得资格
23 内蒙古准格尔旗莲花辿地质公园	自治区级	鄂尔多斯准格尔旗	47.00	丹霞、峡谷、河流	取得资格

表 9-3　内蒙古自治区矿山公园一览表

序号	名称	所在行政区	总面积（平方千米）	主要类型	建设情况
1	内蒙古赤峰巴林石国家矿山公园	赤峰市巴林右旗	96.00	采矿遗迹	已建成
2	内蒙古满洲里市扎赉诺尔国家矿山公园	满洲里市	312.38	采矿遗迹、古生物化石	已建成
3	内蒙古林西大井国家矿山公园	赤峰市林西县	2.50	采矿遗迹	建设中
4	内蒙古额尔古纳国家矿山公园	呼伦贝尔市额尔古纳市	5.25	采矿遗迹	建设中

三、巧夺天工——主要地质景观

(一)花岗岩地质景观

花岗岩成岩时是分布于地表以下的，多数埋藏深度大于2000米，经后期构造运动的改造，它们才被抬升到地表，得以见到天日。在漫长的地质岁月中经风化、剥蚀等地质作用，将暴露于地表花岗岩刻画成今天我们所看到的不同景观类型。其形成的影响因素有两大方面：一是内因，即原岩石形成过程中产生的3组原生节理(层节理、横节理、纵节理)，原岩的结构(矿物颗粒的大小、相互间的咬合关系等)构造(矿物的组合、排列方式)也已定型；二是外因，即风吹、流水、冻融、生物破坏、自身重力等。地形地貌上大多具有山峦挺拔、沟谷深邃、岩石裸露、球状岩块等特征。视觉中或雄、或险、或奇、或秀、或透，千姿百态、景色各异。有的像大鹏展翅(图9-12)、有的似万马奔腾、有的如虎啸龙吟、有的像将军点兵(图9-13)、有的如秀女望月；有的仿佛是天然的油画、千姿百态、惟妙惟肖；有的似山水画卷，沿着天际铺展开来，给人以无限遐想。

图9-12 鲲鹏展翅，岩性为晚侏罗世二长花岗岩

(张玉清2022年摄于克什克腾旗世界地质公园)

图9-13 扎赉特旗神山将军岩，岩性为二叠纪黑云母花岗岩

(韩建刚2021年摄)

全区典型的花岗岩景观有：兴安盟阿尔山玫瑰峰花岗岩石林、赤峰克什克腾的青山花岗岩地貌和阿斯哈图花岗岩石林、呼伦贝尔牙克石喇嘛山花岗岩地貌、锡林郭勒苏尼特左宝德尔花岗岩残丘、巴彦淖尔乌拉特中旗花岗岩石林、阿拉善右旗海森楚鲁花岗岩风蚀地貌。多数花岗岩地貌景观已成为国家风景名胜区和自然保护区，有的建为地质公园。主要景观类型有石林型、岩臼型、石蛋型、峰林型、残山型等。

1. 玫瑰峰花岗岩景观

阿尔山峰林型花岗岩景观以玫瑰峰为代表，花岗岩形成于三叠纪。玫瑰峰当地又称作“红石砬子”。花岗岩峰林呈北北东向断续展布于山脊上，连绵上千米，宽几十米，海拔1000米左右。玫瑰峰峰林由十几座石峰组成，错落有致，犬牙交错，险峻挺拔(见图9-1)。在玫瑰峰石林顶部较平坦部位，还发育有一种以口小肚大底部较为平坦或底呈锅状微凹为典型特征的“岩臼”，在平面

图 9-14 阿斯哈图花岗岩石林
（张玉清 2022 年摄）

图 9-15 克什克腾旗阿斯哈图墙状石林
（张玉清 2022 年摄）

图 9-16 克什克腾旗世界地质公园塔状石林
（张玉清 2022 年摄）

图 9-17 克什克腾旗世界地质公园柱状石林
（张玉清 2022 年摄）

上一般为椭圆形、圆形、匙形和不规则半圆形等。该石林景观包括石林、奇峰、象形石和石蛋等，与克什克腾旗阿斯哈图花岗岩石林相比，水平节理不发育。

2. 赤峰克什克腾阿斯哈图花岗岩景观

阿斯哈图花岗岩形成于晚侏罗世晚期。冰川石林景观沿海拔 1700 米的北大山山脊发育，长几百米，宽几十米，面积 5 平方千米。石林一般相对高 5～20 米，最高的超过 20 米，构成了类型不一、形态万千的地质奇观。石林的底部相连，呈方形或长条形，四周陡，几乎垂直，中间因水平节理发育，使得该地区的花岗岩石林犹如用石板层层筑垒起来一样，显示出一种成层性。经风化表面凹凸不平，上部有的连成一片或受垂直节理影响被分割成方形、长方形、圆形、椭圆形等形态；顶部较平缓或呈圆锥状、帽状、盘状、球状、不规则形状等各种形态。

远望石林犹如先人建造的城堡（图 9-14），平地突起，峥嵘险峻；中观石林有如千军万马奔腾而来；近品石林，千姿百媚，如塔如笋，似刻意雕琢。

人们根据它们的形态特点，分别以月亮城堡、九仙女、罗汉阵、大鹏落草原、桃园三结义、秀女望月等命名，惟妙惟肖。石林形态多变，高低参差，每一处城堡、石塔、石阵都仿佛是梦幻世界，让人流连忘返。根据石林目前的发育特征，将其主要划分为如下几种类型。

墙状石林（图 9-15）：由花岗岩呈层叠覆而成，长宽比大，长度大于高度。在阿斯哈图花岗岩石林突出。墙状石林主要是冰斗群的后缘和侧壁。

蘑菇状风蚀柱：中部或根部风化严重，基本呈上大下小或中部偏细，高度在几米至 20 余米，多单个独立存在，形成蘑菇状。

塔状石林：总体特征为上细下粗、呈层状叠置，形如古塔（图 9-16），高 10～20 米，为花岗岩石柱进一步风化后的产物，与蘑菇状石林分布范围相同，并常与蘑菇状花岗岩石柱相伴而生。方塔是石林中最基本的形态，由 3 组近于垂直的节理切割而成。之所以能形成方塔，是受 3 组近于垂直的原生节理控制。

柱状石林：形成这类石林的石柱近似为方形，由 3 组近于垂直的节理切割如方板般垒摞而成，高 5～20 米，边长 2～7 米。石柱是被风蚀作用改造后的方塔，犹如竹笋一般（图 9-17）。

台状石林：首先是3组节理发育的花岗岩体风化形成石柱，在漫长岁月中，石柱上部的岩石倒塌，经后期的风吹雨打，将坍塌部分洗刷干净，露出花岗岩台状基底，最典型的是石床（图9-18）。

饼状石林：石林的构成如一张张形态不一的饼叠置而成，其花岗岩层状特征尤为突出，石林高3～5米。

阿斯哈图石林是花岗岩地貌与石林地貌相结合的一个新类型，属花岗岩石林，是目前世界上独有的一种奇特地貌景观，由两组近于垂直的节理和1组近于水平的节理切割，后经冰川、流水、风蚀等地质作用而成。

图9-18　石床，岩性为晚侏罗世二长花岗岩，水平层节理十分发育（张玉清2022年摄于克什克腾世界地质公园阿斯哈图石林）

3. 赤峰克什克腾青山花岗岩景观

在青山地区的关东车景区分布有大规模的花岗岩峰林景观，花岗岩形成于早白垩世，呈岩基状产出，北东向条带状展布。峰林多以各个孤立的峰柱构成，受花岗岩节理的影响，构成峰林的峰柱下部比较粗，浑圆，向上逐渐变窄，峰柱顶部多有单独石蛋，各个单独的峰柱自由组合，形成各种独特的造型，有的直指云霄，有的如菩提匍匐跪拜，有的如巨鹰昂首。

克什克腾青山地区花岗岩垂直节理稀疏，与另一组倾斜角度大的垂向节共同构成"X"形交叉节理，促进了峰林型景观的形成。

青山属中低山，奇石嶙嶙，像人似物的异石栩栩如生。青山顶部平坦开阔，山顶四周高处花岗岩体裸露，山顶南部微起伏的花岗岩表面分布着大量的花岗岩岩臼◇5（石坑），1000平方米范围内有200多个。岩臼底部形状如臼如缸，如鼓如盘。大小不一，有的大如池，直径可达10米，有的小如匙，只有几厘米。石坑形态多样，或有积水，或有花草，仿佛是天然的盆景（图9-19）。

◇5 花岗岩岩臼（石坑）：是一种发育在花岗岩表面上的不规则凹穴，这种凹穴以口小肚大、内壁具螺旋纹或光滑为特征。

图9-19　克什克腾旗世界地质公园岩臼（王兰云提供）

关于花岗岩岩臼（坑洞）的成因，众说纷纭，叫法也各有不同，青山和巴林左旗地区的这种地貌其称为"岩臼"。

一种观点认为这类岩臼主要形成原因是寒冻风化，岩性条件和水平节理促进了其发育，化学风化和生物风化作用及其所处的气候环境也有一定影响。

另一种观点认为青山园区的神秘石坑可能是一种冰河时期的地质遗迹，冰河时期此地或被厚厚的冰雪覆盖，当冰雪融化时，冰盖容易产生裂缝，冰雪于是在顺裂缝飞流直下，狠狠地撞击在下面的花岗岩上，当中或夹杂一些碎石或冰块，经历了一段很长时间的打磨，磨出这些坑洞。当冰河时期结束，这些坑洞便暴露在地表。

还有一种观点认为这些石坑的形成与岩石的成分、结构和地理环境有关，是在多种作用下风化剥蚀而成。研究发现青山地区的花岗岩常有矿物晶洞，或含有杂质（捕虏体），这是岩石比较薄弱的地方，容易受到风化侵蚀。由于表面的侵蚀，结冰膨胀，将岩石中的包裹物剥离，最终导致坑洞的形成。

4. 呼伦贝尔牙克石花岗岩景观

喇嘛山花岗岩形成于侏罗纪，喇嘛峰主体呈北西向展布，受构造运动影响岩石出现裂缝，形成大小 28 座突兀挺拔、陡峭嶙峋的花岗岩奇峰，又由于该区气候温润，花岗岩体遭受长时间风化剥蚀，形成大量石蛋、石柱、象形石、石槽、石穴等球形风化地貌。该地区重要的景观有以下几种。

图 9-20　牙克石喇嘛山峰林景观(王兰云提供)

花岗岩奇峰，主要有喇嘛峰和五指峰。地壳构造运动使山体抬升，沿节理或断裂破碎带进行风化剥蚀，岩石脱落崩塌，形成奇峰景观(图 9-20)。

石蛋，在喇嘛山园区的半山腰及醒狮岩、剑龙岩的顶部可见大小不一的石蛋景观，是花岗岩体球形风化◇6作用最典型的产物。

◇6 球形风化：岩石出露地表，棱角突出，角部受 3 个方向的风化，边部受两个方向的风化，面上只受一个方向的风化，因此棱角逐渐缩减，最终趋向球形，这样的风化过程称球形风化，石蛋是该风化作用最典型的产物。花岗岩石蛋的形成与层节理、纵节理、横节理的发育程度有关。

象形石，俗称"怪石"景观，长期的风化剥蚀作用沿花岗岩体的裂隙发生，剥蚀雕琢出各种形态的象形石，如天犬岩、剑龙岩等。

◇7 风蚀壁龛：是风携带沙尘对岩体表面磨蚀形成的大小不等的凹坑，形态有圆形、长条形、纺锤形等。

花岗岩风蚀壁龛◇7，在喇嘛山内大面积出现，多分布于风口处的花岗岩体上。"九龙壁"就是一个显著的风蚀壁龛，高约 5 米，宽约 15 米，近南北走向；上有 9 条龙显现于石壁纹理之中，腾云驾雾、昂首曲身、爪张须扬、时隐时现，壁顶有一半圆石块遮覆、形若冠盖半出。

花岗岩穴，有岩臼、风化穴两种。岩臼在喇嘛各山峰顶分布约 50 个，呈椭圆形、圆形、匙形或不规则状，岩臼口一般长轴为 0.2～1.0 米，深 0.1～0.5 米，其内壁大部分陡而光滑，有的光洁如洗，有的有螺旋状磨蚀纹。风化穴发育于陡倾岩面上，有时位于陡崖基部，向岩石内部凹入，部分在水平方向上有两个以上的出口，规模较小(小于 50 厘米)。

石瀑，是喇嘛山最为独特的景观之一。立于岩石下向上仰望，绝壁光滑，经雨水冲刷的流痕酷似九天而泄的瀑布。这是流水作用在花岗岩表面形成的冲蚀凹槽，由于化学风化和生物作用导致颜色深浅不一，犹如瀑布(图 9-21)。

图 9-21　牙克石喇嘛山石瀑景观(王兰云提供)

5. 锡林郭勒盟苏尼特左旗花岗岩景观

该景观主要有花岗岩石林、残丘、石蛋、象形石等景观。石林、象形石分布于宝德尔楚鲁景区，石蛋及象形石分布于阿尔善布拉格景区。

宝德尔楚鲁花岗岩石林、残丘位于中蒙边境附近，形成石林残丘的早石炭世花岗岩近水平原生层节理极为发育，地貌上呈彼此孤立的上大下小的饼状（图 9-22）、片状。在宝德尔楚鲁地区东北部乌格木尔、楚鲁哈拉图 20 余平方千米的区域内广泛分布着灰褐色或灰黑色石林。宝德尔楚鲁西部一带分布断续延长达 200 米的“石长城”，宝德尔楚鲁东北部平缓丘陵分布着方形或近圆形石柱群的“石城堡”，还有少量风凌石。

图 9-22　饼状石林

（张玉清 2023 年摄于苏尼特左旗苏尼特地质公园）

花岗岩球形风化群遍布于地质公园西部阿尔善布拉格园区，多沿无植被覆盖的浑圆状山脊分布，分布面积达 12 平方千米，由二叠纪碱性花岗岩形成，表现为地表的花岗岩球形风化石成群出现，漫山遍野。石蛋（图 9-23）大小不一，大者直径 3～5 米，小者 0.2～0.5 米。这些石蛋彼此叠置，构成不同的组合景观。有的似“万马奔腾”；有的似“群狼伏卧”；有的像老翁、仙女、石龟、石蛙、石狮、敖包、蘑菇等形状。

图 9-23　苏尼特左旗地质公园巨石阵

（韩建刚提供）

6. 阿拉善地区花岗岩景观

该景观位于阿拉善右旗西北部努日盖苏木境内的海森楚鲁。海森楚鲁为蒙古语，意为“像锅一样的山石”。该处花岗岩岩体形成于早白垩世，表面千疮百孔，形如蜂巢（图 9-24），状如巨瓮，数量众多，大小参差，形态各异。有的高达数米，有的仅如蜂巢大小，有的气势磅礴如流云翻浪，有的精致玲珑似百兽飞禽（图 9-25），造型奇特。“蘑菇石”“沃野肥猪”“百兽群”等千姿百态。胡杨林点缀其间，卧佛泉静静地流淌。伟硕的岩体已被掏蚀得薄如蛋壳，花岗岩体绵延分布近百里，行于其间，一步一景，变幻莫测，令人兴致盎然。置身于嶙峋怪石之中，不由得令人深深地感受到大自然造化的魅力。

图 9-24　阿拉善右旗海森楚鲁早白垩世二长花岗岩风蚀景观——蜂窝（张玉清 2023 年摄）

图 9-25　阿拉善右旗海森楚鲁早白垩世二长花岗岩景观——鹍鹏展翅（张玉清 2023 年摄）

在阿拉善左旗的巴音诺日公哈布茨盖的怪石山出露着怪石嶙峋的花岗岩景观。山体由早二叠世红褐色花岗岩构成，方圆出露约四五十平方千米，山势不高，多条山谷横向排列，石材界称“诺尔红”。裸露的山体历经数百万年的风雨侵蚀、山洪冲刷，几经打磨，呈现出一种沧桑的壮美；山谷中的怪石更是千姿百态，令人目不暇接，百看不厌；不知道是否为海枯石显，但无可否认历经了沧桑巨变。千百万年的风雨，刷尽了山体每寸泥土，余下铿锵石骨，纵横交错之嶙峋，犹如卧躺着无数史前怪兽，寂静苍茫，无声而歌。

该地貌分布区处于我国西北内陆干旱地带，干燥多风的气候为花岗岩的风化剥蚀提供了有利的条件，风力全年平均可达 3 米/秒以上。干燥多风的气候为花岗岩的风化剥蚀提供了有利的条件。由于花岗岩的矿物颗粒相对较粗，加之其中含有大量的暗色闪长质包裹体（多数椭圆状、少数不规则状），易于产生差异性风化，造成暗色包裹体大量脱落。另外，岩石迎风坡风力大，风吹蚀岩石表面，形成许多浅小凹坑，风携带砂砾撞击和转磨凹坑，使凹坑继续加深扩大，形成孔洞，经长时间风化磨蚀，孔洞连通，逐渐扩大，形成一定的规模，便形成了阿拉善这种典型的风蚀地貌景观（图 9-26）。

图 9-26　吻—怪石林，岩性为早二叠世花岗岩

（张玉清 2022 年摄于阿拉善左旗巴音诺日公查干敖包）

7. 克什克腾旗平顶山花岗岩景观

平顶山地区主要为岭脊型花岗岩景观，由狭窄花岗岩石墙构成，目前初步认为该景观与冰川作用有关。本景观区代表性的有冰斗、刃脊、角峰◇8等地质景观。

平顶山地区的冰斗群是目前我国发现的数量最多、发育最好、期次最全、保存最完整的大型冰斗群。形成于距今 1 万年至 300 多万年期间冰川时期。

◇8 刃脊（也称鳍脊），常与冰斗相伴，它是两个冰斗或两个冰川谷侧壁不断后退，使其之间的山脊或分水岭变得尖锐，形成了刃脊。

角峰，即多组不同朝向的冰斗交会，在冰斗后壁形成的尖锐山峰。外形与金字塔相似，具有锐利的棱和尖。

古冰斗的斗壁、古刃脊在平顶山、北大山、青山等地均有分布，但以平顶山最为典型，保存得也最为完好。平顶山地区的岭脊型景观主要是由冰斗、刃脊和角峰、“U”形谷等彼此相连组合而成。数以百计的第四纪冰斗错落有致，层次分明，角峰突兀、鳞次栉比。冰斗（图 9-27）常呈围椅状，花岗岩水平节理在冰斗后壁基本水平，而在两侧壁则与冰斗底部倾斜坡度近似。由于几组不同朝向的冰斗交会，形成了蜿蜒数千米的刃脊和角峰（图 9-28），尤其是南北向的刃脊最为发育，犹如万里长城，构成该地区的分水岭。平顶山地区的“U”形谷也很典型，在纵剖面上如同河谷地貌一样，呈现多阶梯形。

克什克腾世界地质公园平顶山园区和黄岗梁园区分布的冰川属山岳型冰川，冰川遗迹几乎涵盖了所有冰川遗迹类型。第四纪冰川研究的理想地区之一。

图 9-27 克什克腾旗世界地质公园青山园区花岗岩冰斗
（王兰云提供）

图 9-28 克什克腾旗世界地质公园青山园区花岗岩角峰
（王兰云提供）

（二）火山岩景观

古罗马时期，人们把火山喷发归之为火神“武尔卡诺”，意大利南部地中海利帕里群岛中的武尔卡诺火山因此而得名，同时也成为火山一词的英文名称。每当我们在电视里看到意大利的埃特纳火山喷发火柱冲天照亮整个夜空的景象，或者是看到夏威夷的地缝里流出的炽热熔岩流汇入大海，水火相逢迸发出漫天水蒸气时，我们都为奇妙的大自然感到震撼。

内蒙古的火山岩景观主要分布于乌兰察布、锡林郭勒和大兴安岭地区，由第四纪火山喷发而形成，总体呈北东向带状展布。北起大兴安岭北部鄂伦春诺敏河，南抵乌兰察布市察右后旗乌兰哈达，断续延伸 1000 多千米，分布着 390 余座大小不一、形态各异的火山。火山类型包括玛珥式、夏威夷式、斯通博利式、亚布里尼式和冰岛式，以斯通博利式最为发育。东部区主要包括诺敏河、阿尔山—柴河火山群。中部区包括锡林浩特—阿巴嘎和乌兰哈达火山群，在景观构成上，它们基本都是以火山锥和熔岩流为主体，但从火山喷发强度来看，从东北向西南火山喷发是逐渐减弱的。东北部区域火山规模大、期次多，地貌以火山锥、熔岩台地、堰塞湖常见，火山口多发育为火山口湖。中部区域火山地貌为火山锥和熔岩台地，堰塞湖数量减少，几乎无火山口湖（古火山口中季节性有水）。

火山的形成涉及一系列物理化学过程。在地球内部一定深度范围内，岩石在特定的温压条件下开始发生部分熔融，形成液态的岩浆，体积增大，密度变小，从而形成向上的浮力，最后喷出地表，形成一座锥形山头（火山锥）。气体释放后岩浆的黏度降到很低，便开始溢流式喷发，熔岩流推挤在火山口内，从高度较低或较脆弱的一侧火口溢出，流向低洼地带，根据熔岩流的成分、黏度、流速及所处的地理环境不同划分出不同类型的火山地质景观。

火山通常由火山锥、火山口和火山通道三部分组成。火山锥指火山喷出物在火山口附近堆积成的锥状山体。火山口是火山锥顶部喷发火山物质的出口，水平面上多数近圆形，大部分火山口是一个漏斗形体，也有底部是平的。有些火山口底部呈坑状，为固结的熔岩，称为熔岩坑。坑口常能积水成湖，成为火山口湖，一些大型火山口常具缺口，称为破火山口，如锡林浩特草原火山国家地质公园的鸽子山火山口。火山喉管是火山作用时岩浆喷出地表的通道，又称火山通道。火山通道呈圆筒状，有时呈长条状或不规则状。

火山锥体形成后，随着时间的推移，遭受风化剥蚀，锥体形状会发生改变，高度逐渐降低。因此，火山地貌也是判断相对喷发年代的依据之一。不同时代形成的火山，在地貌上有明显的差异，时代越新，火山地貌保存越好，锥体风化降解程度就越小。内蒙古东部晚更新世以前形成的火山，锥体已基本剥蚀殆尽，地貌标志不明显。地貌上清晰的火山基本都属晚更新世以来形成。

火山爆发会给人类带来巨大的灾难，冲毁道路、桥梁，淹没乡村和城市，火山喷发产生的有毒气体会造成植物褪色、枯死，小动物的行为异常和死亡等，甚至造成大量物种灭绝，6500 万年前恐龙灭绝最重要的原因，可能就是大规模火山爆发所致。

内蒙古火山最独特之处就是它的“新”，新就意味着火山形成后被剥蚀、被外力作用影响的时间短，因此更好地保持了火山原来的面貌。形成了丰富多彩的火山地貌，为我们了解火山、探索火山提供了不可多得的实地资料。

典型的全新世火山包括大兴安岭北部诺敏河火山群的马鞍山，锡林浩特火山群的鸽子山火山和乌兰哈达火山群的炼丹炉火山。这些火山以中心式喷发为主，火山数量虽少，但部分火山活动强度较大，规模较大，火山结构完整，地貌多样，基本未遭受风化剥蚀。火山锥、火山口均保存完好。熔岩流表面构造以及熔岩冢、喷气锥等保存完好。熔岩流的分布严格受近代地形控制，多顺沟谷流淌，有些堵塞河流形成一系列火山堰塞湖。

1. 火山机构

火山机构又称火山体、火山筑积物。是构成一座火山的各个组成部分的总称，包括火山喷发时形成的地表形态（火山锥、火山穹丘、火山口、破火山口等）和地下结构（火山颈、火山通道等）。

1）火山锥

火山喷出物在喷出口周围堆积而形成的山丘。由于火山喷发方式以及喷出物的性质、数量等存在差异，形成的火山锥形态和构造也不同。按喷出物质，划分为由火山碎屑物（包括火山灰、火山弹、火山砾、火山渣、火山碎屑流◇9 等）构成的碎屑锥（降落锥），熔岩构成的熔岩锥（熔岩丘），碎屑物与熔岩混合构成的混合锥（溅落锥、降落锥）。按形态可划分为盾形、穹形、钟状、截锥形、方形、马蹄形等。根据火山锥的形态，当地人形象地称为马蹄山（图 9-29）、砧子山（图 9-30）、马鞍山、炼丹炉、四方山等。火山喷发后火山口处形成盆状，积水成湖，在锥体上形成天池或地池。

其中溅落锥主要由砖红色和灰黑色熔结集块岩组成，熔结集块岩颜色的变化主要与喷发和堆积的速度有关，当喷发与堆积的速度较低时，溅射出的碎屑物降温冷却较快，常形成灰黑色熔结集块岩。当喷发与堆积速度较高时，喷射出的碎屑物得以长时间保持高温氧化状态，因此形成红色熔结集块岩。无论是黑色还是红色，都是火山爆发强度弱，岩浆碎屑化程度很低的溅射堆积

◇9 火山灰：由岩屑、晶屑和火山玻璃组成。它的直径小于 2 毫米。火山灰不同于燃烧木材、纸张产生的柔软灰烬，它坚硬，不溶于水。

火山砾：指的是直径 2～64 毫米的火山喷发碎屑。另外还有一种火山砾，它是球形的，是由细小的火山碎屑物组成。

火山渣：是火山喷出的炉渣状碎屑物的统称。由孔隙、火山玻璃和矿物组成。孔隙是由于泡沫破裂、气体逃逸而形成。火山渣通常为黑色、深灰色、红色和棕色。火山渣非常坚硬，由于坚硬且多孔因而是铺设路面的极好材料。

火山碎屑流：是气体和火山碎屑的混合物。它不是水流，而是一种夹杂着岩石碎屑的、高密度的、高温的、高速的气流，常紧贴地面横扫而过。火山碎屑流温度可达 1500 摄氏度，速度可达每小时 100～150 英里，它能击碎和烧毁在它流经路径上的任何生命和物体。

图 9-29 锡林郭勒草原火山国家地质公园大脑包(马蹄形)
(据内蒙古自治区地质调查院,2020b)

图 9-30 达来诺尔砧子状火山锥(方形)
(王兰云提供)

产物。溅落堆积是在开放的火口中,由于岩浆中局部挥发分的聚集,发生局部弱爆炸,形成塑性或半塑性的熔岩团块,熔岩饼及火山弹等熔浆碎屑,这些熔浆碎屑不断溅落在火口沿上,堆砌累积,并相互焊接,最后形成抗风化能力较强的高耸火山锥。

2)破火口

火山喷发时强度较大、岩浆溢出率较高、深部岩浆房被抽空,火口发生(可多次)塌陷而形成破火口。如锡林浩特市鸽子山,破火口直径约 450 米,口内地势高低起伏,沿多阶环状断裂塌陷,主要由溅落锥和降落火山碎屑物组成。

3)火山口

内蒙古中东部区第四纪火山口发育,呈圆形、椭圆形,从高空俯视宛如一口口大锅,景色十分优美。大兴安岭地区的火山口多积水成湖,高出地表的称为天池,低于地面高度的称其为地池,无论哪一种,均具极佳的观赏性,使游人流连忘返。

典型的火山口有扎兰屯双沟山天池,阿尔山森林公园内的阿尔山天池、驼峰岭天池,柴河景区内的月亮天池(基尔果山天池)、同心天池(卧牛泡子),诺敏镇的四方山、马鞍山(图 9-31)以及阿尔山森林公园内的地池,等等。它们的详细特征见火山岩部分和水体景观部分。

图 9-31 马鞍山—呼伦贝尔鄂伦春火山机构
(据田明中等,2012)

2. 熔岩景观

熔岩景观是在火山爆发时炽热的岩浆喷出地表后流动形成的各种地质景观,包括熔岩台地、熔岩河、熔岩湖、火山喷气碟、熔岩冢、熔岩峡谷、石海等。内容丰富,观赏价值高。

1)熔岩台地

火山溅落喷发之后,岩浆溢出率逐渐增大,进入大规模的溢流阶段,形成熔岩平台。内蒙古主要分布于阿尔山世界地质公园、鄂伦春自治旗地质公园、锡林浩特草原火山地质公园、乌兰哈达地质公园以及黄花沟地质公园等地。其最典型的熔岩台地当属锡林浩特南部的平顶山,群山

图 9-32 平顶山，由第四系更新统阿巴嘎组玄武岩组成（张玉清 2021 年摄于锡林浩特市南）

相互依偎，大大小小排列有序，顶部如刀削般的平整（图 9-32），构成一幅奇特的景观。当时这一带多处火山爆发，岩浆吞没了平坦的草原，给大地盖上了一层厚厚的火山岩。现今地貌上表现为特征的 4 级阶地，每一阶都由玄武岩台地构成，形成特征的多阶平顶山，规模大，壮观奇特，是周期性火山活动与区域新构造共同作用的结果，每一次构造抬升都伴有剧烈的火山活动。这对研究该区第四纪以来的新构造运动具有重要意义，同时具有很高的观赏价值。

2）熔岩流

熔岩流主要为结壳熔岩，次为渣状熔岩。结壳熔岩流规模大，一般长约十几至数十千米，宽几百米，最宽者可达数千米，控制火山熔岩流规模的主要因素是岩浆的溢出率和地形条件，火山溢流喷发作用的早期，岩浆的溢出率高，地形相对坡降比较大，故熔岩流分布范围广。晚期熔岩溢出率低，地形坡降比小，熔岩流单元的分布范围也局限。

◇10 绳状熔岩：是结壳熔岩流表层局部受到不同程度的推挤、扭动、卷曲而成，外表与钢丝绳、麻绳、草绳等极为相似，表面粗糙成束出现。一般的绳状熔岩沿流动方向都呈链形排列，弧顶多指向流动方向。

熔岩流前缘多呈扇形展布，熔岩流边缘和前缘多见分支，有些熔岩流表面呈木排状，有些呈绳状◇10（图 9-33），构成类型多样的结壳熔岩。部分熔岩流前缘基本固结时，但后续岩流仍在流动，在岩浆流动的推挤作用下，使岩流表面的结壳破裂、掀起，形成大小不一的石块，形态各异，形如大海的波涛，汹涌澎湃，犹如“石海”，近看皆是岩渣岩块，怪石嶙峋。有些石块间微有连接，貌似整体，踏之即碎，似岩山翻花，称为“翻花石”。翻花石中还常见似人、似马、似牛、似鸟等各种惟妙惟肖的象形石。置身其中使人很容易联想到火山喷发时熔岩流肆意横行的壮观景象，同时又惊叹大自然的神奇力量。

图 9-33 锡林郭勒草原火山地质公园鸽子山绳状熔岩（韩建刚 2020 年摄）

3）龟背状熔岩

龟背状熔岩形似龟背，故称“龟背岩”（图 9-34），火山喷出的玄武质熔岩（温度高、黏度小、流速快）流经山谷并在低洼湿地处聚集，炽热的熔岩遇到水体后，使得水迅速汽化形成气泡，气泡的上涌和气体的不断释放使得熔岩池顶底的温度和密度产生差异，从而形成了对流，岩浆逐渐冷却固结成岩，形成不同方向的收缩裂隙呈网格状切割结壳状熔岩，使平整的熔岩流表面便形成了非常独特的“龟背岩”。阿尔山世界地质公园的“龟背岩”是目前为止中国发现的唯一一处规模大、发育好、保存完整的龟背状熔岩，在全球范围内也罕见。

图 9-34 龟背状熔岩，由第四纪渣状玄武岩构成（张玉清 2022 年摄于阿尔山森林公园）

4)熔岩大峡谷

熔岩的流动过程中,熔岩隧道发生塌陷而形成的沟谷,在后来流水作用下进一步加深。熔岩流覆盖在古河道之上,古河道中的水被炽热的熔岩流汽化膨胀,并发生爆裂,形成爆裂谷,同时熔岩流自身冷却时,也因体积的收缩而形成张裂谷;这些因素综合作用构成了最初的沟谷,加上后期水流的侵蚀作用,最终形成了壮观的玄武岩大峡谷(图 9-35)。峡谷两岸怪石嶙峋,流水飞落,溪水从上方跌落下来,在石壁处形成重重叠叠的小瀑布,溅起的小水珠似珍珠碎玉,在阳光的映照下闪烁着缤纷的光彩,石壁上方又长满了白桦,整个景象似一幅浓墨重彩的油画。有的峡谷壁上还可看到熔岩流形成的壁画(图 9-36),让人浮想联翩。

图 9-35 玄武岩岩熔大峡谷(张玉清 2022 年摄于阿尔山森林公园,属扎兰屯市柴河镇境内)

图 9-36 扎赉特旗哈毕日嘎玄武岩峡谷壁画(韩建刚 2021 年摄)

5)熔岩冢

熔岩冢是一种馒头形状的熔岩景观。当熔岩流经沼泽或湿地时,尤其是在熔岩流前缘,炽热的熔岩使水体汽化,形成局部封闭的增压区,压力向上作用使熔岩流表面拱起,称为熔岩冢,此时气体未完全喷出。熔岩冢中间有通气孔道,由于固态的熔岩壳性脆,往往破裂,以适应熔岩冢核部的“膨胀”,这种裂隙一般沿熔岩冢的长轴延伸,有些呈不规则破裂,形成放射状裂隙,上宽下窄,部分熔岩冢还发育环状裂隙,少量岩塚有熔浆从裂隙中挤出。其顶部和侧面常因气体膨胀而裂开,像蒸裂了的馒头,常形象称其为“开花馒头”(图 9-37)。

图 9-37 开花馒头——锡林郭勒草原火山地质公园熔岩冢(韩建刚 2020 年摄)

6)喷气锥(碟)

喷气锥(碟)是一种稀有的火山岩景观,国内外罕见,是珍贵的世界地质遗产。喷气锥外形与火山口很相似,呈近圆状,多被当地人误认为是小型的火山口(图 9-38),但事实上喷气锥远远小于“火山口”。喷气锥形如碟子,故称喷气碟。少量呈塔状,中心喷气口几乎封闭,仅有很小的喷气孔,可称喷气塔。

喷气锥(碟)由瓦片状熔岩构成,不同薄厚的熔岩片呈叠瓦状堆砌,单层厚度一般为 1～2 厘米。大多数喷气锥由 20～30 个岩片堆砌构成,每片溅落面呈熔融状态,局部岩片由于流动挤压形成肠状构造(图 9-39),有的岩片可见熔岩流动形成的羊肚状构造。锥体内壁多发育熔岩刺或熔岩钟乳,部分喷气锥(碟)中心堆积有类似溅落堆积的塑性熔岩渣块。

图 9-38 锡林郭勒草原火山地质公园第四系阿巴嘎组玄武岩，喷气过程中形成的喷气碟(韩建刚 2020 年摄)

图 9-39 第四系阿巴嘎组肠状熔岩——玄武岩，喷气过程中形成(张玉清 2022 年摄于锡林浩特草原火山地质公园)

喷气锥(碟)的形成与熔岩流的流速、厚度、体积、黏度以及熔岩流流经的地理条件等因素有关，其形成机制也很特殊，当高温熔岩流流经沼泽等富水湿地时，熔岩流下部的水体将被汽化，水蒸气局部富集，压力不断增大，此时如果熔岩流流动速度足够缓慢，甚至停滞时，当压力达到一定限度，就会冲破上覆熔岩流表面而形成喷气孔，周期性的喷气作用，将冲破的熔浆碎片喷到岩流表面，堆叠在喷气口周围形成叠瓦状口垣，形如碟子、盘子、花冠、喇叭等，高者称为喷气锥，低者称为喷气碟。由于厚度一定的熔岩流所需冲破熔岩流的底部压力大致相似，故每次喷出的熔浆碎片的厚度和大小也相似。当岩流底部水体耗尽或熔浆的黏度增大时，就会抑制喷气造锥作用的进行。

喷气锥喷出时的能量均较小，因此高度均较低，喷气锥(碟)一般高度在 40～90 厘米之间，最大的可达 170 厘米，直径大多在 3～4 米之间，小者约 1 米，大者可达 7～8 米。喷气锥主要分布在地形相对平缓、熔岩流厚度不大的区域。内蒙古的喷气锥主要分布在鄂伦春地质公园、阿尔山地质公园、锡林浩特草原火山地质公园、乌兰哈达地质公园等地，尤以阿尔山地质公园和锡林浩特草原火山地质公园最具特色，特别是锡林浩特草原火山地质公园的喷气锥以其规模大、数量多、保存完好而蜚声海内外。

7)中基性熔岩柱状节理景观

柱状节理是火山岩冷却时形成的柱状体节理，是火山岩的一种特有景观，通常见于中基性熔岩中。一根根形状规则的石柱整齐地排列在一起(图 9-40)，仿佛由人工精雕细琢一般，组成雄伟险峻的石墙或石壁，蔚为壮观，让我们叹服大自然的神奇。几组不同方向的节理将岩石切割成多边形柱状体，柱体垂直于火山岩的基底面。节理◇11 柱以六边形或五边形常见，大多数节理面平直而且相互平行。岩浆喷溢出地表流动静止后，表面快速冷却，其下面的岩浆因温度逐渐降低而形成半凝固状，内部出现多个温度压力中心，岩浆向温度压力中心逐渐冷却、收缩，产生张力场，在垂直岩浆冷却面方向上形成

图 9-40 安山岩柱状节理(张玉清 2022 年摄于阿尔山森林公园石条山，属扎兰屯市柴河镇境内)

◇11 节理：是在地质作用下，岩石发生一系列规则的破裂，但破裂面两侧岩块没有发生明显的位移，此破裂称为节理。

裂缝面(即张节理),由于各温度压力中心距离基本相等,围绕各温度压力中心的张节理距离也基本相同,故有规则的多边形张节理之组合亦多呈六棱柱状,当然也有四棱、五棱等柱状的。

内蒙古柱状节理发育的火山熔岩见于鄂伦春地质公园、扎兰屯地质公园、阿尔山地质公园、锡林浩特草原火山地质公园、乌兰哈达地质公园、集宁以及太仆寺旗等地。

(三)碎屑岩地质景观

内蒙古碎屑岩地质景观主要有雅丹地质景观、丹霞地质景观和峡谷地质景观,三者多数相伴而生,主要见于中西部地区的中新生代陆相盆地中。

1. 雅丹◇12地质景观

雅丹地质景观是干燥地区一种地质景观,河湖相半固结沉积物经间歇性风蚀和流水冲刷等风化作用,多形成与盛行风向平行、相间排列的风蚀土墩和风蚀凹(沟槽)地貌组合,主要是由连片的风蚀丘、台组成(图 9-41、图 9-42)。

◇12 雅丹:来源于维吾尔语,意思是陡壁的土丘。雅丹地质景观形成于极端干旱区,物质组成以河湖相沉积物为主,岩性松软,中等固结,外营力以风蚀和水蚀为主,分布范围较大,形成的景观相对集中,且排列整齐,高度和长度均具一定规模,形态千姿百态。

雅丹地质景观的形成有岩性条件、环境条件和动力条件,受到内力和外力作用的共同影响。内动力地质作用形成的断裂、节理是控制岩块格局乃至岩块形态的基本因素,岩层产状控制了坡面的形态。另外,红层盆地必须后期是上升区,以便为侵蚀提供条件。外力作用中流水、风化和重力作用是塑造雅丹地貌的主动力。内蒙古具雅丹地貌的岩层基本上多为近水平岩层,地貌景观具有顶平、身陡、麓缓的坡面特征;雅丹地貌发育的物质基础是侏罗纪至古近纪陆相红色岩系,形成于相对干燥的内陆盆地中,由红色砾岩、砂砾岩、砂岩、粉砂岩、砂质页岩和泥质页岩等交互组成。

内蒙古具代表性的雅丹地貌有敖伦布拉格峡谷、红墩子峡谷、宝音图雅丹地貌、脑木更雅丹地貌。

图 9-41 风蚀地貌——沙漠骆驼(张玉清 2023 年摄于巴彦淖尔市乌拉特后旗潮格温都尔北)

图 9-42 雅丹地貌(张玉清 2023 年摄于巴彦淖尔市乌拉特后旗潮格温都尔北)

2. 丹霞地质景观(侵蚀砂泥岩地质景观)

丹霞地貌指由产状水平或平缓的层状铁钙质混合不均匀胶结而成的红色碎屑岩,受垂直或高角度裂隙切割,并在差异风化、重力崩塌、流水溶蚀、风力侵蚀等综合作用下形成的有陡崖的城堡状、宝塔状、针状、柱状、棒状、方山状或峰林状的地形。丹霞地貌最突出的特点是“赤壁丹崖”广泛发育，奇特的山石构成了顶平、身陡、麓缓的方山、石墙、石峰、石柱等形态，形成一种观赏价值很高的风景地貌。

内蒙古的丹霞侵蚀砂泥岩地质景观主要分布于中、西部地区的中新生代的沉积盆地中，如阿拉善地区的额济纳-银根盆地、巴彦淖尔的乌拉特后旗盆地、四子王旗的脑木更盆地、二连浩特盆地等。其特点是组成盆地的沉积物为半固结的砾岩、砂岩、泥岩等，岩石疏松，易于风化剥蚀。丹霞地貌最具代表性的是四子王旗脑木更地区(图 9-43)及阿拉善右旗的红墩子峡谷丹霞地貌。

图 9-43　四子王旗脑木更丹霞地貌(张玉清 2022 年摄)

内蒙古四子王旗国家地质公园中脑木根古近系红层“丹霞”地貌，由红色、白色、黄色、砖红色不同颜色组成的砂泥岩，色彩绚丽，五彩缤纷(图 9-44)，堪称“中国的科罗拉多大峡谷”，可以和新疆火焰山、甘肃省张掖市的丹霞相媲美。

图 9-44　夕阳下的脑木根乌拉，古近系伊尔丁曼哈组、乌兰戈楚组、呼尔井组(闫凤荣等，2015)

脑木更地区丹霞地质景观的形成，是由内因和外因两种作用构成的。内因主要是组成景观的岩石类型和其中发育的地质构造，外因则是气候条件、各种风化作用。

脑木更地区丹霞地质景观是由古近纪河湖相砖红色砂质泥岩、砂岩、砂砾岩等组成。岩石松软，抗风化和侵蚀，在漫长的地质岁月中，在流水、风吹、重力滑塌等地质作用下，红色岩层在形态上发生了巨大变化，逐步形成今天看到的壮美丹霞地质景观。

3. 峡谷地质景观

碎屑岩峡谷最基本的形成条件是地壳抬升、流水下切，多数是在新构造运动中形成的，并造就了现在的峡谷景观。

内蒙古最典型的是阿拉善左旗敖伦布拉格峡谷，阿拉善右旗红墩子峡谷，清水河地区黄河大峡谷、杨家川峡谷、八龙湾峡谷。

1)敖伦布拉格峡谷

该峡谷位于阿拉善左旗敖伦布拉格镇阴山之中，具有“梦幻峡谷”之称，是新近纪末期形成的，早期流水作用侵蚀下形成的丹霞地貌，之后又在风蚀作用下形成雅丹地貌。峡谷岩壁上发育有大量的风蚀龛(凹槽)，峡谷由晚白垩世红色河湖相砂砾岩组成，地层水平或缓倾，部分地段还有变质花岗岩出露。该地区发育较好的大峡谷有10条，最长的峡谷可达5千米。峡谷蜿蜒曲折，峡谷两侧悬崖峭壁如刀切一般直上云霄，仰望长空可见两侧石壁几欲封顶，形成“一线天”景观(图9-45)。

图9-45　敖伦布拉格大峡谷“一线天”

(宝音乌力吉2022年摄)

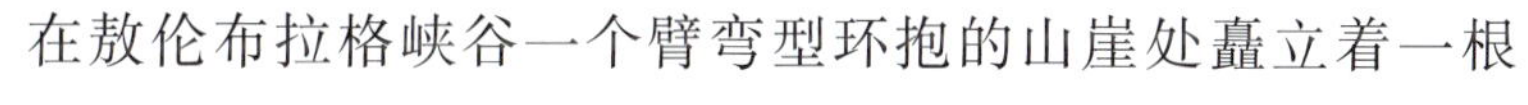

在敖伦布拉格峡谷一个臂弯型环抱的山崖处矗立着一根天然风蚀石柱，伟岸挺拔，耸入云天，形成于距今7500万年前。石柱整体呈浅红色，表面粗糙，由砾岩和粗砂岩互层构成。根部直径约8米(15人合围)，上部直径约4米，高约28.5米，被称为“天地神根”“擎天一柱”“穆桂英拴马桩”“佛塔”等。当地人喜欢称其为“人根峰”(图9-46)。该石柱的形成是由于这一区域近直立的构造裂隙发育，在几组近直立裂隙面的围限下形成了石柱的趋形，成年累月的外力地质作用下，使石柱沿裂隙风化、剥蚀、崩塌，形成孤立的柱体，后期柱体逐渐圆化形成现在的景观。

更为奇特的是在敖伦布拉格峡谷中还有一处母门洞(图9-47)与之对应，因基岩裂隙水的渗流，母门洞内常年湿润，形似一个母亲张开骨盆在等待一个崭新生命的出世。人根峰与母门洞一阳一阴，吸引了众多游客。更有传说，人根峰与母门洞是当年伏羲和女娲在此处造人后，把他们的生殖器留了下来，以祝人类繁衍、子孙绵长。人根峰与母门洞是蒙古族人爱护自然、崇拜生命的见证，是生命的图腾，真可谓“阳刚天下雄，阴柔世上美”。

图9-46　人根峰(张玉清2016年摄于阿拉善盟阿拉善左旗敖伦布拉格镇)

图9-47　敖伦布拉格母门洞(王兰云提供)

2)红敦子峡谷

该峡谷位于阿拉善右旗额肯呼都格镇额日布盖苏木东南约 10 千米处,为碎屑岩峡谷,全长约 5 千米,山内峡谷纵横交错,谷内风光秀丽、奇峰突起(图 9-48、图 9-49),悬崖绝壁处处皆是,陡峭险峻,高达数十米,最高处达七八十米,从谷底仰望天空,犹如一条细小曲折的裂缝,十分宏伟壮观。

图 9-48 红墩子峡谷

图 9-49 红墩子峡谷风蚀柱(阿拉善右旗旅游局提供)

该峡谷属于风蚀作用造就的稀有峡谷景观,褐红色岩层层层相叠,是恐龙繁盛时代沉积在河口三角洲的砂砾岩,岩层中断裂构造(裂缝)发育,为峡谷的形成创造了条件。发育有断层、涡穴等许多地质遗迹。峡谷是水和风"走"出来的路,它们在你来到之前,已经在这里来回走了千万次,将原来平坦的岩层切割出一条巨大的深沟。历经数千万年风雨剥蚀、冲刷,悬崖壁上布满了大大小小的洞穴,形似蜂巢,尽显沧桑之美。漫步其中,我们跟随着水和风的脚步,穿过时光峡谷,探寻 1 亿年前形成的地层奥秘。所以说,"一线天大峡谷"不仅具有很高的美学观赏价值,对于研究我国北方风蚀峡谷地貌的形成和发育也具有十分重要的意义。

3)黄河大峡谷

该峡谷位于鄂尔多斯市准格尔旗魏家峁乡,属蒙晋陕黄河大峡谷准格尔段。该段包括城坡、老牛湾(图 9-50)、龙壕、龙口 4 段水域,其中万家寨水利工程又是国家在黄河中游建设的 8 个梯级电站的"龙头",因此这段峡谷也被称作"黄河龙峡"。此段峡谷具有黄河流域独特的峡谷风光,两岸群山巍峨,谷内水势磅礴,风光奇特秀丽。峡谷深达一二百米,陡崖直落河床。河面时阔时窄,水流有缓有急。两侧怪石嶙峋,形态各异,岩纹多横少纵,色彩斑驳,峭壁古岩洞和古栈道错综分布,比比可见。其中的包子塔惊险奇雄,城坡古城雄关绝壁,万家寨水利枢纽宏伟雄壮。

包子塔上巨石林立,山崖陡峭,山路蜿蜒于山脊之上,惊险奇雄。两岸鬼斧神工,绝壁悬崖,河道曲折多变,弯转迤逦。黄河在此回头,折转了一个近乎 360 度的圆湾,将其围成一个半岛,状如"包子",故而得名。远眺包子塔侧脊,其形又酷似一只昂首东方、背倚重峦叠嶂、俯瞰浩荡激流的威猛无比的雄豹,故亦有"豹子塔"之称。这段黄河堪称天下黄河第一湾,鸟瞰水路,宛然太极八卦图形,有人形象地称之为"乾坤湾"(图 9-51),为整段峡谷最摄人魂魄之处。

据潘保田研究(温才妃,2020),从距今 370 万～180 万年河套黄河最先出现,到距今 1 万年前黄河全段基本形成,1 万年以来仍有部分变化,特别是下游河道一直不断变迁,近 300 年来,黄河大的改道就发生了 26 次,今天黄河下游在华北平原上的主河道形成时间还不足 70 年。

图 9-50　黄河大峡谷
（张玉清 2022 年摄于清水河老牛湾地质公园）

图 9-51　黄河峡谷“乾坤湾”
（张玉清 2022 年摄于清水河县老牛湾地质公园）

（四）沙漠地质景观

说起沙漠，很多人的第一印象就是黄沙漫漫，寸草不生，但只要你亲自进入沙漠，融入浩瀚的沙漠中，才能感受到变幻莫测的沙漠宽广的胸怀。被她的美丽与沧桑所震撼，茫茫的沙漠犹如金色的海洋，蜿蜒起伏，浩浩渺渺，既有“广漠杳无穷、孤城四面空”的遐想，又有“大漠孤烟直、长河落日圆”的意境。极目远眺，千里瀚海沙丘如波，层层叠叠，涌向天际，蔚为壮观。有人感叹，沙漠是最具有曲线美的地方。的确，随目望去，远远近近的沙漠地貌布满了像水波、像耳廓、像蜗牛壳一样的美丽景观，这都是风神的杰作。不管是荒芜一片的壮美，还是沙漠绿洲的惊喜，又或者是沙漠泉水的惊叹，都别有一番旅行的乐趣。

沙漠地质景观是风积形成的，主要是风力搬运的物质沉积下来后形成的地貌，地貌的物质成分以沙粒为主。地貌景观上主要指地面完全被大片的沙丘（或沙）覆盖、缺乏流水、植被稀少的区域。沙漠地貌最基本的形态是由风成沙堆积成的形态各异、大小不同的沙丘。

沙漠地质遗迹的形成同沙漠的形成和演化关系密切，沙漠的形成对于理解沙漠地质遗迹的形成具有重要意义。沙漠的成因主要包括自然和人为因素两方面。自然因素是沙漠形成的基本因素，而人为因素则起到加速或延缓的作用。最主要的自然因素是地质地貌因素和气候因素，前者通过构造运动和风化等内外地质作用影响直接创造了丰富的“沙”的物质来源，并间接地为干旱气候创造了条件。干旱气候则是沙漠形成的动力条件。

内蒙古地处干旱和半干旱地区，沙漠地貌非常发育，主要形成于第四纪。现有土地沙漠化面积约 66 万平方千米，占总土地面积的 56%，其中沙漠面积 19 万平方千米。主要沙漠有巴丹吉林沙漠（中国第三大沙漠）、腾格里沙漠（中国第四大沙漠）、乌兰布和沙漠（中国第七大沙漠）、库布其沙漠（中国第八大沙漠）等。

1. 沙丘类型

在风的作用下，松散的细沙堆积成小山、沙堆或沙埂，称为沙丘。沙丘的存在是风吹移未固结的物质所致，是沙漠地区地表的基本形态之一。干旱气候条件下，风沙流在前进过程中遇到障碍物，在背风坡发生沉积，便堆积成不规则的“沙山”，即为沙丘。沙丘的形成和发育受沙源、地形、水、植被等条件的影响，形态各不相同。

沙丘的类型因含沙气流结构、风力方向和含沙量的不同而变化。通常按照风力作用的方向和沙丘形态分布之间的关系分为新月形沙丘、新月形沙丘链(图 9-52)、复合型山状新月形沙垄、金字塔形沙丘、高大沙山、复合型纵向沙垄、鱼鳞状沙丘、抛物线性(马蹄形)沙丘、格状沙丘、蜂窝状沙丘等。

图 9-52　新月形沙丘链(张玉清 2023 年摄于内蒙古阿拉善沙漠国家地质公园巴丹吉林巴丹湖)

2. 鸣沙山——会唱歌的沙漠

沙漠除了给我们留下神奇的景观现象外,还有一种神秘莫测的现象,当你猫着腰,吃力地爬到沙顶时,眼前便是连绵起伏的大漠景观。在干燥的气候条件下,当你顺着沙坡下滑时,便可听到沙子发出的如同击鼓、吹号的呜呜声。近闻如兽吼雷鸣,远听如神声仙乐。若是三五游人相随同时下滑,则其声如洪钟,又似飞机的轰鸣声,仿佛感到下面的沙漠在颤动,神妙莫测。同样有趣的是,在爬沙丘的过程中,随着脚步声的大小、快慢缓急,沙丘也会发出有节奏的响声。人们风趣地将响沙称作"会唱歌的沙子",地质学称为鸣沙,普通人称为"响沙"。内蒙古的鸣沙主要有巴丹吉林沙漠的宝日陶勒盖的鸣沙山和库布其沙漠的响沙湾。

3. 沙漠明珠——沙漠湖

沙漠因缺少水而生成,因缺水而被称为生命的禁区,但在极度干旱的沙漠中却有着沙山、湖泊和沙漠神泉共存的奇观,这让全世界的人都为之费解。在沙漠中还有多处泉水涌出,水质清澈,甘甜可口,可供人畜饮用。巴丹吉林沙漠有内陆湖泊(图 9-53)144 个,已命名 113 个,其中 12 个为淡水湖,因此得名"沙漠千湖"。多以咸水湖为主,最深的可达 6 米以上。

图 9-53　沙漠湖泊(张玉清 2023 年摄于内蒙古阿拉善沙漠国家地质公园巴丹吉林巴丹湖北)

苏敏吉林湖就是一个盐水湖。由于湖水不断地蒸发和矿物质的不断积累,水的比重变大,浮力也大大增加,称为巴丹吉林的死海,就是不会游泳的人也不会沉下去。

腾格里沙漠,水源条件很好,大小湖盆达 422 个之多,是我国拥有湖泊最多的沙漠。最著名的湖泊有月亮湖和天鹅湖、通湖等。

月亮湖是腾格里沙漠中的天然湖泊,当地牧民称之为"月亮湖""中国湖",因为该湖从东边看好像一轮弯弯的月亮静静地倾诉着古老的故事,从西边沙丘上看非常酷似中国地图。

腾格里沙漠天鹅湖地处腾格里沙漠东部边缘,南北长约 2000 米,东西宽约 800 米,面积约 3.2平方千米。

沙漠中的湖水也不是千篇一律的清澈湛蓝,还有个别湖泊呈现红色、紫色等斑斓的颜色,十分神奇。特别是乌兰湖(为一碱水湖),由于湖水中含有其他物质,不同季节湖水的颜色也不同,天气越热颜色越浓,冬季湖水呈现淡红淡黄色,夏天呈深红色,如同血液,故该湖被称为地球的心脏。

乌兰布和沙漠内有 167 个湖泊，多为咸水，其中最具代表性的是吉兰泰盐湖，为我国著名的陆相盐湖之一，第四纪以来形成固液相并存的石盐、芒硝矿床，创造出了美景与财富。

七星湖是库布其沙漠腹地的生命之湖，连天的沙漠中，明镜般的湖泊被碧绿的草地深情地拥吻着。七星湖是黄河故道中河道残留而成的湖，7 个湖排列成北斗状，好似七颗明珠镶嵌在沙漠之中。故有"天上北斗星，人间七星湖"一说。七星湖也是黄河留在库布其沙漠中的精美印迹。

(五)水体地质景观

内蒙古主要有河流、湖泊、泉和湿地生态系统。河流多具有高原曲流河的特征，不受河谷基岸的约束，蜿蜒曲折。湖泊有千余个，大小不一，星罗棋布，就数量而言，沙漠区里的湖泊居多。论规模，最大的为构造成因的湖，也称构造湖(构造运动所造成的坳陷盆地、断陷盆地积水成湖)。河流发育的地区可形成河迹湖◇13，而大兴安岭中的湖泊多与火山作用有关。

◇13 河迹湖主要是河流的变迁、河流改道或弯曲的河道发生自然截弯取直后留下来的积水洼地，包括牛轭湖(海拉尔河两岸)、尾闾湖等。

1. 湖泊景观

内蒙古湖泊大多面积小而积水浅，属内陆湖。中西部地区气候干燥，蒸发量大，湖水矿化度偏大，水质多属碱性。面积在 100 平方千米以上的大型湖泊仅有呼伦湖(2339 平方千米)、贝尔湖(600 余平方千米，大部分水域在境外)、查干诺尔(113 平方千米)、达里诺尔(245 平方千米)，其余均属中小型湖泊，还有一些为季节性湖泊。按地质成因可分为构造湖、河迹湖、火山湖等。

达里诺尔湖、白音库伦诺尔属断裂湖，是沿着断裂带发育而成的。呼伦湖、岱海等属于断陷盆地湖，发育在地堑构造盆地中。

呼伦湖也称达赉湖(图 9-54)，是中国第五大湖(第四大淡水湖)，也是内蒙古第一大湖，位于呼伦贝尔草原西部新巴尔虎左旗、新巴尔虎右旗和满洲里市之间，呈不规则斜长方形，长轴为西南至东北方向，呼伦湖通过乌尔逊河与贝尔湖相连。

图 9-54 呼伦湖(张玉清 2022 年摄)

贝尔湖位于呼伦贝尔市新巴尔虎右旗贝尔乡，为中蒙第一大界湖，在中国境内只有 1/15 左右(40 平方千米)。

达里诺尔湖位于赤峰市克什克腾旗西部，为典型的高原内陆湖泊，因古近纪初期大规模的构造沉陷而形成，是内蒙古第二大淡水湖，由贡格尔河、亮马河、沙里河和耗来河 4 条内陆河流补充水源。

岱海位于乌兰察布市凉城县，是内蒙古第三大内陆湖泊，属咸水构造湖，东西长约 25 千米，南北宽约 20 千米，湖泊面积为 160 平方千米，全区闻名的四大水产基地之一。岱海最初受古近纪造山运动影响，在正断层控制下形成不对称地堑式盆地，新近纪在新构造运动影响盆地进一步发展，形成现今的湖泊。

乌梁素海位于河套平原东端，巴彦淖尔市乌拉特前旗境内，南北长约 35 千米，东西宽 4～

14 千米，面积 290 多平方千米，是黄河改道形成的河迹湖，现在是黄河流域最大的湖泊，也是中国八大淡水湖之一。素有“塞外明珠”之美称。

图 9-55 居延海(张玉清 2023 年摄)

图 9-56 月亮天池(张永旺 2022 年摄)

图 9-57 驼峰岭天池

(张玉清 2022 年摄于兴安盟阿尔山森林公园)

图 9-58 双沟山天池(于洪志提供)

居延海(图 9-55)位于阿拉善盟额济纳旗达来呼布镇北约 40 千米处，其由东、西两大湖泊组成，总面积 300 平方千米，是我国第二大内陆河黑河的尾闾湖，形成于干旱、半干旱区。

火山成湖有两类：一类是火山口后期积水成湖，称为天池或地池；另一类是熔岩流堰塞了河道形成湖泊，称为堰塞湖。

天池是高海拔的湖泊，内蒙古的天池主要分布于大兴安岭中段东麓阿尔山-柴河火山群，有7 座天池，分布呈北斗七星状，以双沟山天池为中心，外围 6 座天池呈放射状分布。①同心天池(卧牛泡子)位于月亮小镇 1.5 千米，面积 180 万平方米，据说同心天池是世界上最接近“心”形天池。②月亮天池，又名基尔果山天池，呈圆形，直径 220 米，湖盆似一个平底锅，边缘陡、中间缓，不管晴天还是雨天，水位都保持不变，因其形如圆月又位于高海拔的火山锥内，故名月亮天池(图 9-56)。③驼峰岭天池形成于 30 万年前，位于扎兰屯市柴河镇西约 50 千米，海拔 1284 米，是海拔最高的天池，东西宽约 450 米，南北长约 800 米，面积约为 26 万平方米，从高处看，驼峰岭天池活似一个巨人的左脚印(图 9-57)。④阿尔山天池，东西长 450 米，南北宽 300 米，面积 13.5万平方米，是全国 6 个著名天池之一，仅次于长白山天池和天山天池，位居全国第三位，湖呈锅底状，湖面呈椭圆形，天池水位不降不溢，无外流缺口，像一块晶莹的蓝宝石镶嵌在巍峨的峰峦之巅。⑤双沟山天池(图 9-58)位于双沟山高地东北 500 米处，呈椭圆形，像一个透明的蓝色圆宝石，闪耀着晶莹的光泽，湖面有 10 万平方米，该天池系柴河源天池群里最中心的一座。⑥布特哈天池，是 7 个天池中海拔最低的天池，水面标高 1125 米，面积 10 万平方米，近似于一个长方形，像一枚浅绿色的宝石，十分耀眼。⑦四方山天池距诺敏镇西北约 30 千米，是火山群中海拔最高的山峰(933.4 米)，号称“大兴安岭的巨魁”。是大兴安岭之上最高的天池。

地池，湖水在地面以下的湖泊，内蒙古有名的地池为阿尔山地池及黄花沟九十九泉。

阿尔山地池也称仙女池或坤池，与天池山遥相呼应，由于其水面低于地面 10 余米而得名，是熔岩湖后期陷落形成的破火山口积水而形成的湖泊，是阿尔山众多火山湖中唯一低于地平面的凹陷型湖泊，地池总体形态呈椭圆形，长轴为北东向，长 150 米，宽 100 米，面积约 1.25 万平方米。水平面随季节变化较大，一年之内水位升降可达数米。

中部区黄花沟地质公园内分布着不少天然湖泊，古时就有九十九泉、百泉之称。因北魏开国皇帝拓跋珪亲临观赏九十九泉而闻名天下。九十九泉为火山湖群，每一个湖即是一个火山口。火口湖多呈串珠状分布，大部分呈圆形或椭圆形，直径大小不一，大部分在 150～300 米之间，深度变化较大，一般在 20～50 米之间，目前绝大部分已干涸，仅留低于地面的凹坑，雨季积水。

堰塞湖是由火山溢出的熔岩流或由地震活动等原因引起山崩，滑坡体等堵截河谷或河床后储水而形成的湖泊。内蒙古在大兴安岭地区的柴河—阿尔山一带分布较多，如杜鹃湖、达尔滨湖。另外，在中部区的乌兰哈达地区也有分布(莫石盖淖、小海子、乌兰胡少海)。其中杜鹃湖(图 9-59)位于阿尔山市东北 92 千米处，面积 128 万平方米，是火山喷发的熔岩流在流动过程中堵塞哈拉哈河形成的湖泊。原名八十一号泡子，因每年春天湖的四周盛开杜鹃花而得名。该湖形状呈“L”形，上边连着松叶湖，下边衔着哈拉哈河，平均水深 2.5 米，最深处 5 米以上，为流动活水湖。

图 9-59　杜鹃湖

(张玉清 2022 年摄于兴安盟阿尔山森林公园)

2. 河流景观

内蒙古共有大小河流 1000 余条，流域面积大于 300 平方千米的河流有 258 条，分外流河和内流河两大水系。

外流河水系主要由黄河、永定河、滦河、西辽河、嫩江与额尔古纳河 6 条水系组成，总流域面积 61.37 万平方千米，占全区面积的 52.5%，主要汇入鄂霍次克海和渤海。

大兴安岭、阴山和贺兰山是内流水系的主要分水岭，内流水系分布比较零星，主要河流有乌拉盖河、昌都河、塔布河、艾不盖河、额济纳河等，总流域面积 11.66 万平方千米，占全区面积的9.9%。大部分河流呈平行排列，其间距由东向西越来越大，河网结构类型分为树枝状、扇状、羽状、流状、格状、线状等。

中华民族的母亲河——黄河，是流经内蒙古的最大河流，汇千流，纳百川，奔流万里，流经青海、甘肃到宁夏的石嘴山后，向北进入内蒙古，与黄土地貌和沙漠相遇，从鄂尔多斯准格尔旗输林湾出境，区间干流长 830 千米，区内流域面积 14.35 万平方千米，最宽处 4000 米，最窄处 200 米。由南向北，围绕鄂尔多斯高原形成一个“几”字形，并且在这一地区造就了“塞上粮仓”河套平原，过境水 235 亿立方米。两岸是山谷之间的平原，河道开阔，坡度平缓，沿岸支流少且很短，长的支流都分布在北岸。黄河进入河套平原后南北摆动，特别是进入准格尔旗后，沙洲、河道分支众多，这就是所谓的“九曲黄河十八弯(图 9-60)，

图 9-60　九曲黄河(肖剑伟 2023 年制作)

著名的晋陕蒙大峡谷就是从这里开端的，万里长城也在偏关与滔滔南流的黄河第一次见面了。

内蒙古东部最大河流——嫩江，发源于鄂伦春自治旗大兴安岭支脉伊勒呼里山南坡，水系河网发达，湖泊较少。嫩江全长1369千米，内蒙古境内719千米。流域面积24.39万平方千米（内蒙古15.9万平方千米），年平均径流量193.9亿立方米。它自北向南纵贯呼伦贝尔市和兴安盟，最终汇入松花江。

图9-61 额尔古纳河，中俄界河

（张玉清2022年摄于鄂尔古纳市室韦镇）

蒙古民族的母亲河——额尔古纳河，位于内蒙古东北部，为中俄界河（图9-61），发源于大兴安岭西侧吉勒老奇山西坡，西流到新巴尔虎左旗阿巴图附近，称额尔古纳河，后折向东北在额尔古纳市恩和哈达附近同俄罗斯流来的石勒喀河汇合为黑龙江。额尔古纳河以海拉尔河为上源，全长1666千米，自治区内干流长540千米，河宽200～400米，水深可通航，总流域面积15万平方千米。越到下游接纳的支流越多，有1851条大小支流，主要支流有伊敏河、根河、得耳布尔河、莫尔道嘎河、激流河等。

图9-62 莫尔格勒河

（张玉清2022年摄于鄂尔古纳市陈巴尔虎旗）

天下第一曲水——莫尔格勒河，海拉尔河支流，发源于大兴安岭西麓，沿陈巴尔虎山地由东北流向西南，在乌固诺尔车站附近注入呼和诺尔，流入海拉尔河，长290千米。莫尔格勒河河水并不宽阔，如果不是汛期，最宽处5～6米。莫日格勒河以“曲”闻名于天下，辗转翻折，这段向东流，那段向西流，一会儿向南流，一会儿又向北流，由高处俯瞰，河曲如一条镶嵌满宝石的丝带，飘然在绿色的海洋之上（图9-62）。形成曲折回环的原因，是由于该地处于高纬度地区，地转偏向力较大，致使河流侧蚀作用强烈。

图9-63 耗来河（韩建刚提供）

世界上最窄的河——耗来河（蒙古语，译为“嗓子眼河”），位于赤峰市克什克腾旗的贡格尔草原上，距达里诺尔湖西6千米，发源于贡格尔草原上的多若诺尔湖，是连接多伦湖和达里诺尔湖的特殊河流。耗来河也是注入达里诺尔湖的4条河流之一，全长17千米，平均水深50厘米，水量较小，河道极窄，平均宽度只有十几厘米，最窄处只有6厘米，放上一本书便可以当桥，所以耗来河又称“书桥河”，堪称世界上最窄的河流（图9-63）。克什克腾旗政府正在准备申报“吉尼斯世界纪录——世界上最窄的河”。

中华民族的祖母河——西拉木伦河（蒙古语意为“黄色的河”），是辽河的正源，闻名遐迩的红山文化、草原青铜文化、辽契丹文化、蒙元文化就诞生于潢水之滨。西拉木伦河发源于克什克腾旗红山北麓的白槽沟，流域面积 32 088 平方千米，有查干木伦河等大小支流 120 多条，属外流河，浑浊色黄的河水蜿蜒曲折 400 千米，犹如一条黄色的经脉穿行在赤峰辽阔的大地上，极其壮观。

3. 湿地景观

据 2020 年、2021 年内蒙古自治区重要湿地名录公布，全区共有自治区级重要湿地 47 处，其中呼伦贝尔市 32 处[额尔古纳河区域(图 9-64)、额尔古纳、陈巴尔虎陶海、乌奴耳长寿湖、银岭河、索尔奇、扎兰屯秀水、免渡河、南木雅克河、巴林雅鲁河、柴河固里、莫力达瓦巴彦、红花尔基伊敏河、甘河、根河源、汗马、奎勒河、大杨树奎勒河、伊图里河、图里河、克一河、吉文布苏里、兴安里、库都尔河、绰源、牛耳河、卡鲁奔、绰尔雅多罗、阿木珠苏、满归贝尔茨河、毕拉河、阿龙山敖鲁古雅]，兴安盟 4 处(阿尔山哈拉哈河、科尔沁、图牧吉、乌兰浩特洮尔河)，巴彦淖尔市 3 处(乌梁素海、牧羊海、巴美湖)，包头市 3 处(南海子、包头昆都仑河、包头黄河)，乌兰察布市 2 处(岱海、商都察汗淖尔)，赤峰市 1 处(达里诺尔)、鄂尔多斯市 1 处(萨拉乌苏)、通辽市 1 处(奈曼孟家段)。

图 9-64　马蹄岛(张玉清 2022 年摄于鄂尔古纳市湿地景区)

(六)重要古生物化石产地

内蒙古沉积地层发育，古生物群落丰富，是我国北方进行古生物研究的理想地区之一。从寒武纪“生命大爆发”开始一直到第四纪人类的出现，保存了大量精美的古生物化石和古生物遗迹化石，种类多样，部分化石保存完整(图 9-65)。

全区已确定重要化石产地 33 处，其中古人类化石产地 2 处、古植物化石产地 6 处、古动物化石产地 2 处、古生物遗迹化石产地 2 处、古生物群化石产地 21 处。其实内蒙古古生物化石产地远不止这些，大量的区域地质调查报告、科研成果、专著、论文等均有记录，有待后期逐步整理、研究、开发和合理有效的保护。

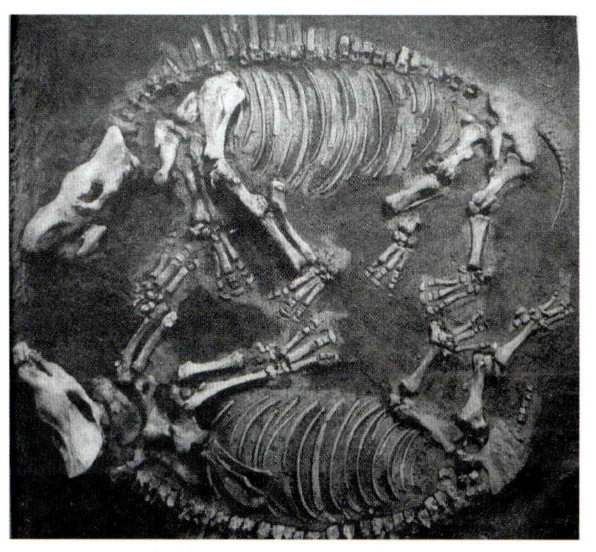

图 9-65　皮毛榉化石(张智远提供)

1. 古人类化石产地

呼和浩特新城区大窑古人类化石产地，保存有大窑文化遗址，出土有石器、肿骨鹿等化石，该地已纳入保合少大青山地质文化镇的建设体系中。鄂尔多斯乌审旗古人类化石产地也是一处文化遗址，出土有“河套人”化石(牙齿)及大批哺乳动物、鸟类化石，该遗址已在开发建设之中。

2. 古植物化石产地

古植物化石产地包括通辽霍林郭勒、满洲里扎赉诺尔小孤山、新巴尔虎左额布都格、乌海乌五虎山、东乌珠穆沁乌里雅斯太、鄂尔多斯准格尔等地，目前尚未进行就地保护。

3. 古动物化石产地

目前进行保护性挖掘的有赤峰松山初头朗、阿巴嘎两处。

4. 古生物遗迹化石产地

乌拉特中旗古生物遗迹化石产地：产出的化石以恐龙足迹化石（图 9-66）为主，保存在中下侏罗统砂岩层面上，另有鳄类、蛙类足迹和无脊椎动物痕迹。

鄂尔多斯鄂托克古生物遗迹化石产地：出土的化石也以恐龙足迹化石为主，保存于下白垩统砂岩层面上，另外还发现有鸟类、鱼类、叶肢介等化石，该化石产地有两处已采取了原地建馆保护（图 9-67），但保护效果很不理想，由于建馆后导致气候环境发生改变，更加速了脚印的风化。

图 9-66 乌拉特中旗恐龙足迹化石
（内蒙古地质环境监测院，2017）

图 9-67 鄂托克旗野外地质遗迹博物馆，右下：恐龙脚印化石
（张玉清 2022 年摄）

5. 古生物群化石产地

古生物群，简单地讲就是有许多种类的古生物分布在一起，它们当时生活在同一个空间里，死后也埋葬在一起。内蒙古古生物群化石产地有：赤峰松山薛家地、宁城柳条沟、宁城土门、宁城古道虎沟、宁城必思营西三家、莫力达瓦太平川、莫力达瓦太平桥、乌海乌达、二连浩特、苏尼特左旗、苏尼特右旗、化德、察哈尔右翼中旗铁沙盖、四子王旗脑木更、四子王旗乌兰花、准格尔旗沙圪部系、乌拉特后旗巴彦满都呼、阿拉善左旗大水沟、阿拉善左旗乌力吉、额济纳旗算井子等地。各产地的具体化石种类、形成时代、生存环境等在“沉积史书——地层与古生物”的相关部分均有较详细的介绍，这里不再赘述。

上述 21 处古生物群化石产地中，只有四子王旗乌兰花、宁城古道虎沟（图 9-68）、二连浩特（图 9-69、图 9-70）建有原地埋藏保护馆，并纳入相应的地质公园中，供游人参观。

图 9-68 赤峰市宁城道虎沟古生物化石保护馆(田明中等,2013)

图 9-69 内蒙古二连浩特国家地质公园恐龙化石原地埋藏馆。右下:姜氏巴克龙

图 9-70 二连浩特博物馆(张玉清 2023 年摄)

第十篇

家园守护——地质灾害与防治

JIAYUAN SHOUHU——DIZHI ZAIHAI YU FANGZHI

呼伦贝尔 宝日希勒 王剑民 2022年摄

当今人类社会正面临人口急剧膨胀、城市化建设加快、资源严重短缺和环境日益恶化的严重挑战。环境恶化的重要标志之一就是自然灾害日趋频繁，并对人类的生存与发展造成严重的威胁。地质灾害，作为自然灾害的主要类型之一，在历史上曾给人类带来无尽的伤痛，留下了许多不堪回首的记忆。而今，人类活动随其规模与强度的不断增大，正在越来越深刻地干预着地球表层演化的自然过程，导致地质灾害发生的频率越来越高，影响的范围越来越大，造成的危害也越来越严重，在一些脆弱的地域内，已经成为影响和制约社会与经济发展不可忽视的重要因素。

一、地质灾害——现状、分布及危害

（一）地质灾害现状

地质灾害[1]一般认为是由于地质作用引起的（自然的、人为的或综合的）使地质环境突发或渐进破坏，并造成人类生命、财产损失的现象或事件。

●1 地质灾害：是指由自然因素或人为活动引发的、危害人民生命和财产安全的地质现象。也就是说，只有结果造成人民生命和财产损失才是地质灾害，否则就是单纯的地质事件。

地质灾害在时间和空间上的分布及变化规律，既受制于自然环境，又与人类活动有关，后者往往是人类与地质环境相互作用的结果。

地形地貌、岩土类型、地质构造等都是地质灾害形成和发育的主要内在条件，而大气降水、人类工程经济活动等则是诱发各类地质灾害主要的外动力因素，影响着地质灾害的发展和发生。

违反自然规律、不合理的人类活动往往会诱发地质灾害，如：开挖坡脚，修建公路、铁路，依山建房等；蓄水排水，水渠和水池的漫溢及漏水，工业生产用水的排放，农业灌溉等；堆填加载，在斜坡上大量兴建楼房，大量堆填土石、矿渣等。此外，劈山开矿的爆破、山坡上乱砍滥伐等也容易诱发地质灾害。

截至2020年底，全区发现地质灾害隐患点2504处，其中崩塌1297处，滑坡82处，泥石流723处，地面塌陷399处，地裂缝3处。按规模划分，特大型12处，大型103处，中型708处，小型1681处（表10-1）。

地质灾害隐患点在全区12个盟市均有发现，其中赤峰市648处，占全区地质灾害总数的25.88%；呼和浩特市354处，占全区地质灾害总数的14.14%；乌兰察布市276处，占全区地质灾害总数的11.02%；鄂尔多斯市249处，占全区地质灾害总数的9.94%。崩塌、滑坡和泥石流灾害主要发育在中部、东部和东南部的山地丘陵区，地面塌陷主要分布在鄂尔多斯市东胜矿区和准格尔矿区、赤峰市元宝山矿区和平庄矿区、乌海市海南矿区和海勃湾矿区、呼伦贝尔市宝日希勒矿区（表10-2）。

表 10-1　内蒙古地质灾害规模统计表

地质灾害类型	合计(处)	特大型(处)	大型(处)	中型(处)	小型(处)
崩塌	1297	1	37	363	896
滑坡	82	1	10	31	40
泥石流	723	0	7	172	544
地面塌陷	399	9	47	142	201
地裂缝	3	1	2	0	0
合计	2504	12	103	708	1681

注:内蒙古自治区地质灾害防治规划(2021—2025 年),2021a。

表 10-2　内蒙古地质灾害分布表

盟(市)	小计(处)	崩塌(处)	滑坡(处)	泥石流(处)	地面塌陷(处)	地裂缝(处)
呼和浩特市	354	250	8	81	15	0
包头市	194	101	10	38	45	0
乌兰察布市	276	152	14	94	16	0
乌海市	92	51	0	4	37	0
阿拉善盟	90	61	0	16	13	0
巴彦淖尔市	141	77	0	54	10	0
鄂尔多斯市	249	72	19	4	154	0
锡林郭勒盟	55	32	0	14	9	0
赤峰市	648	287	24	269	65	3
通辽市	103	86	0	11	6	0
兴安盟	193	93	1	95	4	0
呼伦贝尔市	109	35	6	43	25	0
总计	2504	1297	82	723	399	3

注:内蒙古自治区地质灾害防治规划(2021—2025 年),2021a。

全区地质灾害隐患点[2]按地质灾害的灾情等级划分:灾情特重 20 处,占灾害点总数的0.8%;灾情重 41 处,占1.6%;灾情中 297 处,占 11.9%;灾情轻 2146 处,占 85.7%。由此可见,内蒙古地质灾害以灾情轻者为主(表 10-3)。

●2 地质灾害隐患点:是指包括可能危害人民生命和财产安全的不稳定地质体,包括潜在崩塌、滑坡、泥石流和地面塌陷。

明显可能发生地质灾害危险,且可能造成人员伤亡和严重经济损失的区域称地质灾害危险区。

危岩体:是指位于陡峭山坡上、被裂缝分开的块石(有的规模很大,有的只是陡坡上的一块孤石)。危岩体受到震动或暴雨影响,可能从陡峭的山坡上坠落,有时刮大风也可能把不稳定的孤石吹落下来。

(二)地质灾害灾情分布

目前,全区灾情特重、灾情重的地质灾害点共计 61 处,地质灾害类型为地面塌陷和崩塌,主要分布在赤峰市、鄂尔多斯市、包头市及呼和浩特市;灾情中的 297 处,地质灾害类型为泥石流和地面塌陷,主要分布在赤峰市、鄂尔多斯市、呼和浩特市、兴安盟及包头市;灾情轻的 2146 处,主要分布在赤峰市、呼和浩特市、乌兰察布市和兴安盟(表10-4)。

表10-3 地质灾害灾情统计表

地质灾害类型	合计(处)	特重(处)	重(处)	中(处)	轻(处)
崩塌	1297	2	16	40	1239
滑坡	82	3	2	9	68
泥石流	723	0	12	150	561
地面塌陷	399	15	11	95	278
地裂缝	3	0	0	3	0
合计	2504	20	41	297	2146

注:内蒙古自治区地质灾害防治规划(2021—2025年),2021a。

表10-4 地质灾害点灾情地域分布统计表

盟(市)	合计(处)	特重(处)	重(处)	中(处)	轻(处)
呼和浩特市	354	4	3	28	319
包头市	194	2	9	25	158
乌兰察布市	276	0	1	17	258
乌海市	92	0	1	1	90
阿拉善盟	90	0	2	7	81
巴彦淖尔市	141	0	1	22	118
鄂尔多斯市	249	5	8	52	184
锡林郭勒盟	55	0	0	1	54
赤峰市	648	8	9	106	525
通辽市	103	0	4	6	93
兴安盟	193	0	2	26	165
呼伦贝尔市	109	1	1	6	101
合计	2504	20	41	297	2146

注:内蒙古自治区地质灾害防治规划(2021—2025年),2021a。

(三)地质灾害危害程度

1.地质灾害危害等级

截至2020年末,全区受地质灾害威胁人口79 939人,潜在经济损失57.54亿元。按危害程度等级划分:特大型7处,占灾害点总数的0.3%;大型81处,占3.2%;中型812处,占32.4%;小型1604处,占64.1%。全区地质灾害危害程度以小型为主,其次是中型(表10-5)。

2.地质灾害危害程度分布

全区危害程度特大型、大型的地质灾害点共计88处,地质灾害类型为地面塌陷和泥石流,主要分布在鄂尔多斯市、呼和浩特市、包头市及乌海市;危害程度中型的812处,地质灾害类型为泥石流、崩塌和地面塌陷,主要分布在赤峰市、鄂尔多斯市、呼和浩特市及乌兰察布市;危害程度小型的1604处,主要分布在赤峰市、呼和浩特市、乌兰察布市和兴安盟(表10-6)。

表 10-5　地质灾害危害程度统计表

地质灾害类型	合计(处)	特大型(处)	大型(处)	中型(处)	小型(处)
崩塌	1297	2	11	305	979
滑坡	82	1	3	30	48
泥石流	723	2	19	336	366
地面塌陷	399	2	48	141	208
地裂缝	3	0	0	0	3
合计	2504	7	81	812	1604

注:内蒙古自治区地质灾害防治规划(2021—2025 年),2021a。

表 10-6　地质灾害点危害程度地域分布统计表

盟(市)	合计(处)	特大型(处)	大型(处)	中型(处)	小型(处)
呼和浩特市	354	3	11	113	227
包头市	194	1	12	69	112
乌兰察布市	276	0	3	103	170
乌海市	92	1	8	14	69
阿拉善盟	90	0	2	20	68
巴彦淖尔市	141	0	2	56	83
鄂尔多斯市	249	1	31	118	99
锡林郭勒盟	55	0	0	12	43
赤峰市	648	0	6	170	472
通辽市	103	1	0	37	65
兴安盟	193	0	2	58	133
呼伦贝尔市	109	0	4	42	63
合计	2504	7	81	812	1604

注:内蒙古自治区地质灾害防治规划(2021—2025 年),2021a。

二、灾害类型——主要种类及分布

地质灾害可划分为 30 多种类型,由降雨、融雪、地震等因素诱发的称为自然地质灾害,由工程开挖、堆载、爆破、弃土等引发的称为人为地质灾害。常见的地质灾害主要指危害人民生命和财产安全的崩塌、滑坡、泥石流、地面塌陷、地裂缝和地面沉降 6 种与地质作用有关的灾害(图 10-1)。

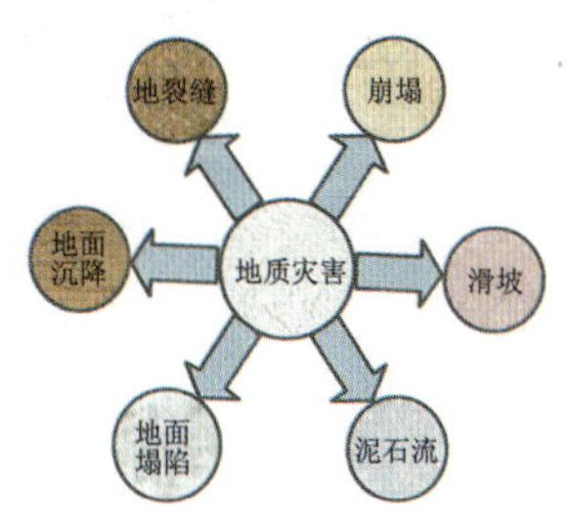

图 10-1　地质灾害类型

(方庆海等,2016)

(一)崩塌

崩塌[3]又称崩落、垮塌或塌方。崩积物是呈锥状堆积在坡脚的大小不等、零乱无序的岩块(土块)堆积物,也称为岩堆或倒石堆。按崩塌体的物质组成可以分为两大类:一是产生在土体中的称为土崩,二是产生在岩石中的称为岩崩。当崩塌的规模巨大,涉及山体者,又俗称山崩;当崩塌产生在河流、湖泊或海岸上时,称为岸崩。

[3] 崩塌:是指陡坡上的岩体或者土体在重力作用下突然脱离山体发生崩落、滚动,堆积在坡脚或沟谷的地质现象。

形成崩塌的内在条件为岩土类型、地质构造、地形地貌。其中:岩土类型中,岩土是产生崩塌的物质条件,通常坚硬的岩石容易形成规模较大的岩崩,软弱的岩石及松散土层,往往以坠落和剥落为主。地质构造中,坡体中的裂隙越发育,越易产生崩塌(图 10-2)。与坡体延伸方向近视平行的陡倾角构造面,最有利于崩塌的形成。地形地貌中,坡度大于 45 度的高陡边坡,孤立山嘴或凹形陡坡均为崩塌形成的有利地形。如江、河、湖(岸)、沟的岸坡、山坡,铁路、公路、村镇建设工程的边坡等(图 10-3～图 10-5)。

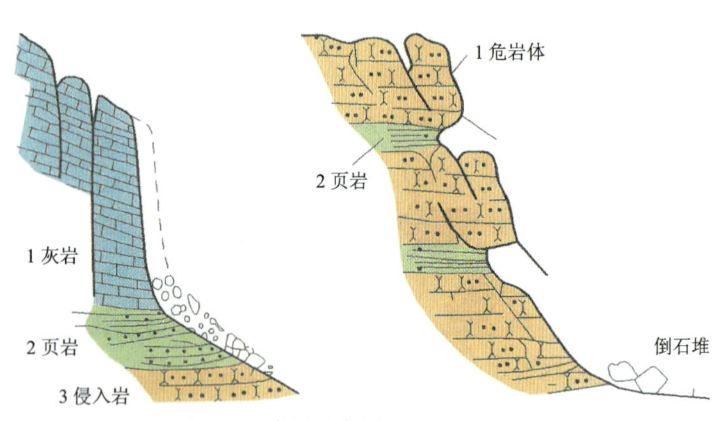

图 10-2　崩塌示意图(据方庆海等,2016)

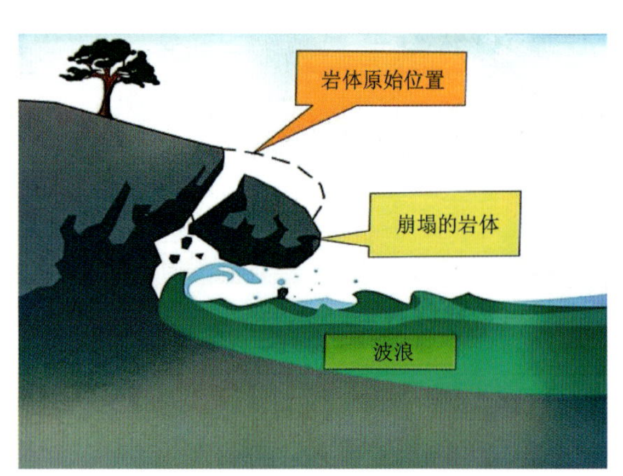

图 10-3　岸边崩塌(据孙文盛,2006)

图 10-4　公路边坡崩塌(据国土资源部人事教育司等,2010)

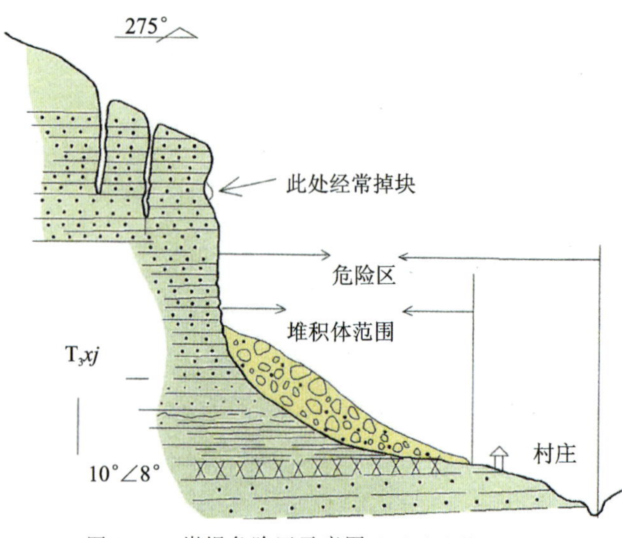

图 10-5　崩塌危险区示意图(据方庆海等,2016)

诱发崩塌的外界因素主要有地震、融雪、降雨、地表冲刷、浸泡、不合理的人类活动等。还有一些其他因素，如冻胀、昼夜温度变化等也会诱发崩塌。

全区发育崩塌地质灾害隐患点1297处，其中赤峰市287处，占22%；呼和浩特市250处(图10-6)，占19%；乌兰察布市152处，占12%；包头市101处，占8%；兴安盟93处，占7%。

图10-6 呼和浩特市大青山前坡崩塌

(据内蒙古自治区地质环境监测院，2018a)

(二)滑坡

滑坡[4]俗称"地滑""走山""垮山""山剥""土溜"等。滑坡根据其滑体的物质组成，可分为堆积层滑坡、黄土滑坡、黏性土滑坡、岩层(岩体)滑坡和填土滑坡(图10-7～图10-11)。违反自然规律、破坏斜坡稳定条件的人类活动都会诱发滑坡。如开挖坡脚因使坡体下部失去支撑而发生下滑。蓄水、排水易使水流渗入坡体，加大孔隙水压力，软化岩、土体，增大坡体容重，从而诱发滑坡的发生。

4 滑坡：是指斜坡上的土体或岩体，受河流冲刷、地下水活动、地震及人工切坡等因素的影响，在重力的作用下，沿着一定的软弱面或软弱带，整体的或分散状顺坡向下滑动的地质现象。

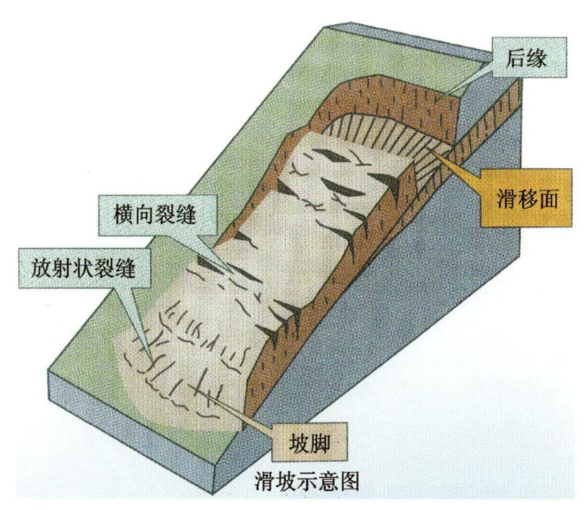

图10-7 滑坡示意图(据孙文盛，2006)

图10-8 岩质滑坡示意图(据孙文盛，2006)

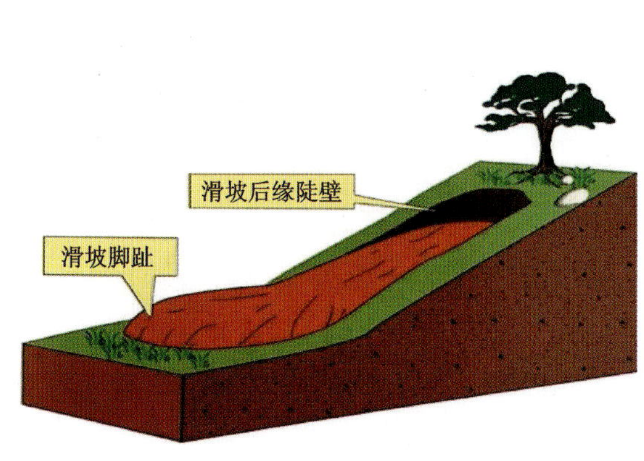

图10-9 土质滑坡示意图(据孙文盛，2006)

图10-10 滑坡发生过程示意图(据孙文盛，2006)

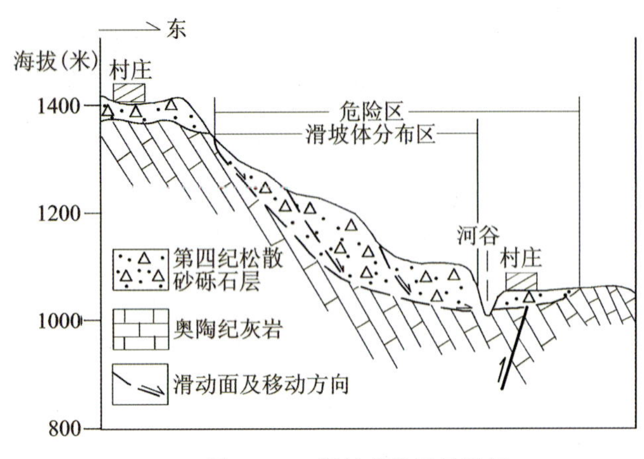

图 10-11 滑坡危险区示意图

滑坡作为山区的主要自然灾害之一，常常给工农业生产以及人民生命财产造成巨大损失，有的甚至是毁灭性的灾难。

1. 形成滑坡的内在条件

1)岩土类型

岩土体是产生滑坡的物质基础。结构松散、抗风化能力较低，在水的作用下其性质能发生变化的岩、土及软硬相间的岩层所构成的斜坡易发生滑坡。

2)地质构造条件

组成斜坡的岩体只有被各种构造面切割分离成不连续状态时，才有可能向下滑动。各种节理、裂隙、层面、断层发育的斜坡，最易发生滑坡。

3)地形地貌条件

只有处于一定的地貌部位，具备一定坡度的斜坡，才可能发生滑坡。坡度大于 10 度，小于 45 度，下陡中缓上陡、上部成环状的坡形是产生滑坡的有利地形。

4)水文地质条件

地下水活动，在滑坡形成中起着主要作用。尤其是对滑面(带)的软化作用和降低强度的作用最突出。

2. 诱发滑坡的外界因素

诱发滑坡的外界因素主要有地震、降雨和融雪、地表水的冲刷、浸泡、河流等地表水体对斜坡坡脚的不断冲刷；不合理的人类工程活动，如开挖坡脚、坡体上部堆载、爆破、水库蓄(泄)水、矿山开采等都可诱发滑坡，还有如海潇、风暴潮、冻融等作用也可诱发滑坡。

图 10-12 托克托县双河镇蒲摊拐取水口滑坡体航拍

(据内蒙古自治区地质环境监测院，2020)

3. 滑坡地质灾害隐患点

全区已发现 82 处。其中赤峰市 24 处，占 29%；鄂尔多斯市 19 处，占 23%；乌兰察布市 14 处，占 17%；包头市 10 处，占 12%；呼和浩特市 8 处(图 10-12)，占 10%；呼伦贝尔市 6 处，占 7%；兴安盟 1 处，占 1%。

(三)泥石流

泥石流[5]经常突然爆发，来势凶猛，沿着陡峻的山沟奔腾而下，山谷犹如雷鸣，可携带巨大的石块，在很短的时间内将大量泥沙、石块冲出

[5] 泥石流：由暴雨、冰雪融水或库塘溃坝等水源激发，使山坡或沟谷中的固体堆积物混杂在水中沿山坡或沟谷向下游快速流动，并在山坡坡脚或出山口的地方堆积下来，就形成了泥石流。一般泥石流中的泥沙、块石体积含量都超过 16%，最高可达 80%。

沟外，破坏性极大，常常给人类生命财产造成很大的危害（图 10-13）。

按流域的沟谷地貌形态，可分为沟谷型泥石流和坡面型泥石流。前者沿沟谷形成，流域呈现狭长状，规模大；后者沟短坡陡，规模小（图 10-14、图 10-15）。

泥石流可对居民点道路、桥梁、水利、水电工程及矿山等造成极大的危害。全区发育泥石流地质灾害隐患点 723 处，其中赤峰市 269 处（图 10-16），占 37%；兴安盟 95 处，占 13%；乌兰察布市 94 处，占 13%；呼和浩特市 81 处，占 11%；巴彦淖尔市 54 处，占 7%；呼伦贝尔市 43 处，占 6%；包头市 38 处，占 5%；鄂尔多斯市 4 处，占 1%；锡林郭勒盟 14 处，占 2%；阿拉善盟 16 处，占 2%；乌海市 4 处，占 1%；通辽市 11 处，占 2%。

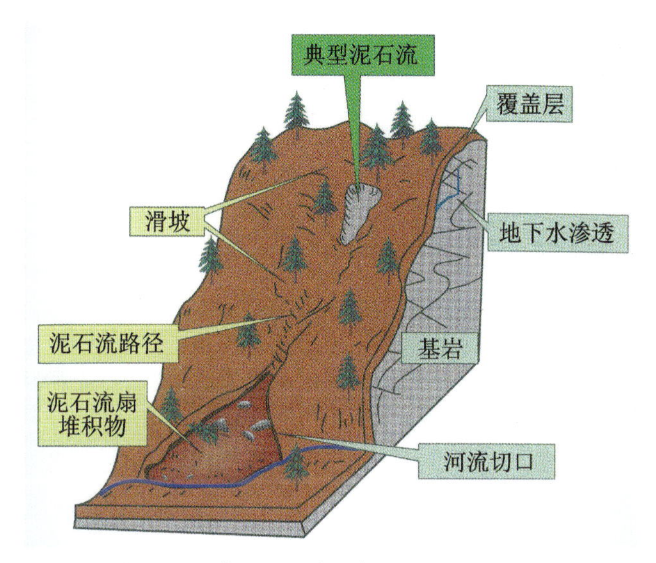

图 10-13　典型泥石流示意图（据孙文盛，2006）

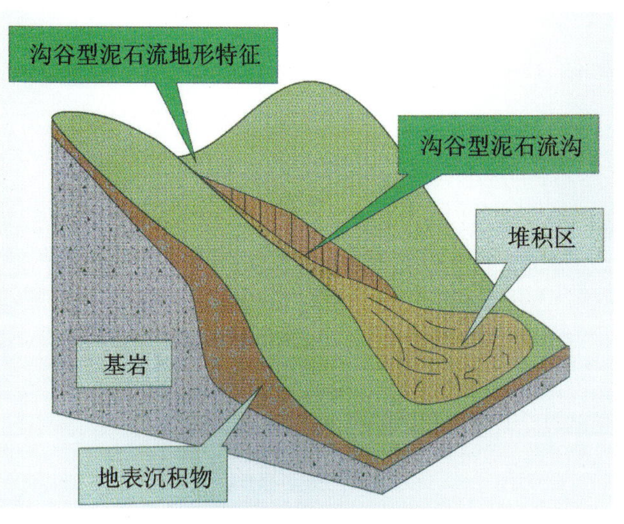

图 10-14　沟谷型泥石流示意图（据孙文盛，2006）

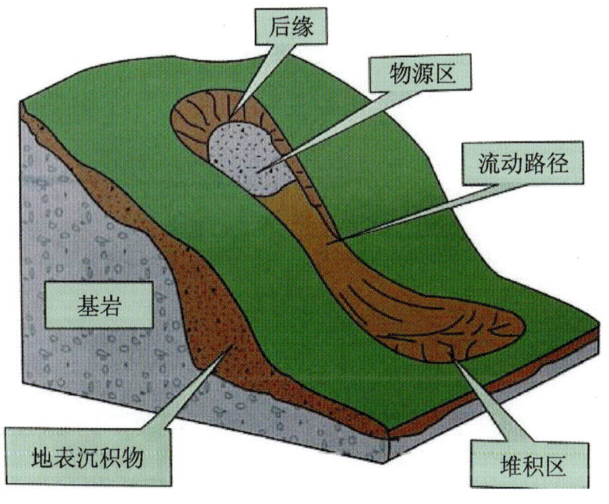

图 10-15　坡面泥石流示意图（据孙文盛，2006）

图 10-16　赤峰市翁牛特旗亿合公镇大院村泥石流

（据内蒙古自治区地质环境监测院，2018a）

（四）地面塌陷

地面塌陷[6]造成大量农田、草原损毁，地表建筑物、道路、矿山等遭受严重破坏和恶化。由于其发育的地质条件和作用因素不同，地面塌陷可分为采空塌陷、岩溶塌陷等。

●6 地面塌陷：是指地表岩、土体在自然或人为因素作用下向下陷落并在地面形成塌陷坑（洞）的一种动力地质现象。通常地下存在空洞。

采空塌陷，一般是由于地下矿体被采出，悬空的地表岩层在重力作用下发生弯曲变形乃至陷落的现象(图 10-17)。

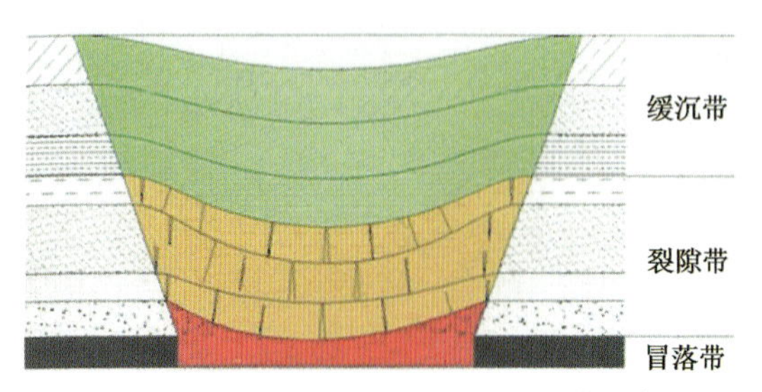

图 10-17 采空区上覆岩层运动规律示意图
(据方庆海等，2016)

岩溶塌陷，指岩溶地区下部可溶岩层中的溶洞或上覆土层中的土洞，因自身洞体扩大或在自然与人为因素的影响下，顶板失稳产生的塌落或沉陷(图 10-18)。

全区发育地面塌陷地质灾害隐患点 399 处，其中鄂尔多斯市 154 处，占 39%；赤峰市 65 处，占 16%；包头市 45 处，占 11%；乌海市 37 处占 9%；呼伦贝尔市 25 处，占 6%(图 10-19)；乌兰察布市 16 处，占 4%；呼和浩特市 15 处，占 4%；阿拉善盟 13 处，占 3%；巴彦淖尔市 10 处，占 2%；锡林郭勒盟 9 处，占 2%；通辽市 6 处，占 1%；兴安盟 4 处，占 1%。

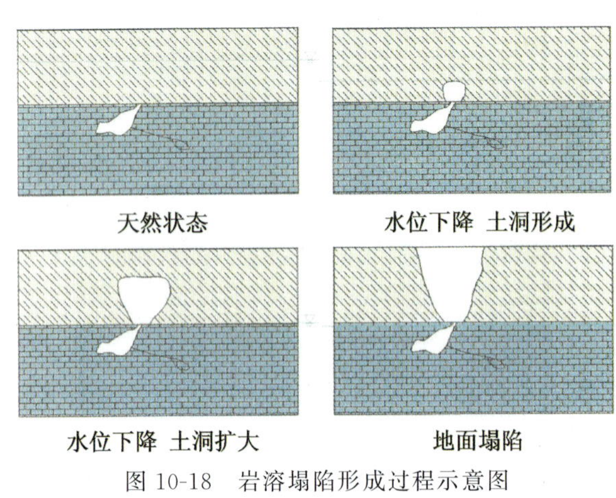

图 10-18 岩溶塌陷形成过程示意图
(据方庆海等，2016)

图 10-19 呼伦贝尔宝日希勒煤矿地面塌陷
(据内蒙古自治区地质环境监测院，2018a)

(五)地裂缝

地裂缝[7]一般产生在第四纪松散沉积物中，部分地段的基岩中也有发生，其分布没有很强的区域性规律，成因也比较多，是一种缓慢发展的渐进性地质灾害，一般分为构造地裂缝和非构造地裂缝。全区发育地裂缝地质灾害隐患点 3 处，分布于赤峰市(图 10-20)。

7 地裂缝：是地表岩土体在自然因素和人为因素作用下，产生开裂并在地面形成一定长度和宽度裂缝的现象。

(六)地面沉降

地面沉降[8]是一种天然地质应力或人为作用下产生的地质现象，它的具体表现是地面下沉。影响地面沉降的因素概括起来可以划分为自然因素和人为因素。自然因素主要是指岩土体结构、物理和力学特征、地震、火山及地下水埋藏条件等。人为因素主要指人类过量开采地下水和其他矿产如石油、天然气及煤矿(图 10-21)，以及大量建立各种地下工程等。

8 地面沉降：又称为地面下沉或地陷。主要是在人类经济活动影响下，由地下松散地层固结压缩，导致地壳表面标高降低的一种局部的下降运动。

图 10-20 赤峰市松山区庙子沟煤矿地裂缝

(据内蒙古自治区地质环境监测院,2018a)

图 10-21 呼伦贝尔市鄂温克族自治旗大雁煤矿地面沉降

(王剑民摄于 2022 年)

地面沉降的特点是波及范围、下沉速率缓慢,往往不易察觉,但它对建筑物、城市建设和农田水利危害极大。

地面沉降属于一种缓变、累进、区域连续性的地质灾害,其危害主要表现为造成地面高程损失,如引起桥梁、堤防、涵闸等工程下沉,防洪排涝防潮能力下降,江河航运行洪能力下降等,影响建构筑物结构安全等。地面沉降及伴生地裂缝会导致工程设施变形开裂、沉陷倾倒,地下管道破裂,高铁、地铁等线性工程平顺度降低导致形变等。

三、典型灾害——滑坡、泥石流及地面塌陷

(一)滑坡

1. 呼和浩特市托克托县双河镇蒲摊拐取水口滑坡

滑坡前缘以托克托县 蒲滩拐公路为界,两侧以冲沟为界,由于人工开挖、水流切割贯通了两侧沟谷成为滑坡后缘界边,滑坡体被切割成一个相对独立的孤丘(图 10-12)。滑坡表面最小高程 990.36 米,最大高程 1 042.02 米,总体走势北西高、南东低。滑坡俯视形态为不规则梯形,北西-南东向长约 310 米,北东-南西向宽约 170 米,面积约 6.6 万平方千米,估算滑坡体方量约 142 万立方米。

滑坡位于黄河左岸边的湖积台地,由于受黄河的冲刷下切,使台地前缘临空形成斜坡,改变了台地原有的应力平衡状态,促使坡体发生变形,并逐渐向滑坡后缘扩展,在长期变形积累下,应力进一步集中,最终发生了大规模的滑动。因而该滑坡为松脱式滑坡,其形成机制主要表现为蠕滑-拉裂。另外,该区域的地层上部为第四纪黄土状粉质黏土和粉砂、细砂层,为易滑坡地层且为含水层,易于地表水的下渗及径流;下部新近纪紫红色泥岩、粉质黏土相对隔水,上部含水层由于

图 10-22　受威胁取水口建筑

（据内蒙古自治区地质环境监测院，2020）

图 10-23　受威胁公路

（据内蒙古自治区地质环境监测院，2020）

图 10-24　营盘山滑坡航拍图

（据内蒙古自治区地质环境监测院，2020）

地下水的长期渗透作用，水量较丰富，并将下层表面的岩石软化、泥化，形成了软弱结构带，从而形成滑动带，使其具备了滑坡形成的条件。

2006 年 10 月 27 日因连续降水，导致土体含水率增高，滑坡前缘发生滑塌，毁坏护坡 100 米并淤积公路，造成直接经济损失 2 万元。滑坡的潜在威胁对象主要是蒲滩拐黄河取水口设施（图 10-22）及其工作人员、公路（图 10-23）以及坡顶电视通信塔、输电线路，预测经济损失大于 5000 万元，危害程度为大型。

建议有关建设单位设置必要的地质灾害监测预警设施，对滑坡体加强监测预警，汛期加强巡查排查。

2. 阿拉善盟阿拉善左旗营盘山景观公园滑坡

营盘山景观公园位于阿拉善左旗巴彦浩特北部，总面积 2.11 平方千米，是整个城市的北部屏障和城市制高点。西部靠近老城区，东部衔接新区，南部为自然生态园。营盘山区内山顶及丘陵呈浑圆状（图 10-24），天然坡角一般大于 30 度。表面被第四系覆盖，地表植被发育一般。区内沟谷较发育，较大的沟谷有 2 条，均为东西走向，呈平行状分布，间距约为 230 米。其中北侧沟谷宽 30～180 米，沟床略弯曲，沟谷纵坡降 3‰～5‰；南侧沟谷宽 15～80 米，沟谷纵坡降约 3‰～5‰。沟壁自上而下为碎石土、黄土，强风化泥岩、弱风化泥岩。沟内堆积物为第四系冲洪积砾石、中细砂及粉土。

滑坡群已毁坏坡面松树约 1 亩，毁坏坡面灌丛约 0.3 亩；直接威胁坡面松树约 4 亩、高压输电线路 200 米、坡面灌丛约 3 亩以及营盘山景观公园公审广场，危害程度为大型。

由于构成滑坡的物质以碎石土为主，其稳定性主要取决于降水和人类工程活动，稳定性具有随季节交替而变化、长期趋于不稳定状态的特点。当再次或多次遭受暴雨袭击或树木过度浇水浸泡时，形成贯穿性滑面的可能性大，产生大面积滑移的可能性较大。

（二）泥石流

1. 呼和浩特市土默特左旗陶思浩乡湾石沟泥石流

湾石沟位于土默特左旗西部的大青山山区，该区山脉呈北东向展布，整体趋势北高南低，东西高、中间低，地貌上具有“山高、沟深、坡陡”的特点，沟谷总体呈南北向条带状展布，沟口向南，沟口下游位于山前倾斜平原冲洪积扇区（图 10-25），南距高速公路 1000 米，周围山体山顶呈尖顶状、长脊状，地形切割强烈，形成大量较陡的斜坡，山体坡度为45度～60度，沟岸两侧冲沟发育，流域内最高点海拔1640米，相对高差600米，坡体植被发育一般，有灌丛、农田、杂草及少量林地，周围山体基岩裸露。

图10-25 湾石沟泥石流航拍图
（据内蒙古自治区地质环境监测院，2020）

泥石流沟断面呈"V"字形，位于哈素海西北岸，沟口距哈素海4.8千米，泥石流沟流域面积2.0平方千米，流域形态为枝叶状。流域内相对高差为600米，泥石流主沟长为2.5千米，沟宽8～20米，沟道走向为180度，可分为形成区、流通区、堆积区，沟床平均纵坡降4.6‰，沟口发育有完整扇形地，流域内综合植被覆盖率低（约10%），流域内山体基岩大面积出露，山体出露基岩为古元古界乌拉山岩群片麻岩类，上覆为第四系残坡积层，厚度0.3～0.7米，坡脚处较厚，山体基岩裂隙发育，岩层表面风化严重，多形成碎石，沟底（现为道路）为第四系冲洪积砂、砂砾石层。可进一步划分为形成区、流通区、堆积区。

该泥石流坡面以上冲沟较发育，沟坎发育，沟内松散堆积物较多，为泥石流提供了大量的物质来源；其次，流域面积较大，为泥石流的形成提供了有利的汇水条件。

1982年7月曾发生过泥石流灾害，冲毁学校房屋4间（无人员伤亡），半毁农田300亩，造成直接经济损失152万元。同时其他居民房屋（图10-26）、道路、农田等也受到威胁，危害程度为大型。灾害过后，村委会出资对之前的防洪坝进行了修复加固（图10-27）。

图10-26 沟口受威胁居民区
（据内蒙古自治区地质环境监测院，2020）

图10-27 简易防洪坝
（据内蒙古自治区地质环境监测院，2018b）

2. 巴彦淖尔市乌拉特中旗乌加河镇养狼沟泥石流

养狼沟位于乌拉特中旗狼山中低山区，该沟沟谷断面呈"U"形，沟道较长，两侧支沟发育，流域形态呈树叶状，流域面积22.62平方千米，主沟纵坡42‰，泥石流松散固体物源为坡面松散物和沟道堆积物，为沟谷型泥石流（图10-28），诱发因素为降雨，沟口一次最大冲出量约6万立方米，暴发规模为中型泥石流沟的形成区、流通区和堆积区界线较明显。

养狼沟地形切割强烈，沟谷纵坡降大，谷底狭窄，两侧坡度较陡，局部山坡坡度大于60度，流域内植被覆盖率低，具备大面积汇水条件；沟谷两侧发育陡峭的斜坡，受构造运动影响，山体基岩节理裂隙发育，加之在降水、风化及沟底水蚀等外力作用下，斜坡稳定性变差，岩层表面破碎，小型坍塌时有发生，滚落下来的巨石及岩石碎块堆积于坡脚处和沟道，成为泥石流的固体物源；由于降水的时空分布不均，降水集中的雨季常出现大雨、暴雨、冰雹，就会发生泥石流。

泥石流沟处于发展期，由于沟谷流域汇水面积大，主沟长，支沟众多，沟床纵坡降较大，松散固体物质丰富，如遇大的降雨或暴雨，就可能暴发泥石流，将威胁乌加河镇的居民、农田等。

水利部门在沟口和居民区段两侧修建了石笼导流坝和浆砌石防洪坝，防洪坝长 600 米、高 1.5 米、宽 0.5 米，有效降低了泥石流地质灾害带来的安全隐患。

图 10-28　养狼沟泥石流航拍

（据内蒙古自治区地质环境监测院，2020）

3. 赤峰市克什克腾旗芝瑞镇上柜村沟门泥石流

芝瑞镇上柜村沟门泥石流，属于沟谷型泥石流。该泥石流沟沟脑最高处高程 1600 米，堆积区一带高程为 1200 米，相对高差 400 米，山体坡度较陡，山坡坡度 40 度～60 度，植被覆盖率 30%～50%，山坡上第四系覆盖层较厚，坡脚最厚，为 10～25 米，主要为灰黑色黏砂土夹卵砾石层，山顶玄武岩出露。

村民多数居住在两岸岸坡上和近扇形地附近，泥石流沟谷呈“V”形，总体向北流（图 10-29），主沟长 1 万米，流域面积约 63 平方千米。主沟上游较下游窄，沟岸坍塌严重，沟谷上中下游沟底堆积物均较多，中下游较厚，堆积物主要以卵石、碎石、黏砂土为主。该泥石流沟沟口扇形地发育，扇轴线长约 250 米，扇宽（即扇面弧线距离）约 150 米，角度约 50 度，扇形地完整度约 60%，冲洪积扇厚度约 2 米。该泥石流沟主沟及支沟沟道内物源主要来源于每次泥石流过后的沟道淤积物、坡面侵蚀物源及沟岸坍塌。

图 10-29　上柜村沟门泥石流沟穿村而过

（据内蒙古自治区地质环境监测院，2020）

目前，泥石流沟处于发展期，几乎每年在雨季都会发生不同程度的泥石流。其中 2008 年 8 月 21 日发生的泥石流毁坏房屋 20 间、冲走牲畜 50 头（只）、冲毁公路 1000 米；2013 年 6 月 24 日发生的泥石流冲走粮仓 2 座、院落（无人居住）1 处、牛羊 100 多头（只）。今后如遇大雨、暴雨，再次暴发泥石流的可能性很大。

该泥石流沟汇水面积较大，植被覆盖率低，沟谷固体松散物质丰富（图 10-30），仍然存在发生大规模泥石流的可能，将威胁附近的村庄、农田、道路等。

目前该泥石流灾害点设有警示牌，沿泥石流沟一带设置了多处地质灾害监测站点（图 10-31），实现了泥石流灾害监测和预警预报。

图 10-30 泥石流沟沟道堆积物

(据内蒙古自治区地质环境监测院,2020)

图 10-31 泥石流灾害监测点

(王剑民摄于 2022 年)

(三)地面塌陷

1. 准格尔旗薛家湾填唐公塔煤矿地面塌陷

地貌类型为丘陵,上部土体为第四系黄土,下伏基岩为侏罗系砂岩。地形起伏较大,相对高差 30~50 米,顶部呈圆状,坡度 10 度~25 度,植被覆盖率 30%,土地利用类型为草地及建筑,地下水类型为松散岩类孔隙水,岩土体类型为碎屑岩,人类工程活动强烈。

现有塌陷坑 3 处,呈圆形、长条状等,长轴 3~6 米不等,深大于 3 米,坑壁多为块状黄土,坑底为土层;裂缝 23 条,呈平行状分布,垂直于坡面(图 10-32),多为直线型及弧形,最长 240 米,最短 30 米,宽 0.2~0.6 米,最大间距 160 米。塌陷影响面积 1.37 平方千米,属大型冒顶式塌陷,诱发因素包括降雨、地震、地下开采等。目前威胁林草地 170 亩。

图 10-32 唐公塔煤矿地面塌陷

(据内蒙古自治区地质环境监测院,2021b)

2. 准格尔旗龙口镇串草圪旦煤矿地面塌陷

地貌类型为丘陵,地形起伏较大,相对高差 20~50 米,顶部呈圆状,坡度 10 度~25 度,植被覆盖率 30%,土地利用类型为草地及建筑,地下水类型为松散岩类孔隙水,岩土体类型为较软碎屑岩。

现分布有 7 条裂缝,平行分布,垂直于坡面,多为直线型及弧形(图 10-33),最长 190 米,最短 25 米,宽 0.2~0.5 米,深大于 2 米,最大间距 220 米,分布面积 1.23 平方千米,规模等级大型,成因类型为冒顶式塌陷,上部土体为第四系黄

图 10-33 串草圪旦煤矿地面塌陷

(据内蒙古自治区地质环境监测院,2021b)

土，下伏基岩为侏罗系砂岩。现今破坏迹象除地裂缝外，还有地面沉降，诱发因素包括降雨、地震、地下开采等，威胁草地、农田近 200 亩。另外，煤矿地面塌陷对矿山生产也会产生巨大的负面影响，可能会造成矿井塌陷、漏水，甚至危及人民生命等。

四、灾害分区——中低山、低中山是重点

内蒙古地质灾害防治分区是以地质灾害易发程度分区为基础，结合行政区划、国土空间规划，将全区划分为重点防治区、次重点防治区和一般防治区 3 个等级，并针对每一个防治片区的地质灾害特征与防治需要，提出工程治理、避险搬迁、排危除险、监测预警等建议。

根据地质灾害的发育程度及其发育的地质环境背景条件，全区地质灾害易发程度划分为高易发区、中易发区、低易发区和不易发区（图 10-34）。

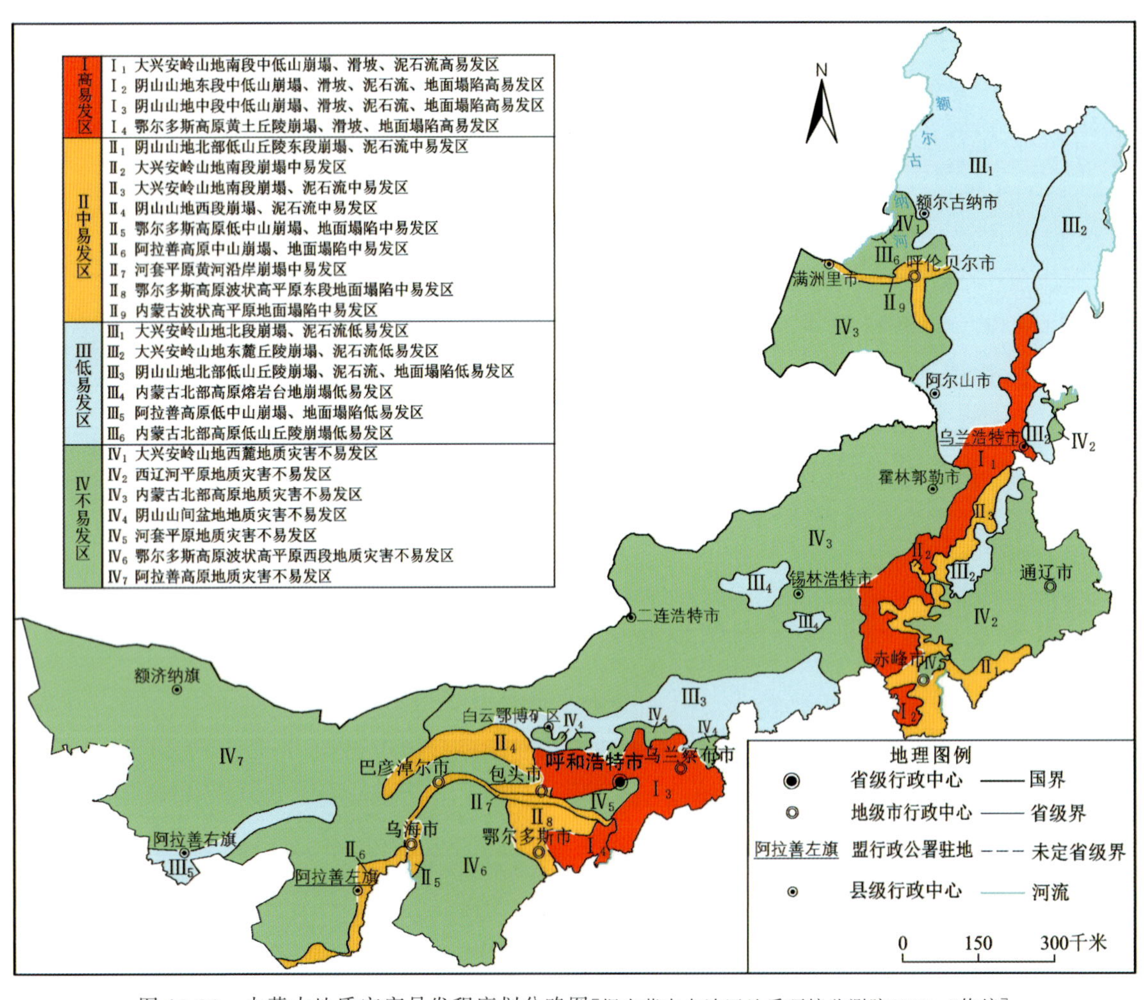

图 10-34 内蒙古地质灾害易发程度划分略图[据内蒙古自治区地质环境监测院(2021a)修编]

(一)地质灾害高易发区

高易发区面积 9.8 万平方千米，占全区总面积的 8.28%，包括 4 个亚区。

1. 大兴安岭山地南段中低山崩塌、滑坡、泥石流高易发区($Ⅰ_1$)

该易发区分布在扎兰屯—乌兰浩特一线以南、赤峰市翁牛特旗以北地区，面积 4.7 万余平方千米，隶属呼伦贝尔市、兴安盟、通辽市、赤峰市管辖，涉及 12 个旗县。地貌为中低山，山体陡峻，基岩裸露，岩石节理裂隙发育，以火山岩、花岗岩为主。分布地质灾害隐患点 418 处，其中崩塌 159 处，滑坡 1 处，泥石流 240 处，地面塌陷 18 处。崩塌类型主要为岩崩，规模多属小型；泥石流(图 10-35)规模多为小型。主要危害公路、铁路、农田和房屋。

图 10-35　赤峰市克旗芝瑞镇上柜村沟门泥石流(据内蒙古自治区地质环境监测院，2015)

2. 阴山山地东段低中山崩塌、滑坡、泥石流、地面塌陷高易发区($Ⅰ_2$)

该易发区属赤峰市管辖，涉及松山区、喀喇沁旗和宁城县 3 个旗(县)，面积 3200 平方千米。地貌为中低山，山势陡峻，相对高差 100～500 米。岩性以片麻岩、花岗岩和火山岩为主。分布地质灾害隐患点 131 处，其中崩塌 74 处，以岩体崩塌为主，规模多属小型；滑坡 3 处；泥石流 45 处，多属于沟谷型泥石流，规模多为中—小型；地面塌陷 9 处，集中分布在元宝山矿区，规模多为大—中型。地质灾害主要危害矿山开采设备、道路、农田、房屋。

3. 阴山山地中段低中山崩塌、滑坡、泥石流、地面塌陷高易发区($Ⅰ_3$)

该易发区分布于丰镇—集宁以西，属乌兰察布市、呼和浩特市、包头市管辖，涉及 13 个旗(县)，面积近 4 万平方千米。地貌为低中山，坡陡谷深，岩性为变质岩和花岗岩。分布地质灾害隐患点 736 处，其中崩塌 425 处，以岩体崩塌为主，规模均属小型；滑坡 36 处，为岩质滑坡、堆积层滑坡，规模多属中、小型；泥石流 211 处，多属于沟谷型泥石流。地面塌陷 64 处，主要分布在包头市固阳矿区，规模多为中—小型。主要危害矿山、公路、农田、房屋。

4. 鄂尔多斯高原黄土丘陵崩塌、滑坡、地面塌陷高易发区($Ⅰ_4$)

图 10-36　准格尔旗沙咀子煤矿地面塌陷(据内蒙古自治区地质环境监测院，2021b)

该易发区分布在准格尔旗以及伊金霍洛旗、东胜区东部，面积 7800 余平方千米。地貌为黄土丘陵，地形切割强烈，沟谷重力侵蚀和向源侵蚀作用强烈，沟谷断面多呈“V”字形，黄土结构松散，柱状节理发育。分布地质灾害隐患点 205 处，其中崩塌 52 处，以黄土崩塌为主，其次为岩体崩塌，规模多为小型；滑坡 19 处，为堆积层滑坡和黄土滑坡，规模多为中、小型。地面塌陷 134 处，集中分布在东胜矿区以及准格尔矿区，规模多为中、小型，地面塌陷破坏耕地、草地、农田、矿山、公路和房屋(图 10-36)。

(二)地质灾害中易发区

中易发区面积8.5万平方千米，占全区总面积的7.17%，分为9个亚区。

1. 阴山山地北部低山丘陵东段崩塌、泥石流中易发区($Ⅱ_1$)

该易发区位于西辽河平原南部及西部，属赤峰市、通辽市管辖，涉及12个旗(县)，面积2.1万平方千米。微地貌为黄土台地，河流下切作用及山谷向源侵蚀作用强烈。岩土体类型主要为黄土状黏砂土，厚度30～100米，土质疏松、柱状节理发育。分布地质灾害隐患点272处，其中崩塌143处，为岩体崩塌和土体崩塌，规模多为中—小型。滑坡20处。泥石流69处，均为沟谷型泥石流，规模为小型。地面塌陷37处，地裂缝3处。地质灾害主要危害农田、公路和房屋。

2. 大兴安岭山地南段崩塌中易发区($Ⅱ_2$)

该易发区分布于巴林左旗中部等地区，面积760平方千米。地貌为低山丘陵，山岭低缓，丘陵顶部呈浑圆状，相对高差100～200米。分布地质灾害隐患点2处，其中崩塌1处，为岩体崩塌，规模为小型。泥石流1处，为沟谷型泥石流，规模为小型。地质灾害主要危害农田、道路和居民房屋。

3. 大兴安岭山地南段崩塌、泥石流中易发区($Ⅱ_3$)

该易发区分布于大兴安岭山地南段东麓自突泉县—巴林左旗一线，属兴安盟、通辽市、赤峰市管辖，涉及5个旗(县)，面积8000平方千米。地貌为低山丘陵，山岭低缓，丘陵顶部呈浑圆状，相对高差100～200米。分布地质灾害隐患点26处，其中崩塌6处，以岩体崩塌为主，规模多为中、小型；泥石流19处，规模多为小型；地面塌陷1处。地质灾害主要危害农田、道路和居民房屋。

4. 阴山山地西段低中山崩塌、泥石流中易发区($Ⅱ_4$)

该易发区分布于狼山一线，属巴彦淖尔市管辖，涉及3个旗(县)，面积1.7万平方千米。地貌为低中山，岩性为变质岩和花岗岩。分布地质灾害隐患点150处，其中崩塌64处，以岩体崩塌为主，规模多为中、小型；泥石流68处，均属于小型。地面塌陷18处，主要分布在海流图镇温更煤矿和明安镇铁矿矿区，规模为小型。地质灾害主要危害农田、道路和房屋。

5. 鄂尔多斯高原低中山崩塌、地面塌陷中易发区($Ⅱ_5$)

该易发区分布在鄂尔多斯高原西部的桌子山，属乌海市管辖，涉及乌海市三区，面积2100平方千米。地貌为低中山，山体高陡，相对高差150～500米。出露岩性主要为中厚层状灰岩。分布地质灾害隐患点82处，其中崩塌46处，以岩质崩塌为主，规模多为小型；另有泥石流4处、地面塌陷32处。灾害区集中分布在海南区的宝坤煤矿、永安西峰、老石旦及公乌素等矿区，海勃湾区的平沟煤矿、旧洞沟等矿区以及乌达区的苏海图、黄白茨和五虎山矿区，规模为中、小型。地质灾害主要危害矿山、农田、道路和房屋。

6. 阿拉善高原中山崩塌、地面塌陷中易发区(Ⅱ6)

该易发区分布在贺兰山西麓，属阿拉善左旗管辖，面积8400平方千米。地貌为中山，山峰陡峻，侵蚀作用强烈，山间沟谷深切。岩性为变质岩、碳酸盐岩、碎屑岩。分布地质灾害隐患点65处，其中崩塌42处，多属岩体崩塌，规模多为小型。泥石流11处，为小型。地面塌陷12处，分布在阿拉善左旗的宗别立矿区、新井矿区及黑山矿区，规模为中型。地质灾害主要危害矿山、公路、房屋。

7. 河套平原黄河沿岸崩塌中易发区(Ⅱ7)

该易发区分布于乌海市—呼和浩特市黄河沿岸地带，面积7300平方千米，土体类型为粉细砂、黏性土及黄土。分布地质灾害隐患点73处，其中崩塌70处，多为黄河塌岸和沟谷塌岸，规模多为大—中型。滑坡1处，地面塌陷2处。黄河塌岸主要危害农田、村庄和黄河大坝。

8. 鄂尔多斯高原波状高平原东段地面塌陷中易发区(Ⅱ8)

该易发区分布在杭锦旗与东胜区一线以北的丘陵沟壑区及南部乌兰木伦河一带，涉及3个旗(县)，面积近1.2万平方千米。地貌为波状高平原，岩性为砂岩、砂砾岩。分布地质灾害隐患点28处，其中崩塌3处，为岩体崩塌，规模均属小型；泥石流4处，地面塌陷21处，分布在伊金霍洛旗新庙—纳林陶亥矿区、神东矿区、塔拉壕矿区一带，规模为小型。地质灾害主要危害矿山、公路和农田。

9. 内蒙古波状高平原地面塌陷中易发区(Ⅱ9)

该易发区分布在呼伦贝尔高原中部的陈巴尔虎旗煤田宝日希勒矿区和鄂温克族自治旗大雁矿区，面积7500余平方千米。地貌为波状高平原，地形开阔，由东南向西北倾斜，呈波状起伏。上覆岩性为第四纪沉积物，下伏为碎屑岩。分布地质灾害隐患点26处，其中崩塌6处，多为岩体崩塌，发生在露天开采的矿山边坡和公路、铁路沿线，规模为中、小型；滑坡7处，为堆积层滑坡，主要发育在露天矿的排土场和开采边坡，规模为大、中型，泥石流1处。地面塌陷12处，集中分布在宝日希勒矿区和大雁矿区，规模以大、中型为主(图10-37)，危害对象为草场、道路、通信设备、矿山和人员等。

图10-37 呼伦贝尔市宝日希勒矿区地面塌陷

(王剑民摄于2022年)

(三)地质灾害低易发区

低易发区面积约30万平方千米，占全区总面积的25.33%，包括6个亚区。

1. 大兴安岭山地北段崩塌、泥石流低易发区($Ⅲ_1$)

该易发区分布在兴安盟洮儿河以北地区，涉及7个旗(县)，面积近16万平方千米。山体低而宽广，山岭连绵，森林覆盖面积大。出露基岩以火山岩为主。分布地质灾害隐患点54处，其中崩塌38处，泥石流11处，地面塌陷5处。

2. 大兴安岭山地东麓丘陵崩塌、泥石流低易发区($Ⅲ_2$)

该易发区分布在大兴安岭东麓，涉及5个旗(县)，面积6.9万平方千米。地貌为低山丘陵，山体多呈浑圆状，坡度20度～40度，沟谷密集，河流阶地发育，相对高差50～300米。岩性以火山岩、花岗岩为主，节理裂隙发育。分布地质灾害隐患点42处，其中崩塌19处，泥石流9处，地面塌陷14处。

3. 阴山山地北部低山丘陵崩塌、泥石流、地面塌陷低易发区($Ⅲ_3$)

该易发区分布于阴山北部燕山北麓，涉及8个旗(县)，面积4.7万平方千米。地貌为低山丘陵，山岭低缓，丘顶多呈浑圆状，相对高差100～200米。以花岗岩和浅变质岩为主，分布地质灾害隐患点62处，其中崩塌36处，为岩体崩塌，多发育在公路、铁路沿线，规模为小型；泥石流16处，均为沟谷型，规模为小型；地面塌陷10处，零星分布在多伦县南部矿区一带，规模多为小型。地质灾害主要危害公路、铁路和矿山设备。

4. 内蒙古北部高原熔岩台地崩塌低易发区($Ⅲ_4$)

该易发区分布于阿巴嘎旗、苏尼特左旗、锡林浩特市一带，面积9300平方千米。熔岩台地呈阶梯状展布，相对高差10～100米。岩性为玄武岩，分布1处崩塌灾害。

5. 阿拉善高原低中山崩塌、地面塌陷低易发区($Ⅲ_5$)

该易发区分布于雅布赖山和北大山一带，属阿拉善右旗管辖，面积1.3万平方千米。地貌为低中山，山峰陡立，沟谷切割强烈，基岩裸露，相对高差500～700米。出露岩性以碎屑岩、花岗岩为主。分布地质灾害26处，其中崩塌17处，均为岩体崩塌，多发育在矿山开采边坡，规模均属小型；泥石流5处。地面塌陷4处，分布在老山煤矿、老山头北岗煤矿和嘎顺塔铁矿矿区。地质灾害主要威胁矿山、道路。

6. 内蒙古北部高原低山丘陵崩塌低易发区($Ⅲ_6$)

该易发区分布于陈巴尔虎旗巴彦库仁镇北部，面积360平方千米。地貌类型为低山丘陵。分布地质灾害7处，其中崩塌4处，为岩体崩塌，多发育在公路沿线，规模为小型。泥石流1处，地面塌陷2处。

(四)地质灾害不易发区

不易发区主要涉及内蒙古西部地区、中部的北部地区以及通辽地区。面积70万平方千米，占全区总面积的59.22%，包括7个亚区($Ⅳ_1$～$Ⅳ_7$)。这些地区属低缓丘陵区、平原区。地质灾害隐患点零星分布，目前发现有崩塌70处、泥石流19处、地面塌陷6处。

五、防灾避险——自救与应急

(一)临灾前兆

多数地质灾害发生前数天、数小时甚至数分钟,前兆是清楚的。只要普及地质灾害防范的基本常识,及时捕捉前兆,迅速采取措施,可以最大限度地避免人员伤亡和减少财产损失。

1. 崩塌

崩塌发生前可能会出现以下征兆:崩塌处的裂缝逐渐扩大,危岩体的前缘有掉块、坠落现象,小崩小塌不断发生;坡顶出现新的破裂形迹,嗅到异常气味;不时偶闻岩石的撕裂摩擦错碎声等异常。

2. 滑坡

滑坡滑动之前,在滑坡前缘坡脚处,堵塞多年的泉水有复活现象,或者出现泉水(井水)突然干枯,井、泉水位突变或混浊等类似的异常现象。土体出现隆起(上凸)现象,这是滑坡体明显向前推挤的现象。在滑坡体中部、前部出现横向及纵向放射状裂缝(图 10-38、图 10-39),它反映了滑坡体向前推挤并受到阻碍,已进入临滑状态。滑坡后缘的裂缝急剧扩展,并从裂缝中冒出热气或冷风。

图 10-38 大量裂缝出现说明山坡已处于危险状态

(据孙文盛,2006)

图 10-39 斜坡地表出现裂缝,斜坡上的建筑物也发生开裂

(据国土资源部人事教育司等,2010)

滑坡是否发生,不能靠单一个别的前兆现象来判定,有时可能会造成误判。因此,发现某一种前兆时,应尽快对滑坡体进行仔细查看,迅速作出综合的判定。

3. 泥石流

泥石流发生前将有以下征兆:河流突然断流或水势突然加大,并夹有较多柴草、树枝;深谷内传来似火车轰鸣或闷雷般的声音;沟谷深处突然变得昏暗,并有轻微震动感等。

(二)避险自救

1. 地质灾害高发区居民点的避险准备

为紧急避险,地质灾害高发区的居民要在专业技术人员的指导下,在县、乡、村有关部门的配合下,事先选定地质灾害临时避灾场地、提前确定安全的撤离路线、临灾撤离信号等,有时还要做好必要的防灾物资储备。

2. 临时避灾场地选定

在地质灾害危险区外,事先选择一处或几处安全场地(图 10-40),作为避灾的临时场所。避灾场所一定要选取绝对安全的地方,绝不能选在滑坡的主滑方向、陡坡有危岩体的坡脚下或泥石流沟口等处。在确保安全的前提下,避灾场地距原居住地越近越好,地势越开阔越好,交通和用电、用水越方便越好。

图 10-40 避险区域选址

(据国土资源部人事教育司等,2010)

3. 撤离路线的选定

撤离危险区应通过实地踏勘选择好转移路线,应尽可能避开滑坡的滑移方向、崩塌的倾崩方向或泥石流可能经过地段。尽量少穿越危险区,沿山脊展布的道路比沿山谷展布的道路更安全。

4. 地质灾害发生时怎么办

崩塌发生时,如果身处崩塌影响范围外,一定要绕行;如果处于崩塌体下方,只能迅速向两边逃生,越快越好;如果感觉地面震动,也应立即向两侧稳定地区逃离。滑坡发生时,应向滑坡边界两侧撤离(图 10-41),绝不能沿滑移方向逃生。

图 10-41 滑坡发生时,要向滑坡滑动方向的垂直方向逃离(据国土资源部人事教育司等,2010)

当处于泥石流区时,不能沿沟向下或向上跑,而应向两侧山坡上跑,离开沟道、河谷地带,但应注意,不要在土质松软、土体不稳定的斜坡停留,以防斜坡失稳下滑,应在基底稳固又较为平缓的地方暂停观察,选择远离泥石流经过地段停留避险。另外,不应上树躲避,因泥石流不同于一般洪水,其流动中可能剪断树木卷入泥石流,所以上树逃生不可取。应避开河(沟)道弯曲的凹岸或地方狭小高度不高的凸岸,因泥石流有很强的掏刷能力及直进性,这些地方可能被泥石流冲毁。

(三)应急处置

1. 崩塌应急抢救措施

加强监测,做好预报,提早组织人员疏散和财产转移;针对规模较小的危岩,在撤出人员后可采用爆破清除,消除隐患;在山体坡脚或半坡上,设置拦截落石平台(图 10-42)和落石槽沟、修筑拦坠石的挡石墙、用钢质材料编制栅栏挡截落石等工程防治小型崩塌；采用支柱、支挡墙或钢质材料支撑在危岩下面，并辅以钢索拉固；采用锚索、锚杆将不稳定体与稳定岩体联固；因差异风化诱发的崩塌，采用护坡工程提高易风化岩石的抗风化能力；疏导排地下水。

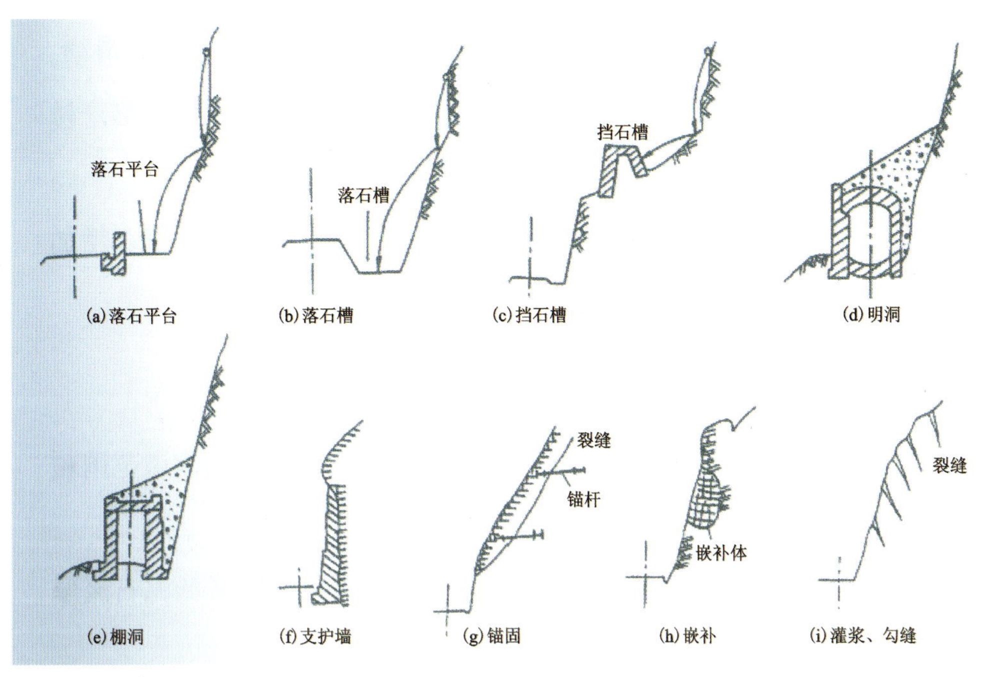

图 10-42　崩塌治理措施示意图(据潘懋和李铁峰，2002)

2. 滑坡应急治理措施

避：加强监测，做好预报，提早组织人员疏散和财产转移。

排：截、排、引导地表水和地下水，开挖排水和截水沟将地表水引出滑坡区；对滑坡中后部裂缝及时进行回填或封堵处理(图 10-43)，防止雨水沿裂隙渗入到滑坡中，可以利用塑料布直接铺盖，或者利用泥土回填封闭；实施盲沟、排水孔疏排地下水。

图 10-43　应及时填埋滑坡钵上的裂缝(据孙文盛，2006)

挡：采用抗滑桩、挡土墙、锚索、锚杆等工程对滑坡进行支挡，是滑坡治理中采用最多、见效最快的手段。

减：当滑坡仍在变形滑动时，可以在滑坡后缘拆除危房，设置清除部分土石，以减轻滑坡的下滑力，提高整体稳定性。

压：当山坡前缘出现地面鼓起和推挤时，表明滑坡即将滑动。这时应该尽快在前缘堆积砂土压脚(图 10-44)，抑制滑坡的继续发展，为财产转移和滑坡的综合治理赢得时间。

图 10-44　在坡脚鼓起部位堆压沙袋或块石可以减缓滑坡的滑动(据孙文盛，2006)

固：结合微型桩群对滑带土灌浆提高滑带土的强度，增加滑坡自抗滑力。

3. 泥石流应急治理措施

避：居民点、安置点应避开泥石流可能影响的沟道范围和沟口。

排：截、排引导地表水形成水土分离以达到降低泥石流爆发频率及规模的措施。

拦：修建拦沙坝和谷坊群，起到拦挡泥石流松散物并稳定谷坡，工程实施可改变沟床纵坡、降低可移动松散物质量、减小沟道水流的流量和流速，从而达到控制泥石流的作用。

导：修建排导槽引导泥石流通过保护对象而不对保护对象造成危害。

停：在泥石流沟道出口有条件的地方采用停淤坝群构建停淤场，以减小泥石流规模使其转为挟砂洪流，降低对下游的危害。

禁：禁止在泥石流沟中随意弃土、弃渣、堆放垃圾。

植：封山育林、植树造林。

4. 灾后如何抢险救灾

监测人、防灾责任人及时发出预警信号，组织群众按预定撤离路线转移避让（图 10-45）；不要立即进入灾害区去挖掘和搜寻财物，避免灾害体进一步活动而导致的人员伤亡；在专业队伍未到达之前，应该迅速组织力量巡查滑坡、崩塌斜坡区和周围是否还存在较大的危岩体和滑坡隐患，并迅速划定危险区，禁止人员进入；有组织地救援受伤和被围困的人员；注意收听、收看广播电视，了解近期是否有发生暴雨的可能。如果有暴雨发生，应尽快对临时居住的地区进行巡查，避开灾害隐患。

图 10-45　泥石流发生时，不要沿着泥石流流动的方向逃离

（据国土资源部人事教育司等，2010）

六、地灾防治——调查评价与群测群防

（一）地质灾害调查与评价

1. 地质灾害分类调查

1）崩塌调查

崩塌调查主要调查崩塌的类型、发生时间、灾情、物质组成、形态特征及规模，诱发因素，稳定程度。对已发现可能发生崩塌迹象的危险（点）地段，还要重点调查基岩层及软弱夹层岩性、产状，断裂（裂隙、节理）发育情况；斜坡坡度、坡向、岩层倾向与斜坡坡向组合关系；有无地表水渗

入;人工开挖边坡情况及可能加剧崩塌形成的危险性和可能影响范围。

2)滑坡调查

滑坡调查主要调查滑坡的类型、发生时间、灾情、滑坡体的物质组成、形态特征及规模、运动形式、滑速、滑距,诱发因素,稳定程度,复活迹象,并提出今后防治措施建议。对已发现可能发生滑坡迹象的危险(点)地段,要调查周围地面变形迹象特征,可能发生滑坡的类型;基岩层及软弱夹层岩性、产状、断裂(裂隙、节理)发育情况;风化层与残坡积层岩性、厚度;斜坡坡度、坡向,岩层倾向与斜坡坡向组合关系;地下水富集及径流排泄特征;斜坡周围(特别是斜坡上部)有无地表水渗入;人工开挖边坡情况及可能加剧滑坡形成的危险性和可能影响范围。

3)泥石流调查

泥石流调查主要调查沟域地形地貌,包括汇水面积、主沟纵坡降和沿岸沟坡坡度变化情况;流域降水量及时空分布特征;植被类型及覆盖程度;沟谷内松散堆积物类型、分布、数量;沟口扇形形态、面积、切割破坏情况;泥石流堆积物成分及结构情况;以往灾害史和直接损失情况;今后活动趋势及造成进一步危害的范围和损失大小。

4)地面塌陷调查

调查已有塌陷的发育特征、形成的地质环境条件(地层、岩性、岩溶发育程度、第四纪覆盖层岩性、结构、厚度;地下水水位埋深及年变化特征、变化幅度);周围地下水开采与矿山疏排等情况、诱发因素、发展趋势;已采取的防治措施、效果。

5)地裂缝调查

调查单缝特征和群缝分布特征及其分布范围;形成的地质环境条件(地形地貌、岩性、构造等);地裂缝成因和诱发因素(地下或地下水开采情况等);发展趋势预测和现有灾害评估及未来灾害预测;现有防治措施和效果。

6)地面沉降调查

调查采用遥感解译、野外调查、地球物理勘探、钻探、分析测试等方法,系统调查地面沉降及伴生地裂缝的地质背景、灾害现象、人类工程活动及灾害防治情况等。通过精密仪器、土体分层沉降标组等技术手段,监测地面沉降及地下水动态变化。依据地面沉降调查及监测成果,对地面沉降发育、发展、危害程度及经济损失情况进行评价。

2. 地质灾害风险调查评价

全区已实现地质灾害高、中易发区风险调查全覆盖;开展以县级行政区为单位的 1∶5 万地质灾害风险调查,同步开展县域内重点调查区 1∶1 万调查评价、受地质灾害威胁严重的人口聚集区重点隐患初步勘查。开展了县域及重点地区地质灾害风险评价与区划,提出地质灾害风险防范对策建议,编制了全区地质灾害风险区划图和防治区划图,建成动态更新的全区地质灾害数据库。基本全区掌握地质灾害隐患风险底数,为风险防控提供依据。

3. 地质灾害专项调查评价

(1)在地质灾害高风险区,重点针对风景名胜区、城镇、村组、居民区等人口聚集区和公共基础设施区开展专项调查及重点隐患初步勘查,掌握地质灾害隐患发育特征、威胁范围和风险等级,细化地质灾害风险区。

(2)开展重点矿区地面塌陷专项调查,掌握地面塌陷发育现状及变化趋势,针对矿产资源开采集中的工作区,开展地面塌陷的风险评价工作,充分利用遥感解译成果建立风险评价指标体系。

(二)群测群防体系建设与灾害巡查监测

1. 地质灾害群测群防体系建设

群测群防体系是指地质灾害易发区的县(市)、乡、村民委员会组织辖区内企事业单位和广大人民群众,在相关部门的指导下,通过开展宣传培训、建立防灾制度等手段,对突发地质灾害前兆和动态进行调查、巡查、简易监测,实现对灾害的及时发现、快速预警和有效避让的一种主动减灾措施。

主要任务是查明地质灾害发育现状、分布规律及危害程度,确定纳入监测巡查范围的地质灾害隐患点(区),编制监测巡查方案;明确地质灾害防灾责任,建立防灾责任制;确定群众监测员,开展监测知识及相关防灾知识培训;编制年度地质灾害防治方案和隐患点(区)防案预案,发放"两卡"(地质灾害防灾工作明白卡、避险明白卡),建立各项防灾制度;组织实施县级突发地质灾害应急预案。

主要工作是地质灾害隐患点(区)的确定与撤销;地质灾害群测群防责任制的建立;监测员的选定;制度、信息系统的建设。

主要内容:一是防灾预案及"两卡"发放;二是监测和检查制度建设;三是地质灾害预报制度建设,一般情况下地质灾害预报由县级国土部门会同气象部门发布,紧急状态下可授权监测人发布;四是灾(险)情报告制度建设和地质灾害应急调查;五是宣传培训制度建设。

2. 地质灾害巡查

1)做好地质灾害险情巡查

针对降雨天气,尤其持续降雨或大到暴雨,旗县主管部门应组织专人分组分片对所辖地质灾害易发区,尤其是交通干线、人口聚集区、工矿企业、山区沟谷等进行巡查,观察斜坡、沟谷状况,及时发现地质灾害险情;乡(镇)人民政府应组织村社干部,依靠并发动群众,对房前屋后斜坡、沟谷等进行巡回观察,遇有险情及时报告。

如果崩塌区的高陡斜坡危岩体后缘裂缝有明显拉张或闭合、出现新生的裂缝、危岩体下部是否出现明显的压碎并与上部的裂缝贯通等现象,发生崩塌的可能性极大。

如滑坡体上有明显的裂缝,裂缝在近期不断加长、加宽、增多,滑坡后缘出现贯通性弧形张裂缝并明显下座等现象,说明即将发生整体滑坡。滑坡体上出现不均匀沉陷、局部台阶下座、参差不齐,滑坡体上多处房屋、院坝、道路、田坝、水渠出现变形拉裂,滑坡体上电杆、烟囱、树木、高塔出现歪斜等现象,说明滑坡正在蠕滑。滑坡前缘出现鼓胀变形或挤压脊背,说明滑坡变形加剧。

泥石流沟口通常是发生灾害的重要地段,应仔细了解沟口堆积区、两侧建筑物的分布,新建在沟边的建筑物,上游物源区和行洪区的变化情况。

2)做好汛前地质灾害隐患排查

排查辖区地质灾害,确定地质灾害隐患点(区)。对出现地质灾害前兆,可能造成人员伤亡或财产损失的区域和地段,县级人民政府应当及时划定地质灾害危险区,在地质灾害危险区的边界设置明显警示标志;排查结束后及时以书面形式向相关部门报告地质灾害隐患点(区)位置、危害对象及范围、地质灾害类型、规模及基本特征、地质灾害引发因素及发展趋势、已采取防治措施、防治工作建议等。

3. 地质灾害监测预警

1)监测预警体系建设

为提高地质灾害气象风险预警预报精度，建立了自治区、盟市、旗(县)互联互通的地质灾害气象风险预警体系(图10-46)。通过信息平台及时将地质灾害预报发送给防灾责任人，以便及时采取相应防范措施。今后还要加快地质灾害专业监测网络建设，对地质灾害危险点开展普适型监测点网建设，及时掌握地质灾害隐患点及风险区动态，及时进行风险预警，提高监测预警的精准度。

图10-46 内蒙古地质灾害防治平台(内蒙古自治区地质调查研究院2023年提供)

2)主要灾害监测

隐患点日常监测：包括变形斜坡体表面裂缝、建筑物的墙、地面裂缝、房前屋后人工边坡裂缝宽度和深度变化；房前屋后人工边坡挡墙平整度变化；坡脚和坡面地下水水源、浑浊度、颜色、流动形态变化；坡面地表水渠蓄水池渗漏程度；山坡树木生长形态变化；斜坡上水田、果园、菜地、水渠等的平整性变化；山坡或沟谷松散物变化情况、堆弃物流失、冲刷、掏蚀程度；岩质山坡危岩基座松动、岩石开裂变化、块石脱落；沟谷河水流量、浑浊度、颜色变化。

图10-47 滑坡简易观测(据国土资源部人事教育司等，2010)

隐患区的定期巡查：包括地质灾害隐患点、房前屋后高陡边坡是否变形开裂、掉土块或砂土剥落；村庄、民房后山斜坡上的引水渠、蓄水池、水塘等水利设施是否渗漏；房屋等建筑物、地面是否有开裂、下错或变形加剧；降雨情况，是否大于常年同期水平。

崩塌、滑坡简易监测方法：主要有斜(边)坡拉线法、木桩法(图10-47)、目测法。

(三)地质灾害综合治理

1. 稳步推进地质灾害工程治理

对威胁县城、集镇、学校、景区、重要基础设施和人口聚集区,以及难以实施避险移民搬迁的极高、高风险地质灾害隐患点,根据轻重缓急的原则开展工程治理(图 10-48),科学设计防范措施。对调查发现的风险高、险情紧迫、治理措施相对简单的地质灾害隐患点,采取投入少、工期短、见效快的工程治理措施,组织排危除险。对受损或防治能力降低的地质灾害治理工程,及时采取清淤、加固、维修、修缮等措施进行维护,确保防治工程的长期安全运行。

图 10-48　扎兰屯泥石流治理工程
(王剑民摄于 2022 年)

2. 积极推进地质灾害避险移民搬迁

对不宜采用工程治理的、受地质灾害威胁严重的居民点,开展避险移民搬迁,及时化解地质灾害风险。实行主动避让,异地搬迁。

主要参考文献

陈军,杜圣贤,史国萍,2016.地球年轮　地史[M].济南:山东科学技术出版社.

陈曼云,金巍,郑常青,2009.变质岩鉴定手册[M].北京:地质出版社.

崔可锐,钱家忠,2010.水文地质基础[M].合肥:合肥工业大学出版社.

地质矿产部地质辞典办公室,2005.地质大辞典[M].北京:地质出版社.

董广辉,张山佳,杨谊时,等,2016.中国北方新石器时代农业强化及对环境的影响.科学通报,61(26):2913-2926.

杜圣贤,2016.中生代霸主　恐龙[M].济南:山东科学技术出版社.

方庆海,王集宁,2016.大地之殇　地质灾害[M].济南:山东科学技术出版社.

国家质量技术监督局,1999.中华人民共和国国家标准岩石分类和命名方案　火成岩岩石分类和命名方案 GB/T 17412.1—1998[S].北京:中国标准出版社.

国土资源部人事教育司,国土资源部地质环境司,中国地质环境监测院,2010.崩塌　滑坡　泥石流防灾减灾知识读本[M].北京:地质出版社.

国土资源部信息中心,2016.世界矿产资源年评 2016[M].北京:地质出版社.

季根源,张洪平,李秋玲,等,2018.中国稀土矿产资源现状及其可持续发展对策[J].中国矿业,27(8):9-16.

贾金富,乔占华,刘凤岐,等,2017.内蒙古自治区磁场特征及地质应用研究[M].武汉:中国地质大学出版社.

江少卿,徐毅,孙尚信,等,2020.全球铅锌矿资源分布[J].地质与资源,29(3):224-232.

李朝阳,彭磊,乔伟彪,等,2013.我国煤层气的开发与利用[J].节能技术,31(5):397-399.

李江海,韩喜球,毛翔,2014.全球构造图集[M].北京:地质出版社.

刘建妮,刘卞,2020.穿越地球 46 亿年[M].西安:西北大学出版社.

陆松年,郝国杰,王惠初,等,2017.中国变质岩大地构造[M].北京:地质出版社.

毛敏,2015.记三明万寿岩洞穴遗址的发现与保护　寻闽人之源[J].大众考古(5),37-40.

内蒙古自治区地质局,东北地质科学研究所,1976a.华北地区古生物图册内蒙古分册(一)古生代部分[M].北京:地质出版社.

内蒙古自治区地质局,东北地质科学研究所,1976b.华北地区古生物图册内蒙古分册(二)中、新生代部分[M].北京:地质出版社.

聂凤军,江思宏,白大明,等,2002.北山地区金属矿床成矿规律及找矿方向[M].北京:地质出版社.

潘桂棠,肖庆辉,2015.中国大地构造图(1∶250000)说明书[M].北京:地质出版.

潘懋，李铁峰，2002. 灾害地质学[M]. 北京：北京大学出版社.

乔恩·埃里克森，2013. 活力地球·探索地表的奥秘——岩石与特殊地质[M]. 孙赫，侯奇峰，译. 北京：首都师范大学出版社.

茹存一，2021. 中国锂矿资源供需形势评价[D]. 北京：中国地质大学(北京).

商朋强，焦森，屈云燕，等，2020. 世界萤石资源供需形势分析及对策建议[J]. 国土资源情报(10)：104-109.

苏美霞，赵文涛，常忠耀，等，2017. 内蒙古自治区重力场特征及地质应用研究[M]. 武汉：中国地质大学出版社.

孙文盛，2006. 新农村建设中的地质安全保障[M]. 北京：中国大地出版社.

唐攀科，王春艳，梅友松，等，2018. 中国铅锌矿产资源成矿特征与资源潜力评价[J]. 地学前缘，25(3)：31-49.

陶继雄，钟仁，赵月明，等，2010. 内蒙古苏尼特左旗乌兰德勒钼(铜)矿床地质特征及找矿标志[J]. 地球学报，31(3)：413-422.

腾吉文，司芗，王玉辰，2021. 中国石化能源勘查、开发潜力与未来[J]. 石油物探，60(1)：1-12.

田明中，任东，夏景图，2013. 远古生命的乐园世界化石的宝库[M]. 北京：中国旅游出版社.

田明中，王剑民，武法东，等，2012. 天造地景——内蒙古地质遗迹[M]. 北京：中国旅游出版社.

王集宁，方庆海，2016. 大地之殇——地质灾害[M]. 济南：山东科学技术出版社.

王猛，刘媛媛，王大勇，等，2022. 无人机航磁测量在荒漠戈壁地区的应用效果分析[J]. 物探与化探，46(1)：206-213.

王润生，熊盛青，聂洪峰，等，2012. 遥感地质勘查技术与应用研究[J]. 地质学报，85(11)：1699-1743.

王涛，郑亚东，刘树文，2002. 中蒙边界亚干变质核杂岩糜棱状钾质花岗岩——早中生代收缩与伸展构造体制的转换标志[J]. 岩石学报，18(2)：177-186.

韦昌山，叶天竺，郭涛，等，2019. 野外探宝——图说成矿地质体与地质力学找矿[M]. 北京：地质出版社.

温才妃，2020. 黄河，你从哪里来——科学家揭示百万年来黄河的前世今生[N]. 中国科学报 2020-06-12(4).

肖利梅，2005. 内蒙古赤峰拜仁达坝银多金属矿矿床特征及成因探讨[D]. 长春：吉林大学.

许立权，张彤，张明，等，2017. 内蒙古自治区重要矿产区域成矿规律[M]. 武汉：中国地质大学出版社.

许志琴，嵇少丞，杨经绥，等，2020. 传奇地球：来自石头的述说[M]. 2 版. 北京：地质出版社.

闫凤荣，吕文超，谭庆伟，2015. 魅力四子王　四子王旗国家地质公园[M]. 北京：中国旅游出版社.

[西]伊格纳西·里巴斯(Ignasi Ribas)，2020. 宇宙全书国家地理彩视觉指南[M]. 蒋云，陈维，译. 南京：江苏·凤凰科学技术出版社.

余先川，熊利平，张立保，等，2015. 遥感技术在地质找矿中的应用[J]. 地质学刊，39(2)：263-276.

贠小苏，2008. 地质灾害群测群防体系建设指南[M]. 北京：中国大地出版社.

袁珂，2020. 中国古代神话. 长沙：湖南文艺出版社.

翟明国，2022. 运动地球的生命密码[M]. 北京：科学出版社.

张春池，戴广凯，宋英昕，2016. 地球的外壳　岩石[M]. 济南：山东科学技术出版社.

张立东，张立君，杨雅军，等，2017. 辽西中生代珍稀化石及其生物群地质图集[M]. 武汉：中国地质大学出版社.

张青，王沛东，赵丽娟，等，2018. 内蒙古自治区地球化学特征及地质应用研究[M]. 武汉：中国地质大学出版社.

张苏江，崔立伟，孔令湖，等，2018. 国内外石墨矿产资源及其分布概述[J]. 中国矿业，27(10)：8-14.

张苏江，崔立伟，孔令湖，等，2020. 国内外锂矿资源分布概述[J]. 有色金属工程，10(10)：95-102.

张彤，李四娃，白立兵，等，2023. 中国矿产地质志・内蒙古卷[M]. 北京：地质出版社.

张永旺，赵晗，袁宏伟，等，2022. 无人机低航空磁测与地面磁测应用效果对比研究[J]. 西部资源(3)：188-190.

张永伟，吕晓亮，2016. 地貌新宠　崮[M]. 济南：山东科学技术出版社.

张玉清，2009. 内蒙古苏尼特左旗巴音乌拉二叠纪埃达克质花岗闪长岩类地球化学特征及其地质意义[J]. 岩石矿物学杂志，28(4)：329-338.

张玉清，2023. 方寸之石，书写地质百态——来自石头的述说[J]. 西部资源，2(20)：198-200.

张玉清，罗忠泽，韩宏雨，等，2018. 内蒙古自治区稀土矿资源潜力评价[M]. 武汉：中国地质大学出版社.

张玉清，张建，许立权，等，2020a. 基于洋板块理论对内蒙古古生代地层区划分的实践和认识[J]. 地层学杂志，44(1)：82-94.

张玉清，张婷，2016a. 内蒙古阿木山组[J]. 中国地质，43(3)：1000-1015.

张玉清，张婷，陈海东，等，2016b. 内蒙古凉城蛮汗山石榴石二长花岗岩 LA-MC-ICP-MS 锆石 U-P 年龄及成因讨论[J]. 中国地质，43(3)：768-779.

张玉清，张永清，罗忠泽，等，2020b. 内蒙古白乃庙铜矿白乃庙组变质安山岩 LA-MC-ICP-MS 锆石 U-Pb 定年[J]. 地层学杂志，44(2)：207-214.

赵琳，王元波，2016. 岩浆喷发　火山[M]. 济南：山东科学技术出版社.

赵志军，赵文涛，段海龙，等，2015. 综合物化探方法在内蒙古高尔旗铅锌银矿勘查中的应用[J]. 地质找矿论丛，30(1)：138-143.

中国地质调查局，2012. 水文地质手册[M]. 北京：地质出版社.

中华人民共和国自然资源部，2022. 中国矿产资源报告 2022[M]. 北京：地质出版社.

钟仁，赵志军，廖蕾，等，2010. 综合物化探方法在乌兰德勒钼矿勘查中的应用[J]. 物探与化探，34(3)：275-280.

[英]Martin Rees(马丁・里斯)，2014. DK 宇宙大百科[M]. 余恒等，译. 北京：电子工业出版社.

内部资料

河北省区域地质调查院(河北省区域地质矿产调查研究所)，2017. 西林陶勒 K49E013009 梧桐井 K49E013010 石桩子井 K49E014009 石板井 K49E014010 1：5 万区域地质矿产调查报告.

[R]. 廊坊:河北省区域地质调查院(河北省区域地质矿产调查研究所).

内蒙古自然博物馆,内蒙古自然赏石研究会,内蒙古赏宝玉石协会,2022. 石玉自然[R]. 呼和浩特:内蒙古自然博物馆.

内蒙古自治区地质调查院,2009a. 杭锦旗伊克乌素水源地水文地质详查报告. [R]. 呼和浩特:内蒙古自治区地质调查院.

内蒙古自治区地质调查院,2009b. 内蒙古自治区东胜煤田漫赖勘查区煤炭普查报告. [R]. 呼和浩特:内蒙古自治区地质调查院.

内蒙古自治区地质调查院,2010. 内蒙古自治区鄂托克前旗苏亥图煤炭普查报告. [R]. 呼和浩特:内蒙古自治区地质调查院.

内蒙古自治区地质调查院,2013. 内蒙古自治区重力应用成果报告(铁、铝土单矿种重力资料应用成果报告). [R]. 呼和浩特:内蒙古自治区地质调查院.

内蒙古自治区地质调查院,2015. 内蒙古自治区地热志. [R]. 呼和浩特:内蒙古自治区地质调查院.

内蒙古自治区地质调查院,2017. 阿拉善左旗温都尔勒图镇严重缺水地区人畜饮水找水勘查报告. [R]. 呼和浩特:内蒙古自治区地质调查院.

内蒙古自治区地质调查院,2018. 内蒙古和林格尔新区地热资源开发利用与保护规划. [R]. 呼和浩特:内蒙古自治区地质调查院.

内蒙古自治区地质调查院,2018. 内蒙古自治区区域地质志[R]. 呼和浩特:内蒙古自治区地质调查院.

内蒙古自治区地质调查院,2020a. 内蒙古北山—西拉木伦构造带深部构造与成矿预测研究. [R]. 呼和浩特:内蒙古自治区地质调查院.

内蒙古自治区地质调查院,2020b. 锡林郭勒草原火山国家地质公园地质遗迹图册. [R]. 呼和浩特:内蒙古自治区地质调查院.

内蒙古自治区地质调查院,2020c. 内蒙古自治区西乌珠穆沁旗跃进煤矿非法开采煤炭资源损失鉴定调查报告. [R]. 呼和浩特:内蒙古自治区地质调查院.

内蒙古自治区地质调查院,2020d. 内蒙古自治区东胜煤田纳林希里矿区苏布尔嘎井田煤炭资源勘探报告. [R]. 呼和浩特:内蒙古自治区地质调查院.

内蒙古自治区地质调查院,北京三联计算机技术公司,2009. 内蒙古及与蒙古国相邻地区大型矿床遥感特征对比及异常查证成果报告. [R]. 呼和浩特:内蒙古自治区地质调查院.

内蒙古自治区地质调查院 2003. 区域地质调查报告 1∶25 万 K49C003002 白云鄂博幅. [R]. 呼和浩特:内蒙古自治区地质调查院.

内蒙古自治区地质调查院 2004. 区域地质调查报告 1∶25 万 K49C002002 满都拉幅. [R]. 呼和浩特:内蒙古自治区地质调查院.

内蒙古自治区地质调查院 2013. 区域地质调查报告 1∶25 万 K49C004003 呼和浩特市幅. [R]. 呼和浩特:内蒙古自治区地质调查院.

内蒙古自治区地质环境监测院,2015. 内蒙古自治区克什克腾旗地质灾害调查报告(1∶5 万). [R]. 呼和浩特:内蒙古自治区地质环境监测院.

内蒙古自治区地质环境监测院,2017. 华北地区重要地质遗迹调查(内蒙古)成果报告. [R]. 呼和浩特:内蒙古自治区地质环境监测院.

内蒙古自治区地质环境监测院,2018a. 内蒙古地质环境工作成就十二年. [R]. 呼和浩特:内蒙古自治区地质环境监测院.

内蒙古自治区地质环境监测院,2018b.内蒙古自治区土默特左旗地质灾害调查报告(1∶5万).[R].呼和浩特:内蒙古自治区地质环境监测院.

内蒙古自治区地质环境监测院,2020.2020年度内蒙古自治区重大地质灾害隐患点巡查报告.[R].呼和浩特:内蒙古自治区地质环境监测院.

内蒙古自治区地质环境监测院,2021a.内蒙古自治区地质灾害防治规划(2021—2025年)编制说明.[R].呼和浩特:内蒙古自治区地质环境监测院.

内蒙古自治区地质环境监测院,2021b.内蒙古自治区准格尔旗地质灾害调查报告(1∶5万).[R].呼和浩特:内蒙古自治区地质环境监测院.

内蒙古自治区地质矿产勘查开发局,2004.内蒙古地下水资源.[R].呼和浩特:内蒙古自治区地质矿产勘查开发局.

内蒙古自治区第一区域地质研究院,1994.包头地区1∶5万(6幅)区域地质调查.[R].呼和浩特:内蒙古地质矿产勘察院.

内蒙古自治区林业和草原局,2021.内蒙古自治区林业和草原局关于发布内蒙古自治区重要湿地名录的通知.[R].呼和浩特:内蒙古自治区林业和草原局.

内蒙古自治区水利厅,2018.内蒙古自治区水资源公报.[R].呼和浩特:内蒙古自治区水利厅.

内蒙古自治区水利厅,2019.内蒙古自治区水资源公报.[R].呼和浩特:内蒙古自治区水利厅.

内蒙古自治区水利厅,2020.内蒙古自治区水资源公报.[R].呼和浩特:内蒙古自治区水利厅.

内蒙古自治区水利厅,2021.内蒙古自治区水资源公报.[R].呼和浩特:内蒙古自治区水利厅.

内蒙古自治区自然资源厅,2021.截至二〇二〇年底内蒙古自治区矿产资源储量通报.[R].呼和浩特:内蒙古自治区自然资源厅.

内蒙古自治区自然资源厅,2022.截至二〇二一年底内蒙古自治区矿产资源储量表.[R].呼和浩特:内蒙古自治区自然资源厅.

天津地质调查中心,2019.内蒙古1∶5万百合山幅区域地质调查报告.[R].天津:天津地质调查中心.

中国地质大学(北京),2009.区域地质调查报告1∶25万K49C003003四子王旗幅[R].北京:中国地质大学(北京).

中国地质大学(武汉)地质调查研究院,2009.区域地质调查报告1∶25万K50C001002锡林浩特市幅[R].武汉:中国地质大学(武汉)地质调查研究院.

中国地质调查院基础调查部,中国地质大学科学院地质研究所,2012.中国区域地质志工作指南[R].北京:中国地质调查院基础调查部.

中华人民共和国自然资源部,2022.2021年全国矿产资源储量统计表[R].北京:中华人民共和国自然资源部.

后 记

本书是“内蒙古地质科普本”项目的成果。该项目是内蒙古自治区自然资源厅本级综合项目，项目由内蒙古自治区自然资源厅负责。该项目 2021 年初正式启动，2023 年底结束，历时 3 年，由内蒙古自治区地质调查研究院承担(原为内蒙古自治区地质调查院)。

笔者在撰写过程中得到了内蒙古自治区自然资源厅以及各盟市的自然资源局、矿山企业、矿山地质公园、地质公园管理局、地质公园、森林公园、自然博物馆等多家单位领导和专家的大力支持。同时也得到院各级领导和广大专业技术人员的鼎力支持，好多同事提供了有参考和利用价值的文字、图片(照片)资料。

本书在写作过程中参考和吸纳了《中国区域地质志 · 内蒙古志》《中国矿产地质志 · 内蒙古卷》等重量级基础地质图书中的精华，同时也参考了地质界院士、老师、不同阶层科普作者以及兄弟单位撰写的地质科普作品，因此，我们是站在巨人的肩膀上完成此作品。

“前言”“人类共同的地球家园”“走进内蒙古”“沉积史书——地层与古生物”由张玉清执笔，“岩浆行踪——侵入岩和火山岩”由宝音乌力吉、郑萍执笔，“排山倒海——地质构造”由邱广东、熊煜执笔，“宝藏内蒙古——矿产资源”由贾林柱执笔，“生命源泉——水资源”由白冰、庄晓玲执笔，“问诊地球——地球物理、地球化学、遥感地质”由段吉学执笔，“游山玩水——地质景观”由韩建刚执笔，“家园守护——地质灾害与防治”由王剑民执笔，书中插图主要由高清秀制作完成。

书中选用了大量的图表、照片，其中插图 570 余张、表格近 30 张。另外增加了 100 余条相关地质名词、术语的解释。

撰写本书的同时，完成了两篇地质科普作品：《方寸之石，书写地质百态——来自石头的述说》发表于《西部资源》(2023)，《沙皮狗》(摄影作品，奇石，藏品)发表于《石玉自然》(2022)，以微观的角度科普地学知识。

写作过程中，孟二根、邵积东、吕洪波、边建平、沈存利、许立权、郝俊峰、杨帅师、武利文、郑宝军、高晶、刘怡敏、吕希华、张玉宝、张光正、李树荣、张明、张彤、王弢、郭灵俊、赵文涛、胡凤翔、王忠、王海鹰、王继春、张永旺、苏美霞、苏宏伟、苏芝英、杨柳、赵来、赵军、赵志军、李虎平、侯俊琳、刘永慧、宋俊威、云建军、张志鹏、赵文娟、张建、杜子图、苏建国、李林、拓耀华、乔瑞东、于晓海、张智文、白立兵、贺宏云、刘勇、张旭、何玉霞、訾冬梅等专家给予了大力指导。

中国科学院李廷栋院士对本书进行了最终审阅，指出了文中的错漏，提出了建设性的修改意见，并为本书作序。同时李先生也在“阅读意见”中写道：拜读张玉清等同志所著《内蒙古地质》一书很受启发，这是在《中国区域地质志》基础上撰写的第一部省级科普性地质(高级科普)，值得多省效仿。各省级“地质志”专业性较强，适宜各专业部门、科研院所、大专院校参考使用。在此基础上以通俗的语言和解释性词语撰写省级地质普及本很有必要，我们将向各省(市、区)建议，有可能也撰写类似读物。本书基本概括了内蒙古地层古生物、岩浆活动、构造格局、矿产资源禀赋以及水资源、地貌景观、地质灾害等方面的内容。特别是在目录中,以特写镜头方式简要说明了各章节科学内容及基本知识,可以说是科普读物中一种创新形式,以图文并茂方式作内容提要。

呼和浩特市天俪照相馆、清水河县原贝尔美影楼、四子王旗皇家新娘影楼、海拉尔市橙子数码影楼和于洪志等同志完成了部分照片的拍摄与后期处理。郝俊峰、张永旺、宝音乌力吉、贾大为、袁宏伟、李耀勇、钟仁、侯俊琳、侯建军、李艳龙、张建军、刘俊廷、秦东时、赵锁志、苏银春、王兵、李虎平、邵永旭、康小龙、张有宽、王兰云、白立兵、古艳春、王雪兵、宁培杰、于晓海、张智文、梁新强、陈江均等同志以及阿拉善右旗旅游局、哈素海旅游区、伊克乌素度假村等单位为本书提供了精美的照片。部分照片从图虫创意站购买下载,个别图片从搜狐网等网站下载。

秦江东、张子珍、杜超、王姝琼、王东星、石荣祥、魏雅玲、吴艳君、佟卉、孟晓玲、范亚丽、维勒斯、刘坡等做了大量的辅助工作。白云林、刘杰、杨东、鄂岩彬、李建峰、云飞、郭飞等同志为确保行车安全,在野外数据采集时付出了辛勤的汗水,与我们一同风餐露宿。

部分景区的工作人员了解到我们进入景区的目的,查验相关证明、证件后,为我们提供了极大的方便。

在此,对所有给予支持和帮助的单位、个人表示衷心的感谢!

著　者

2023 年 11 月